Das Ingenieurwissen: Elektrotechnik

Lizenz zum Wissen.

Sichern Sie sich umfassendes Technikwissen mit Sofortzugriff auf tausende Fachbücher und Fachzeitschriften aus den Bereichen: Automobiltechnik, Maschinenbau, Energie + Umwelt, E-Technik, Informatik + IT und Bauwesen.

Exklusiv für Leser von Springer-Fachbüchern: Testen Sie Springer für Professionals 30 Tage unverbindlich. Nutzen Sie dazu im Bestellverlauf Ihren persönlichen Aktionscode C0005406 auf *www.springerprofessional.de/buchaktion/*

Springer für Professionals.
Digitale Fachbibliothek. Themen-Scout. Knowledge-Manager.

- Zugriff auf tausende von Fachbüchern und Fachzeitschriften
- Selektion, Komprimierung und Verknüpfung relevanter Themen durch Fachredaktionen
- Tools zur persönlichen Wissensorganisation und Vernetzung

www.entschieden-intelligenter.de

Springer für Professionals

H. Clausert • Karl Hoffmann • Wolfgang Mathis
Gunther Wiesemann • Hans-Peter Beck

Das Ingenieurwissen: Elektrotechnik

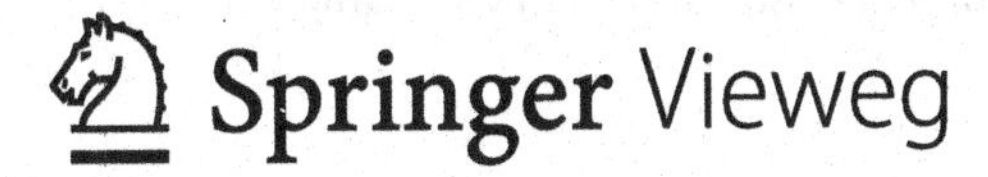

H. Clausert
TU Darmstadt
Darmstadt, Deutschland

Gunther Wiesemann
Ostfalia Hochschule
Wolfenbüttel, Deutschland

Karl Hoffmann
TU Darmstadt
Darmstadt, Deutschland

Hans-Peter Beck
TU Clausthal
Clausthal, Deutschland

Wolfgang Mathis
Universität Hannover
Hannover, Deutschland

ISBN 978-3-662-44031-5
ISBN 978-3-662-44032-2 (eBook)
DOI 10.1007/978-3-662-44032-2

Die Deutsche Nationalbibliothek verzeichnet diese Publikation in der Deutschen Nationalbibliografie; detaillierte bibliografische Daten sind im Internet über http://dnb.d-nb.de abrufbar.

Springer Vieweg
Das vorliegende Buch ist Teil des ursprünglich erschienenen Werks „HÜTTE – Das Ingenieurwissen", 34. Auflage.
© Springer-Verlag Berlin Heidelberg 2014
Das Werk einschließlich aller seiner Teile ist urheberrechtlich geschützt. Jede Verwertung, die nicht ausdrücklich vom Urheberrechtsgesetz zugelassen ist, bedarf der vorherigen Zustimmung des Verlags. Das gilt insbesondere für Vervielfältigungen, Bearbeitungen, Übersetzungen, Mikroverfilmungen und die Einspeicherung und Verarbeitung in elektronischen Systemen.

Die Wiedergabe von Gebrauchsnamen, Handelsnamen, Warenbezeichnungen usw. in diesem Werk berechtigt auch ohne besondere Kennzeichnung nicht zu der Annahme, dass solche Namen im Sinne der Warenzeichen- und Markenschutz-Gesetzgebung als frei zu betrachten wären und daher von jedermann benutzt werden dürften.

Gedruckt auf säurefreiem und chlorfrei gebleichtem Papier

Springer Vieweg ist eine Marke von Springer DE. Springer DE ist Teil der Fachverlagsgruppe Springer Science+Business Media.
www.springer-vieweg.de

Vorwort

Die HÜTTE Das Ingenieurwissen ist ein Kompendium und Nachschlagewerk für unterschiedliche Aufgabenstellungen und Verwendungen. Sie enthält in einem Band mit 17 Kapiteln alle Grundlagen des Ingenieurwissens:

- Mathematisch-naturwissenschaftliche Grundlagen
- Technologische Grundlagen
- Grundlagen für Produkte und Dienstleistungen
- Ökonomisch-rechtliche Grundlagen

Je nach ihrer Spezialisierung benötigen Ingenieure im Studium und für ihre beruflichen Aufgaben nicht alle Fachgebiete zur gleichen Zeit und in gleicher Tiefe. Beispielsweise werden Studierende der Eingangssemester, Wirtschaftsingenieure oder Mechatroniker in einer jeweils eigenen Auswahl von Kapiteln nachschlagen. Die elektronische Version der Hütte lässt das Herunterladen einzelner Kapitel bereits seit einiger Zeit zu und es wird davon in beträchtlichem Umfang Gebrauch gemacht.

Als Herausgeber begrüßen wir die Initiative des Verlages, nunmehr Einzelkapitel in Buchform anzubieten und so auf den Bedarf einzugehen. Das klassische Angebot der Gesamt-Hütte wird davon nicht betroffen sein und weiterhin bestehen bleiben. Wir wünschen uns, dass die Einzelbände als individuell wählbare Bestandteile des Ingenieurwissens ein eigenständiges, nützliches Angebot werden.

Unser herzlicher Dank gilt allen Kolleginnen und Kollegen für ihre Beiträge und den Mitarbeiterinnen und Mitarbeitern des Springer-Verlages für die sachkundige redaktionelle Betreuung sowie dem Verlag für die vorzügliche Ausstattung der Bände.

Berlin, August 2013
H. Czichos, M. Hennecke

Das vorliegende Buch ist dem Standardwerk *HÜTTE Das Ingenieurwissen 34. Auflage* entnommen. Es will einen erweiterten Leserkreis von Ingenieuren und Naturwissenschaftlern ansprechen, der nur einen Teil des gesamten Werkes für seine tägliche Arbeit braucht. Das Gesamtwerk ist im sog. Wissenskreis dargestellt.

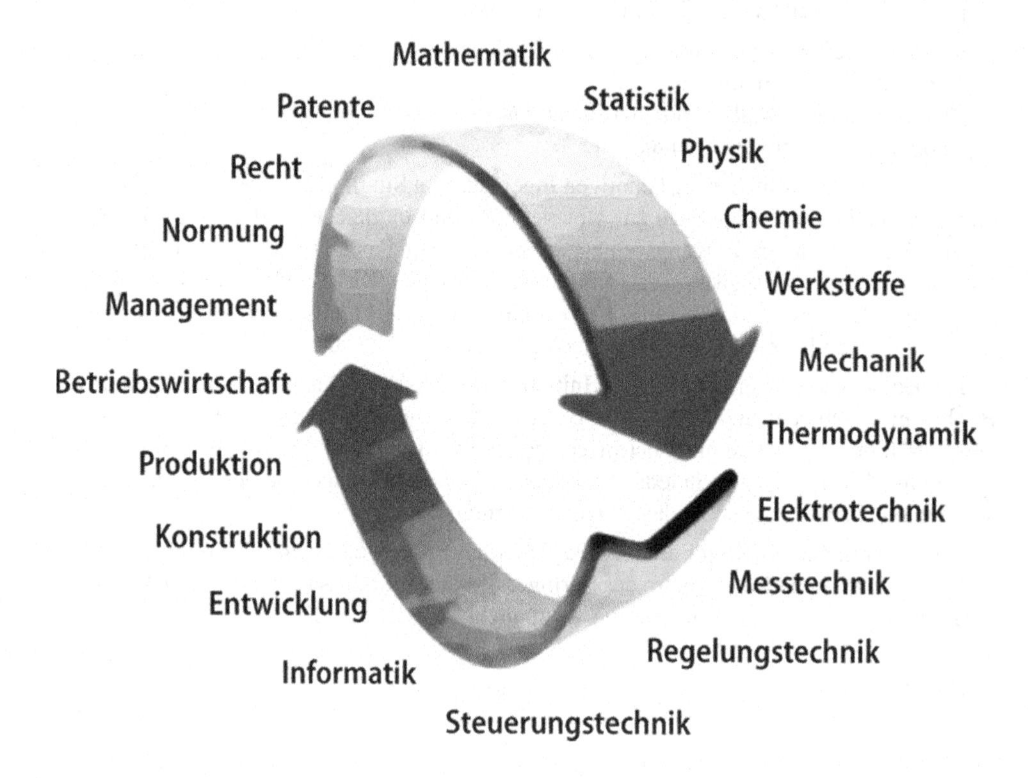

Elektrotechnik

H. Clausert, K. Hoffmann, W. Mathis, G. Wiesemann, H.-P. Beck

Netzwerke

G. Wiesemann

Elektrotechnik

H. Clausert
K. Hoffmann
W. Mathis
G. Wiesemann
H.-P. Beck

NETZWERKE

G. Wiesemann

1 Elektrische Stromkreise

1.1 Elektrische Ladung und elektrischer Strom

1.1.1 Elementarladung

Das Elektron hat die Ladung $-e$, das Proton die Ladung $+e$; hierbei ist $e = 1{,}602176487 \cdot 10^{-19}$ A s die *Elementarladung*. Jede vorkommende elektrische Ladung Q ist ein ganzes Vielfaches der Elementarladung:

$$Q = ne\,.$$

1.1.2 Elektrischer Strom

Wenn sich Ladungsträger (Elektronen oder Ionen) bewegen, so entsteht ein *elektrischer Strom*, seine Größe wird als *Stromstärke* i bezeichnet. Sie wird als Ladung (oder Elektrizitätsmenge) durch Zeit definiert:

$$i = \frac{\mathrm{d}Q}{\mathrm{d}t}\,; \quad Q = \int i\,\mathrm{d}t\,.$$

Fließt ein Strom i während der Zeit $\Delta t = t_2 - t_1$ durch einen Leiter, so tritt durch jede Querschnittsfläche dieses Leiters die Ladung

$$\Delta Q = \int_{t_1}^{t_2} i(t)\,\mathrm{d}t$$

hindurch (Bild 1-1).

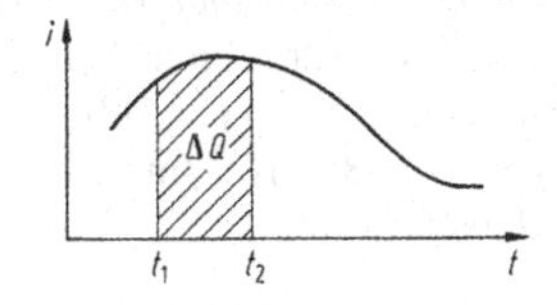

Bild 1-1. Der Zusammenhang zwischen Strom i und Ladung Q

Technisch wichtig sind außer dem Strom in metallischen Leitern auch der Ladungstransport in Halbleitern (Dioden, Transistoren, Integrierte Schaltkreise, Thyristoren), Elektrolyten (galvanische Elemente, Galvanisieren), in Gasen (z. B. Leuchtstofflampen, Funkenüberschlag in Luft) und im Hochvakuum (Elektronenröhren).

Kommt ein Strom durch die Bewegung positiver Ladungen zustande, so betrachtet man deren Richtung auch als die Richtung des Stromes (*konventionelle Stromrichtung*). Wenn aber z. B. Elektronen von der Kathode zur Anode einer Elektronenröhre fliegen (Bild 1-2), so geht der positive Strom i von der Anode zur Kathode (v Geschwindigkeit der Elektronen).

Die folgenden drei Wirkungen des Stromes werden zur Messung der Stromstärke verwendet:

1. Magnetfeld (Kraftwirkung)
2. Stofftransport (z. B. bei Elektrolyse)
3. Erwärmung (eines metallischen Leiters).

Besonders geeignet zur Strommessung ist die Kraft, die auf eine stromdurchflossene Spule im Magnetfeld wirkt (Drehspulgerät). Die Kraft, die zwei strom-

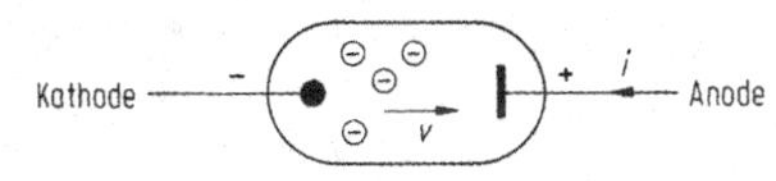

Bild 1-2. Konventionelle Richtung des Stromes i und Geschwindigkeit v der Elektronen in einer Hochvakuumdiode

durchflossene Leiter aufeinander ausüben, dient zur *Definition der SI-Einheit Ampere* für den elektrischen Strom (vgl. B 1.3):

> 1 Ampere (1 A) ist die Stärke eines zeitlich konstanten Stromes durch zwei geradlinige parallele unendlich lange Leiter von vernachlässigbar kleinem Querschnitt, die voneinander den Abstand 1 m haben und zwischen denen die durch diesen Strom hervorgerufene Kraft im leeren Raum pro 1 m Leitungslänge $2 \cdot 10^{-7}\,\mathrm{m\,kg/s^2} = 2 \cdot 10^{-7}\,\mathrm{N}$ beträgt.

Beispiel für die Driftgeschwindigkeit von Elektronen. Durch einen Kupferdraht mit dem Querschnitt $A = 50\,\mathrm{mm}^2$ fließt der Strom $I = 200\,\mathrm{A}$ (Dichte der freien Elektronen: $n = 85 \cdot 10^{27}/\mathrm{m}^3 = 85/\mathrm{nm}^3$). Die Driftgeschwindigkeit ist

$$v_{\mathrm{dr}} = \frac{I}{enA} \approx 0{,}3\,\frac{\mathrm{mm}}{\mathrm{s}}\,.$$

1.1.3 1. Kirchhoff'scher Satz (Satz von der Erhaltung der Ladungen; Strom-Knotengleichung)

Die Ladungen, die in eine (resistive) elektrische Schaltung hineinfließen, gehen dort weder verloren, noch sammeln sie sich an, sondern sie fließen wieder heraus. Dies gilt auch für die Ströme; insbesondere in den Knoten (Verzweigungspunkten) elektrischer Schaltungen (Bild 1-3a) gilt:

$$\sum i_{\mathrm{ein}} = \sum i_{\mathrm{aus}}\,; \quad \sum i_{\mathrm{ein}} - \sum i_{\mathrm{aus}} = 0\,.$$

Man kann aber auch

$$\sum i = 0$$

schreiben. Dann muss man z. B. einfließende Ströme mit positivem Vorzeichen einsetzen und ausfließende mit negativem (oder auch umgekehrt). Ist die Richtung des Stromes in einem Zweig zunächst nicht bekannt, so ordnet man ihm willkürlich einen sogenannten *Zählpfeil* bzw. eine sog. *Bezugsrichtung* zu. Liefert die Rechnung dann einen negativen Zahlenwert, so fließt der Strom entgegen der angenommenen Zählrichtung.

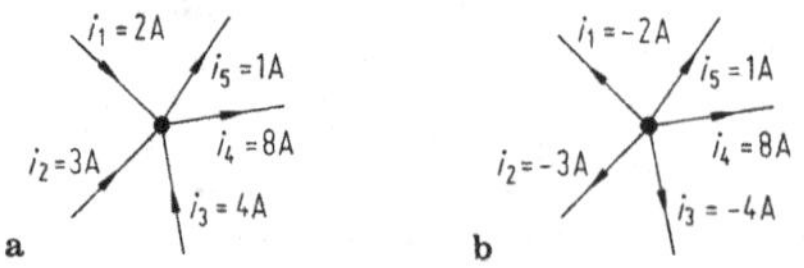

Bild 1-3. Knoten mit 3 zufließenden und 2 abfließenden Strömen

1.2 Energie und elektrische Spannung; Leistung

1.2.1 Definition der Spannung

Zwei positive Ladungen Q_1, Q_2 stoßen sich ab (Bild 1-4).
Ist Q_1 unbeweglich und Q_2 beweglich, so ist mit der Verschiebung der Ladung Q_2 vom Punkt A in den Punkt B eine Abnahme der potenziellen Energie W_{p} der Ladung Q_2 verbunden: $W_{\mathrm{A}} - W_{\mathrm{B}}$. W_{p} ist der Größe Q_2 proportional, also gilt auch für die Energieabnahme:

$$W_{\mathrm{A}} - W_{\mathrm{B}} \sim Q_2\,.$$

Schreibt man statt dieser Proportionalität eine Gleichung, so tritt hierbei ein Proportionalitätsfaktor auf, den man als die elektrische Spannung U_{AB} zwischen den Punkten A und B bezeichnet:

$$\frac{W_{\mathrm{A}} - W_{\mathrm{B}}}{Q_2} = U_{\mathrm{AB}}\,.$$

Eine Einheit der elektrischen Spannung ergibt sich daher, wenn man eine Energieeinheit durch eine Ladungseinheit teilt. Im SI wählt man:

$$1\,\mathrm{Volt} = 1\,\mathrm{V} = \frac{1\,\mathrm{J}}{1\,\mathrm{C}} = \frac{1\,\mathrm{W\,s}}{1\,\mathrm{A\,s}} = \frac{1\,\mathrm{W}}{1\,\mathrm{A}}\,.$$

1.2.2 Energieaufnahme eines elektrischen Zweipols

Ein elektrischer Zweipol (Bild 1-5a), zwischen dessen beiden Anschlussklemmen eine (i. Allg. zeitabhängige) Spannung u liegt und in den der (i. Allg.

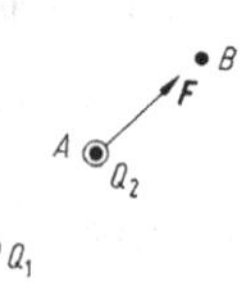

Bild 1-4. Kraftwirkung zwischen zwei Punktladungen

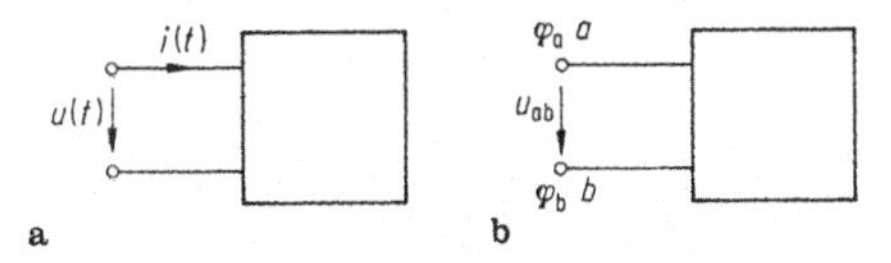

Bild 1-5. **a** Zweipol als (Energie-)Verbraucher; **b** Spannung zwischen zwei Punkten unterschiedlichen Potenzials

ebenfalls zeitabhängige) Strom i hinein und aus dem er auch wieder herausfließt, nimmt im Zeitraum von t_1 bis t_2 folgende Energie auf:

$$W = \int_{t_1}^{t_2} ui \, \mathrm{d}t \, .$$

Hierbei werden u und i gleichsinnig gezählt, so wie es in Bild 1-5a dargestellt ist (Verbraucherzählpfeilsystem).

Das Produkt ui bezeichnet man als die elektrische Leistung p:

$$ui = p = \frac{\mathrm{d}W(t)}{\mathrm{d}t} \, .$$

Im Falle zeitlich konstanter Größen $i = I$ und $u = U$ wird

$$W = UIt \, ; \; P = UI = W/t \, .$$

(Für konstante Ströme, Spannungen und Leistungen werden gewöhnlich Großbuchstaben verwendet; die Kleinbuchstaben i, u, p für die zeitabhängigen Größen.)

Ist $ui > 0$, so nimmt der Zweipol (Bild 1-5a) Leistung auf (Verbraucher); ist $ui < 0$, so gibt er Leistung ab (Erzeuger, Generator).

1.2.3 Elektrisches Potenzial

Die elektrische Spannung zwischen zwei Punkten (a und b) kann häufig auch als die Differenz zweier Potenziale φ aufgefasst werden (Bild 1-5b):

$$u_{\mathrm{ab}} = \varphi_{\mathrm{a}} - \varphi_{\mathrm{b}} \, .$$

Ist z. B. $u_{\mathrm{ab}} = 2\,\mathrm{V}$, so wäre das Wertepaar $\varphi_{\mathrm{a}} = 2\,\mathrm{V}$, $\varphi_{\mathrm{b}} = 0\,\mathrm{V}$ ebenso wie $\varphi_{\mathrm{a}} = 3\,\mathrm{V}$, $\varphi_{\mathrm{b}} = 1\,\mathrm{V}$ usw. eine mögliche Darstellung.

1.2.4 Spannungsquellen

Positive und negative Ladungen ziehen sich an. Kommt es dadurch in elektrischen Schaltungen zum Ladungsausgleich, so verlieren die Ladungen hierbei ihre potenzielle Energie; dies geschieht in allen Verbrauchern elektrischer Energie. Erzeuger elektrischer Energie hingegen bewirken eine Trennung positiver von negativen Ladungen, erhöhen also deren potenzielle Energie: Solche Erzeuger nennt man auch Spannungsquellen. (Die Ausdrücke Erzeuger und Verbraucher sind üblich, obwohl in ihnen eigentlich nur eine Energieumwandlung stattfindet.)

Das Bild 1-6 zeigt als Beispiel einer Gleichspannungsquelle ein galvanisches Element. Die Energie, die hier bei chemischen Reaktionen frei wird, bewirkt, dass es zwischen den positiven Ladungen des Pluspols und den negativen des Minuspols innerhalb der Quelle nicht zum Ladungsausgleich kommt. Ein Ausgleich kommt nur zustande, wenn an die beiden Klemmen a, b ein Verbraucher (z. B. ein Ohm'scher Widerstand R angeschlossen wird (im Verbraucher gibt es keine „elektromotorische Kraft", die dem Ladungsausgleich entgegenwirkt). In dem dargestellten einfachen Stromkreis wird die Quellenleistung P_{q} vom Widerstand „verbraucht":

$$P_{\mathrm{q}} = P_{\mathrm{R}} = UI \, .$$

Einige Schaltzeichen (Symbole) für Spannungsquellen sind in Bild 1-7 zusammengestellt.

Typische Spannungen galvanischer Elemente bzw. „Batterien" sind 1,5 V; 3 V; 4,5 V; 9 V; 18 V; Blei-Akkumulatoren von Pkws haben allgemein 12 V. Solarzellen haben einen anderen Mechanismus und können ca. 0,5 V erreichen; durch Bündelung vieler Zellen werden Solarmodule mit wesentlich höheren Spannungen aufgebaut.

Die inneren Verluste einer Spannungsquelle werden im Schaltbild durch den *inneren Widerstand* repräsentiert: die reale Quelle wird als Reihenschaltung einer idealen Spannungsquelle (U_{q}) mit dem inneren Widerstand (R_{i}) aufgefasst (Bild 1-8).

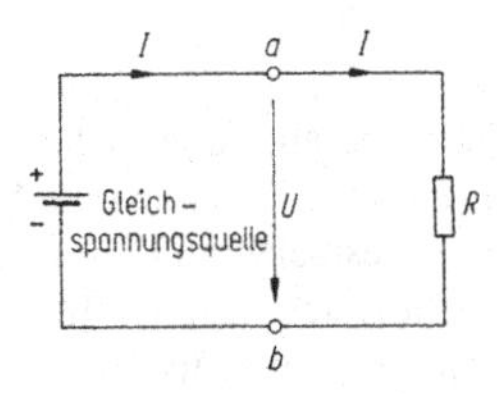

Bild 1-6. Belastete Gleichspannungsquelle (galvanisches Element)

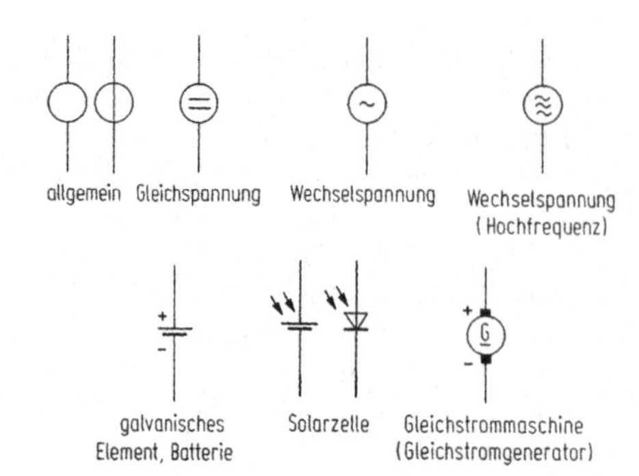

Bild 1-7. Symbole für Spannungsquellen

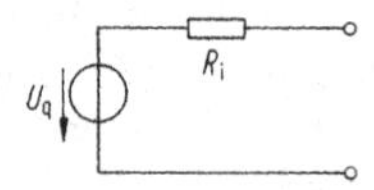

Bild 1-8. Ersatzschaltbild einer realen Spannungsquelle

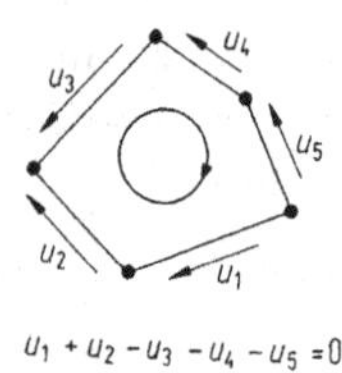

Bild 1-9. Umlauf mit 5 Spannungen

1.2.5 2. Kirchhoff'scher Satz (Satz von der Erhaltung der Energie; Spannungs-Maschengleichung)

In jeder elektrischen Schaltung ist die in einer bestimmten Zeit von den Quellen insgesamt abgegebene Energie gleich der von allen Verbrauchern insgesamt aufgenommenen Energie; dasselbe gilt natürlich für die Leistungen. Daraus folgt, dass bei jedem (geschlossenen) Umlauf (Bild 1-9)

$$\sum u = 0$$

wird, was in Bild 1-10 an einem Schaltungsbeispiel verdeutlicht ist. (In Bild 1-9 zählen die Spannungen, die dem willkürlich festgelegten Umlaufsinn entsprechen, positiv – die anderen negativ.) In der Schaltung in Bild 1-10 ist die Quellenleistung (an die Schaltung abgegebene L.) $P_{ab} = U_q I$ und die Verbraucherleistung (von der Schaltung aufgenommene L.)

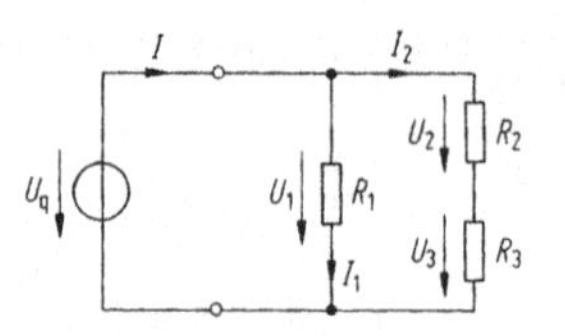

Bild 1-10. Schaltung mit 2 Maschen

$$P_{auf} = I_1 U_1 + I_2 U_2 + I_2 U_3 .$$

Wegen $P_{ab} = P_{auf}$ und $I = I_1 + I_2$ wird hieraus

$$I_1 U_q + I_2 U_q = I_1 U_1 + I_2 (U_2 + U_3) .$$

Dies muss u. a. auch in den Sonderfällen $I_2 = 0$ oder $I_1 = 0$ gelten, es ist also $U_q = U_1$ und $U_q = U_2 + U_3$ und damit auch $U_1 = U_2 + U_3$.

1.3 Elektrischer Widerstand

1.3.1 Ohm'sches Gesetz

Ohm'sche Widerstände sind solche, bei denen die Stromstärke i der anliegenden Spannung u proportional ist: $u \sim i$ (Bild 1-11). Diese Proportionalität beschreibt man als Gleichung in der Form

$$u = Ri , \quad \text{(Ohm'sches Gesetz)}$$

wobei man den Proportionalitätsfaktor R als Ohm'schen Widerstand(swert) bezeichnet. Für manche Aussagen nützlicher ist der Leitwert

$$G = 1/R .$$

Das Ohm'sche Gesetz lässt sich damit auch in der Form $i = Gu$ schreiben; außerdem gilt

$$R = u/i ; \quad G = i/u .$$

Die SI-Einheit des Widerstandes ist das Ohm (Ω = V/A), ferner ist 1 Siemens = 1 S = 1/Ω.

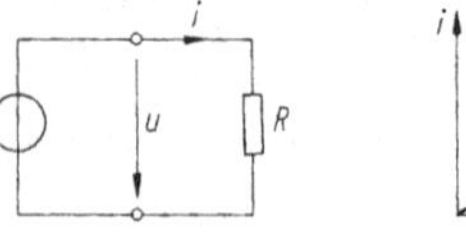

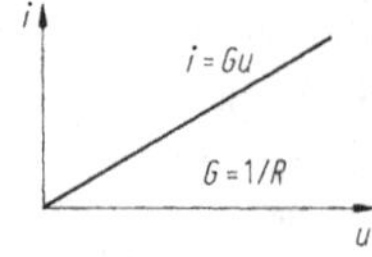

Bild 1-11. Der Zusammenhang zwischen Strom i und Spannung u an einem Ohm'schen Widerstand R

1.3.2 Spezifischer Widerstand und Leitfähigkeit

Für den Widerstand eines Leiters (Bild 1-12) mit konstanter Querschnittsfläche A und der Länge l gilt $R \sim l/A$. Als Proportionalitätsfaktor wird hier die Größe ϱ eingeführt:

$$R = \varrho \frac{l}{A}, \quad \varrho = \frac{A}{l} R .$$

ϱ ist materialspezifisch (und temperaturabhängig) und wird als *spezifischer Widerstand* (*Resistivität*) bezeichnet. Für den Leitwert des Leiters gilt

$$G = \frac{A}{\varrho l} = \frac{\gamma A}{l} .$$

Man nennt γ die *Leitfähigkeit* (die *Konduktivität*) des Leitermaterials ($\gamma = 1/\varrho$). In Tabelle 1-1 sind die Größen ϱ und γ für verschiedene Materialien angegeben. Übliche Einheiten für ϱ sind (vgl. $\varrho = RA/l$):

$$1 \frac{\Omega \cdot \text{mm}^2}{\text{m}} = 1\,\mu\Omega \cdot \text{m} .$$

Anschauliche Deutung: $\varrho = 1\,\Omega \cdot \text{mm}^2/\text{m}$ bedeutet, dass ein Draht mit dem Querschnitt 1 mm² und der Länge 1 m den Widerstand 1 Ω hat.
$\varrho = 1\,\Omega \cdot \text{cm}$ bedeutet, dass ein Würfel von 1 cm Kantenlänge zwischen zwei gegenüberliegenden Flächen gerade den Widerstand 1 Ω hat.

1.3.3 Temperaturabhängigkeit des Widerstandes

In metallischen Leitern gilt die Proportionalität $i \sim u$ (Ohm'sches Gesetz) nur bei konstanter Temperatur. ϱ nimmt bei Metallen im Allgemeinen mit der Temperatur θ zu. Bei reinen Metallen (außer den ferromagnetischen) stellt $\varrho = f(\theta)$ nahezu eine Gerade dar. Bestimmte Legierungen verhalten sich allerdings anders, z. B. Manganin (86% Cu, 12% Mn, 2% Ni), siehe Bild 1-13.

Bei reinen Metallen ist folgende Beschreibung der Abhängigkeit des spezifischen Widerstandes von der Temperatur zweckmäßig:

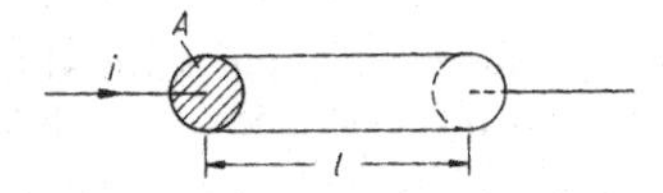

Bild 1-12. Leiter mit konstantem Querschnitt

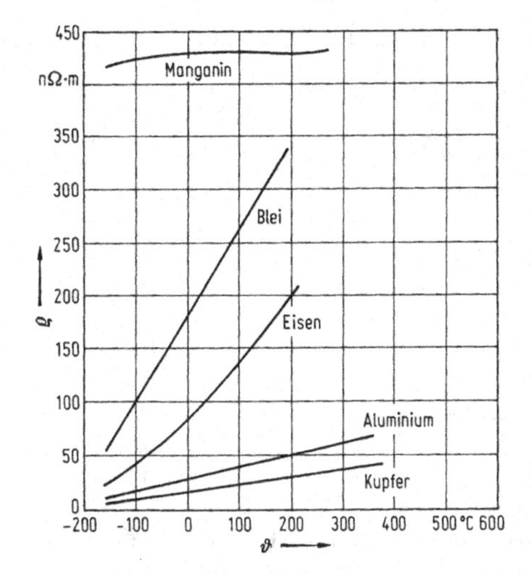

Bild 1-13. Temperaturabhängigkeit spezifischer Widerstände

$$\varrho = \varrho_{20}(1 + \alpha_{20}\Delta\theta + \beta_{20}\Delta\theta^2 + \ldots) .$$

Hierbei ist $\Delta\theta = \theta - 20\,°\text{C}$ und

- ϱ_{20} Resistivität bei 20 °C
- α_{20} linearer Temperaturbeiwert
- β_{20} quadratischer Temperaturbeiwert .

Einige Temperaturbeiwerte (Temperaturkoeffizienten) sind in Tabelle 1-1 angegeben.

Supraleitung

Bei vielen metallischen Stoffen ist unterhalb einer sog. *Sprungtemperatur* T_c keine Resistivität mehr messbar ($\varrho < 10^{-23}\,\Omega \cdot \text{m}$) (Tabelle 1-2); dieser Effekt wird als Supraleitung bezeichnet.
Bei den guten Leitern Cu, Ag, Au konnte bisher noch keine Supraleitung nachgewiesen werden. Das Bekanntwerden von Keramiksintermaterialien mit $T_c > 90\,\text{K}$ („Hochtemperatur-Supraleitung") hat seit 1986 dazu geführt, dass die Supraleitungs-Forschung in vielen Ländern sehr intensiviert worden ist.
Sprungtemperaturen oberhalb von 77,36 K (Siedetemperatur des Stickstoffs) erlauben es, Supraleitung mithilfe von flüssigem Stickstoff zu erreichen, also ohne das teure flüssige Helium auszukommen (vgl. Tabelle 1-3).

Tabelle 1-1. Spezifischer Widerstand und Temperaturbeiwerte verschiedener Stoffe

Stoff	ϱ_{20} $10^{-6}\,\Omega\cdot\text{m}$	γ_{20} $10^{6}\,\text{S/m}$	α_{20} $10^{-3}/\text{K}$	β_{20} $10^{-6}/\text{K}^2$
1. Reinmetalle				
Aluminium	0,027	37	4,3	1,3
Blei	0,21	4,75	3,9	2,0
Eisen	0,1	10	6,5	6,0
Gold	0,022	45,2	3,8	0,5
Kupfer	0,017	58	4,3	0,6
Nickel	0,07	14,3	6,0	9,0
Platin	0,098	10,5	3,5	0,6
Quecksilber	0,97	1,03	0,8	1,2
Silber	0,016	62,5	3,6	0,7
Zinn	0,12	8,33	4,3	6,0
2. Legierungen				
Konstantan (55% Cu, 44% Ni, 1% Mn)	0,5	2	−0,04	
Manganin (86% Cu, 2% Ni, 12% Mn)	0,43	2,27	±0,01	
Messing	0,066	15	1,5	
	$\Omega\cdot\text{m}$	S/m		
3. Kohle, Halbleiter				
Germanium (rein)	0,46	2,2		
Graphit	$8{,}7\cdot10^{-6}$	$115\cdot10^{3}$		
Kohle (Bürstenkohle)	$(40\ldots100)\cdot10^{-6}$	$(10\ldots25)\cdot10^{3}$	$-0{,}2\ldots-0{,}8$	
Silizium (rein)	2300	$0{,}43\cdot10^{-3}$		
4. Elektrolyte				
Kochsalzlösung (10%)	$79\cdot10^{-3}$	12,7		
Schwefelsäure (10%)	$25\cdot10^{-3}$	40,0		
Kupfersulfatlösung (10%)	$300\cdot10^{-3}$	3,3		
Wasser (rein)	$2{,}5\cdot10^{5}$	$0{,}4\cdot10^{-3}$		
Wasser (destilliert)	$4\cdot10^{4}$	$2{,}5\cdot10^{-3}$		
Meerwasser	$300\cdot10^{-3}$	3,3		
5. Isolierstoffe				
Bernstein	$>10^{16}$			
Glas	$10^{11}\ldots10^{12}$			
Glimmer	$10^{13}\ldots10^{15}$			
Holz (trocken)	$10^{9}\ldots10^{13}$			
Papier	$10^{15}\ldots10^{16}$			
Polyethylen	10^{16}			
Polystyrol	10^{16}			
Porzellan	bis $5\cdot10^{12}$			
Transformator-Öl	$10^{10}\ldots10^{13}$			

Mit Supraleitern lassen sich verlustlos sehr starke Magnetfelder erzeugen (wie sie in der Hochenergiephysik, in Induktionsmaschinen oder für Magnetbahnen gebraucht werden). Bei einer Reihe dieser Stoffe setzt aber die Supraleitung durch Einwirkung eines starken Magnetfeldes wieder aus (Nb-Sn- und Nb-Ti-Legierungen z. B. bleiben aber noch unter dem Einfluss recht starker Magnetfelder supraleitend). Die

Tabelle 1-2. Sprungtemperatur verschiedener Supraleiter

Stoff	T_c in K
Cd	0,52
Al	1,18
Ti	0,40
Sn	3,72
Hg	4,15
V	5,4
Ta	4,47
Pb	7,20
NbTi	8,5
Nb	9,25
Tc	7,8
V_3Ga	16,8
Nb_3Sn	18,0
Nb_3Ge	23,2
$Ba_xLa_{5-x}Cu_5O_{3-y}$	> 30
Y-La-Cu-O	> 90
K Kelvin; absoluter Nullpunkt: 0 K ≙ – 273,15 °C	

Tabelle 1-3. Schmelz- und Siedetemperatur von He, H_2, N_2 und O_2

Stoff	Schmelztemperatur T_{sl} in K	Siedetemperatur T_{lg} in K
He		4,22
H_2	13,81	20,28
N_2	63,15	77,36
O_2	54,36	90,20

Möglichkeit verlustloser Energieübertragung über supraleitende Kabel wird auch dadurch begrenzt, dass oberhalb bestimmter Stromdichten (kritischer Stromdichten) Supraleitung unmöglich wird; vgl. auch Abschnitt B.

2 Wechselstrom

2.1 Beschreibung von Wechselströmen und -spannungen

Ein sinusförmig schwingender Strom (Bild 2-1),

$$i = \hat{i}\cos(\omega t + \varphi_0)\,,$$

ist durch die drei Parameter *Scheitelwert (Amplitude)* $\hat{i}$, *Kreisfrequenz* ω und *Nullphasenwinkel* φ_0 bestimmt (wird eine dieser drei Größen zeitabhängig, so spricht man von Modulation). Für die *Periodendauer* T der Schwingung gilt:

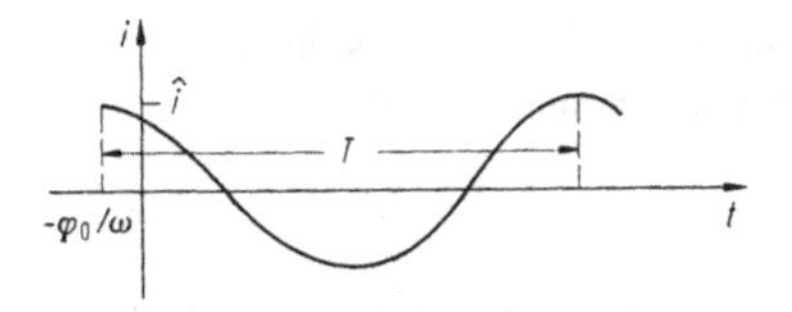

Bild 2-1. Sinusförmiger Wechselstrom

$$T = 2\pi/\omega\,,$$

die *Frequenz* ist

$$f = \frac{1}{T} = \frac{\omega}{2\pi}\,.$$

Sinusförmige Ströme haben den Mittelwert null (sie haben keinen Gleichanteil) und sind Wechselströme. (Alle periodischen Größen ohne Gleichanteil nennt man Wechselgrößen.) Eine Summe aus einem Gleich- und einem Wechselstrom nennt man *Mischstrom* (Bild 2-2).

Für $i(t)$ kann man auch schreiben:

$$\begin{aligned} i(t) &= \hat{i}\,\mathrm{Re}\{\exp[\mathrm{j}(\omega t + \varphi_0)]\} \\ &= \mathrm{Re}\{\hat{i}\,\exp(\mathrm{j}\varphi_0)\exp(\mathrm{j}\omega t)\} \\ &= \mathrm{Re}\{\underline{\hat{i}}\exp(\mathrm{j}\omega t)\} = \mathrm{Re}\{\underline{i}(t)\}\,. \end{aligned}$$

Hierbei ist

$$\underline{\hat{i}} = \hat{i}\exp(\mathrm{j}\varphi_0) \quad \text{die } \textit{komplexe Amplitude}$$

und

$$\underline{i}(t) = \underline{\hat{i}}\exp(\mathrm{j}\omega t) \quad \text{die } \textit{komplexe Zeitfunktion}$$

des Stromes i.

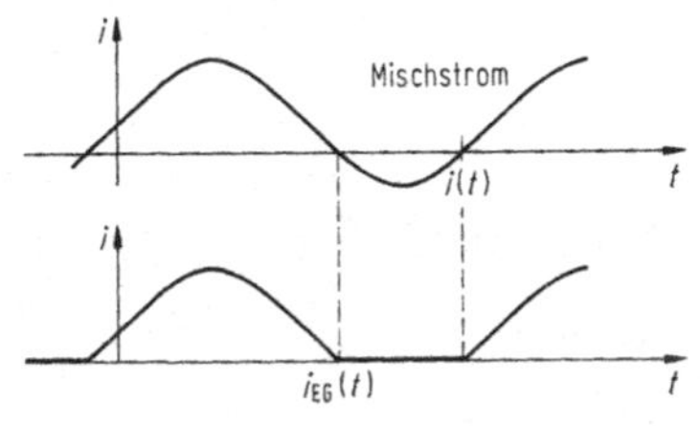

Bild 2-2. Mischstrom vor und nach der Einweg-Gleichrichtung

Die Amplitude $\hat{i}$ geht aus der komplexen Amplitude $\underline{\hat{i}}$ durch Betragsbildung hervor:

$$\hat{i} = |\underline{\hat{i}}| \,.$$

Die reelle Zeitfunktion $i(t)$ entsteht aus der komplexen durch Realteilbildung:

$$i(t) = \mathrm{Re}\,\{\underline{i}(t)\} \,.$$

Den Wert $\underline{\hat{i}} / \sqrt{2} = \underline{I}$ bezeichnet man als komplexen Effektivwert (vgl. 2.2) der Größe i.

Die Kennzeichnung komplexer Größen durch Unterstreichung kann entfallen, wenn verabredet ist, dass die betreffenden Formelbuchstaben eine komplexe Größe darstellen. Beträge sind dann durch Betragsstriche zu kennzeichnen.

2.2 Mittelwerte periodischer Funktionen

Für einen periodischen Strom $i(t)$ mit der Periode T werden verschiedene Mittelwerte definiert (Tabelle 2-1 und Bild 2-2).

Das Verhältnis von Scheitelwert zu Effektivwert bezeichnet man als den *Scheitelfaktor*

$$k_s = \hat{i} / I$$

Tabelle 2-1. Mittelwerte eines periodischen Stromes

arithmetischer Mittelwert	$\bar{i} = \frac{1}{T} \int_{\tau}^{\tau+T} i(t)\,dt$
Einweggleichrichtwert	$\bar{i}_{EG} = \frac{1}{T} \int_{\tau}^{\tau+T} i_{EG}(t)\,dt$
Gleichrichtwert (elektrolytischer Mittelwert)	$\overline{\lvert i \rvert} = \frac{1}{T} \int_{\tau}^{\tau+T} \lvert i(t) \rvert\,dt$
Effektivwert (quadratischer Mittelwert)	$I = \sqrt{\frac{1}{T} \int_{\tau}^{\tau+T} i^2(t)\,dt}$

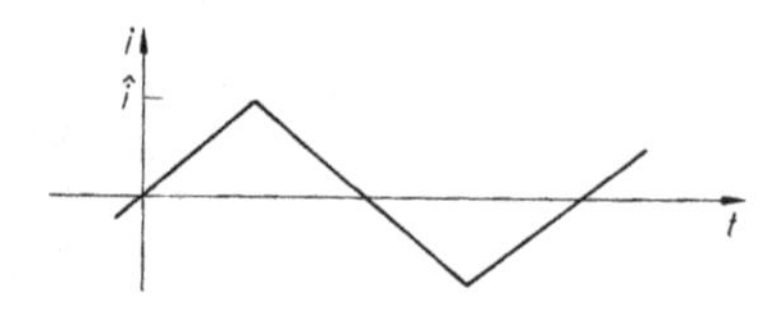

Bild 2-3. Dreieckförmiger Strom $i(t)$

und das Verhältnis des Effektivwertes zum Gleichrichtwert als *Formfaktor*

$$k_f = I / \overline{|i|} \,.$$

In der Tabelle 2-2 sind die Mittelwerte, der Scheitel- und der Formfaktor eines sinusförmigen (Bild 2-1) und eines dreiecksförmigen (Bild 2-3) Wechselstromes angegeben.

2.3 Wechselstrom in Widerstand, Spule und Kondensator

In der Tabelle 2-3 sind die Zusammenhänge zwischen Strom und Spannung in Widerstand, (idealer) Spule und (idealem) Kondensator – allgemein und für eingeschwungene Sinusgrößen – in unterschiedlicher Weise dargestellt, vgl. Bild 2-5.

Reale Spule und realer Kondensator

Eine eisenlose Spule hat außer ihrer Induktivität L auch den Ohm'schen Widerstand R der Wicklung (Wicklungsverluste). Für eine genauere Betrachtung muss daher jede Spule als RL-Reihenschaltung dargestellt werden (Bild 2-4a). In einer Spule mit einem Eisenkern treten außer den Wicklungsverlusten („*Kupferverlusten*") auch noch im Eisenkern Ummagnetisierungsverluste (*Hystereseverluste*) und *Wirbelstromverluste* auf, die man zusammenfassend als *Eisenverluste* bezeichnet. Diese Eisenverluste stellt man im Ersatzschaltbild (Bild 2-4b) durch einen Widerstand parallel zur Induktivität dar.

Tabelle 2-2. Mittelwerte, Scheitel- und Formfaktor des sinusförmigen und des dreiecksförmigen Wechselstromes

	$\bar{i}$	$\bar{i}_{EG}$	$\overline{\lvert i \rvert}$	I	k_s	k_f
Sinusförmiger Strom	0	$\frac{\hat{i}}{\pi} = 0{,}318\hat{i}$	$\frac{2\hat{i}}{\pi} = 0{,}637\hat{i}$	$\frac{\hat{i}}{\sqrt{2}} = 0{,}707\hat{i}$	$\sqrt{2} = 1{,}414$	$\frac{\pi}{2\sqrt{2}} = 1{,}111$
Dreieckförmiger Strom	0	$0{,}25\hat{i}$	$0{,}5\hat{i}$	$\frac{\hat{i}}{\sqrt{3}} = 0{,}577\hat{i}$	$\sqrt{3} = 1{,}732$	$\frac{2}{\sqrt{3}} = 1{,}155$

Tabelle 2-3. Zusammenhang zwischen Spannung und Strom bei Widerstand, Spule und Kondensator (Komplexe Größen sind nicht besonders gekennzeichnet.)

Bauelement		Widerstand	Spule	Kondensator
Kennzeichnende Größe		Resistanz, Ohm'scher W. R	Induktivität L	Kapazität C
Zusammenhang zwischen U und I	allgemein	$u = R \cdot i$	$u = L \cdot \frac{di}{dt}$	$i = C \cdot \frac{du}{dt}$
	komplexe Effektivwerte von Sinusgrößen	$U = R \cdot I$	$U = j\omega L \cdot I$	$I = j\omega C \cdot U$

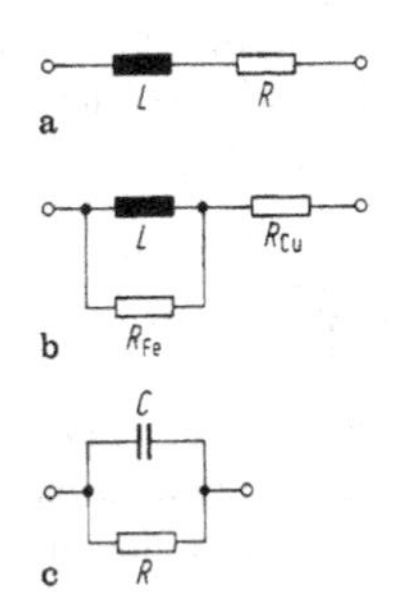

Bild 2-4. Reale Spule und realer Kondensator. **a** Ersatzschaltung einer eisenfreien Spule; **b** Ersatzschaltung einer Spule mit Eisenkern; **c** Ersatzschaltung eines Kondensators

(Ein noch genaueres Ersatzschaltbild müsste auch die Kapazität zwischen den einzelnen Windungen berücksichtigen.)
Bei einem Kondensator hat das Dielektrikum zwischen den beiden Elektroden auch eine (geringe) elektrische Leitfähigkeit. Daher stellt man bei genauerer Betrachtung einen Kondensator als RC-Parallelschaltung dar (Bild 2-4c). (Bei noch genauerer Darstellung dürfte auch die Induktivität der Zuleitung nicht vernachlässigt werden.)

2.4 Zeigerdiagramm

Die komplexen Zeitfunktionen $\underline{u}(t)$ und $\underline{i}(t)$, die komplexen Amplituden $\underline{\hat{u}}$ und $\underline{\hat{i}}$ und auch die komplexen Effektivwerte $\underline{U}$ und $\underline{I}$ können in der komplexen (Gauß'schen Zahlen-)Ebene als sog. Zeiger anschaulich dargestellt werden. Üblich ist die Zeigerdarstellung vor allem für die komplexen Effektivwerte.

Bild 2-5 stellt (ab jetzt ohne Unterstreichung der komplexen Effektivwerte!) die Zeiger für U und I an den idealen Elementen Widerstand, Spule und Kondensator dar. Dabei ist U jeweils (willkürlich) als reell vorausgesetzt.

Man sagt:

(a) Der Strom ist im Widerstand mit der Spannung phasengleich („in Phase").
(b) Der Strom eilt der Spannung an der Spule um 90° nach.
(c) Der Strom eilt der Spannung am Kondensator um 90° voraus.

Weitere Beispiele für Zeigerdiagramme: Bilder 7-3 und 7-9 in Kap. 7.

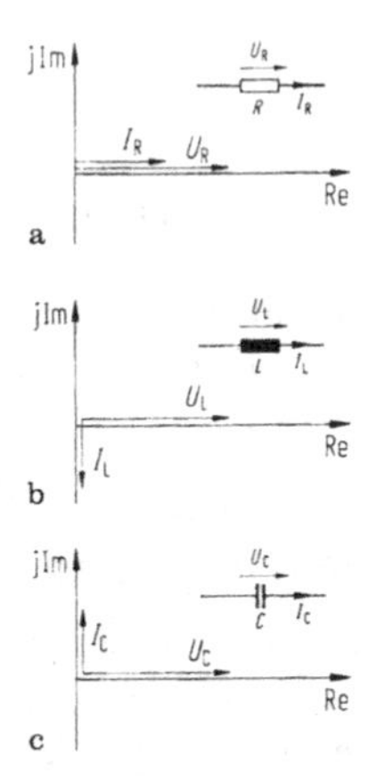

Bild 2-5. Zeigerdiagramme für Strom und Spannungen bei **a** Widerstand, **b** Spule und **c** Kondensator

2.5 Impedanz und Admittanz

Entsprechend dem auf komplexe Effektivwerte angewandten Ohm'schen Gesetz

$$U_R/I_R = R$$

ergeben sich aus dem Verhältnis U/I auch bei Spule und Kondensator Größen mit der Dimension eines Widerstandes:

$$\frac{U_L}{I_L} = j\omega L = jX_L = Z_L ;$$

$$\frac{U_C}{I_C} = \frac{1}{j\omega C} = jX_C = Z_C .$$

Man nennt Z_L bzw. Z_C den *komplexen Widerstand* oder die *Impedanz* von Spule bzw. Kondensator. Z_L und Z_C sind rein imaginär; den Imaginärteil einer Impedanz Z nennt man ihren *Blindwiderstand* (ihre *Reaktanz*) X:

$$X_L = \omega L ; \quad X_C = -1/(\omega C) .$$

Den Realteil R einer Impedanz nennt man ihren *Wirkwiderstand (Resistanz).*

Die Kehrwerte der Impedanzen nennt man *Admittanzen*:

$$Y = 1/Z ;$$

$$Y_L = \frac{1}{Z_L} = \frac{1}{j\omega L} = jB_L ;$$

$$Y_C = \frac{1}{Z_C} = j\omega C = jB_C .$$

Auch Y_L und Y_C sind rein imaginär; man nennt den Imaginärteil einer Admittanz ihren *Blindleitwert* (ihre *Suszeptanz*) B:

$$B_L = -1/(\omega L) ;$$

$$B_C = \omega C .$$

Den Realteil G einer Admittanz nennt man ihren *Wirkleitwert (Konduktanz).*

Den Betrag $|Z|$ einer Impedanz Z nennt man ihren *Scheinwiderstand*, den Betrag $|Y|$ einer Admittanz Y ihren *Scheinleitwert*.

2.6 Kirchhoff'sche Sätze für die komplexen Effektivwerte

Die Kirchhoff'schen Sätze gelten nicht nur für die Momentanwerte beliebig zeitabhängiger Spannungen (u) und Ströme (i) (insbesondere also auch für Gleichspannungen U und -ströme I), sondern auch für die komplexen Amplituden ($\underline{\hat{u}}, \underline{\hat{i}}$) und komplexen Effektivwerte (U, I) eingeschwungener Sinusspannungen und -ströme (vgl. Bild 2-6) (ohne Nachweis):

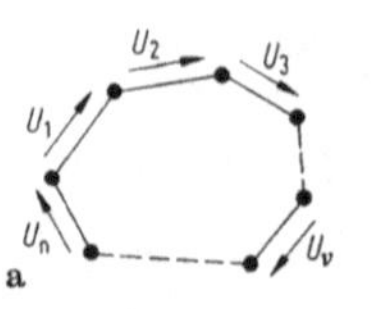

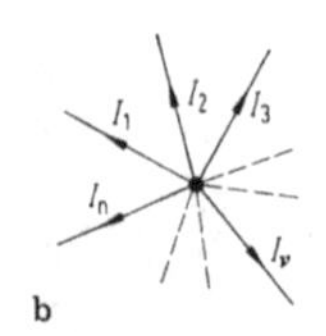

Bild 2-6. Zur Anwendung der Kirchhoff'schen Gesetze **a** Maschenregel (Umlauf); **b** Knotenregel

$$\sum_{\nu=1}^{n} U_\nu = 0 ; \quad \sum_{\nu=1}^{n} I_\nu = 0 .$$

Spannungen und Ströme, deren Zählpfeile umgekehrt gerichtet sind wie in Bild 2-6, erhalten bei der Summation ein Minuszeichen.

3 Lineare Netze

Als linear werden Schaltungen bezeichnet, in denen nur konstante Ohm'sche Widerstände, Kapazitäten, Induktivitäten sowie Gegeninduktivitäten vorkommen und in denen die Quellenspannungen und -ströme entweder konstant sind oder aber einer anderen Strom- oder Spannungsgröße proportional sind („gesteuerte Quellen"; vgl. 3.2.3; 8.2; 25.4.1).

Die linearen Gleichstromnetze stellen eine spezielle Klasse der linearen Netze dar, nämlich Netze, die nur Ohm'sche Widerstände sowie konstante Quellenspannungen U_0 oder konstante Quellenströme I_0 enthalten ($Z \rightarrow R$; $U \rightarrow U_0$; $I \rightarrow I_0$).

3.1 Widerstandsnetze

3.1.1 Gruppenschaltungen

Reihen- und Parallelschaltung

Impedanzen, durch die ein gemeinsamer Strom I hindurchfließt, nennt man *in Reihe* (in Serie) *geschaltet*. Eine Reihenschaltung von n Impedanzen (Bild 3-1) wirkt wie ein einziger Zweipol mit der Impedanz

$$Z = \sum_{\nu=1}^{n} Z_\nu .$$

Impedanzen, die an einer gemeinsamen Spannung U liegen (Bild 3-2), nennt man *parallel geschaltet*.

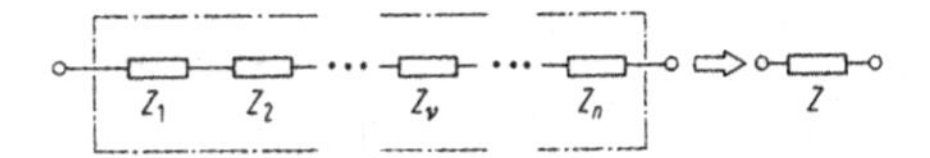

Bild 3-1. Reihenschaltung

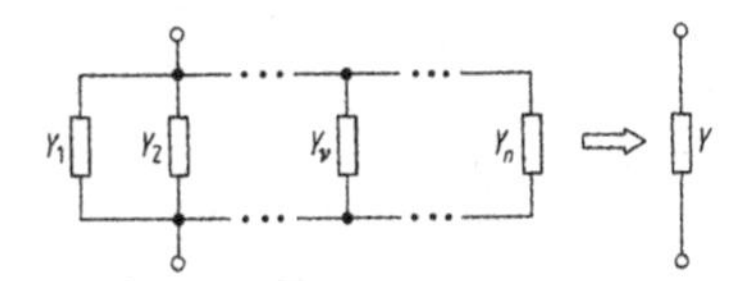

Bild 3-2. Parallelschaltung

Eine Parallelschaltung von n Impedanzen wirkt wie ein einziger Zweipol mit der Admittanz

$$Y = \sum_{\nu=1}^{n} Y_\nu = \frac{1}{Z},$$

$$\left(\text{hierbei ist } Y_\upsilon = \frac{1}{Z_\nu}\right).$$

Speziell für zwei parallelgeschaltete Zweipole mit den Impedanzen Z_1, Z_2 ergibt sich als Gesamtimpedanz

$$Z = \frac{Z_1 Z_2}{Z_1 + Z_2}.$$

Spannungs- und Stromteiler

Bei einer Reihenschaltung verhalten sich die Spannungen zueinander wie die zugehörigen Widerstände (Bild 3-3a):

$$\frac{U_2}{U} = \frac{Z_2}{Z_1 + Z_2}; \quad U_2 = \frac{Z_2}{Z_1 + Z_2} U.$$

Bei einer Parallelschaltung verhalten sich die Ströme zueinander wie die zugehörigen Leitwerte (Bild 3-3b):

$$\frac{I_2}{I} = \frac{Y_2}{Y_1 + Y_2} = \frac{Z_1}{Z_1 + Z_2}.$$

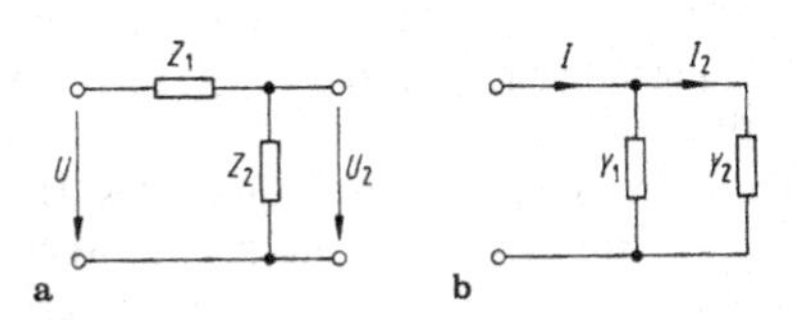

Bild 3-3. Spannungsteilung und Stromteilung

Gruppenschaltungen

Setzt man Reihen- und Parallelschaltungen ihrerseits wieder zu Reihen- und Parallelschaltungen zusammen usw., so lässt sich die Gesamtimpedanz zwischen zwei Anschlussklemmen dadurch berechnen, dass man alle parallel oder in Reihe geschalteten Zweipole bzw. Schaltungsteile schrittweise zusammenfasst; ein Beispiel hierfür zeigt Bild 3-4.

Zwischen den Klemmen a und b ergibt sich die Gesamtimpedanz

$$Z_{ab} = Z_C + Z_D = \frac{Z_A Z_B}{Z_A + Z_B} + Z_D$$
$$= \frac{(Z_1 + Z_2)(Z_3 + Z_4 + Z_5)}{Z_1 + Z_2 + Z_3 + Z_4 + Z_5} + \frac{Z_7 Z_8}{Z_7 + Z_8}.$$

Impedanz- und Admittanz-Ortskurven

Wenn man z. B. beschreiben will, wie die Impedanz

$$Z = R + j\omega L$$

einer RL-Reihenschaltung (Bild 3-5) von ω abhängt, so stellt man fest, dass die Spitzen der Z-Operatorpfeile auf einer Geraden liegen, siehe Bild 3-6c.

In Bild 3-6 ist außerdem die Abhängigkeit der Größe Z von R und L dargestellt. Eine Kurve, auf der sich die Spitze einer komplexen Größe bei Veränderung eines reellen Parameters bewegt, nennt man Ortskurve. Für einige weitere Schaltungen sind Ortskurven in den Bildern 3-7 bis 3-10 dargestellt.

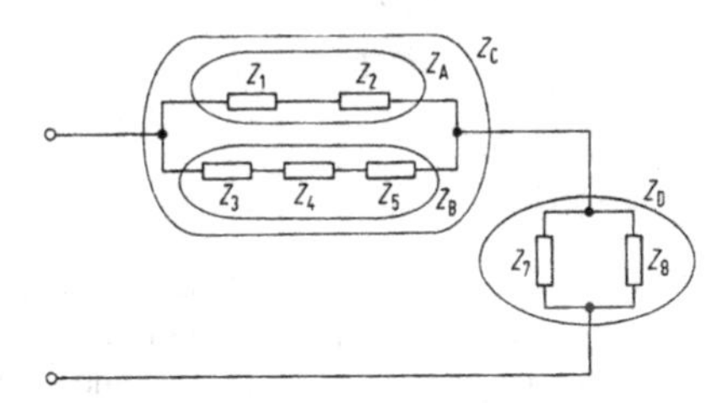

Bild 3-4. Gruppenschaltung

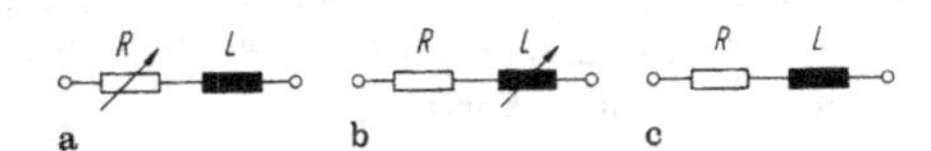

Bild 3-5. RL-Reihenschaltung **a** R variabel, L const, ω const; **b** L variabel, ω const, R const; **c** ω variabel, L const, R const

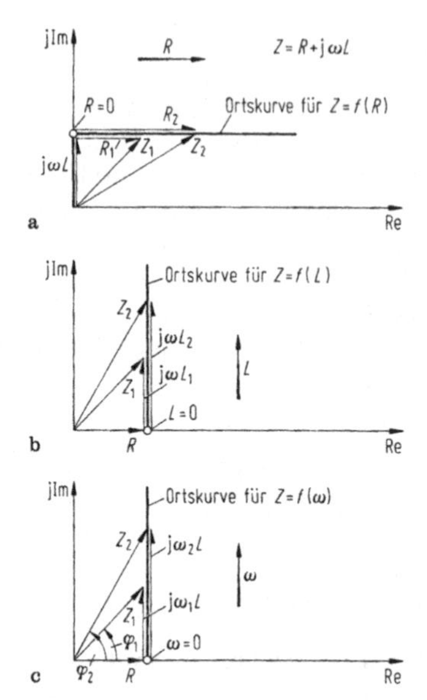

Bild 3-6. Z-Ortskurven einer RL-Reihenschaltung. **a** R variabel, L const, ω const; **b** L variabel, ω const, R const; **c** ω variabel, L const, R const

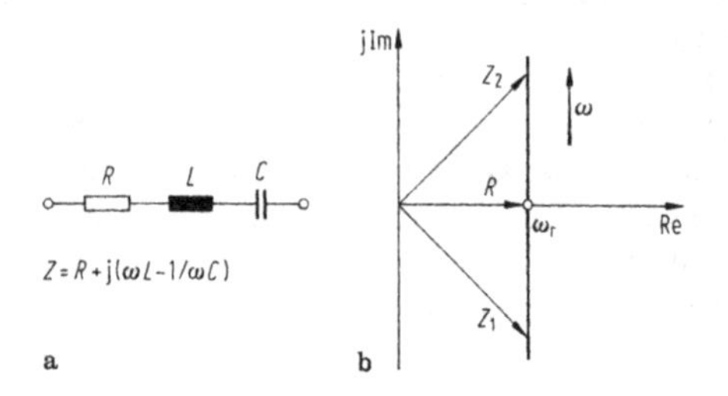

Bild 3-7. Die RLC-Reihenschaltung und ihre Z-Ortskurve

3.1.2 Brückenschaltungen

Die Brückenschaltung (Bild 3-11) ist ein Beispiel für eine Schaltung, die keine Gruppenschaltung ist.

Im Allgemeinen ist hier $U_5 \neq 0$, $I_5 \neq 0$ und somit $I_1 \neq I_2$ und $I_3 \neq I_4$; Z_1, Z_2 und Z_3, Z_4 bilden also keine Reihenschaltungen. Ebenso ist i. Allg. $U_1 \neq U_3$ und $U_2 \neq U_4$; Z_1, Z_3 und Z_2, Z_4 bilden also keine Parallelschaltungen. Nur im Sonderfall

$$Z_1/Z_2 = Z_3/Z_4 \quad \text{(Brückenabgleich)}$$

werden $U_5 = 0$, $I_5 = 0$, und es gilt

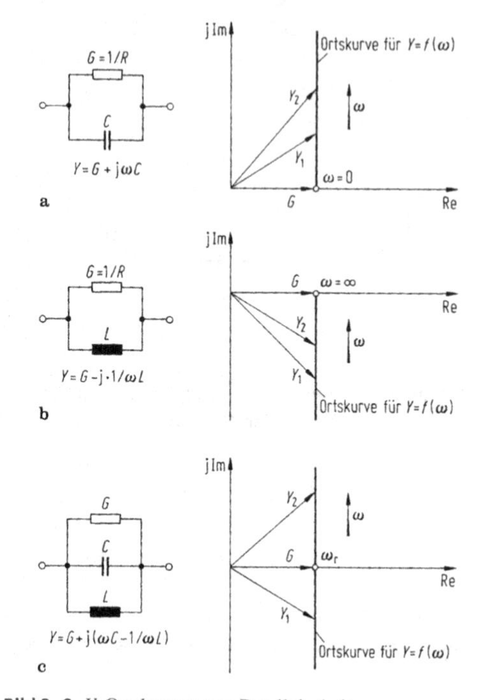

Bild 3-8. Y-Ortskurven von Parallelschaltungen

$$Z_{ab} = \frac{(Z_1 + Z_2)(Z_3 + Z_4)}{Z_1 + Z_2 + Z_3 + Z_4} = \frac{Z_1 Z_3}{Z_1 + Z_3} + \frac{Z_2 Z_4}{Z_2 + Z_4}$$

(Eingangsimpedanz einer abgeglichenen Brücke).
In der Messtechnik sind Brückenschaltungen (Messbrücken) sehr wichtig.

3.1.3 Stern-Dreieck-Umwandlung

Jede beliebige Zusammenschaltung konstanter Impedanzen mit drei Anschlussklemmen („Dreipol") kann durch einen gleichwertigen (äquivalenten) Impedanzstern oder ein gleichwertiges Impedanzdreieck (Bild 3-12) so ersetzt werden, dass die drei Eingangsimpedanzen Z_{E12}, Z_{E23}, Z_{E31} jeweils übereinstimmen.

So kann jeder Stern in ein äquivalentes Dreieck umgewandelt werden und umgekehrt. Wenn die Impedanzen Z_{12}, Z_{23}, Z_{31} eines Dreiecks gegeben sind, so können hieraus die Impedanzen Z_{10}, Z_{20}, Z_{30}

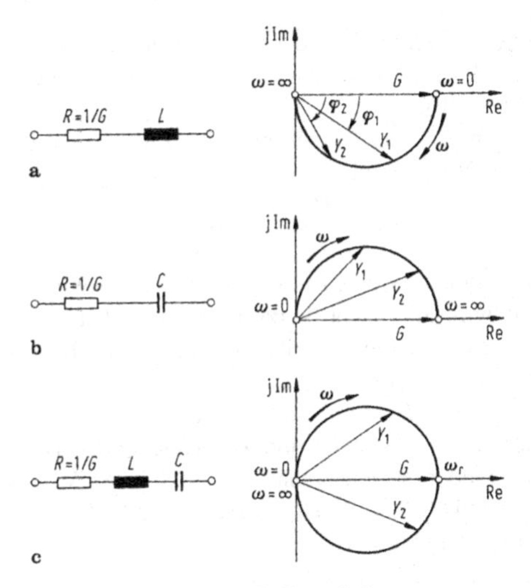

Bild 3-9. Y-Ortskurven von Reihenschaltungen

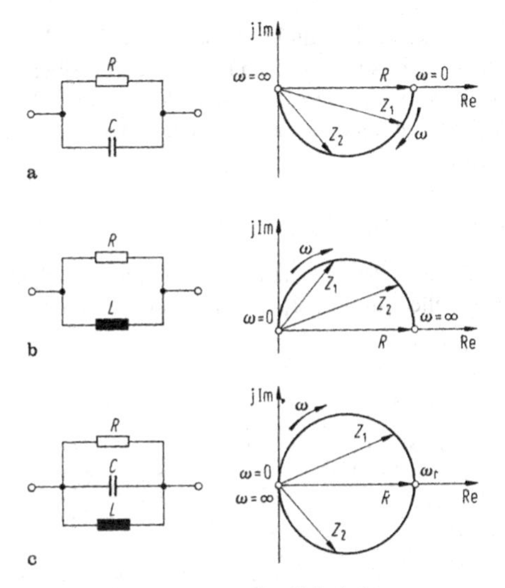

Bild 3-10. Z-Ortskurven von Parallelschaltungen

des äquivalenten Sternes berechnet werden:

$$Z_{10} = \frac{Z_{12}Z_{31}}{Z_{12} + Z_{23} + Z_{31}},$$

$$Z_{20} = \frac{Z_{23}Z_{12}}{Z_{12} + Z_{23} + Z_{31}},$$

$$Z_{30} = \frac{Z_{31}Z_{23}}{Z_{12} + Z_{23} + Z_{31}}.$$

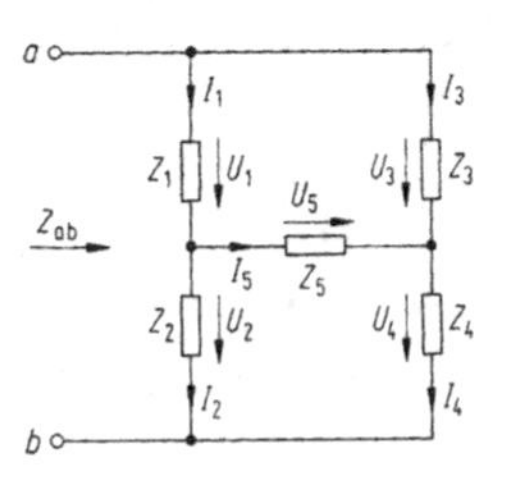

Bild 3-11. Brückenschaltung

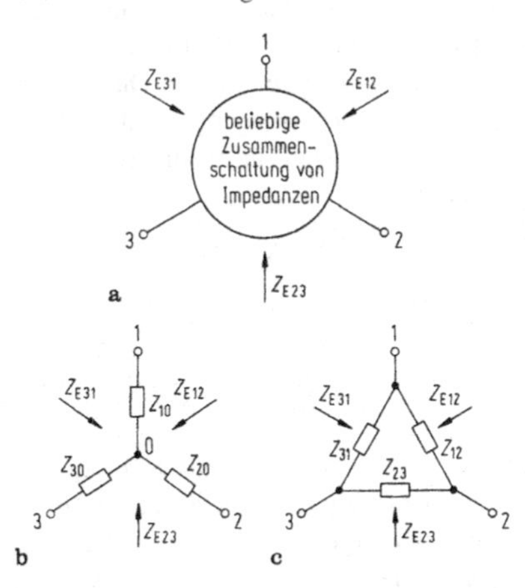

Bild 3-12. Äquivalente Dreipole

Umgekehrt gilt

$$Z_{12} = \frac{Z_{10}Z_{20} + Z_{20}Z_{30} + Z_{30}Z_{10}}{Z_{30}},$$

$$Z_{23} = \frac{Z_{10}Z_{20} + Z_{20}Z_{30} + Z_{30}Z_{10}}{Z_{10}},$$

$$Z_{31} = \frac{Z_{10}Z_{20} + Z_{20}Z_{30} + Z_{30}Z_{10}}{Z_{20}}.$$

Stern-Vieleck-Umwandlungen sind für allgemeine n-Pole möglich (jeder n-strahlige Stern lässt sich durch ein vollständiges n-Eck ersetzen, nicht aber umgekehrt jedes vollständige n-Eck durch einen n-strahligen Stern).

3.2 Strom- und Spannungsberechnung in linearen Netzen

3.2.1 Der Überlagerungssatz (Superpositionsprinzip)

In einem *linearen* Netz mit m Zweigen und n Spannungsquellen ($U_{q1}, \ldots, U_{qn}$) kann der Strom I_μ im μ-

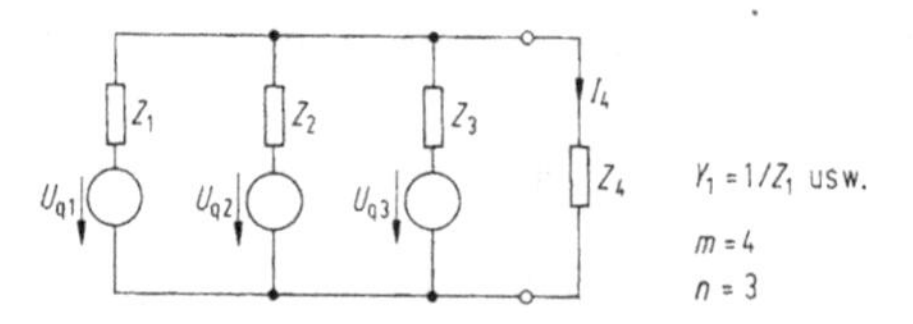

Bild 3-13. Parallelschaltung von 3 Spannungsquellen an einem Verbraucher (Z_4)

ten Zweig berechnet werden, indem man zunächst die Wirkung jeder einzelnen Quelle auf diesen Zweig berechnet (wobei jeweils alle anderen Quellen unwirksam sein müssen, die Spannungsquellen also durch *Kurzschlüsse* zu ersetzen sind); die so berechneten Einzelwirkungen

$$I_\mu^{(\nu)} = K_\mu^{(\nu)} U_{q\nu}$$

ergeben den Strom

$$I_\mu = \sum_{\nu=1}^{n} K_\mu^{(\nu)} U_{q\nu} \; .$$

(Enthält das Netz auch oder nur Stromquellen, so kann man auch hier zunächst die Einzelwirkungen berechnen, die sich ergeben, wenn jeweils alle Stromquellen bis auf eine unwirksam gemacht werden, d. h. durch eine Leitungsunterbrechung ersetzt werden.)

Beispiel

Parallelschaltung von 3 Spannungsquellen an einem Verbraucher Z_4, Bild 3-13.

$$I_4^{(1)} = \frac{U_{q1} Y_1}{Y_1 + Y_2 + Y_3 + Y_4} Y_4 \; ;$$

$$I_4^{(2)} = \frac{U_{q2} Y_2}{Y_1 + Y_2 + Y_3 + Y_4} Y_4 \; ;$$

$$I_4^{(3)} = \frac{U_{q3} Y_3}{Y_1 + Y_2 + Y_3 + Y_4} Y_4 \; ;$$

$$I_4 = I_4^{(1)} + I_4^{(2)} + I_4^{(3)} = \frac{U_{q1} Y_1 + U_{q2} Y_2 + U_{q3} Y_3}{Y_1 + Y_2 + Y_3 + Y_4} Y_4 \; .$$

3.2.2 Ersatz-Zweipolquellen

Strom-Spannungs-Kennlinie einer linearen Zweipolquelle

Beispiel: **Spannungsteiler**. Die Klemmengrößen U, I der Spannungsteilerschaltung (Bild 3-14a) können als die Koordinaten des Schnittpunktes S der Arbeitsgeraden $U = f(I)$ (Achsenabschnitte: *Kurzschlussstrom* I_k und *Leerlaufspannung* U_L) mit der Widerstandskennlinie $I = U/R$ aufgefasst werden (Bild 3-14b).

Der durch I_k und U_L beschriebene Zweipol hat den inneren Widerstand

$$R_i = \frac{U_L}{I_k} = \frac{R_1 R_2}{R_1 + R_2} \; .$$

Dieser innere Widerstand ergibt sich auch, wenn man U_q unwirksam macht (kurzschließt) und den Widerstand R_{ab} des Zweipols mit den Klemmen a, b berechnet (Bild 3-15a).

Jeder lineare Zweipol (d. h. jeder Zweipol, der nur konstante Widerstände und konstante Quellenspannungen oder -ströme enthält) ist durch seine Arbeitsgerade (also allein durch das Wertepaar I_k, U_L) vollständig charakterisiert.

Äquivalenz von Zweipolquellen

Aktive Zweipole, die durch dasselbe Wertepaar I_k, U_L charakterisiert sind, stimmen nach außen hin überein, obwohl sie sich intern unterscheiden können. Man nennt Zweipolquellen mit gleicher Arbeitsgerade *äquivalent*.

Ersatzspannungsquelle

Ein beliebiger Zweipol ist z. B. einer einfachen Spannungsquelle äquivalent, wenn deren Kurzschluss-

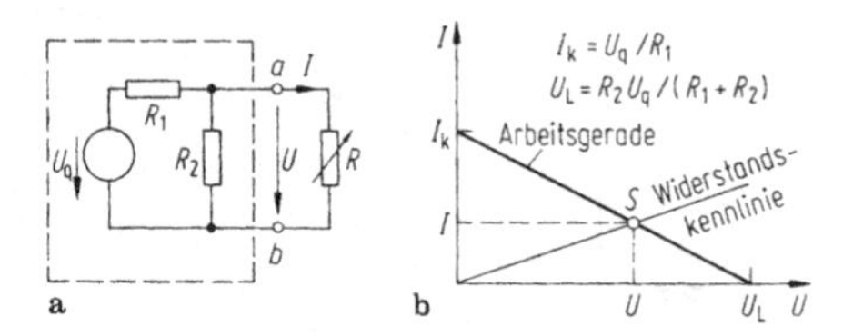

Bild 3-14. Belasteter Spannungsteiler. **a** Schaltbild; **b** die Klemmengrößen U, I als Schnittpunkt-Koordinaten

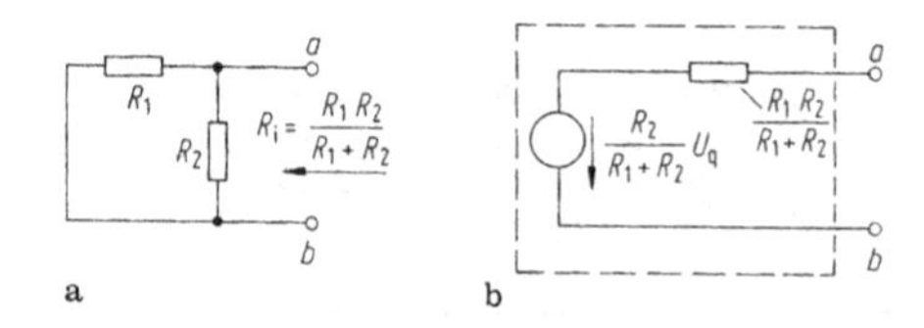

Bild 3-15. Spannungsteiler. **a** Zur Bestimmung des inneren Widerstandes eines Spannungsteilers; **b** Ersatzspannungsquelle eines Spannungsteilers (vgl. Bild 3-14a)

strom und Leerlaufspannung mit denen des beliebigen Zweipols übereinstimmen. Der Spannungsteilerschaltung 3-14a ist also die Ersatzspannungsquelle nach Bild 3-15b äquivalent. (Intern unterscheiden sich die Zweipole in den Bildern 3-14a und 3-15b: z. B. wird der Quelle bei Klemmenleerlauf, d. h. $R = \infty$, in der Schaltung 3-14a Leistung entnommen, in der Schaltung 3-15b aber nicht.)

Ersatzstromquelle

Ein Paar äquivalenter Zweipole stellen auch die beiden Schaltungen in Bild 3-16 dar: ein Quellenstrom I_q (Bild 3-16a), der konstant (also unabhängig von R) ist, bildet zusammen mit R_i eine *Stromquelle*, deren Leerlaufspannung $I_q R_i$ ist.
Gilt für die Quellenspannung U_q der Schaltung 3-16b und den Quellenstrom I_q der Schaltung 3-16a der Zusammenhang

$$U_q = I_q R_i \,,$$

so stimmen Leerlaufspannung und Kurzschlussstrom beider Schaltungen überein: die Schaltungen sind äquivalent. (Die Schaltungen 3-16a und b können auch als Wechselspannungsschaltungen verwendet werden: man muss nur R_i durch Z_i und R durch Z ersetzen; außerdem bezeichnen dann I_q und U_q komplexe Effektivwerte.)

3.2.3 Maschen- und Knotenanalyse

Struktur elektrischer Netze

Interessiert man sich nur für die Struktur eines Netzes (Anzahl der Knoten, Anzahl und Lage der Zweige), nicht aber für die Beschaffenheit der einzelnen Zweige, so kann man jeden Zweig durch eine einfache Linie ersetzen: *Graph* (Bild 3-17).

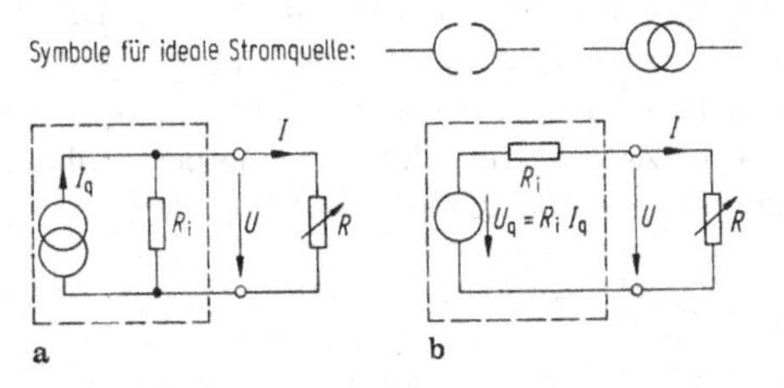

Bild 3-16. Äquivalente Quellen. **a** Ersatzstromquelle; **b** Ersatzspannungsquelle

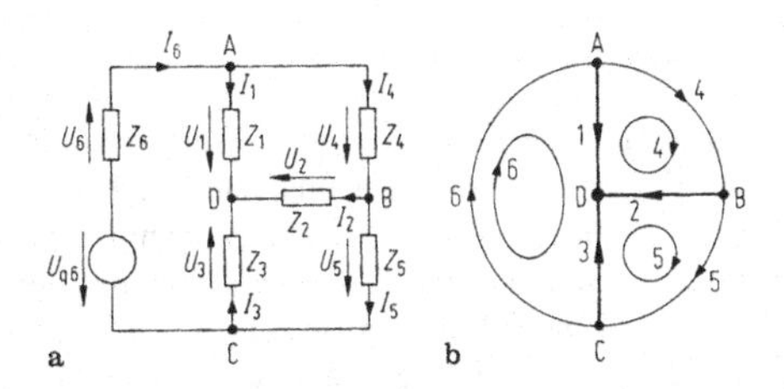

Bild 3-17. Spannungsquelle an einer Brückenschaltung. **a** Schaltung; **b** Schaltungsstruktur (Graph)

Bei den einzelnen Impedanzen Z sind die Bezugsrichtungen bzw. Zählpfeile von U und I jeweils in gleicher Richtung gewählt worden; diese Richtungen sind auch in die Zweige des Strukturgraphen übernommen worden. Das Netz hat 4 Knoten ($k = 4$), und es existieren alle möglichen 6 Direktverbindungen zwischen diesen Knoten ($z = 6$; „vollständiges Viereck"). Jeden Linienkomplex, in dem kein geschlossener Umlauf möglich ist (in dem es also jeweils nur einen einzigen Weg gibt, um von einem Punkt zu einem anderen zu gelangen) nennt man einen *Baum* :
(1; 2), (1; 3), (5; 6), (1; 2; 3); (1; 2; 5); (1; 3; 5) usw.
Ein Baum, der alle Knoten miteinander verbindet, ist ein *vollständiger* Baum:
(1; 2; 3), (1; 2; 5), (1; 3; 5), (2; 3; 4) usw.

Die jeweils nicht im vollständigen Baum enthaltenen Zweige nennt man *Verbindungszweige*; z. B. gehören zum vollständigen Baum (1; 2; 3) die Verbindungszweige (4; 5; 6).

Bezeichnungen

- k Anzahl der Knoten
- z_{max} maximale Anzahl von Zweigen
- z Anzahl der vorhandenen Zweige
- v_{max} maximale Anzahl von Verbindungszweigen
- v Anzahl der vorhandenen Verbindungszweige
- b Anzahl der Zweige eines vollständigen Baumes
- n_b Anzahl der möglichen vollständigen Bäume

Zwischen diesen Größen gelten folgende Beziehungen:

$$b = k - 1 \,,$$

$$z_{max} = 0{,}5k(k-1) \,,$$

$$v_{max} = (0{,}5k - 1)(k-1) \,,$$

$$v = z - b = z - (k-1) \,,$$

$$n_b = k^{(k-2)} \,.$$

Maschenanalyse

Für ein Netz mit k Knoten und z Zweigen können $b = k - 1$ voneinander linear unabhängige Knotengleichungen und $v = z - b$ linear unabhängige Maschengleichungen aufgestellt werden; außerdem gilt an den einzelnen Impedanzen jeweils $U = ZI$. Im Fall des Netzes nach Bild 3-17a bedeutet das: für die 6 Spannungen und 6 Ströme erhält man $b = 3$ Knotengleichungen und $v = 3$ Maschengleichungen, außerdem die 6 Gleichungen $U_1 = Z_1 I_1$ usw., insgesamt zunächst also 12 Gleichungen.
Mit dem Verfahren der Maschenanalyse wird die Aufstellung der Gleichungen wesentlich erleichtert: man erhält direkt ein Gleichungssystem für die v Ströme in den Verbindungszweigen (im Beispiel also 3 Gleichungen für 3 Ströme, z. B. für die Ströme I_4, I_5, I_6).
Man bezeichnet die Maschenanalyse auch als *Umlaufanalyse*.
Am folgenden Beispiel wird die Aufstellung des Gleichungssystems für die Ströme I_4, I_5, I_6 der Schaltung in Bild 3-17a beschrieben: Zunächst wird irgendein vollständiger Baum aus den

$$n_b = k^{(k-2)} = 4^2 = 16$$

möglichen ausgewählt, für das Beispiel der Baum mit den Zweigen 1; 2; 3. Die Zweige 4; 5; 6 werden dadurch zu Verbindungszweigen. Dann zeichnet man den Umlauf 4 in die Schaltung oder ihren Graphen ein (Bild 3-17b): dieser Umlauf entsteht dadurch, dass man bei A beginnend vom Zweig 4 folgt bis B (in der für Zweig 4 zuvor willkürlich festgelegten Richtung) und von dort *nur über Baumzweige* (also die Zweige 1; 2) zum Punkt A zurückkehrt. Auf die gleiche Art werden die Umläufe 5 und 6 gebildet. Die Wahl des vollständigen Baumes führt hier übrigens dazu, dass die 3 Umläufe gerade den 3 *Maschen* des Netzes folgen (Maschen: kleinste Umläufe, gültig jeweils für eine bestimmte Art, das Netz zu zeichnen).
Für die Ströme in den Verbindungszweigen 4; 5; 6 wird nun das Gleichungssystem aufgestellt (die Bildungsgesetze für die Koeffizienten und die rechten Gleichungsseiten werden anschließend beschrieben):

$$\begin{aligned} (Z_4 + Z_2 + Z_1)\, I_4 \quad & -Z_2\, I_5 & -Z_1\, I_6 &= 0 \\ -Z_2\, I_4 + & (Z_5 + Z_3 + Z_2)\, I_5 & -Z_3\, I_6 &= 0 \\ -Z_1\, I_4 + & -Z_3\, I_5 + & (Z_6 + Z_1 + Z_3)\, I_6 &= U_{q6}. \end{aligned}$$

In der folgenden Darstellung lässt sich das Gleichungssystem, insbesondere das Koeffizientenschema (die Impedanzmatrix) besser überblicken:

	I_4	I_5	I_6	
Masche 4	$Z_4 + Z_2 + Z_1$	$-Z_2$	$-Z_1$	0
Masche 5	$-Z_2$	$Z_5 + Z_3 + Z_2$	$-Z_3$	0
Masche 5	$-Z_1$	$-Z_3$	$Z_6 + Z_1 + Z_3$	U_{q6}

In Matrizenschreibweise:

$$\begin{bmatrix} (Z_4 + Z_2 + Z_1) & -Z_2 & -Z_1 \\ -Z_2 & (Z_5 + Z_3 + Z_2) & -Z_3 \\ -Z_1 & -Z_3 & (Z_6 + Z_1 + Z_3) \end{bmatrix} \begin{bmatrix} I_4 \\ I_5 \\ I_6 \end{bmatrix} = \begin{bmatrix} 0 \\ 0 \\ U_{q6} \end{bmatrix}.$$

Anweisung zur direkten Aufstellung dieses Gleichungssystems

Die (unbekannten) Ströme I_4, I_5, I_6 werden (in dieser Reihenfolge) hingeschrieben. In die Hauptdiagonale der Impedanzmatrix werden in der entsprechenden Reihenfolge die *Maschenimpedanzen* der Umläufe 4; 5; 6 eingetragen (Maschenimpedanz: Summe aller Impedanzen entlang eines Umlaufes). Außerhalb der Hauptdiagonalen stehen die *Kopplungsimpedanzen*, z. B. steht an zweiter Stelle in der oberen Gleichung $-Z_2$, weil Z_2 die Impedanz ist, die den Umläufen 4 und 5 gemeinsam ist; dieselbe Impedanz muss deshalb auch an erster Stelle in der mittleren Gleichung auftreten (d. h., die Impedanzmatrix ist zur Hauptdiagonalen symmetrisch). Wenn zwei Umläufe einander in ihrer Kopplungsimpedanz entgegengerichtet sind, erhält diese ein Minuszeichen. Auf der rechten Gleichungsseite steht die Summe aller Quellenspannungen des betreffenden Umlaufes. Jede Quellenspannung erhält hierbei ein Minuszeichen, wenn ihr Zählpfeil mit der Richtung des Umlaufes übereinstimmt, anderenfalls ein Pluszeichen.

Knotenanalyse

Während bei der Umlaufanalyse ein Gleichungssystem für die Ströme in den Verbindungszweigen aufgestellt wird, entsteht bei der Knotenanalyse ein Gleichungssystem für die Spannungen an den Baumzweigen. Dies soll wieder am Beispiel der Schaltung 3-17a gezeigt werden, wobei zunächst die Spannungsquelle durch die äquivalente Stromquelle ersetzt wird (Bild 3-18).

Zuerst wird (willkürlich) wieder der vollständige Baum (1, 2, 3) ausgewählt (für die Knotenanalyse werden allerdings nur Bäume verwendet, die einen *Bezugsknoten* besitzen, in dem nur Baumzweige zusammentreffen: 1; 2; 3 mit Bezugsknoten D, 1; 4; 6 mit A, 2; 4; 5 mit B oder 3; 5; 6 mit C. Die Zählpfeile der drei Baumzweige sollen alle auf den Bezugsknoten D zeigen (es können also die in Bild 3-17 schon eingetragenen Richtungen für die Zweige 1; 2; 3 beibehalten werden). Für die Spannungen an den drei Baumzweigen wird nun das Gleichungssystem aufgestellt (die Bildungsgesetze für die Koeffizienten und die rechten Gleichungsseiten werden danach beschrieben):

	U_1	U_2	U_3	
Knoten A	$Y_1 + Y_6 + Y_4$	$-Y_4$	$-Y_6$	I_{q6}
Knoten B	$-Y_4$	$Y_2 + Y_4 + Y_5$	$-Y_5$	0
Knoten C	$-Y_6$	$-Y_5$	$Y_3 + Y_5 + Y_6$	$-I_{q6}$

Anweisung zur direkten Aufstellung dieses Gleichungssystems

Die (unbekannten) Spannungen U_1, U_2, U_3 werden (in dieser Reihenfolge) hingeschrieben. In die Hauptdiagonale der Admittanzmatrix werden in der entsprechenden Reihenfolge die *Knotenadmittanzen* der Knoten A, B, C eingetragen (Knotenadmittanz = Summe aller Admittanzen, die in einem Knoten zusammentreffen). Außerhalb der Hauptdiagonale stehen die *Kopplungsadmittanzen*, z. B. steht an zweiter Stelle in der oberen Gleichung $-Y_4$, weil Y_4 die Admittanz zwischen den Knoten A und B ist; dieselbe Admittanz muss deshalb auch an erster Stelle in der mittleren Gleichung auftreten (d. h. die Admittanzmatrix ist zur Hauptdiagonalen symmetrisch). Die Kopplungsadmittanzen erhalten immer das Minuszeichen. Auf der rechten Gleichungsseite steht die Summe aller Quellenströme, die in den betreffenden Knoten hineinfließen. Jeder Quellenstrom erhält hierbei ein Pluszeichen, wenn er in den Knoten hineinfließt (von der Quelle aus gesehen), andernfalls ein Minuszeichen.

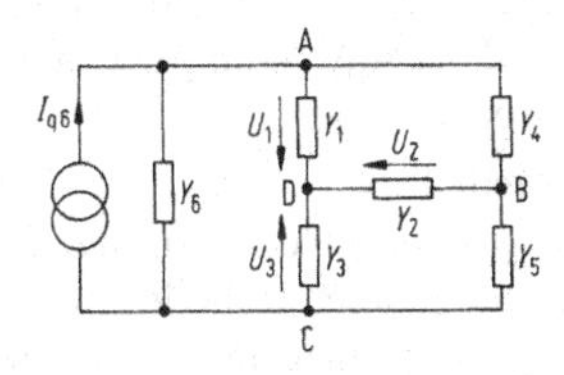

Bild 3-18. Stromquelle an einer Brückenschaltung

Netze mit idealen Quellen

Ideale Spannungsquellen. Liegen ideale Spannungsquellen in einzelnen Zweigen, so sind die Spannungen, für die das Gleichungssystem aufgestellt wird, nicht alle unbekannt (wenn man die idealen Spannungsquellen in den vollständigen Baum einbezieht), womit sich die Anzahl der Unbekannten verringert. Das folgende Beispiel macht deutlich, dass in Netzen mit (nahezu) idealen Spannungsquellen die Knotenanalyse besonders vorteilhaft ist: In der Schaltung 3-19 soll die Spannung U_1 berechnet werden. Die Knotenanalyse führt hier zu einem Gleichungssystem für drei Spannungen. Da in zwei Zweigen ideale Spannungsquellen liegen, wäre es am besten, diese Zweige zu Baumzweigen zu machen; es gibt aber keinen für die Knotenanalyse geeigneten vollständigen Baum, in dem die Zweige 2 und 6 vereinigt werden können. Deshalb muss man sich damit begnügen, dass zunächst im Gleichungssystem nur eine von den beiden Quellenspannungen auftritt: in der vorgeschlagenen Lösung mit dem vollständigen Baum 1; 2; 3 ist dies U_{q2}.

	U_1	U_{q2}	$U_3 = U_1 - U_{q6}$	
(A)	$G_1 + G_4$	$-G_4$	0	I_6
(B)	$-G_4$	$G_4 + G_5$	$-G_5$	I_2
(C)	0	$-G_5$	$G_3 + G_5$	$-I_6$

Hierin sind die Ströme I_2 und I_6 unbekannt und nicht belastungsunabhängig wie der Quellenstrom I_{q6} in Bild 3-18. Das Gleichungssystem enthält daher zunächst sogar vier Unbekannte: U_1, U_3, I_2, I_6. (B) ist zur Berechnung von U_1 überflüssig. Durch Addition von (A) und (C) wird I_6 eliminiert:

$$(G_1 + G_4)U_1 - (G_4 + G_5)U_{q2} + (G_3 + G_5)U_3 = 0 \, .$$

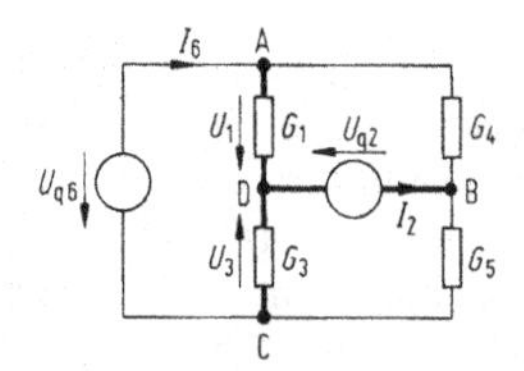

Bild 3-19. Schaltung mit zwei idealen Spannungsquellen

Hierin lässt sich U_3 einfach mithilfe von $U_3 = U_1 - U_{q6}$ eliminieren:

$$(G_1 + G_4)U_1 - (G_4 + G_5)U_{q2} + (G_3 + G_5)(U_1 - U_{q6}) = 0$$

$$U_1 = \frac{(G_4 + G_5)U_{q2} + (G_3 + G_5)U_{q6}}{G_1 + G_3 + G_4 + G_5} .$$

Zum Beispiel mit den Zahlenwerten $U_{q2} = 2\,\text{V}$; $U_{q6} = 6\,\text{V}$;

$$R_1 = 0{,}1\,\text{k}\Omega\,, \quad R_3 = 0{,}\bar{3}\,\text{k}\Omega\,;$$
$$R_4 = 0{,}25\,\text{k}\Omega\,, \quad R_5 = 0{,}2\,\text{k}\Omega$$

wird $U_1 = 3\text{V}$.

Ideale Stromquellen. Sind die Ströme in irgendwelchen Zweigen bekannt (z. B. durch Strommessung), so treten diese Ströme beim Aufstellen eines Gleichungssystems mithilfe der Umlaufanalyse zwar auf, aber nicht als Unbekannte. Dementsprechend kann sich die Auflösung des Gleichungssystems vereinfachen. Hierzu als Beispiel die Schaltung 3-20a, in der I_A, I_B, I_C, die 4 Quellenspannungen und die 4 Widerstände gegeben sind und I_1 berechnet werden soll. Die Ströme I_A, I_B, I_C kann man auch durch ideale Stromquellen (d. h. Stromquellen ohne Parallelwiderstand) beschreiben: Bild 3-20b.

Wählt man den vollständigen Baum 2; 3; 4 aus, so ergibt sich aus dem Umlauf 1 (mit den Zweigen 1; 2; 3; 4) eine Gleichung, in der von vornherein nur die Unbekannte I_1 auftritt.

Die Gleichungen (A), (B), (C) sind zur Berechnung von I_1 entbehrlich; I_1 lässt sich direkt aus (1) berechnen:

$$I_1 = \frac{U_{q1} + U_{q2} + U_{q3} + U_{q4} - R_4 I_A + (R_2 + R_3) I_B + R_3 I_C}{R_1 + R_2 + R_3 + R_4} .$$

Beispielsweise mit $R_1 = 1\Omega$, $R_2 = 2\Omega$, $R_3 = 3\Omega$, $R_4 = 4\Omega$;

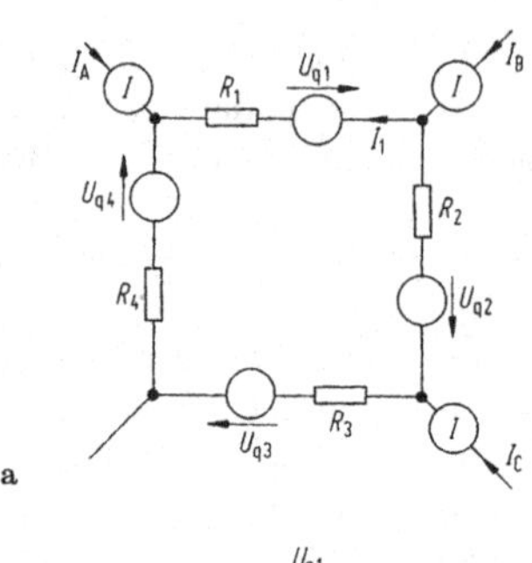

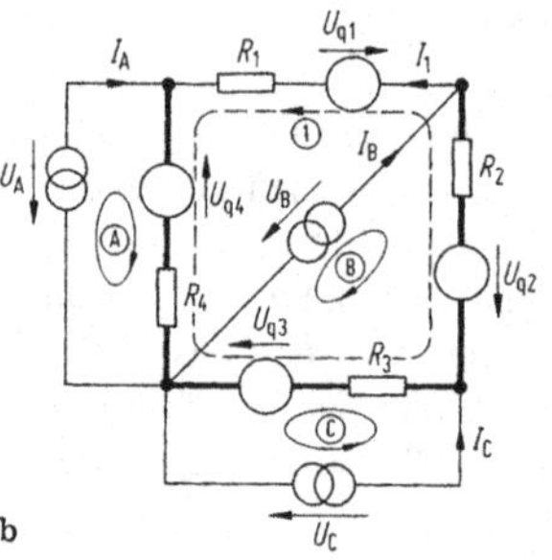

Bild 3-20. Masche eines Netzwerkes mit Einströmungen an drei Stellen. **a** Schaltung; **b** Beschreibung der Einströmungen I_A, I_B, I_C als ideale Stromquellen

$$U_{q1} = 1\,\text{V}, \quad U_{q2} = 2\,\text{V}, \quad U_{q3} = 3\,\text{V}, \quad U_{q4} = 4\,\text{V};$$
$$I_A = 2\,\text{A}, \quad I_B = I_C = 1\text{A}$$

wird $I_1 = 1\text{A}$.

In (A), (B), (C) treten U_A, U_B, U_C auf: diese Spannungen sind unbekannt und nicht belastungsunabhängig wie die Quellenspannungen $U_{q1}, \ldots, U_{q4}$. Im Gleichungssystem kommen demnach vier Unbekannte vor (I_1, U_A, U_B, U_C), von denen aber in (1) nur I_1 auftritt.

Vergleich zwischen Maschen- und Knotenanalyse

Die Knotenanalyse ist bei Netzen mit $k > 4$ und starker Vermaschung, d. h. $z > 2(k-1)$, günstiger als die Maschenanalyse; z. B. $k = 5, z = 10$ (Bild 3-21). Falls ideale Stromquellen bzw. Spannungsquellen vorhanden sind, vermindert sich allerdings der Lösungsaufwand bei Anwendung der Maschen- bzw. Knotenanalyse entsprechend.

Gesteuerte Quellen

Wenn Quellenspannungen oder -ströme nicht einfach konstant sind (wie in allen bisherigen Betrachtungen im Kap. 3), sondern einer anderen Spannung oder einem anderen Strom proportional sind, spricht man

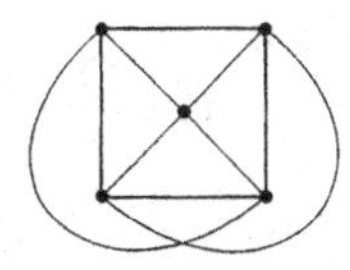

Bild 3-21. Vollständiges Fünfeck

von gesteuerten Quellen. Es gibt demnach vier Arten gesteuerter Quellen (vgl. Bild 3-22):

U_1 steuert U: $U = k_1 U_1$ (spannungsgesteuerte Spannungsquelle)

U_1 steuert I: $I = k_2 U_1$ (spannungsgesteuerte Stromquelle)

I_1 steuert U: $U = k_3 I_1$ (stromgesteuerte Spannungsquelle)

I_1 steuert I: $I = k_4 I_1$ (stromgesteuerte Stromquelle)

Muss man spannungsgesteuerte Quellen bei der Analyse eines linearen Netzes berücksichtigen, so geht dies am besten mit der Knotenanalyse, weil hier ohnehin ein Gleichungssystem für die Spannungen aufgestellt wird. Bei stromgesteuerten Quellen dagegen bietet sich die Umlaufanalyse an.

Ein wichtiges Beispiel einer spannungsgesteuerten Spannungsquelle ist der nichtübersteuerte Operationsverstärker, vgl. 8.2: $u_A = v_0 u_D$. Wie eine gesteuerte Quelle bei der Berechnung berücksichtigt werden kann, soll am Beispiel des Umkehrverstärkers (Bild 8-6a) gezeigt werden. Für den Knoten N gilt hier mit $G_1 = 1/R_1, G_2 = 1/R_2$ und $u_A = v_0 u_D$:

$$-G_1 u_E - u_D(G_1 + G_2) - G_2 v_0 u_D = 0$$

$$-G_1 u_E - \left[\frac{G_1 + G_2}{v_0} + G_2\right] u_A = 0$$

$$v = \frac{u_A}{u_E} = -\frac{G_1}{\dfrac{G_1 + G_2}{v_0} + G_2} = -\frac{R_2/R_1}{\dfrac{R_2/R_1 + 1}{v_0} + 1} .$$

Hieraus ergibt sich mit $v_0 \gg R_2/R_1 + 1$

$$\frac{u_A}{u_E} \approx -\frac{R_2}{R_1} \quad \text{(vgl. 8.3.3)} .$$

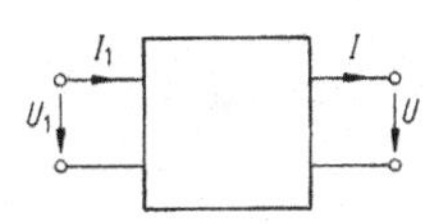

Bild 3-22. Gesteuerte Quelle

3.3 Vierpole

Eine Schaltung mit vier Anschlussklemmen nennt man Vierpol. Fasst man die vier Anschlüsse zu zwei Paaren zusammen (siehe Bild 3-23), so entsteht ein Zweitor (Vierpol im engeren Sinne), das durch zwei Ströme und zwei Spannungen charakterisiert ist. Einige Aussagen über solche Zweitore werden im Folgenden zusammengestellt, wobei vorausgesetzt ist, dass die Zweitore nur lineare, zeitinvariante Verbraucher und gesteuerte Quellen (aber keine konstanten Quellenspannungen oder -ströme) enthalten.

3.3.1 Vierpolgleichungen in der Leitwertform

Gleichungspaare, die den Zusammenhang zwischen den vier Klemmengrößen (U_1, I_1, U_2, I_2) des Zweitores beschreiben, nennt man Vierpolgleichungen. Als Beispiel soll der einfache Vierpol nach Bild 3-24 betrachtet werden; hier gilt

$$I_1 = Y_1(U_1 - U_2) ;$$
$$I_2 = -(Y_1 + kY_2)U_1 + (Y_1 + Y_2)U_2$$

oder in Matrizenschreibweise

$$\begin{bmatrix} I_1 \\ I_2 \end{bmatrix} = \begin{bmatrix} Y_1 & -Y_1 \\ -(Y_1 + kY_2) & (Y_1 + Y_2) \end{bmatrix} \begin{bmatrix} U_1 \\ U_2 \end{bmatrix} = \begin{bmatrix} y_{11} & y_{12} \\ y_{21} & y_{22} \end{bmatrix} \begin{bmatrix} U_1 \\ U_2 \end{bmatrix} .$$

Hierfür schreibt man auch

$$[I] = [Y][U], \quad \text{oder} \quad \boldsymbol{I} = \boldsymbol{YU}$$

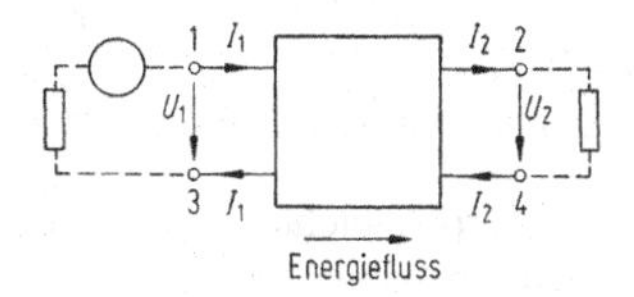

Bild 3-23. Vierpol als Zweitor mit Kettenbepfeilung

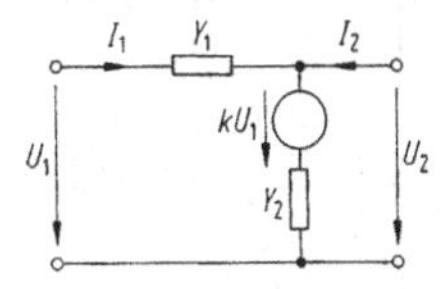

Bild 3-24. Einfacher Vierpol mit symmetrischer Bepfeilung

und nennt $\boldsymbol{I}$ die Spaltenmatrix der Ströme, $\boldsymbol{U}$ die Spaltenmatrix der Spannungen und $\boldsymbol{Y}$ die Leitwertmatrix mit den Elementen

$$y_{11} = \left.\frac{I_1}{U_1}\right|_{U_2=0} = \text{Kurzschluss-Eingangsadmittanz,}$$

$$y_{12} = \left.\frac{I_1}{U_2}\right|_{U_1=0} = \text{Kurzschluss-Kernadmittanz rückwärts,}$$

$$y_{21} = \left.\frac{I_1}{U_1}\right|_{U_2=0} = \text{Kurzschluss-Kernadmittanz vorwärts,}$$

$$y_{22} = \left.\frac{I_2}{U_2}\right|_{U_1=0} = \text{Kurzschluss-Ausgangsadmittanz.}$$

3.3.2 Vierpolgleichungen in der Widerstandsform

Löst man die Vierpolgleichungen nach den Spannungen auf, so erhält man sie in der Widerstandsform:

$$\begin{bmatrix} U_1 \\ U_2 \end{bmatrix} = \begin{bmatrix} z_{11} & z_{12} \\ z_{21} & z_{22} \end{bmatrix} \begin{bmatrix} I_1 \\ I_2 \end{bmatrix}; \quad \boldsymbol{U} = \boldsymbol{ZI} .$$

Die Elemente der Widerstandsmatrix $\boldsymbol{Z}$ sind:

$$z_{11} = \left.\frac{U_1}{I_1}\right|_{I_2=0} = \text{Leerlauf-Eingangsimpedanz,}$$

$$z_{12} = \left.\frac{U_1}{I_2}\right|_{I_1=0} = \text{Leerlauf-Kernimpedanz rückwärts,}$$

$$z_{21} = \left.\frac{U_2}{I_1}\right|_{I_2=0} = \text{Leerlauf-Kernimpedanz vorwärts,}$$

$$z_{22} = \left.\frac{U_2}{I_2}\right|_{I_1=0} = \text{Leerlauf-Ausgangsimpedanz.}$$

Für die Umrechnung der Widerstandsparameter in die Leitwertparameter gilt

$$\boldsymbol{Y} = \boldsymbol{Z}^{-1} = \frac{1}{\det \boldsymbol{Z}} \begin{bmatrix} z_{22} & -z_{12} \\ -z_{21} & z_{11} \end{bmatrix} .$$

3.3.3 Vierpolgleichungen in der Kettenform

Man kann die Vierpolgleichungen auch nach U_1, I_1 auflösen und schreibt dann (mit Kettenpfeilen gemäß Bild 3-23):

$$\begin{bmatrix} U_1 \\ I_1 \end{bmatrix} = \begin{bmatrix} a_{11} & a_{12} \\ a_{21} & a_{22} \end{bmatrix} \begin{bmatrix} U_2 \\ I_2 \end{bmatrix} .$$

$$a_{11} = \left.\frac{U_1}{I_1}\right|_{I_2=0} = \text{Leerlauf-Spannungsübersetzung}$$

$$a_{22} = \left.\frac{I_1}{I_2}\right|_{U_2=0} = \text{Kurzschluss-Stromübersetzung.}$$

Passive Vierpole (Vierpole, die keine Quellen enthalten) sind richtungssymmetrisch; für sie gilt

$$\det \boldsymbol{A} = a_{11}a_{22} - a_{12}a_{21} = \frac{z_{12}}{z_{21}} = 1 .$$

4 Schwingkreise

4.1 Phasen- und Betragsresonanz

Die Impedanz Z bzw. die Admittanz Y eines Zweipols, der auch Kondensatoren und/oder Spulen enthält, ist frequenzabhängig komplex. Falls Z bei einer bestimmten Frequenz reell wird, spricht man von Phasenresonanz oder kurz von Resonanz; falls der Betrag $|Z|$ bzw. $|Y|$ maximal bzw. minimal werden, von Betragsresonanz.
Die Frequenzen, bei denen Phasen- und Betragsresonanz eintreten, liegen i. Allg. nahe bei den Frequenzen der Eigenschwingungen, die in RLC Schaltungen durch eine beliebige Anregung auftreten können (Eigenfrequenzen).

4.2 Einfache Schwingkreise

4.2.1 Reihenschwingkreis

Bei einer RLC-Reihenschaltung (Bild 4-1) gilt

$$Z = R + \mathrm{j}\left(\omega L - \frac{1}{\omega C}\right) ,$$

für $\omega_0 = (LC)^{-1/2}$ wird Im (Z) = 0 und $|Z|$ minimal:

$$Z|_{\omega_0} = R .$$

Phasen- und Betragsresonanz fallen hier also zusammen. Die Schaltung kann übrigens frei schwingen bei der *Eigenkreisfrequenz*

$$\omega_{\mathrm{e}} = \omega_0 \sqrt{1 - \frac{CR^2}{4L}} .$$

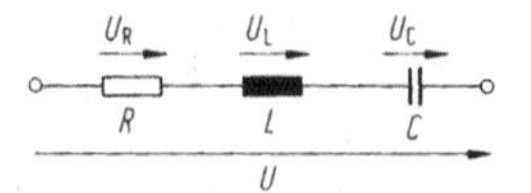

Bild 4-1. Reihenschwingkreis

Dieser Wert weicht von ω_0 umso stärker ab, je größer R wird; für $R \geqq 2\sqrt{L/C}$ sind keine Eigenschwingungen möglich.

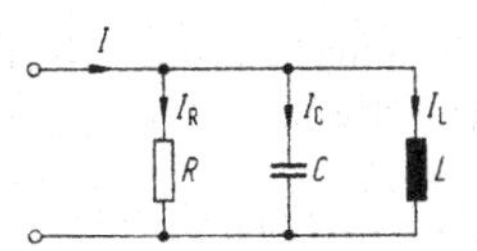

Bild 4-2. Parallelschwingkreis

4.2.2 Parallelschwingkreis

Für eine RLC-Parallelschaltung (Bild 4-2) gilt

$$Y = \frac{1}{R} + \mathrm{j}\left(\omega C - \frac{1}{\omega L}\right) ,$$

und bei

$$\omega_0 = \frac{1}{\sqrt{LC}}$$

wird $\mathrm{Im}(Y) = 0$ und $|Y|$ minimal:

$$Y|_{\omega=\omega_0} = \frac{1}{R} .$$

Auch hier fallen Phasen- und Betragsresonanz zusammen und liegen bei der gleichen Frequenz wie bei einem Reihenschwingkreis, der dieselbe Induktivität und dieselbe Kapazität enthält.

4.2.3 Spannungsüberhöhung am Reihenschwingkreis

Für die Schaltung von Bild 4-1 gilt

$$\frac{|U_\mathrm{R}|}{|U|} = \frac{\omega RC}{\sqrt{(\omega RC)^2 + (\omega^2 LC - 1)^2}} ,$$

$$\frac{|U_\mathrm{L}|}{|U|} = \frac{\omega^2 LC}{\sqrt{(\omega RC)^2 + (\omega^2 LC - 1)^2}} ,$$

$$\frac{|U_\mathrm{C}|}{|U|} = \frac{1}{\sqrt{(\omega RC)^2 + (\omega^2 LC - 1)^2}} .$$

In den Bildern 4-3a bis c sind diese Funktionen (Resonanzkurven) dargestellt.
Falls $R < \sqrt{2L/C}$ ist, kann bei bestimmten Frequenzen $|U_\mathrm{L}| > |U|$ bzw. $|U_\mathrm{C}| > |U|$ werden. Diesen Resonanzeffekt nennt man Spannungsüberhöhung. Im Resonanzfall $\omega = \omega_0$ wird

$$\frac{|U_\mathrm{L}|}{|U|} = \frac{|U_\mathrm{C}|}{|U|} = \frac{\sqrt{L/C}}{R} .$$

Dieses Verhältnis heißt *Güte* Q_r des Reihenschwingkreises; sie gibt an, wie ausgeprägt die Resonanz

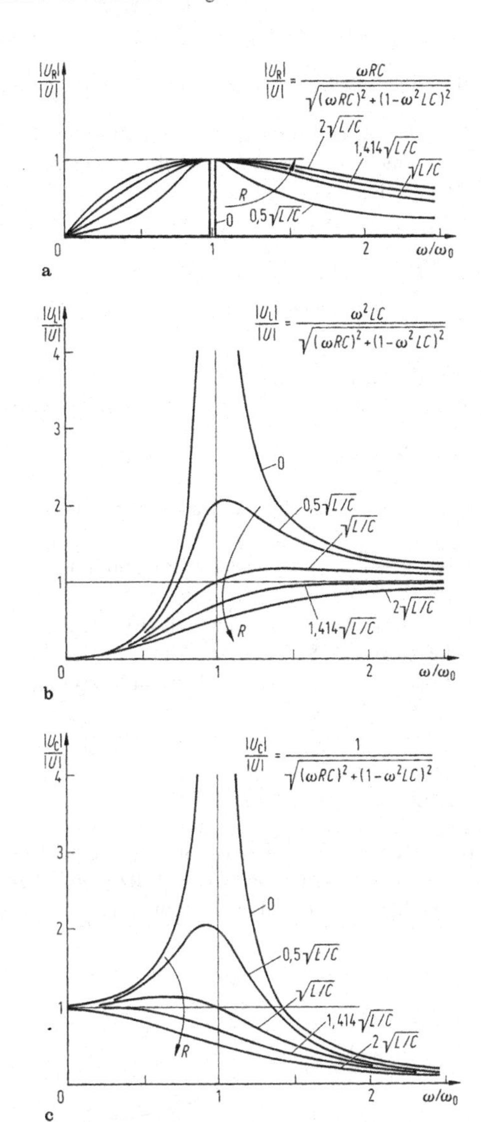

Bild 4-3. Frequenzabhängigkeit der Spannung an den Elementen eines Reihenschwingkreises. **a** Ohm'scher Widerstand; **b** Induktivität; **c** Kapazität

und damit die Selektivität des Schwingkreises ist. Ihr Kehrwert ist der Verlustfaktor d_r:

$$Q_r = \frac{\sqrt{L/C}}{R} \quad \text{(Güte)},$$
$$d_r = \frac{1}{Q_r} = \frac{R}{\sqrt{L/C}} \quad \text{(Verlustfaktor)}.$$

4.2.4 Bandbreite

Als Bandbreite des Reihenschwingkreises definiert man die Frequenzdifferenz Δf der beiden Frequenzen, die den Funktionswerten

$$\frac{|U_L|}{|U|} = \frac{\sqrt{L/C}}{\sqrt{2}R} \quad \text{bzw.} \quad \frac{|U_C|}{|U|} = \frac{\sqrt{L/C}}{\sqrt{2}R}$$

zugeordnet sind (Bild 4-4):

$$\left.\begin{matrix}\omega_{gu}\\ \omega_{go}\end{matrix}\right\} = \mp\frac{R}{2L} + \sqrt{\omega_0^2 + \left(\frac{R}{2L}\right)^2}$$
$$\Delta f = \frac{1}{2\pi}(\omega_{go} - \omega_{gu})$$
$$= \frac{1}{2\pi}\cdot\frac{R}{L} \quad \text{(absolute Bandbreite)}$$
$$\frac{\Delta f}{f_0} = \frac{R}{\sqrt{L/C}} = d_r \quad \text{(relative Bandbreite)}.$$

Beim einfachen Parallelschwingkreis (Bild 4-2) kann (entsprechend der Spannungsüberhöhung des Reihenschwingkreises) eine Stromüberhöhung auftreten. Hier gilt $Q_p = R/\sqrt{L/C}$.

4.3 Parallelschwingkreis mit Wicklungsverlusten

Schwingkreise, die komplizierter sind als die der Bilder 4-1 und 4-2, haben auch ein komplizierteres Resonanzverhalten: z. B. fallen Phasen- und Betragsresonanz nicht mehr zusammen. Als Beispiel hierfür dient ein Parallelschwingkreis, bei dem die Wicklungsverluste als Reihenwiderstand zur Induktivität L dargestellt werden (Bild 4-5). Zwischen den beiden Klemmen hat er die Admittanz

$$Y_{ges} = \mathrm{j}\,\omega C + \frac{1}{R + \mathrm{j}\,\omega L}$$
$$= \frac{R}{R^2 + (\omega L)^2} + \mathrm{j}\,\omega\frac{C[R^2 + (\omega L)^2] - L}{R^2 + (\omega L)^2}$$

Aus Im $(Y_{ges}) = 0$ ergibt sich (Phasen-)Resonanz bei

$$\omega_{01} = \frac{1}{\sqrt{LC}}\sqrt{1 - \frac{R^2C}{L}}.$$

Im Unterschied zu den einfachen Schaltungen 4-1 und 4-2 gibt es hier oberhalb eines bestimmten Widerstandswertes keine Phasenresonanz mehr, nämlich für $R \geqq \sqrt{L/C}$.

Das Minimum des Scheinleitwertes $|Y|$ erhält man (aus $\mathrm{d}|Y|/\mathrm{d}\omega = 0$) für

$$\omega_{02} = \frac{1}{\sqrt{LC}}\sqrt{\sqrt{1 + 2\frac{R^2C}{L}} - \frac{R^2C}{L}};$$

diese Betragsresonanz ist nicht mehr möglich für $R \geqq (1 + \sqrt{2})\sqrt{L/C}$.

Zahlenbeispiel

Für die Schaltung Bild 4-5 soll gelten $R = 0$, $L = 10\,\mathrm{mH}$, $C = 10\,\mathrm{nF}$.
Dann wird

$$\omega_{01} = \omega_{02} = 100 \cdot 10^3/\mathrm{s}.$$

Mit $R = 800\,\Omega$, $L = 10\,\mathrm{mH}$, $C = 10\,\mathrm{nF}$ dagegen werden

$$\omega_{01} = 60 \cdot 10^3/\mathrm{s} \quad \text{und} \quad \omega_{02} = 93{,}3 \cdot 10^3/\mathrm{s}.$$

4.4 Reaktanzzweipole

Das Verhalten von Schwingkreisen mit mehr als einer Spule und einem Kondensator (z. B. einer Parallelschaltung zweier Reihenschwingkreise) zu be-

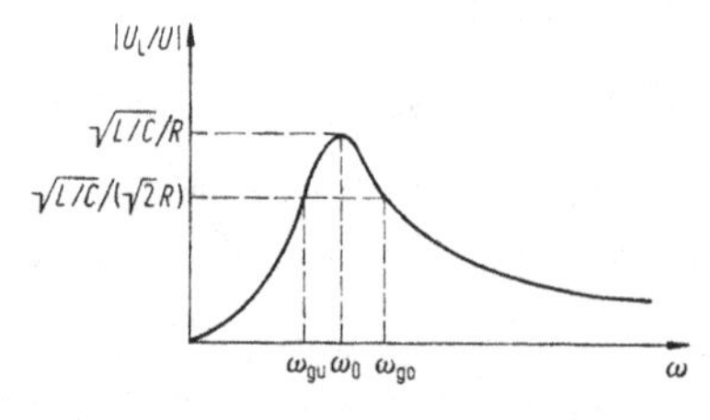

Bild 4-4. Zur Definition der Bandbreite

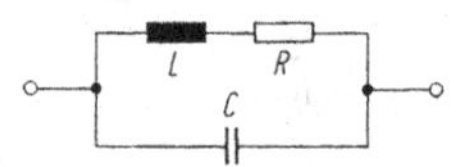

Bild 4-5. Parallelschwingkreis mit Wicklungsverlusten

rechnen, ist so aufwändig, dass es sich lohnt, hierbei die Ohm'schen Verluste (zunächst) zu vernachlässigen. Jede (reale) Spule wird dann nicht durch eine LR-Reihenschaltung sondern einfach nur durch L repräsentiert.
Desgleichen wird jeder (reale) Kondensator nicht durch eine CR-Parallelschaltung dargestellt, sondern nur durch C. Dadurch entstehen Reaktanzschaltungen, deren Eigenschaften leicht zu berechnen sind, weil die entstehenden Gleichungen nicht komplex sind.

4.4.1 Verlustloser Reihen- und Parallelschwingkreis

Die Vernachlässigung der Ohm'schen Verluste führt beim einfachen Reihen- bzw. Parallelschwingkreis zu den in Bild 4-6 zusammengefassten Ergebnissen.

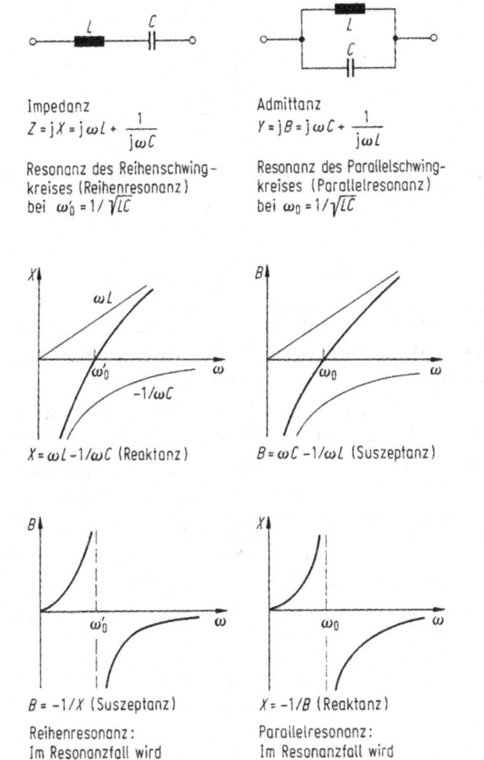

Bild 4-6. Vergleich zwischen Reihen- und Parallelresonanz

4.4.2 Kombinationen verlustloser Schwingkreise

Die Bilder 4-7 und 4-8 zeigen zwei Beispiele komplizierterer Schwingkreise.
Bei der Schaltung 4-7a ergeben sich i. Allg. eine Parallelresonanzfrequenz (hier wird $Z_{ab} \to \infty$) und zwei Reihenresonanzfrequenzen (hier wird $Z_{ab} = 0$):

$$\omega_{ser\,1} = \frac{1}{\sqrt{L_1 C_1}}; \quad \omega_{ser\,2} = \frac{1}{\sqrt{L_2 C_2}}; \quad \omega_{par} = \frac{1}{\sqrt{LC}}$$

$$\text{mit } L = L_1 + L_2 \quad \text{und} \quad C = \frac{C_1 C_2}{C_1 + C_2}\,.$$

Bei der Schaltung Bild 4-8a gibt es i. Allg. eine Reihenresonanzfrequenz ($Z_{ab} = 0$) und zwei Parallelresonanzfrequenzen ($Z_{ab} \to \infty$):

$$\omega_{par\,1} = \frac{1}{\sqrt{L_1 C_1}}; \quad \omega_{par\,2} = \frac{1}{\sqrt{L_2 C_2}}; \quad \omega_{ser} = \frac{1}{\sqrt{LC}}$$

$$\text{mit} \quad L = \frac{L_1 L_2}{L_1 + L_2} \quad \text{und} \quad C = C_1 + C_2\,.$$

Bei den Reaktanz- und Suszeptanzfunktionen in den Bildern 4-6 bis 4-8 wechseln Pol- und Nullstellen miteinander ab; die Steigung ist überall positiv ($dX/d\omega > 0$ bzw. $dB/d\omega > 0$). Dies gilt auch für beliebige andere Reaktanzzweipole.

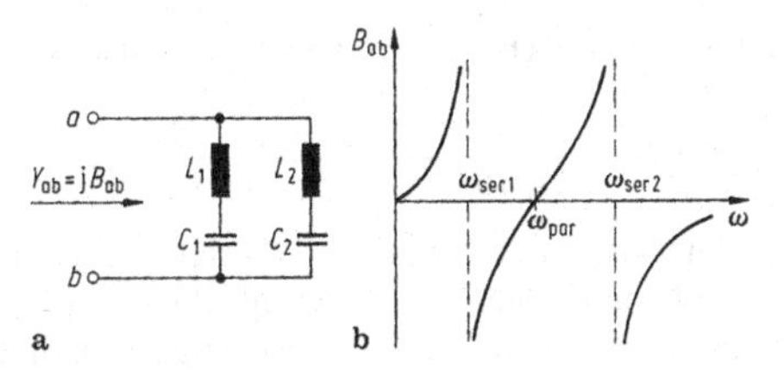

Bild 4-7. Parallelschaltung zweier Reihenschwingkreise
a Schaltung; **b** Suszeptanzfunktion

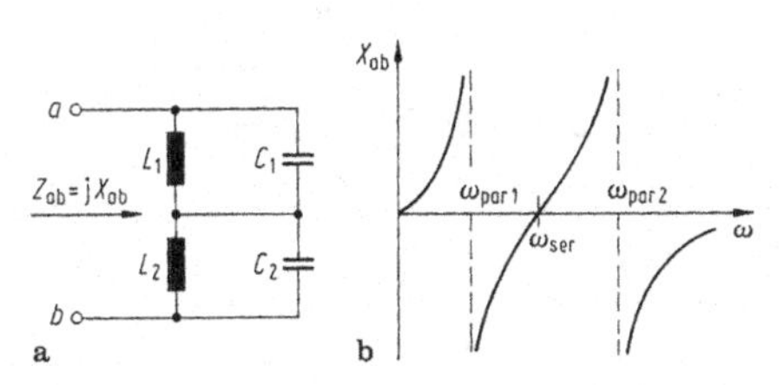

Bild 4-8. Reihenschaltung zweier Parallelschwingkreise
a Schaltung; **b** Reaktanzfunktion

5 Leistung in linearen Schaltungen

5.1 Leistung in Gleichstromkreisen

5.1.1 Wirkungsgrad

In einem Widerstand R (Bild 5-1a) wird die Leistung

$$P = UI = \frac{U^2}{R} = RI^2$$

umgesetzt: der Widerstand nimmt diese Leistung elektrisch auf und gibt sie als Wärme ab.
Wenn der Widerstand diese Leistung einer Quelle entnimmt, die den inneren Widerstand R_i hat, so bringt die Quelle selbst die Leistung

$$P_q = U_q i$$

auf. Wenn man die an den Klemmen abgegebene Leistung P auf die Gesamtleistung P_q bezieht, so erhält man den *Wirkungsgrad*

$$\eta = P/P_q \,. \tag{5-1}$$

Im Falle der Schaltung 5-1a ist demnach

$$\eta = \frac{UI}{U_q I} = \frac{U}{U_q} = \frac{R}{R+R_i} \,. \tag{5-2}$$

5.1.2 Leistungsanpassung

Der Widerstand R (Bild 5-1a) nimmt die Leistung

$$P = RI^2 = \frac{U_q^2}{(R+R_i)^2} R = \frac{U_q^2}{R_i} \cdot \frac{R/R_i}{(1+R/R_i)^2}$$

auf; sie hat ein Maximum bei $R = R_i$, siehe Bild 5-1b. Den Fall maximaler Leistungsentnahme an den Klemmen bezeichnet man als Leistungsanpassung; die maximale Nutzleistung ist

$$P_{max} = \frac{1}{4} \cdot \frac{U_q^2}{R_i} = \frac{1}{4} P_{qk} \,.$$

($P_{qk} = U_q^2/R_i$ ist die Quellenleistung im Kurzschlussfall.)

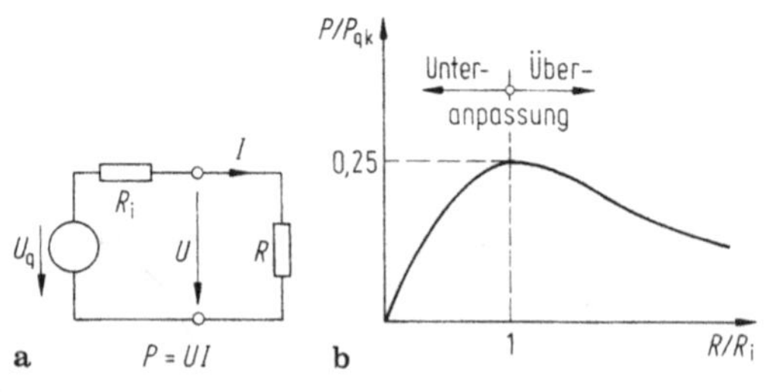

Bild 5-1. Leistungsabgabe einer Spannungsquelle. **a** Schaltung, **b** Leistung P/P_{qk} als Funktion von R/R_i

Beispiel: Leistungsanpassung und Wirkungsgrad bei einer Spannungsteilerschaltung.
Bei der Schaltung Bild 5-2 wird die Leistungsabgabe an den Nutzwiderstand maximal, wenn

$$R = R_i = \frac{R_1 R_2}{R_1 + R_2}$$

ist. Speziell für $R_1 = R_2$ wird die Leistungsanpassung also erreicht, wenn $R = \frac{1}{2} R_1$ ist.
In diesem Fall gilt

$$\eta = \frac{P_{nutz}}{P_{ges}} = \frac{\frac{1}{8} \cdot \frac{U_q^2}{R_1}}{\frac{6}{8} \cdot \frac{U_q^2}{R_1}} = \frac{1}{6} \,.$$

(Im Gegensatz dazu ist in Schaltung Bild 5-1 im Anpassungsfall $\eta = \frac{1}{2}$.)

5.1.3 Belastbarkeit von Leitungen

Die Leistung in einer Leitung (mit dem Leitungswiderstand R) wächst gemäß $P = RI^2$ mit dem Strom quadratisch an, die Erwärmung nimmt entsprechend zu. Für alle Leitungen gibt es daher höchstzulässige Stromstärken, z. B. für Kupferleitungen mit 1 mm^2 Querschnitt 11 bis 19 A, mit 10 mm^2 Querschnitt 45 bis 73 A. Daher sind Leitungsschutz-Sicherungen (Schmelzsicherungen, Schutzschalter) in Reihe zur Leitung zu legen, die den Strom unterbrechen, wenn er den höchstzulässigen Wert überschreitet.

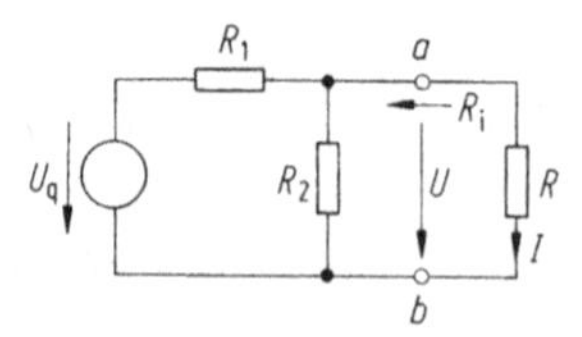

Bild 5-2. Belasteter Spannungsteiler

5.2 Leistung in Wechselstromkreisen

5.2.1 Wirk-, Blind- und Scheinleistung

Ein Zweipol (Bild 5-3a) nimmt die Leistung

$$p = ui$$

auf. Bei einem Ohm'schen Widerstand gilt mit

$$i = \hat{\imath}\cos(\omega t + \varphi_0)$$

und wegen $u = Ri$ für die Leistung

$$\begin{aligned} p &= R\hat{\imath}^2\cos^2(\omega t + \varphi_0) \\ &= \frac{1}{2}R\hat{\imath}^2[1 + \cos 2(\omega t + \varphi_0)]\,. \end{aligned} \tag{5-3}$$

Deren arithmetischer Mittelwert

$$P = \frac{1}{2}R\hat{\imath}^2 = R|I|^2 \quad (\text{Effektivwert } |I| = \hat{\imath}\,\sqrt{2})$$

ist die *Wirkleistung* im Widerstand.
Bei einer *Spule* mit der Induktivität L gilt mit

$$i = \hat{\imath}\sin(\omega t + \varphi_{0\mathrm{L}})$$

und wegen

$$u = L\frac{\mathrm{d}i}{\mathrm{d}t} = \omega L\hat{\imath}\cos(\omega t + \varphi_{0\mathrm{L}})$$

für die Leistung:

$$\begin{aligned} p(t) &= \omega L\hat{\imath}^2\sin(\omega t + \varphi_{0\mathrm{L}})\cos(\omega t + \varphi_{0\mathrm{L}}) \\ &= 0{,}5\omega L\hat{\imath}^2\sin 2(\omega t + \varphi_{0\mathrm{L}})\,. \end{aligned} \tag{5-4}$$

Deren Mittelwert ist null; in der Spule wird keine Wirkleistung umgesetzt; die Spulenleistung pendelt lediglich um diesen Mittelwert (mit der Leistungsamplitude $0{,}5\,\omega L\hat{\imath}^2$), d. h., die Spule nimmt zeitweilig (während der positiven Sinushalbwelle) Leistung auf und gibt (während der negativen Halbwelle) wieder Leistung ab. Für die Leistungsamplitude gilt

$$0{,}5\,\omega L\hat{\imath}^2 = 0{,}5\hat{u}\hat{\imath} = 0{,}5\frac{\hat{u}^2}{\omega L} = \omega L|I|^2 = |UI| = \frac{|U|^2}{\omega L}\,.$$

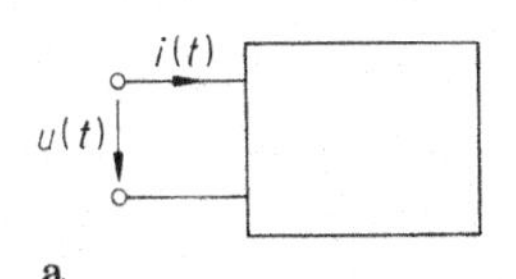

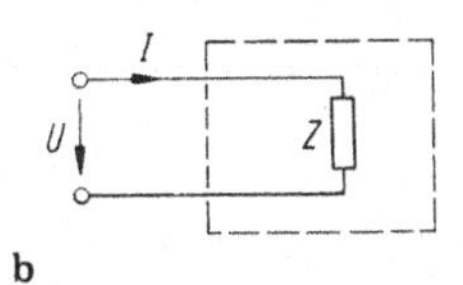

Bild 5-3. Klemmengrößen eines Zweipols

Entsprechend ergibt sich beim *Kondensator* (Kapazität C) mit

$$u(t) = \hat{u}\cos(\omega t + \varphi_{0\mathrm{C}})$$

und wegen

$$\begin{aligned} i(t) &= C\frac{\mathrm{d}u(t)}{\mathrm{d}t} = -\omega C\hat{u}\sin(\omega t + \varphi_{0\mathrm{C}}) \\ p(t) &= -\omega C\hat{u}\sin(\omega t + \varphi_{0\mathrm{C}})\hat{u}\cos(\omega t + \varphi_{0\mathrm{C}}) \\ &= -0{,}5\omega C\hat{u}^2\sin 2(\omega t + \varphi_{0\mathrm{C}})\,. \end{aligned} \tag{5-5}$$

Auch hier ist die Wirkleistung null; die Amplitude der Leistungsschwingung ist

$$\frac{1}{2}\omega C\hat{u}^2 = \frac{1}{2}\hat{\imath}\hat{u} = \frac{1}{2}\frac{\hat{\imath}^2}{\omega C} = \omega C|U|^2 = |IU| = \frac{|I|^2}{\omega C}\,.$$

An einem beliebigen linearen RLC-Zweipol (Bild 5-3a) gilt ganz allgemein mit

$$u = \hat{u}\cos(\omega t + \varphi);\, i = \hat{\imath}\cos(\omega t)$$

für die aufgenommene Leistung:

$$\begin{aligned} p &= ui = \hat{u}\cos(\omega t + \varphi)\hat{\imath}\cos\omega t \\ &= \hat{u}\hat{\imath}\cos\varphi\cos^2\omega t \\ &\quad - \hat{u}\hat{\imath}\sin\varphi\sin\omega t\cos\omega t\,. \end{aligned} \tag{5-6}$$

Der erste Summand auf der rechten Gleichungsseite lässt sich als das Produkt einer Spannung mit einem phasengleichen Strom auffassen, beschreibt also ebenso wie (5-3) eine reine Wirkleistung. Der zweite Summand lässt sich auffassen als Produkt einer Spannung $\hat{u}\cos\omega t$ mit einem um $\pi/2$ nach bzw. voreilenden Strom $\hat{\imath}\sin\varphi\sin\omega t$ (nacheilend, falls $\varphi > 0$; voreilend, falls $\varphi < 0$); dieses Produkt stellt demnach wie (5-4) bzw. (5-5) eine Leistungsschwingung dar, bei der die Leistungsaufnahme und -abgabe ständig miteinander abwechseln und deren Mittelwert gleich null ist. Aus (5-6) folgt weiterhin

$$\begin{aligned} p &= \frac{\hat{u}\hat{\imath}}{2}\cos\varphi[1 + \cos 2\omega t] \\ &\quad - \frac{\hat{u}\hat{\imath}}{2}\sin\varphi\sin 2\omega t\,. \end{aligned}$$

Hierin bezeichnet man

$$P = \frac{\hat{u}\hat{\imath}}{2}\cos\varphi$$

als die *Wirkleistung* und

$$Q = \frac{\hat{u}\hat{\imath}}{2} \sin\varphi$$

als die *Blindleistung*.
Aus der Definition von Q ergibt sich

$$Q > 0 \quad \text{für} \quad \varphi > 0 ,$$

(d. h., wenn die Spannung dem Strom vorauseilt, also bei induktiver Reaktanz der Impedanz Z)
und

$$Q < 0 \quad \text{für} \quad \varphi < 0 ,$$

(d. h., wenn die Spannung dem Strom nacheilt, also bei kapazitiver Reaktanz der Impedanz Z).

Da P von $\cos\varphi$ abhängt, bezeichnet man $\cos\varphi$ als *Leistungsfaktor* oder – allgemeiner – als *Wirkfaktor* λ.
Damit wird

$$P = |UI| \cos\varphi ,$$
$$Q = |UI| \sin\varphi .$$

Mit den Definitionen für P und Q ergibt sich für die zeitabhängige Leistung:

$$p(t) = P[1 + \cos 2\,\omega t] - Q \sin 2\,\omega t .$$

Außerdem definiert man

$$S = P + \mathrm{j}Q = |UI|(\cos\varphi + \mathrm{j}\sin\varphi) = |UI| \exp(\mathrm{j}\varphi)$$

und bezeichnet S als die *komplexe Scheinleistung*; ihren Betrag $|S|$ nennt man einfach *Scheinleistung*

$$|S| = \sqrt{P^2 + Q^2} = |UI| .$$

Die SI-Einheit der Leistung ist das Watt:

$$1\,\text{Watt} = 1\,\text{W} = 1\,\text{V} \cdot \text{A} = 1\,\text{J/s} = 1\,\text{kg} \cdot \text{m}^2/\text{s}^3 .$$

In der Praxis verwendet man für die Einheit 1 W bei Blindleistungen auch die Sonderbenennung Var (var = volt ampere reactive), bei Scheinleistungen die Sonderbenennung 1 VA (um auf diese Weise die dimensionsgleichen Größen P, Q, S außer durch ihre Formelzeichen zusätzlich durch ihre Einheitenbenennungen zu unterscheiden).
Mit $U = ZI$ wird $|U| = |Z||I|$ und damit

$$P = \frac{|U|^2}{|Z|} \cos\varphi = |I|^2|Z| \cos\varphi ;$$
$$Q = \frac{|U|^2}{|Z|} \sin\varphi = |I|^2|Z| \sin\varphi ;$$
$$|S| = \frac{|U|^2}{|Z|} = |I|^2|Z| .$$

Für die Größen S, P, Q gilt mit

$$U = |U| \exp(\mathrm{j}\varphi_u) , \quad U^* = |U| \exp(-\mathrm{j}\varphi_u)$$
$$I = |I| \exp(\mathrm{j}\varphi_i) , \quad I^* = |I| \exp(-\mathrm{j}\varphi_i)$$

(wenn man für die Winkeldifferenz zwischen Strom und Spannung wieder $\varphi_u - \varphi_i = \varphi$ setzt), schließlich außerdem

$$S = |UI| \exp(\mathrm{j}\varphi) = |UI| \exp[\mathrm{j}(\varphi_u - \varphi_i)]$$
$$= |U| \exp(\mathrm{j}\varphi_u)|I| \exp(-\mathrm{j}\varphi_i)$$
$$S = UI^*$$
$$P = \mathrm{Re}(UI^*) = 0{,}5(UI^* + U^*I)$$
$$Q = \mathrm{Im}(UI^*) = -\mathrm{j}0{,}5(UI^* - U^*I) .$$

5.2.2 Wirkleistungsanpassung

Einer Wechselspannungsquelle mit der inneren Impedanz $Z_\mathrm{i} = R_\mathrm{i} + \mathrm{j}X_\mathrm{i}$ (Bild 5-4) wird die maximale Wirkleistung entnommen, wenn für die Verbraucherimpedanz $Z_\mathrm{a} = R_\mathrm{a} + \mathrm{j}X_\mathrm{a}$ folgende Bedingung erfüllt ist;

$$Z_\mathrm{a} = Z_\mathrm{i}^*, \quad \text{also} \quad R_\mathrm{a} = R_\mathrm{i} \quad \text{und} \quad X_\mathrm{a} = -X_\mathrm{i} .$$

Falls die Bedingung $X_\mathrm{a} = -X_\mathrm{i}$ nicht eingehalten werden kann, so ergibt sich die maximale Wirkleistungsabgabe aus der Bedingung

$$R_\mathrm{a} = \sqrt{R_\mathrm{i}^2 + (X_\mathrm{a} + X_\mathrm{i})^2} ,$$

speziell für $X_\mathrm{a} = 0$ müsste also

$$R_\mathrm{a} = \sqrt{R_\mathrm{i}^2 + X_\mathrm{i}^2}$$

gewählt werden.

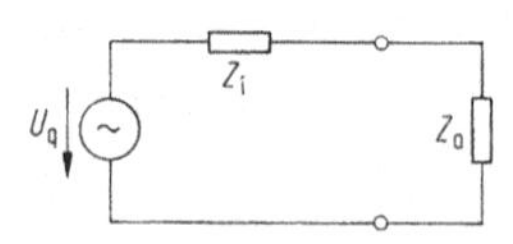

Bild 5-4. Belastete Wechselspannungsquelle

Blindstromkompensation (Blindleistungskompensation)

Falls $X_i = 0$ ist, muss für Leistungsanpassung auch $X_a = 0$ werden: besteht z. B. Z_a aus einer RL-Parallelschaltung, so kann man durch Parallelschalten eines Kondensators (mit der Kapazität $C = 1/\omega^2 L$) erreichen, dass $X_a = \omega L - 1/\omega C = 0$ wird.
Durch diese Blindstromkompensation wird vor allem aber auch der Wirkungsgrad verbessert (geringerer Zuleitungsstrom!).

6 Der Transformator

6.1 Schaltzeichen

In einem Transformator sind (mindestens) zwei Wicklungen miteinander magnetisch gekoppelt (induktive Kopplung). Die Ersatzschaltungen stellen das Transformatorverhalten allein mithilfe ungekoppelter Induktivitäten dar (in bestimmten Fällen unter Einbeziehung eines idealen Transformators). Bild 6-1 zeigt Schaltzeichen für Transformatoren (bzw. Überträger) mit 2 Wicklungen.

6.2 Der eisenfreie Transformator

6.2.1 Transformator-Gleichungen

Mit symmetrischen Zählpfeilen (Bild 6-2a) gilt

$$U_1 = R_1 I_1 + \mathrm{j}\omega L_1 I_1 + \mathrm{j}\omega M I_2 \qquad (6\text{-}1\mathrm{a})$$

$$U_2 = R_2 I_2 + \mathrm{j}\omega L_2 I_2 + \mathrm{j}\omega M I_1 \,. \qquad (6\text{-}1\mathrm{b})$$

6.2.2 Verlustloser Transformator

Mit $R_1 = R_2 = 0$ (Vernachlässigung der Wicklungswiderstände) und der Abschlussimpedanz Z_A (Bild 6-2c) wird:

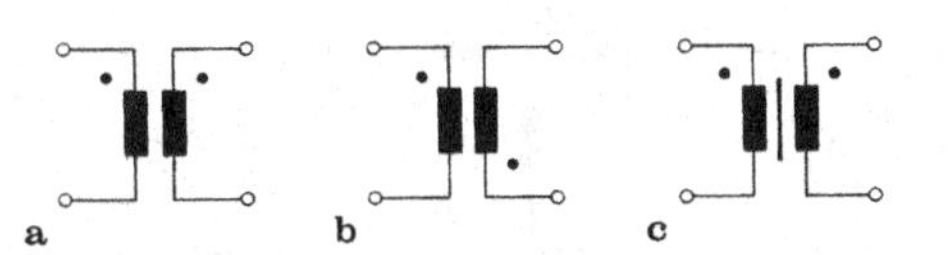

Bild 6-1. Transformator-Schaltzeichen. **a** Eisenfreier Transformator, gleichsinnige Kopplung ($M > 0$); **b** eisenfreier Transformator, gegensinnige Kopplung ($M < 0$); **c** Transformator mit Eisenkern, gleichsinnige Kopplung

$$\frac{I_2}{I_1} = \frac{\mathrm{j}\omega M}{Z_A + \mathrm{j}\omega L_2} \quad \text{(Stromübersetzung)}\,,$$

$$\frac{U_2}{U_1} = \frac{\mathrm{j}\omega M Z_A}{\mathrm{j}\omega L_1 Z_A - \omega^2(L_1 L_2 - M^2)}$$

(Spannungsübersetzung) .

6.2.3 Verlust- und streuungsfreier Transformator

Im streuungsfreien Transformator (Bild 6-3a) gilt

$$\frac{L_1}{L_2} = \left(\frac{N_1}{N_2}\right)^2 = n^2$$

$$\left(\frac{N_1}{N_2} = n = \text{Windungszahlverhältnis}\right)$$

und $M^2 = L_1 L_2$; außerdem

$$\frac{I_2}{I_1} = \pm\frac{N_1}{N_2} \cdot \frac{\mathrm{j}\omega L_2}{Z_A + \mathrm{j}\omega L_2} \quad \text{(Stromübersetzung)}\,,$$

$$\frac{U_2}{U_1} = \pm\frac{N_2}{N_1} = \pm\frac{1}{n} \quad \text{(Spannungsübersetzung)}\,.$$

Das Vorzeichen hängt hierbei davon ab, welches Vorzeichen für $M = \pm\sqrt{L_1 L_2}$ in Frage kommt, d. h., ob die Spulen gleich- oder gegensinnig gekoppelt sind.
Für die Eingangsadmittanz gilt (Bild 6-3b):

$$Y_E = \frac{U_1}{I_1} = \frac{1}{\mathrm{j}\omega L_1} + \frac{1}{n^2 Z_A}\,.$$

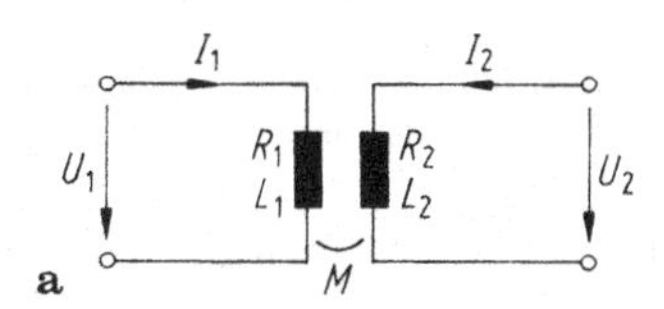

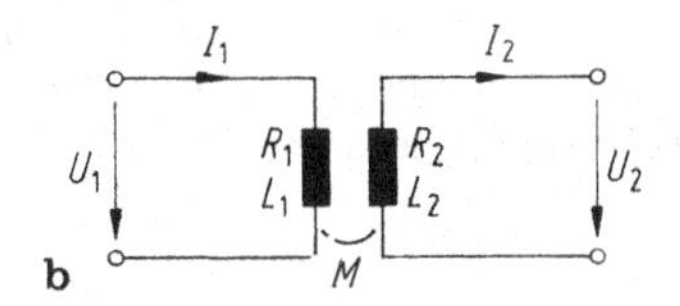

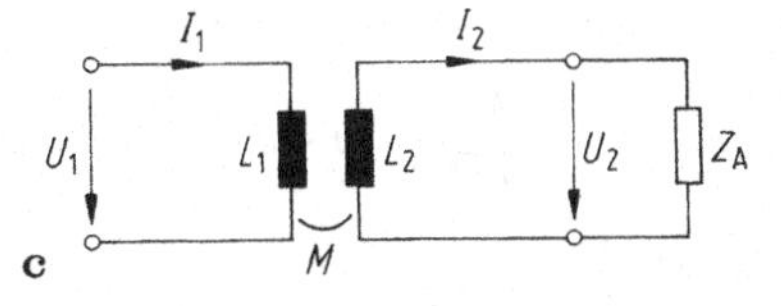

Bild 6-2. Transformator mit Zählpfeilen für die Größen an den Primärklemmen (U_1, I_1) und an den Sekundärklemmen (U_2, I_2). **a** Symmetrische Zählpfeile; **b** Kettenzählpfeile; **c** verlustloser Transformator mit Abschlussimpedanz

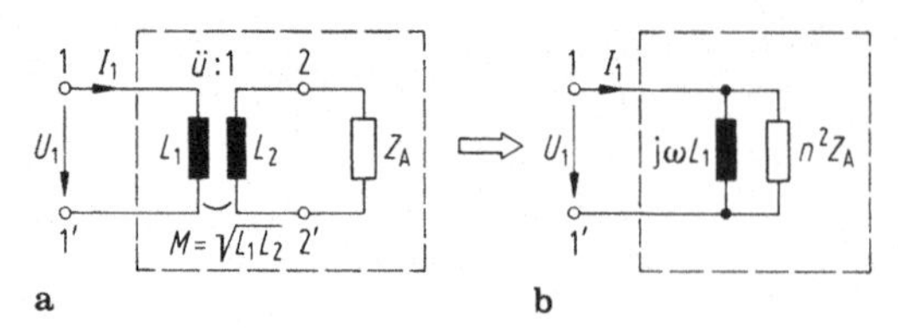

a b

Bild 6-3. Verlust- und streuungsfreier Transformator. **a** Transformator mit Abschlussimpedanz Z_A; **b** Zweipolersatzschaltung

6.2.4 Idealer Transformator

Setzt man zusätzlich zu den Idealisierungen $R_1 = R_2 = 0$ (Vernachlässigung der Wicklungsverluste) und $L_1L_2 = M^2$ (Vernachlässigung der magnetischen Streuung) voraus, dass in Bild 6-3b L_1 weggelassen werden kann ($L_1 \to \infty$) so nennt man einen solchen Transformator ideal; es wird

$$\frac{U_2}{U_1} = \pm\frac{N_2}{N_1} = \pm\frac{1}{n}$$

(ideale Spannungstransformation),

$$\frac{I_2}{I_1} = \pm\frac{N_1}{N_2} = \pm n$$

(ideale Stromtransformation),

und für Eingangsadmittanz bzw. -impedanz gilt bei idealer Impedanztransformation:

$$Y_E = \frac{1}{n^2 Z_A}\,, \quad Z_E = n^2 Z_A\,.$$

Durch Impedanztransformation kann eine Abschlussimpedanz an die innere Impedanz der Quelle angepasst werden (Anpassungsübertrager).

6.2.5 Streufaktor und Kopplungsfaktor

Es werden definiert der Kopplungsfaktor

$$k = \frac{M}{\sqrt{L_1L_2}} \quad (0 < k < 1)$$

und der Streufaktor

$$\sigma = 1 - \frac{M^2}{L_1L_2} = 1 - k^2 \quad (1 > \sigma > 0)\,.$$

Beim idealen Transformator ist $k = 1, \sigma = 0$.

6.2.6 Vierpolersatzschaltungen

Ein Transformator, dessen untere beiden Klemmen verbunden sind (Bild 6-4a), kann durch die Schaltung in Bild 6-4b, aber auch durch die Schaltung in Bild 6-5 ersetzt werden (Schaltung 6-4b ist ein Sonderfall von 6-5; er entsteht, wenn $v = 1$ gesetzt wird): für alle drei Schaltungen gelten die Transformator-Gleichungen (6-1a, b).
Wählt man in Bild 6-5 $v = L_1/M$, so verschwindet die primäre Streuinduktivität, und mit $v = M/L_2$ verschwindet die sekundäre. Für $v = \sqrt{L_1/L_2}$ bilden die Induktivitäten eine symmetrische T-Schaltung (Bild 6-6).

6.2.7 Zweipolersatzschaltung

Falls man sich nur für das Eingangsverhalten eines Transformators (Bild 6-6) interessiert, so genügt eine Zweipolersatzschaltung, in der die Sekundärgrößen U_2, I_2 nicht mehr auftreten (Bild 6-7).

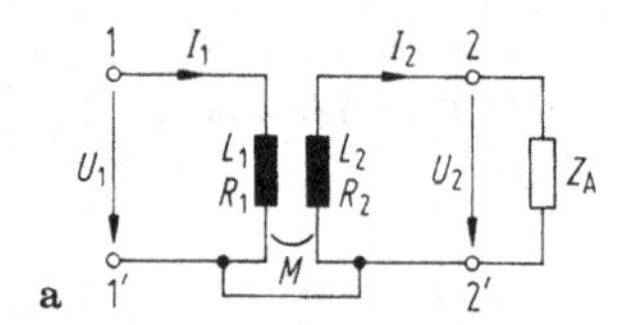

a

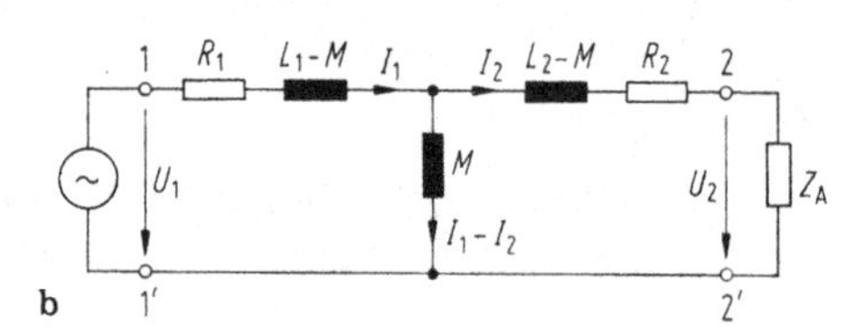

b

Bild 6-4. Transformator und Ersatzschaltung. **a** Transformatorschaltung; **b** T-Schaltung mit drei magnetisch nicht gekoppelten Spulen als Vierpolersatzschaltung eines Transformators

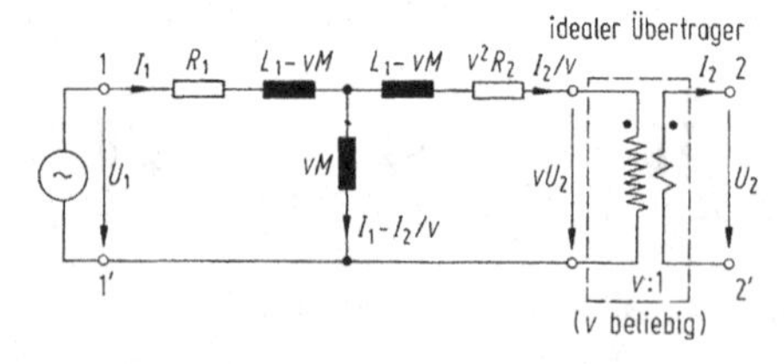

Bild 6-5. Transformatorersatzschaltung mit idealem Übertrager (Transformator)

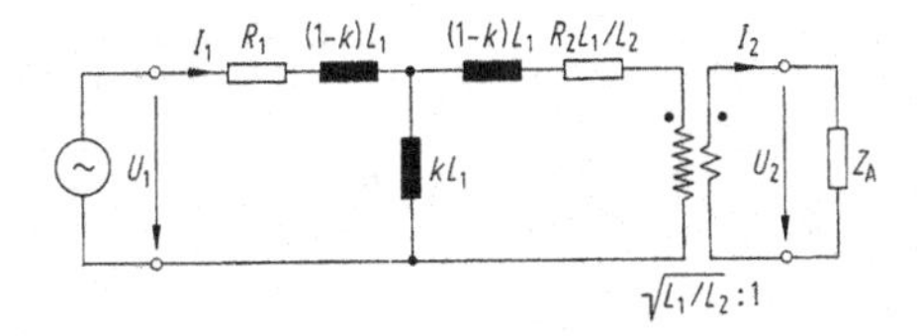

Bild 6-6. Transformatorersatzschaltung mit symmetrischer T-Schaltung

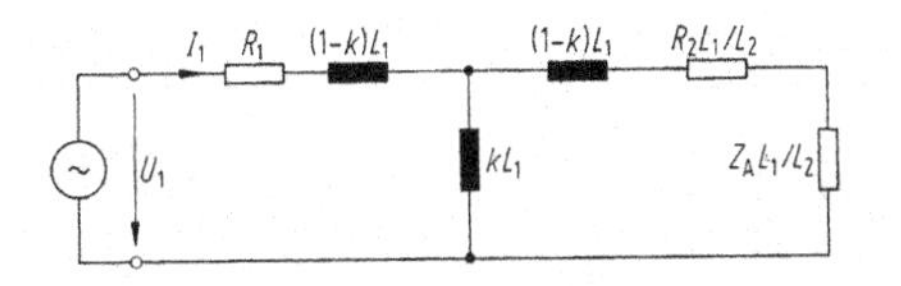

Bild 6-7. Zweipolersatzschaltung eines Transformators

6.3 Transformator mit Eisenkern

Idealen Transformatoreigenschaften ($\sigma \to 0$; $L_1 \to \infty$) kommt man am nächsten, wenn die Transformatorwicklungen auf einen gemeinsamen Eisenkern gewickelt werden, der einen geschlossenen Umlauf bildet (die magnetischen Feldlinien verlaufen dann fast nur im Eisen). Allerdings sind L_1, L_2, M wegen der Nichtlinearität der Magnetisierungskennlinie nicht konstant. Außerdem entstehen durch die ständige Ummagnetisierung (Wechselfeld!) frequenzproportionale Verluste (Hystereseverluste) $P_{\mathrm{H}} \sim \omega$ und durch Wirbelströme die Wirbelstromverluste $P_{\mathrm{W}} \sim \omega^2$ (die Wirbelstromverluste werden durch die Zusammensetzung des Eisenkernes

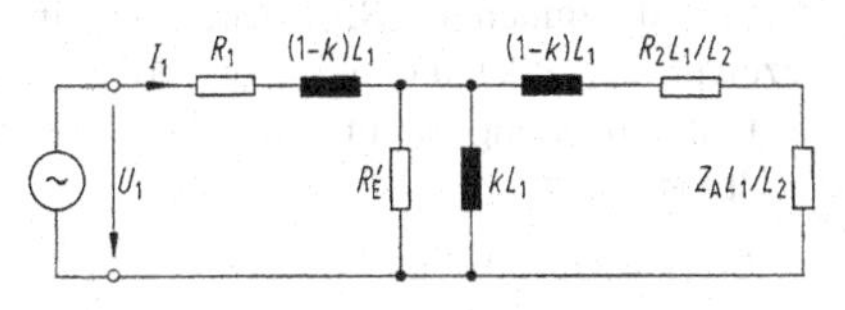

Bild 6-8. Berücksichtigung der Eisenverluste eines Transformators in einem Zweipolersatzschaltbild

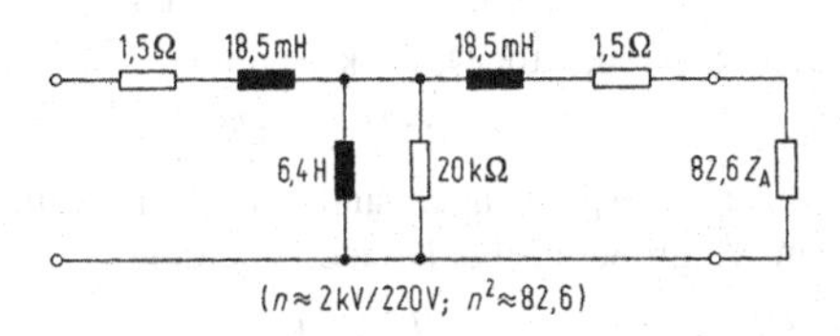

Bild 6-9. Ersatzschaltung eines Einphasentransformators (Zahlenbeispiel)

aus dünnen, gegeneinander isolierten Blechen klein gehalten).

P_{H} und P_{W} können z. B. im Ersatzbild 6-7 dadurch berücksichtigt werden, dass man einen (auf die Primärseite bezogenen) Ohm'schen Widerstand R_{E} parallel zur Hauptinduktivität kL_1 vorsieht (Bild 6-8).

Beispiel:
Bild 6-9 zeigt eine Ersatzschaltung eines 50-Hz Einphasentransformators mit den Nenndaten

$$|U_{1\mathrm{N}}| = 2\,\mathrm{kV} \quad \text{(primäre Nennspannung)},$$
$$|U_{2\mathrm{N}}| = 220\,\mathrm{V} \quad \text{(sekundäre Nennspannung)},$$
$$|S_{\mathrm{N}}| = 20\,\mathrm{kVA} \quad \text{(Nennscheinleistung)}.$$

7 Drehstrom

7.1 Spannungen symmetrischer Drehstromgeneratoren

Elektrische Systeme mit Generatorspannungen gleicher Frequenz, aber unterschiedlicher Phasenlage, nennt man Mehrphasensysteme. Das wichtigste System ist das Dreiphasensystem (Drehstromsystem). Ein Drehstromgenerator, der drei um jeweils $2\pi/3$ gegeneinander phasenverschobene Spannungen gleicher Amplitude erzeugt (symmetrischer Generator), gibt an eine symmetrische Verbraucherschaltung insgesamt eine zeitlich konstante elektrische Leistung ab, belastet also vorteilhafterweise auch die Turbine

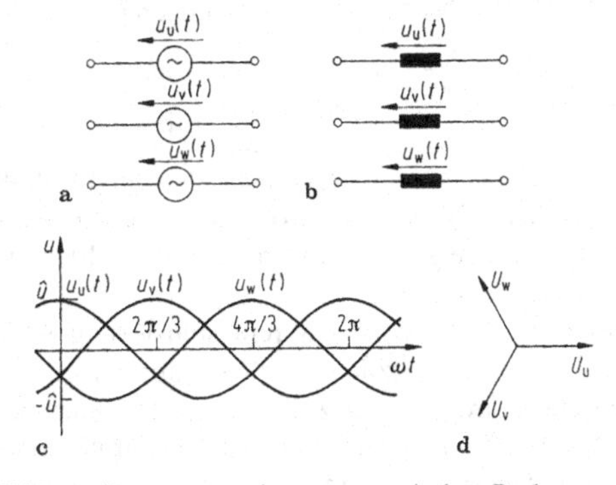

Bild 7-1. Spannungen eines symmetrischen Drehstromgenerators. **a** und **b** Symbole für phasenverschobene Spannungsquellen; **c** Liniendiagramm; **d** Zeigerdiagramm

oder den Verbrennungsmotor zeitlich konstant.
Die drei Spannungsquellen mit

$$u_u(t) = \hat{u}\cos\,\omega t$$
$$u_v(t) = \hat{u}\cos\,(\omega t - 2\pi/3)$$
$$u_w(t) = \hat{u}\cos\,(\omega t - 4\pi/3) = \hat{u}\cos\,(\omega t + 2\pi/3)$$

(Bild 7-1c) können durch drei Wechselspannungsquellen wie in 1.2.4 (Bild 1-7) oder durch die drei Wicklungen des Generators (Generatorstränge, Bild 7-1b) symbolisiert werden. Bild 7-1d zeigt ein Zeigerdiagramm für die komplexen Effektivwerte U_u, U_v, U_w der drei Generatorspannungen. Hierbei gilt mit der Abkürzung

$a = \exp(j \cdot 2\pi/3)$:

$$U_u = \frac{\hat{u}}{\sqrt{2}}\,, \quad U_v = \frac{\hat{u}}{\sqrt{2}}\,a^{-1} = \frac{\hat{u}}{\sqrt{2}}\,a^2\,,$$
$$U_w = \frac{\hat{u}}{\sqrt{2}}\,a^{-2} = \frac{\hat{u}}{\sqrt{2}}\,a\,.$$

Für den komplexen Operator a gilt außerdem (vgl. Bild 7-2a):

$$a = \exp(j \cdot 2\pi/3) = 0{,}5\,(-1 + j\sqrt{3})$$
$$a^2 = \exp(j \cdot 4\pi/3) = 0{,}5\,(-1 - j\sqrt{3})$$
$$a^3 = 1$$

und

$$1 + a + a^2 = 0$$
$$1 - a^2 = -j\sqrt{3}\,a\,;$$
$$a^2 - a = -j\sqrt{3}\,;\quad a - 1 = -j\sqrt{3}\,a^2$$

(vgl. Bild 7-2b).

Für die Summe der Generatorspannungen gilt

$$U_u + U_v + U_w = U_u + a^2 U_u + a U_u$$
$$= U_u(1 + a^2 + a) = 0,$$

die drei Generatorstränge können also im Idealfall völliger Generatorsymmetrie zu einem geschlossenen Umlauf in Reihe geschaltet werden (Bild 7-3b), ohne dass ein Strom fließt.

(Falls aber u_u, u_v, u_w nicht rein sinusförmig sind, so entsteht grundsätzlich im Generatordreieck ein Kurzschlussstrom; wenn z. B. u_u, u_v, u_w außer der Grundschwingung (ω) auch noch die 3. Harmonische (3ω) enthalten, so sind die Oberschwingungen nicht gegeneinander phasenverschoben, löschen sich also nicht aus wie die Grundschwingungen.)

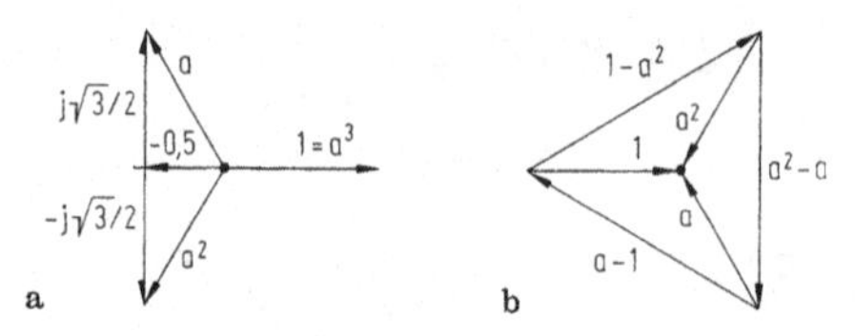

Bild 7-2. Zur Veranschaulichung des Operators a. **a** a und seine Potenzen, **b** Differenzen

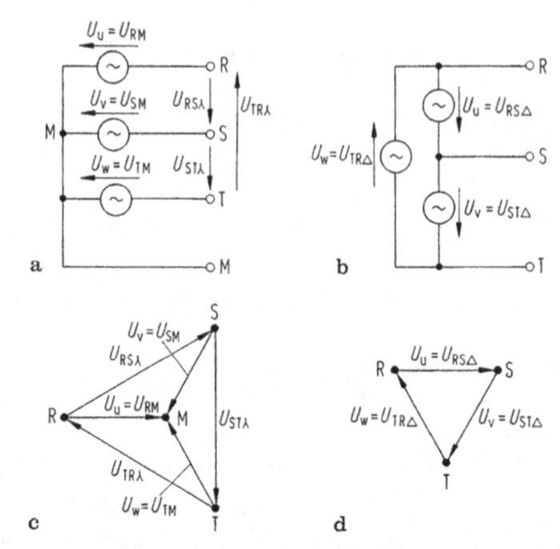

Bild 7-3. Symmetrische Generatorschaltungen. **a** Generator-Sternschaltung; **b** Generator-Dreieck-schaltung; **c** Spannungs-Zeigerdiagramm zur Sternschaltung; **d** Spannungs-Zeigerdiagramm zur Dreieckschaltung

Das Bild 7-3a zeigt die normalerweise verwendete Generator-Sternschaltung mit dem Generator-Sternpunkt M. Für die Spannungen zwischen den Anschlussklemmen R, S, T (die auch mit 1, 2, 3 bezeichnet werden können), die sogenannten (Außen-)Leiterspannungen, gilt in der die Generator-Sternschaltung:

$$U_{RS\curlywedge} = U_{RM}(1 - a^2) = -ja\sqrt{3}U_u\,,$$
$$U_{ST\curlywedge} = U_{RM}(a^2 - a) = -j\sqrt{3}U_u\,,$$
$$U_{TR\curlywedge} = U_{RM}(a - 1) = -ja^2\sqrt{3}U_u\,;$$

sowie für die Generator-Dreieckschaltung

$$U_{RS\Delta} = U_u\,;\quad U_{ST\Delta} = a^2 U_u\,;\quad U_{TR\Delta} = aU_u\,.$$

Die Außenleiterspannungen sind bei Sternschaltung also um $\sqrt{3}$ größer als bei Dreieckschaltung:

$$|U_{RS\curlywedge}| = |U_{ST\curlywedge}| = |U_{TR\curlywedge}| = \sqrt{3}|U_{RS\Delta}|$$
$$= \sqrt{3}|U_{ST\Delta}| = \sqrt{3}|U_{TR\Delta}|\,.$$

7.2 Die Spannung zwischen Generator- und Verbrauchersternpunkt

Wenn n Generatorstränge zu einem Stern zusammengeschaltet und mit einem Verbraucherstern aus n Impedanzen verbunden werden (Bild 7-4), so gilt für die *Verlagerungsspannung* U_{NM} zwischen den beiden Sternpunkten M und N (vgl. 3.2.1):

$$U_{NM} = \frac{Y_1 U_{1M} + Y_2 U_{2M} + \ldots + Y_n U_{nM}}{Y_1 + Y_2 + \ldots + Y_n + Y_M} . \qquad (7\text{-}1)$$

Für die Außenleiterströme ergibt sich damit

$$I_1 = (U_{1M} - U_{NM}) Y_1 \; , \; I_2 = (U_{2M} - U_{NM}) Y_2 \; , \text{ usw.}$$

Sind beide Sternpunkte kurzgeschlossen ($Z_M = 0$), so wird einfach

$$I_1 = Y_1 U_{1M} \; , \quad I_2 = Y_2 U_{2M} \quad \text{usw.}$$

7.3 Symmetrische Drehstromsysteme (symmetrische Belastung symmetrischer Drehstromgeneratoren)

In Bild 7-5 werden zwei verschiedene Belastungsfälle miteinander verglichen:

a) Drei gleiche Impedanzen $Z = |Z| \exp(j\varphi)$ bilden einen Verbraucherstern, der an einen Generatorstern angeschlossen ist (Bild 7-5a).
b) An den Generatorstern wird ein Verbraucherdreieck aus den gleichen Impedanzen wie im Fall a angeschlossen (Bild 7-5b).

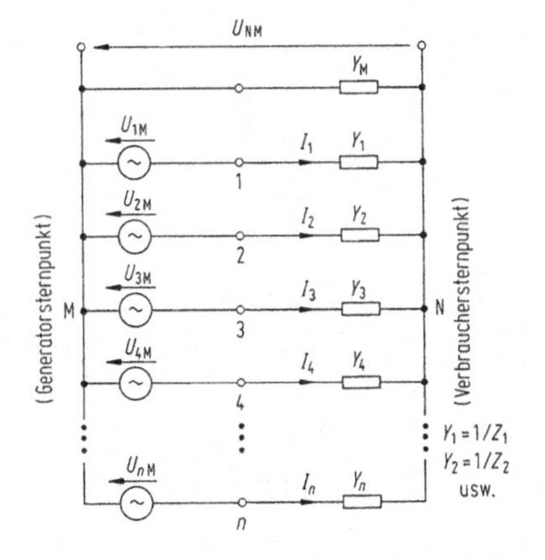

Bild 7-4. Generator und Verbraucher in Sternschaltung

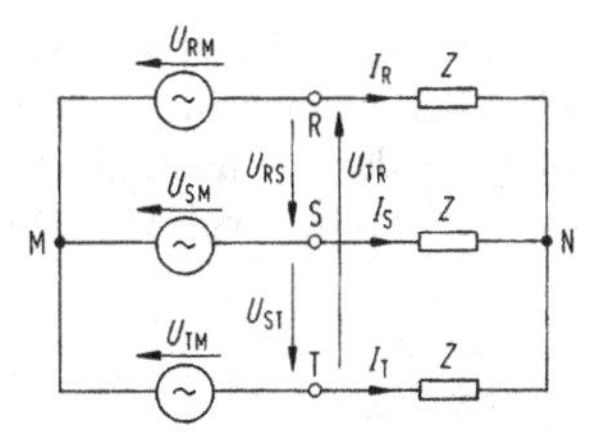

Verbraucherspannungen: $|U_{RN}| = |U_{SN}| = |U_{TN}| = |U_{RM}|$
Außenleiterspannungen: $|U_{RS}| = |U_{ST}| = |U_{TR}| = \sqrt{3}|U_{RM}|$
Außenleiterströme: $|I_R| = |I_S| = |I_T| = |U_{RM}|/|Z|$
a Gesamtleistung: $P_{ges} = 3|I_R|^2|Z|\cos\varphi = 3|U_{RM}|^2\cos\varphi/|Z|$

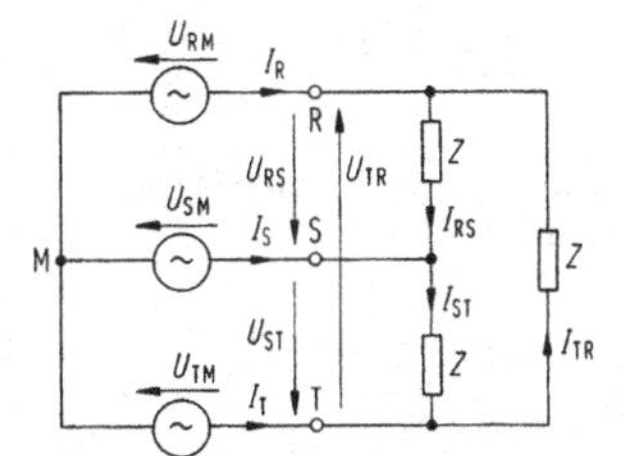

Außenleiterspannungen: $|U_{RS}| = |U_{ST}| = |U_{TR}| = \sqrt{3}|U_{RM}|$
Dreieckströme: $|I_{RS}| = |I_{ST}| = |I_{TR}| = |U_{RS}|/|Z| = \sqrt{3}|U_{RM}|/|Z|$
Außenleiterströme: $|I_R| = |I_S| = |I_T| = \sqrt{3}|I_{RS}| = 3|U_{RM}|/|Z|$
b Gesamtleistung: $P_{ges} = 3|I_{RS}|^2|Z|\cos\varphi = 9|U_{RM}|^2\cos\varphi/|Z|$

Bild 7-5. Symmetrische Drehstromsysteme

Die Verbraucher-Dreieckschaltung nimmt eine dreimal so große Gesamtleistung auf wie die Sternschaltung. Da die Außenleiterströme jedoch im Fall b ebenfalls dreimal so groß sind, werden hier die Leitungsverluste ($3|I_R|^2 R_L, R_L$ Leitungswiderstand) neunmal so groß wie im Fall a. Der Wirkungsgrad ist im Fall a (Verbraucher-Sternschaltung) also besser.
Im Allgemeinen (d. h., wenn das Drehstromsystem nicht ganz symmetrisch ist) wird die Gesamtleistung, die der Generator abgibt, zeitabhängig. Bei idealer Symmetrie des Generators und des Verbrauchers gilt jedoch (mit $u_{RM} = \hat{u}\cos\omega t$ und $Z = |Z|\exp(j\varphi)$)

$$\begin{aligned} p_{ges} &= u_{RM} \cdot i_R + u_{SM} \cdot i_S + u_{TM} \cdot i_T \\ &= \hat{u}\cos\omega t \cdot \hat{\imath}\cos(\omega t - \varphi) \\ &\quad + \hat{u}\cos(\omega t - 2\pi/3) \cdot \hat{\imath}\cos(\omega t - 2\pi/3 - \varphi) \\ &\quad + \hat{u}\cos(\omega t + 2\pi/3) \cdot \hat{\imath}\cos(\omega t + 2\pi/3 - \varphi) \\ &= 1{,}5\hat{u}\hat{\imath}\cos\varphi = \text{const} . \end{aligned}$$

Das heißt: Ein symmetrisches Verbraucherdreieck oder ein symmetrischer Verbraucherstern entnehmen einem Drehstromgenerator eine konstante Leistung.

Auch die Antriebsmaschine des elektrischen Generators muss daher bei symmetrischer Last keine pulsierende Leistung, sondern vorteilhafterweise nur eine konstante Leistung abgeben (vgl. 16.0.2).

7.4 Asymmetrische Belastung eines symmetrischen Generators

7.4.1 Verbraucher-Sternschaltung

Speziell im Dreiphasensystem vereinfacht sich (7-1) zu

$$U_{NM} = \frac{Y_R U_{RM} + Y_S U_{SM} + Y_T U_{TM}}{Y_R + Y_S + Y_T + Y_M}$$

Wenn der Generator symmetrisch ist ($U_{SM} = a^2 U_{RM}$; $U_{TM} = aU_{RM}$), wird

$$U_{NM} = U_{RM} \frac{Y_R + a^2 Y_S + aY_T}{Y_R + Y_S + Y_T + Y_M} .$$

Wenn $Y_R = Y_S = Y_T$ ist, wird der Zähler gleich Null. Er kann aber auch verschwinden, wenn die Verbraucheradmittanzen nicht übereinstimmen. Ein Beispiel hierzu liefert Bild 7-6. Bei einem Verbraucherstern, bei dem alle Impedanzen $Z = |Z| \exp(j\varphi)$ den gleichen Winkel φ haben, kann allerdings nur dann $U_{NM} = 0$ werden, wenn sie auch betragsgleich sind. Bild 7-7 zeigt dies am Beispiel einer rein Ohm'schen Last.

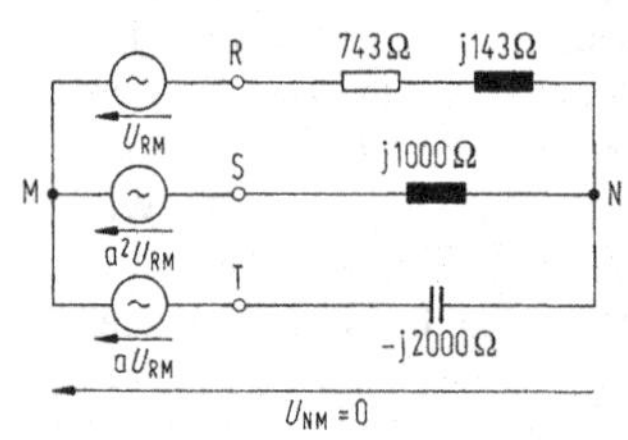

Bild 7-6. Asymmetrischer Verbraucherstern mit symmetrischen Verbraucherspannungen

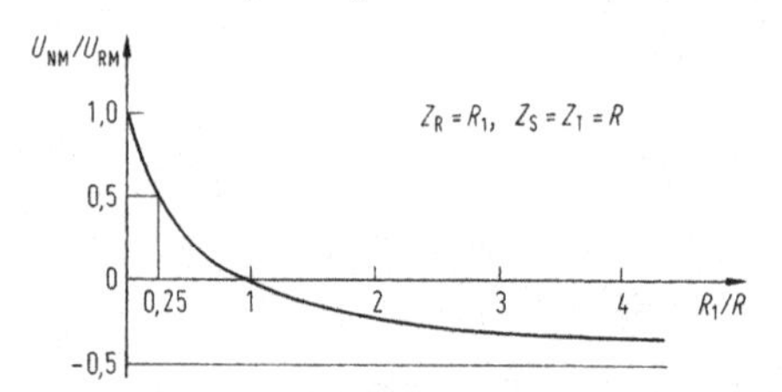

Bild 7-7. Abhängigkeit der Verlagerungsspannung von der Asymmetrie eines Ohm'schen Verbrauchersternes

7.4.2 Verbraucher-Dreieckschaltung

Bei der Verbraucher-Dreieckschaltung werden

$$I_{RS} = U_{RS}/Z_{RS} ,$$
$$I_{ST} = U_{ST}/Z_{ST} ,$$
$$I_{TR} = U_{TR}/Z_{TR} ;$$
$$I_R = \frac{U_{RS}}{Z_{RS}} - \frac{U_{TR}}{Z_{TR}} ,$$
$$I_S = \frac{U_{ST}}{Z_{ST}} - \frac{U_{RS}}{Z_{RS}} ,$$
$$I_T = \frac{U_{TR}}{Z_{TR}} - \frac{U_{ST}}{Z_{ST}} .$$

Bei symmetrischer Last ($Z_{RS} = Z_{ST} = Z_{TR} = Z$) sind die Außenleiterströme symmetrisch (d. h. betragsgleich und um $2\pi/3$ gegeneinander phasenverschoben):

$$I_R = 3U_{RM}/Z ,$$
$$I_S = 3U_{SM}/Z ,$$
$$I_T = 3U_{TM}/Z .$$

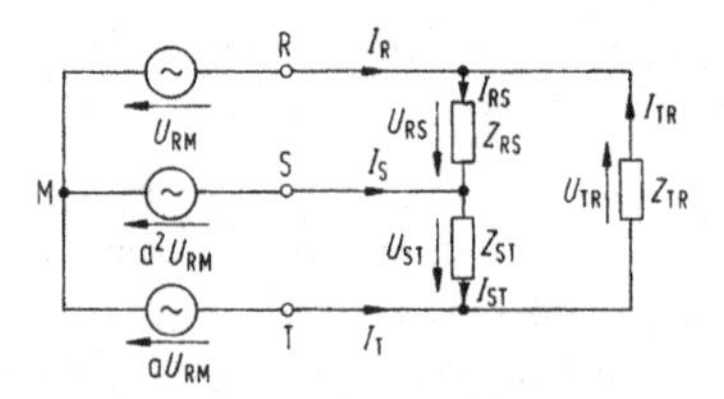

Bild 7-8. Verbraucher-Dreieckschaltung

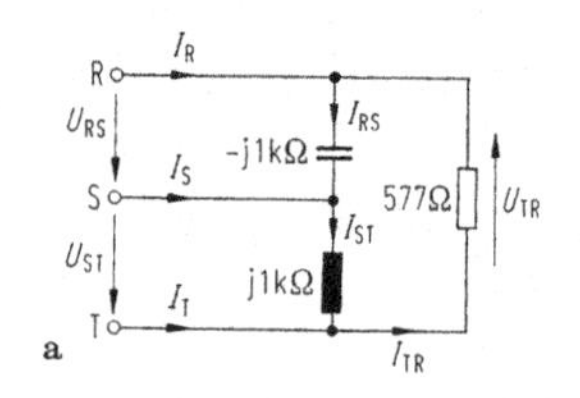

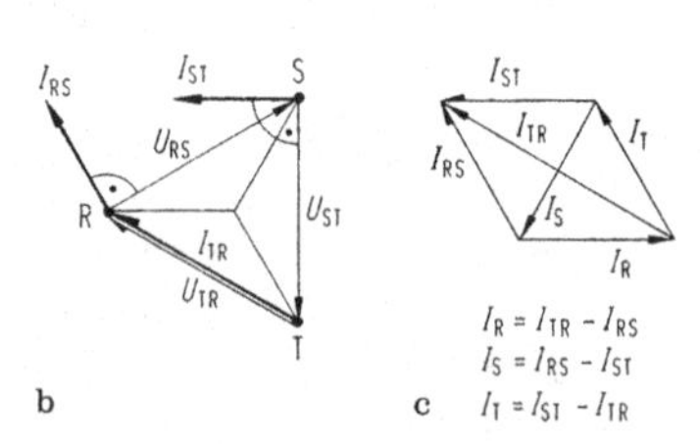

Bild 7-9. Symmetrische Belastung ($|I_R| = |I_S| = |I_T|$) durch einen asymmetrischen Verbraucher

Auch in bestimmten Fällen asymmetrischer Belastung (Bild 7-9a) können die Außenleiterströme symmetrisch sein: unter Umständen kann ein Verbraucherdreieck, das außer Blindwiderständen nur einen einzigen Ohm'schen Widerstand enthält (also völlig asymmetrisch ist), einen Generator durchaus symmetrisch belasten.

7.5 Wirkleistungsmessung im Drehstromsystem (Zwei-Leistungsmesser-Methode, Aronschaltung)

In einem Drehstromsystem mit drei Außenleitern (aber ohne Mittelleiter; Bild 7-10) kann die von einer beliebigen Verbraucherschaltung aufgenommene Gesamtwirkleistung P mit nur zwei Leistungsmessern bestimmt werden:

$$S = U_{RS}I_R^* - U_{ST}I_T^* = U_{RS}I_R^* + U_{TS}I_T^*$$

(I^* bedeutet: konjugiert komplexer Wert zu I).

$$P = \mathrm{Re}(S) = |U_{RS}I_R| \cos\varphi_{RS} - |U_{ST}I_T| \cos\varphi_{ST} \,.$$

Hierbei ist φ_{RS} der Winkel zwischen U_{RS} und I_R, φ_{ST} der Winkel zwischen U_{ST} und I_T. (Bei rein Ohm'scher Last ist auch die vom Leistungsmesser 2 gemessene Leistung $P_2 = -|U_{ST}I_T| \cos\varphi_{ST}$ immer positiv, weil hier $\cos\varphi_{ST}$ negativ wird.)

Rechenbeispiel 1

$$\text{Aus } U_{RS} = 500\,\mathrm{V}\,, \quad U_{ST} = 500\,\mathrm{V}\cdot \mathrm{a}^2\,;$$
$$I_R = 43{,}6\,\mathrm{A}\ \exp(-\mathrm{j}\cdot 36{,}6°)\,,$$
$$I_T = 70\,\mathrm{A}\ \exp(\mathrm{j}\cdot 81{,}8°)$$

ergibt sich:

$$P = 500\,\mathrm{V}\cdot 43{,}6\,\mathrm{A}\ \cos 36{,}6° - 500\,\mathrm{V}\cdot 70\,\mathrm{A}\ \cos(81{,}8° + 120°)$$
$$P \approx 17{,}5\,\mathrm{kW} + 32{,}5\,\mathrm{kW} = 50\,\mathrm{kW}\,.$$

Rechenbeispiel 2

Bei einer Verbraucherschaltung, die sich nur aus Blindwiderständen zusammensetzt, muss $P = 0$ werden. Allerdings kann jeder der beiden Leistungsmesser eine Wirkleistung anzeigen. Hierbei wird

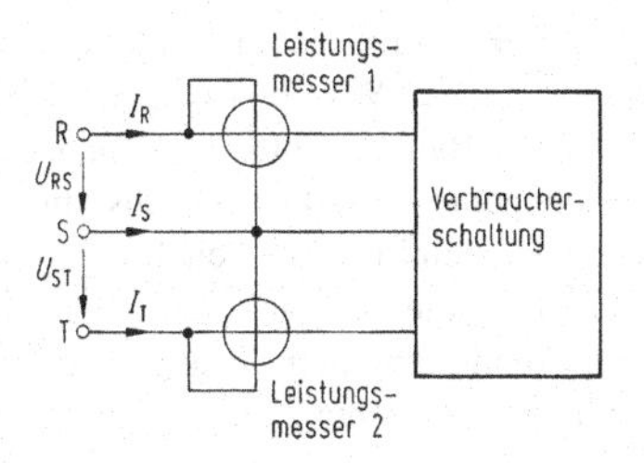

Bild 7-10. Spannungen und Ströme an den Klemmen eines Drehstromverbrauchers

$P_1 = -P_2$, also $P = P_1 + P_2 = 0$. Schließt man z. B. eine Sternschaltung dreier gleicher Kondensatoren (C) an einen symmetrischen Drehstromgenerator an, so wird

$$|I_R| = |I_T| = \frac{|U_{RS}|}{\sqrt{3}}\omega C\,; \quad \varphi_{RS} = 60°\,; \quad \varphi_{ST} = 60°\,.$$
$$P = |U_{RS}|\frac{|U_{RS}|}{\sqrt{3}}\omega C\cdot 0{,}5 - |U_{RS}|\frac{|U_{RS}|}{\sqrt{3}}\omega C\cdot 0{,}5 = 0\,.$$

(Die Schaltung nimmt nur Blindleistung auf: $Q_{ges} = -|U_{RS}|^2\omega C$.)

8 Nichtlineare Schaltungen

8.1 Linearität

Die Netzwerkanalyse (3), aber auch die in 2 und 4 bis 7 beschriebenen Methoden setzen großenteils voraus, dass die betrachteten Schaltungen linear sind. Das heißt: Bei einem Widerstand seien Stromstärke i und Spannung u einander proportional, R sei konstant:

$$u \sim i\,, \quad \text{d. h.,} \quad u = Ri \quad \text{mit} \quad R = \text{const}\,.$$

Bei einem Kondensator seien Ladung q und Spannung u proportional, C sei konstant:

$$u \sim q\,, \quad \text{d. h.,} \quad u = Cq \quad \text{mit} \quad C = \text{const}\,.$$

Bei einer Spule seien Fluss Φ und Stromstärke i proportional, L sei konstant:

$$\Phi \sim i\,, \quad \text{d. h.,} \quad N\Phi = Li \quad \text{mit} \quad L = \text{const}\,.$$

(N Windungszahl).

Mit R, C, L = const sind die Gleichungen $u = Ri, u = Cq, N\Phi = Li$ lineare Gleichungen. Man nennt Bauelemente, in denen dies gilt, lineare Bauelemente. Schaltungen aus ihnen nennt man dementsprechend lineare Schaltungen. Im Folgenden werden einige Beispiele dafür gegeben, wie man in einfachen Fällen nichtlineare Bauelemente in die Berechnung einbeziehen kann.

8.2 Nichtlineare Kennlinien

8.2.1 Beispiele nichtlinearer Strom-Spannungs-Kennlinien von Zweipolen

Siehe Bild 8-1.

8.2.2 Verstärkungskennlinie des Operationsverstärkers

Operationsverstärker (Bild 8-2a) lassen sich als lineare Spannungsverstärker (spannungsgesteuerte Spannungsquellen) beschreiben, die ihre Eingangsspannung u_D mit dem Faktor v_0 (Leerlaufverstärkung) multiplizieren:

$$u_A = v_0 u_D$$

(in Bild 8-2b ist $v_0 = 10^4$). Diese Beschreibung ist aber nur zutreffend innerhalb eines relativ kleinen Wertebereiches für u_D (Bild 8-2b). Außerhalb dieses Wertebereiches wächst die Ausgangsspannung u_A nicht mehr proportional mit u_D an, man sagt der Verstärker ist „übersteuert".

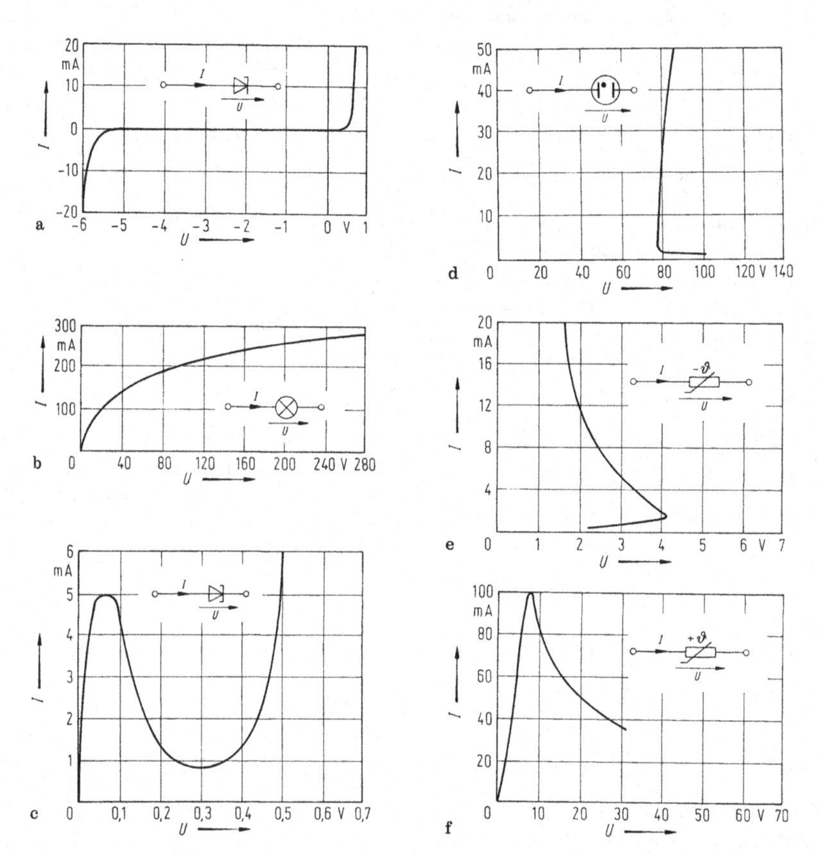

Bild 8-1. Strom-Spannungs-Kennlinien nichtlinearer Zweipole **a** Z-Diode; **b** Glühlampe; **c** Tunneldiode; **d** Glimmlampe; **e** Heißleiter; **f** Kaltleiter

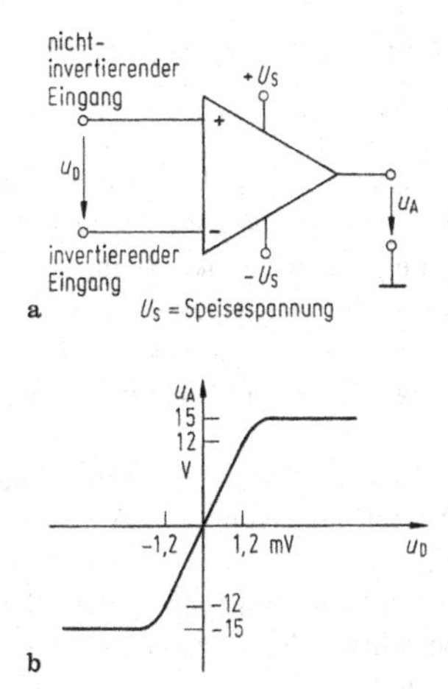

Bild 8-2. Operationsverstärker. **a** Schaltzeichen; **b** Verstärkungskennlinie $u_A = f(u_D)$

Bei den meisten Anwendungen werden die Operationsverstärker im Bereich linearer Verstärkung betrieben (in Bild 8-2b also im Bereich $-1{,}2\,\text{mV} < u_D < 1{,}2\,\text{mV}$), sodass sie deshalb oft als lineare Schaltungen bezeichnet werden. Der Zusammenhang $u_A = f(u_D)$ ist insgesamt aber nichtlinear, und bei einer Reihe wichtiger Anwendungen werden die Verstärker außerhalb des Bereiches linearer Verstärkung betrieben (Mitkopplungsschaltungen).

8.3 Graphische Lösung durch Schnitt zweier Kennlinien

8.3.1 Arbeitsgerade und Verbraucherkennlinie

In 3.2.2 (Bild 3-14b) ist dargestellt, dass sich die Klemmengrößen u, i als die Koordinaten des Schnittpunktes der Arbeitsgeraden (des Quellenzweipols) mit der Kennlinie des Verbraucherzweipols ergeben. Dies gilt selbstverständlich auch dann, wenn die Verbraucherkennlinie nichtlinear ist, siehe Bild 8-3b. Wie die Lage der Arbeitsgeraden von U_q und R_i abhängt, zeigt Bild 8-4.

Bei der Spannungsteilerschaltung in 3.2.2 (Bild 3-14a) ist der i-Achsenabschnitt (Klemmenkurzschlussstrom) von R_2 unabhängig. Wenn R_2 geändert wird, ändert sich hier nur der u-Achsenabschnitt U^* (siehe Bild 8-4c):

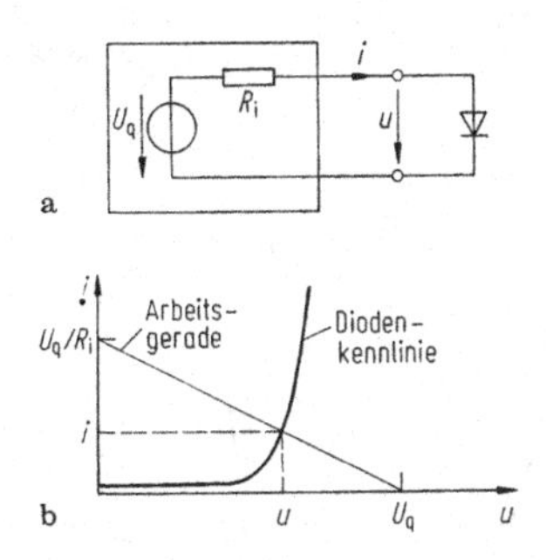

Bild 8-3. Lineare Quelle und nichtlinearer Verbraucher. **a** Schaltung; **b** Strom-Spannungs-Kennlinien von Quelle (Arbeitsgerade) und Verbraucher (Diodenkennlinie)

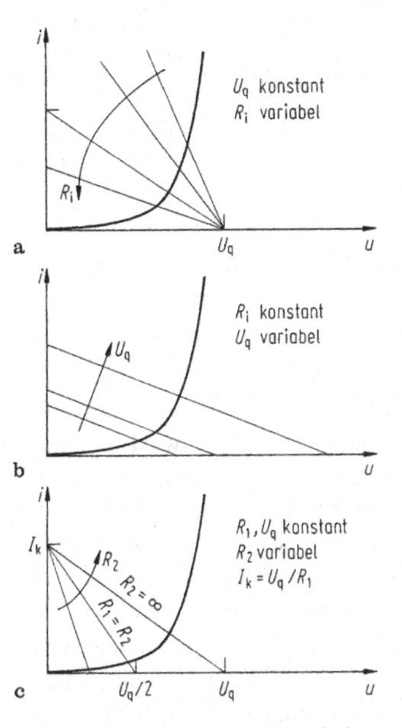

Bild 8-4. Abhängigkeit der Lage der Arbeitsgeraden vor U_q, R_1 oder R_2. **a** Drehung der Arbeitsgeraden um den Punkt $(U_q, 0)$; **b** Parallelverschiebung der Arbeitsgeraden; **c** Drehung der Arbeitsgeraden um den Punkt $(0, I_k)$

$$U^* = \frac{R_2}{R_1 + R_2} U_q \,.$$

8.3.2 Stabile und instabile Arbeitspunkte einer Schaltung mit nichtlinearem Zweipol

Bei Strom-Spannungs-Kennlinien, die einen Abschnitt mit negativer Steigung haben (der differenzi-

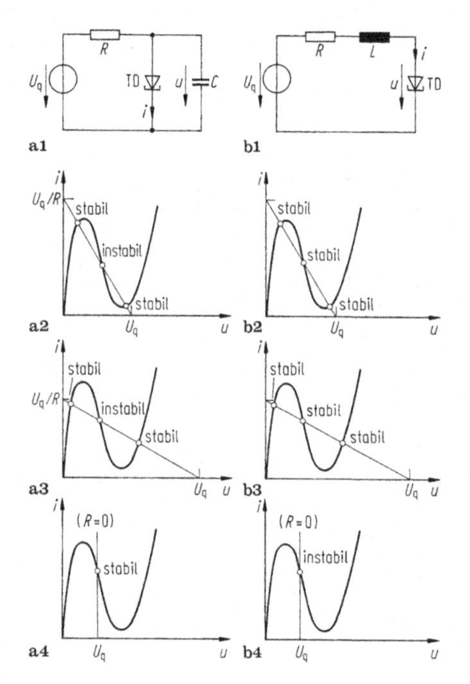

Bild 8-5. Tunneldiodenschaltungen mit stabilen und instabilen Arbeitspunkten

elle Widerstand $r = \mathrm{d}u/\mathrm{d}i$ wird hier negativ; siehe auch die Bilder 8-1c bis f), können sich die Arbeitsgerade der Quelle und die Kennlinie des nichtlinearen Zweipols in mehreren Punkten schneiden (Bild 8-5). Diese Schnittpunkte können stabil oder instabil sein. Zum Beispiel stimmen in den Bildern 8-5a3 und b3 die Diodenkennlinien und auch die Arbeitsgeraden überein (also auch deren Schnittpunkte). Ob der mittlere Schnittpunkt stabil ist oder nicht, hängt von zusätzlichen kapazitiven und induktiven Effekten ab, die sich auf die Achsenabschnitte der (statischen) Arbeitsgeraden überhaupt nicht auswirken.

Anmerkung: Der mittlere Arbeitspunkt in Bild 8-5b3 ist stabil. Da der differenzielle Widerstand r der Tunneldiode in diesem Bereich negativ ist, kann man durch Einstellen dieses Punktes einen Schwingkreis so entdämpfen, dass er ungedämpft schwingt (vgl. Bild 25-19a).
Wählt man dagegen eine Arbeitspunkteinstellung nach Bild 8-5b4, so können hierbei Kippschwingungen entstehen.

8.3.3 Rückkopplung von Operationsverstärkern

Gegenkopplung

Wird der Ausgang A mit dem invertierenden Eingang N verbunden (in Bild 8-6a über R_2), so entsteht im Allgemeinen eine Gegenkopplung. (Bei komplexen frequenzabhängigen Rückkopplungsnetzwerken kann eine Rückführung von A nach N wegen einer Phasendrehung u. U. auch Mitkopplung bewirken.)

Umkehrverstärker (invertierende Gegenkopplung). Die Verstärkungskennlinie (VKL) $u_\mathrm{A} = f(u_\mathrm{D})$ eines Operationsverstärkers (Bild 8-2) kann so idealisiert werden, wie es in Bild 8-6b dargestellt ist. Außer der VKL besteht noch ein zweiter Zusammenhang zwischen u_A und u_D,

$$u_\mathrm{A} = -\frac{R_1 + R_2}{R_1} u_\mathrm{D} - \frac{R_2}{R_1} u_\mathrm{E} \text{ (Arbeitsgerade)} ,$$

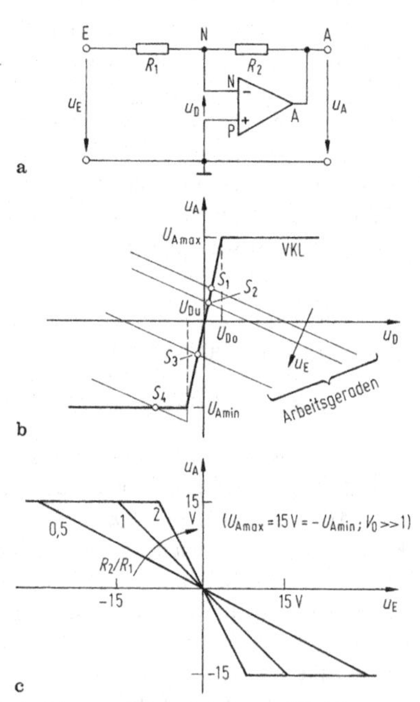

Bild 8-6. Lineare Verstärkung und Übersteuerung beim Umkehrverstärker. **a** Invertierende Gegenkopplung eines Operationsverstärkers (Umkehrverstärker); **b** Darstellung jedes Arbeitspunktes als Schnittpunkt der Arbeitsgerade mit der VKL; **c** Übertragungskennlinien $u_\mathrm{A} = f(u_\mathrm{E})$ (Gesamtverstärkung)

sodass die Koordinaten des Schnittpunktes der VKL mit der jeweiligen Arbeitsgeraden (Bild 8-6b) das sich tatsächlich einstellende Wertepaar (u_D, u_A) darstellen. Die Lage des Schnittpunktes (also auch die Größe von u_A) hängt von u_E ab, vgl. Bild 8-6c. Solange die Schnittpunkte auf dem steilen Teil der VKL (Bereich linearer Verstärkung: $u_A = v_0 u_D$) liegen (Punkte S_1, S_2, S_3 in Bild 8-6b), gilt $u_D \approx 0$ und daher

$$\frac{u_A}{u_E} \approx -\frac{R_2}{R_1}$$

(Gesamtverstärkung des nicht übersteuerten Umkehrverstärkers).

Das heißt, beim nicht übersteuerten Verstärker mit hoher Leerlaufverstärkung hängt die Gesamtverstärkung praktisch nur von der äußeren Beschaltung (R_1, R_2) ab; vgl. 3.2.3: gesteuerte Quellen.

Elektrometerverstärker (nichtinvertierende Gegenkopplung). Aus der Schaltung (Bild 8-7a) ergibt sich für die Arbeitsgeraden:

$$u_A = -(1 + R_4/R_3)u_D + (1 + R_4/R_3)u_E \ .$$

Für Schnittpunkte VKL/Arbeitsgerade im steilen Teil der VKL ($u_A = v_0 u_D$) gilt (wie beim Umkehrverstärker) mit $v_0 \gg 1$ praktisch $u_D \approx 0$ und daher gilt für die Gesamtverstärkung des nicht übersteuerten Elektrometerverstärkers:

$$\frac{u_A}{u_E} \approx 1 + \frac{R_4}{R_3} \ .$$

Der Elektrometerverstärker hat gegenüber dem Umkehrverstärker den Vorteil eines höheren Eingangswiderstandes $R_E = u_E/i_p$: R_E wird im Wesentlichen durch den sehr hohen Eingangswiderstand des Operationsverstärkers (Widerstand zwischen P und N, Bild 8-7a; vgl. Tabelle 25-2) bestimmt, während beim Umkehrverstärker (Bild 8-6a) R_1 maßgebend ist.

Mitkopplung (Schmitt-Trigger)

Wird der Ausgang mit dem nichtinvertierenden Eingang verbunden, so entsteht im Allgemeinen eine Mitkopplung.

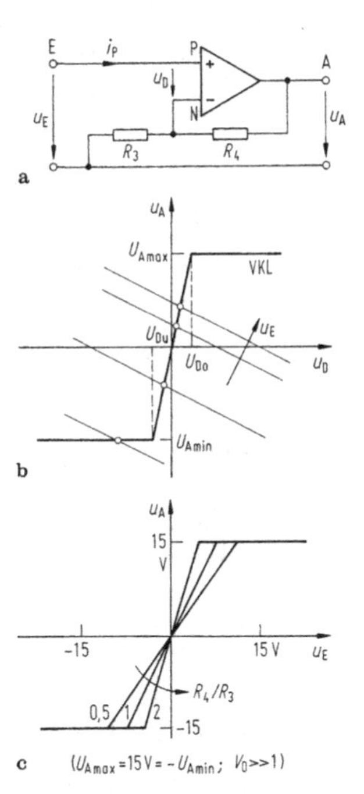

Bild 8-7. Lineare Verstärkung und Übersteuerung beim Elektrometerverstärker. **a** Nichtinvertierende Gegenkopplung eines Operationsverstärkers (Elektrometerverstärker); **b** Darstellung jedes Arbeitspunktes als Schnittpunkt der Arbeitsgerade mit der VKL; **c** Übertragungskennlinien $u_A = f(u_E)$ (Gesamtverstärkung)

Nichtinvertierende Mitkopplung. Vertauscht man in der Schaltung von Bild 8-6a P und N miteinander, so entsteht eine nichtinvertierende Mitkopplung (Bild 8-8a). Für die Arbeitsgeraden gilt nun

$$u_A = \frac{R_1 + R_2}{R_1} u_D - \frac{R_2}{R_1} u_E \ ,$$

siehe Bild 8-8b. Ein Teil der Arbeitsgeraden bildet nun sogar drei Schnittpunkte mit der VKL; in einem solchen Fall ist der mittlere Schnittpunkt nicht stabil. Die Abhängigkeit der Ausgangs- von der Eingangsspannung zeigt Hysterese (Bild 8-8c). Ob z. B. im Fall $r = 1$ bei $u_E = 10$ V am Ausgang $u_A = 15$ V oder $u_A = -15$ V wird, hängt vom Vorzustand ab: ist zunächst $u_E = -20$ V, so ist $u_A = -15$ V; erhöht man u_E dann stetig auf 10 V, so bleibt $u_A = -15$ V. Erst wenn $u_E = +15$ V überschritten wird, springt die Ausgangsspannung auf $u_A = +15$ V.

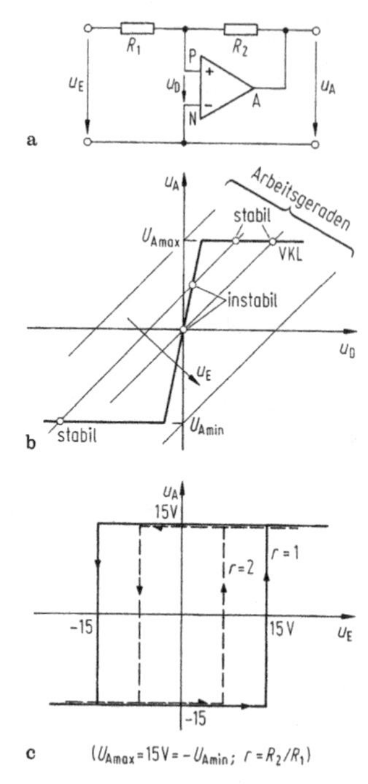

Bild 8-8. Entstehung der Schalthysterese bei einer nichtinvertierenden Mitkopplungsschaltung. **a** Nichtinvertierende Mitkopplung eines Operationsverstärkers; **b** stabile und instabile Arbeitspunkte; **c** Übertragungsverhalten (Schalthysterese)

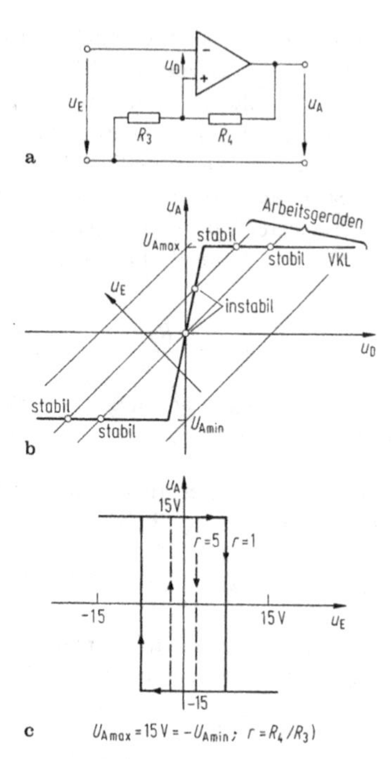

Bild 8-9. Entstehung der Schalthysterese bei einer invertierenden Mitkopplungsschaltung. **a** Invertierende Mitkopplung eines Operationsverstärkers; **b** stabile und instabile Arbeitspunkte; **c** Übertragungsverhalten (Schalthysterese)

Invertierende Mitkopplung. Bei der Schaltung von Bild 8-9a gilt für die Arbeitsgeraden

$$u_{\mathrm{A}} = \left(1 + \frac{R_4}{R_3}\right) u_{\mathrm{D}} + \left(1 + \frac{R_4}{R_3}\right) u_{\mathrm{E}} \; .$$

8.4 Graphische Zusammenfassung von Strom-Spannungs-Kennlinien

Die Kennlinien in Reihe geschalteter Zweipole können durch Addition der Spannungen zu einer resultierenden Kennlinie „addiert“ werden, vgl. Bild 8-10. Bei parallelgeschalteten Zweipolen werden die Stromstärken addiert, vgl. Bild 8-11.

8.4.1 Reihenschaltung

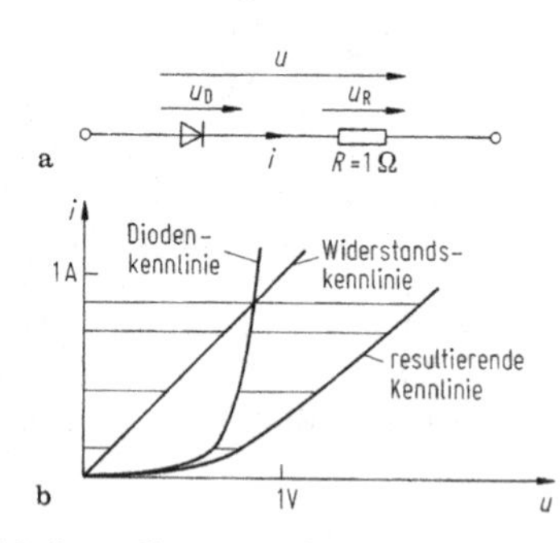

Bild 8-10. Strom-Spannungs-Kennlinie einer Widerstands-Dioden-Reihenschaltung. **a** Reihenschaltung von Widerstand und Diode; **b** Konstruktion der resultierenden Kennlinie (Addition der Spannungen)

8.4.2 Parallelschaltung

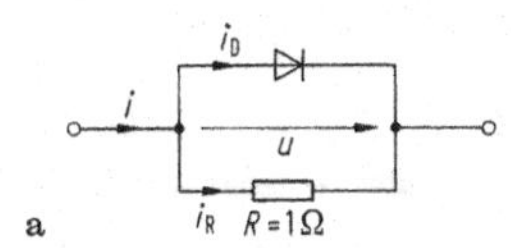

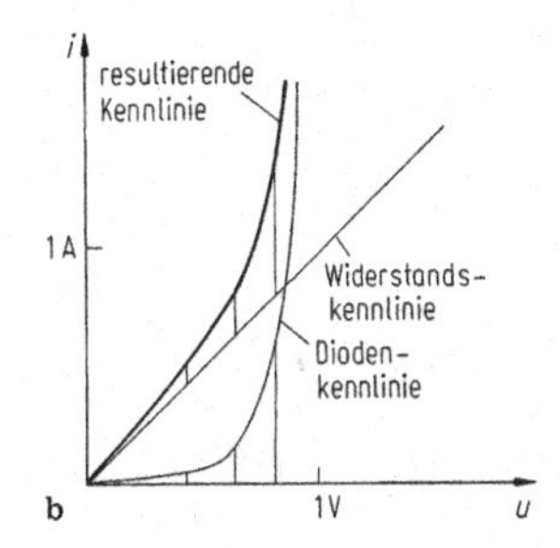

Bild 8-11. Strom-Spannungs-Kennlinie einer Widerstands-Dioden-Parallelschaltung. **a** Parallelschaltung von Widerstand und Diode; **b** Konstruktion der resultierenden Kennlinie (Addition der Ströme)

8.5 Lösung durch abschnittweises Linearisieren

Wenn die u, i-Kennlinie eines nichtlinearen Zweipols wenigstens abschnittweise als gerade angesehen werden kann (idealisierte Kennlinie; vgl. Bild 8-12b), so reduziert sich in den einzelnen Abschnitten die Berechnung von u und i auf ein lineares Problem. Ein einfaches Beispiel hierzu liefert die Schaltung 8-12a, in der eine Z-Diode die Spannung am Nutzwiderstand auf 6 V begrenzt. Der Wirkungsgrad $\eta = f(R)$ soll berechnet werden. Er ergibt sich aus folgenden Überlegungen:

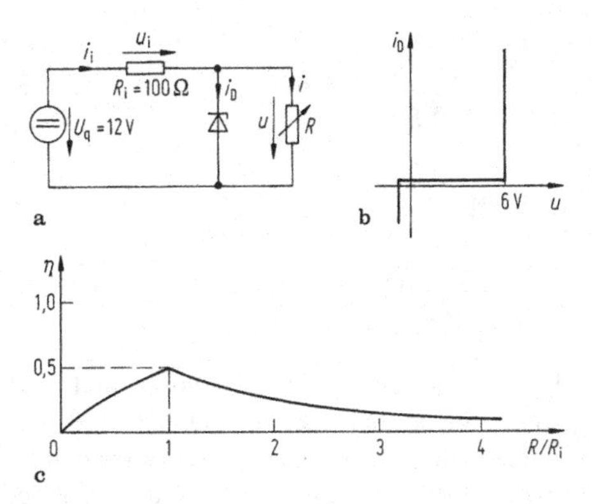

Bild 8-12. Spannungsbegrenzung mit einer Z-Diode. **a** Schaltung; **b** idealisierte Diodenkennlinie; **c** Wirkungsgrad

1. Bereich: $R \leqq R_i$; $u \leqq 6\,\text{V}$; $i_D = 0$, $i = i_i$.

$$\eta = \frac{ui}{U_q i_i} = \frac{R}{R + R_i}\,.$$

2. Bereich: $R \geqq R_i$; $u = 6\,\text{V}$.

$$\eta = \frac{ui}{U_q i_i} = \frac{u^2/R}{U_q \cdot u_i/R_i} = \frac{u^2/R}{U_q(U_q - u)/R_i} = \frac{R_i}{2R}\,.$$

Die Ergebnisse für beide Bereiche sind in Bild 8-12c zusammengefasst.

FELDER
H. Clausert

9 Leitungen

9.1 Die Differenzialgleichungen der Leitung und ihre Lösungen

Bei der „langen“ Leitung hängen Strom und Spannung außer von der Zeit auch vom Ort ab (Bild 9-1). Die Eigenschaften der Leitung werden nach dem Ersatzschaltbild Bild 9-2 durch vier auf die Länge bezogene Kenngrößen beschrieben: R' Widerstandsbelag (auf die Länge bezogener Widerstand für Hin- und Rückleitung zusammen: $\Delta R/\Delta l$ für $\Delta l \to 0$), L' Induktivitätsbelag, C' Kapazitätsbelag, G' Ableitungsbelag (auf die Länge bezogener Leitwert zwischen Hin- und Rückleitung).
Wird der 1. Kirchhoff'sche Satz auf das Leitungselement nach Bild 9-2 angewendet, so folgt mit $i = C\mathrm{d}u/\mathrm{d}t$ (siehe 2.3):

$$-i\left(z-\frac{1}{2}\,\mathrm{d}z, t\right)+i\left(z+\frac{1}{2}\,\mathrm{d}z, t\right) + G'\,\mathrm{d}z\, u(z,t) + C'\,\mathrm{d}z\frac{\partial u(z,t)}{\partial t} = 0\,. \tag{9-1}$$

Entsprechend liefert der 2. Kirchhoff'sche Satz mit $u = L\,\mathrm{d}i/\mathrm{d}t$ (siehe 2.3):

$$-u\left(z-\frac{1}{2}\,\mathrm{d}z, t\right)+u\left(z+\frac{1}{2}\,\mathrm{d}z, t\right) + R'\,\mathrm{d}z\, i(z,t) + L'\,\mathrm{d}z\frac{\partial i(z,t)}{\partial t} = 0\,. \tag{9-2}$$

Ersetzt man die ersten beiden Summanden in (9-1) und (9-2) jeweils durch die ersten beiden Glieder der zugehörigen Taylor-Reihen, so ergibt sich

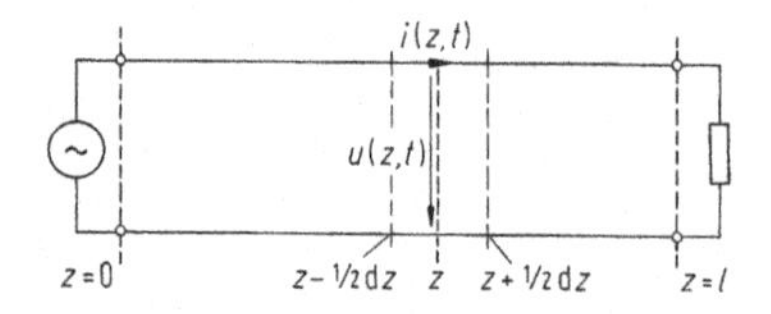

Bild 9-1. Leitung, aus zwei Drähten bestehend: Doppelleitung

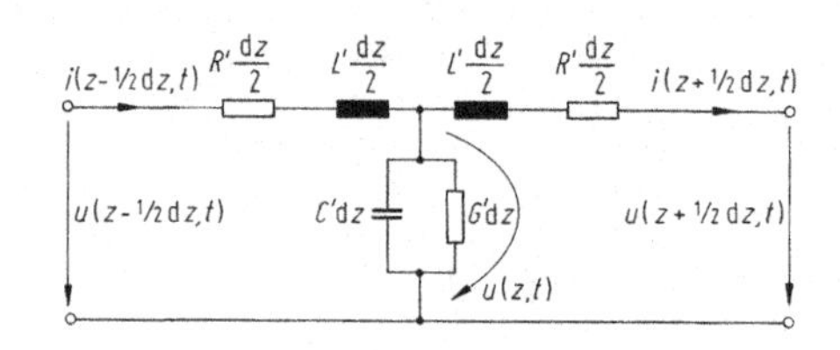

Bild 9-2. Ersatzschaltbild eines Leitungselements

$$\frac{\partial i(z,t)}{\partial z} + G'u(z,t) + C'\frac{\partial u(z,t)}{\partial t} = 0\,, \tag{9-3}$$

$$\frac{\partial u(z,t)}{\partial z} + R'i(z,t) + L'\frac{\partial i(z,t)}{\partial t} = 0\,. \tag{9-4}$$

Sollen (9-3) und (9-4) nur für den speziellen Fall gelöst werden, dass Strom und Spannung sich mit der Zeit sinusförmig ändern, so macht man wie in 2.1 die Ansätze

$$i(z,t) = \sqrt{2}\,\mathrm{Re}\,\{I(z)\,\mathrm{e}^{\mathrm{j}\omega t}\}\,,$$
$$u(z,t) = \sqrt{2}\,\mathrm{Re}\,\{U(z)\,\mathrm{e}^{\mathrm{j}\omega t}\}$$

und erhält anstelle von (9-3) und (9-4):

$$\frac{\mathrm{d}I}{\mathrm{d}z} + (G' + \mathrm{j}\omega C')U = 0\,, \tag{9-5}$$

$$\frac{\mathrm{d}U}{\mathrm{d}z} + (R' + \mathrm{j}\omega L')I = 0\,. \tag{9-6}$$

Hier sind I und U komplexe Effektivwerte, die von z abhängen. Aus (9-5) und (9-6) ergibt sich

$$\frac{\mathrm{d}^2 I}{\mathrm{d}z^2} - \gamma^2 I = 0\,, \tag{9-7}$$

$$\frac{\mathrm{d}^2 U}{\mathrm{d}z^2} - \gamma^2 U = 0\,, \tag{9-8}$$

wenn die Abkürzung

$$\gamma^2 = (R' + \mathrm{j}\omega L')(G' + \mathrm{j}\omega C') \tag{9-9}$$

verwendet wird. Gleichungen (9-7) und (9-8) haben gleichartige Lösungen; so ist z. B.

$$U(z) = U_{\mathrm{p}}\mathrm{e}^{-\gamma z} + U_{\mathrm{r}}\mathrm{e}^{\gamma z}\,. \tag{9-10}$$

Man nennt den ersten Summanden die hinlaufende oder primäre (daher Index p) Welle oder *Hauptwelle*, den zweiten Summanden die rücklaufende (daher Index r) Welle oder *Echowelle*.
Aus (9-10) ergibt sich mit (9-6), (9-9) und der Abkürzung

$$Z_L = \sqrt{\frac{R' + j\omega L'}{G' + j\omega C'}} ; \quad (9\text{-}11)$$

$$I(z) = \frac{U_p}{Z_L} e^{-\gamma z} - \frac{U_r}{Z_L} e^{\gamma z} . \quad (9\text{-}12)$$

9.2 Die charakteristischen Größen der Leitung

Die Größe Z_L nach (9-11) nennt man den *Wellenwiderstand* der Leitung. Die durch (9-9) definierte Größe γ heißt *Ausbreitungskoeffizient*. Er ist i. Allg. komplex:

$$\gamma = \alpha + j\beta . \quad (9\text{-}13)$$

Der Realteil α ist ein Maß für die Dämpfung der Welle auf der Leitung und heißt *Dämpfungskoeffizient*. Durch den Imaginärteil β ist die Ausbreitungs- oder Phasengeschwindigkeit der Welle bestimmt:

$$v = \frac{\omega}{\beta} . \quad (9\text{-}14)$$

Man bezeichnet β als *Phasenkoeffizient*. Zwischen β und der Wellenlänge λ besteht die Beziehung

$$\lambda = \frac{2\pi}{\beta} . \quad (9\text{-}15)$$

Bild 9-3 zeigt den Einfluss der Größen α, β, λ auf den Spannungs- bzw. Stromverlauf auf der Leitung. Aus (9-14), (9-15) folgt mit $\omega = 2\pi f$:

$$v = f\lambda . \quad (9\text{-}16)$$

Die Eigenschaften einer homogenen Leitung können durch die vier konstanten Leitungsbeläge R', L', C', G' oder durch die beiden komplexen Größen Z_L und γ charakterisiert werden.
Wenn die Leitungsverluste vernachlässigt werden ($R' \to 0, G' \to 0$), gehen (9-11) und (9-13) über in

$$Z_L = \sqrt{\frac{L'}{C'}} , \quad (9\text{-}17)$$

$$\gamma = j\beta = j\omega\sqrt{C'L'} . \quad (9\text{-}18)$$

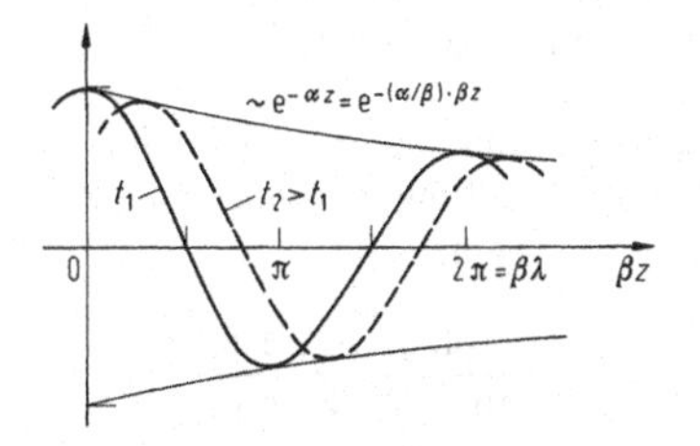

Bild 9-3. Spannungs- bzw. Stromverlauf auf der Leitung für zwei Zeitpunkte (nur Hauptwelle)

Bei geringen Verlusten (d. h., $\omega L' \gg R'$, $\omega C' \gg G'$), hat man

$$Z_L = \sqrt{\frac{L'}{C'}} \left[1 - \frac{j}{2\omega} \left(\frac{R'}{L'} - \frac{G'}{C'} \right) \right] , \quad (9\text{-}19)$$

$$\alpha = \frac{1}{2} \left(R' \sqrt{\frac{C'}{L'}} + G' \sqrt{\frac{L'}{C'}} \right) \quad (9\text{-}20)$$

und ein unverändertes β (9-18).

9.3 Die Leitungsgleichungen

Nach (9-10) und (9-12) ist – mit $U_1 = U(0)$, $U_2 = U(l)$, $I_1 = I(0)$, $I_2 = I(l)$:

$$U_1 = U_p + U_r , \quad U_2 = U_p e^{-\gamma l} + U_r e^{\gamma l} ,$$

$$I_1 = \frac{U_p}{Z_L} - \frac{U_r}{Z_L} , \quad I_2 = \frac{U_p}{Z_L} e^{-\gamma l} - \frac{U_r}{Z_L} e^{\gamma l} .$$

Gibt man z. B. U_2 und I_2 vor, so kann man diese vier Gleichungen nach U_p, U_r oder U_1, I_1 auflösen und erhält

$$U_p = \frac{1}{2} e^{\gamma l} (U_2 + Z_L I_2) ,$$
$$U_r = \frac{1}{2} e^{-\gamma l} (U_2 - Z_L I_2) \quad (9\text{-}21)$$

bzw. die sog. *Leitungsgleichungen*

$$\begin{bmatrix} U_1 \\ I_1 \end{bmatrix} = \begin{bmatrix} \cosh \gamma l & Z_L \sinh \gamma l \\ \frac{1}{Z_L} \sinh \gamma l & \cosh \gamma l \end{bmatrix} \begin{bmatrix} U_2 \\ I_2 \end{bmatrix} . \quad (9\text{-}22)$$

Eine zweite Form dieser Gleichungen entsteht durch Auflösen nach U_2, I_2:

$$\begin{bmatrix} U_2 \\ I_2 \end{bmatrix} = \begin{bmatrix} \cosh \gamma l & -Z_L \sinh \gamma l \\ -\frac{1}{Z_L} \sinh \gamma l & \cosh \gamma l \end{bmatrix} \begin{bmatrix} U_1 \\ I_1 \end{bmatrix} . \quad (9\text{-}23)$$

9.4 Der Eingangswiderstand

Die Leitung mit dem Abschlusswiderstand $Z_2 = U_2/I_2$ hat den Eingangswiderstand $Z_1 = U_1/I_1$, für den mit (9-22) gilt:

$$Z_1 = Z_L \frac{Z_2 \cosh \gamma l + Z_L \sinh \gamma l}{Z_2 \sinh \gamma l + Z_L \cosh \gamma l} \,. \qquad (9\text{-}24)$$

Ist die Leitung mit dem Wellenwiderstand abgeschlossen ($Z_2 = Z_L$, „Wellenanpassung"), so folgt

$$Z_{1\text{w}} = Z_L \,. \qquad (9\text{-}25)$$

Für die leerlaufende Leitung ($Z_2 = \infty$) hat man

$$Z_{1\text{l}} = Z_L \coth \gamma l \qquad (9\text{-}26)$$

und für die kurzgeschlossene Leitung ($Z_2 = 0$)

$$Z_{1\text{k}} = Z_L \tanh \gamma l \,. \qquad (9\text{-}27)$$

Im Fall der verlustfreien Leitung sind (9-26) und (9-27) durch

$$Z_{1\text{l}} = -\text{j} Z_L \cot \beta l \,, \qquad (9\text{-}28)$$

$$Z_{1\text{k}} = \text{j} Z_L \tan \beta l \,. \qquad (9\text{-}29)$$

zu ersetzen.
Sind die Eingangswiderstände $Z_{1\text{l}}$ und $Z_{1\text{k}}$ bekannt, so können wegen (9-26) und (9-27) die charakteristischen Größen Z_L und γl bestimmt werden:

$$Z_L = \sqrt{Z_{1\text{l}} Z_{1\text{k}}} \,, \qquad (9\text{-}30)$$

$$\gamma l = \frac{1}{2} \ln \frac{\sqrt{Z_{1\text{l}}/Z_{1\text{k}}} + 1}{\sqrt{Z_{1\text{l}}/Z_{1\text{k}}} - 1} \,. \qquad (9\text{-}31)$$

9.5 Der Reflexionsfaktor

Ersetzt man in (9-10) die Größen U_r und U_p durch (9-21), so folgt

$$U(z) = \frac{1}{2}(U_2 + Z_L I_2)\,\text{e}^{\gamma(l-z)} + \frac{1}{2}(U_2 - Z_L I_2)\,\text{e}^{-\gamma(l-z)} \,. \qquad (9\text{-}32)$$

Den Quotienten aus dem zweiten Summanden (Echowelle) und dem ersten (Hauptwelle) in (9-32) bezeichnet man als *Reflexionsfaktor* $r(z)$; mit $Z_2 = U_2/I_2$ erhält man

$$r(z) = \frac{Z_2 - Z_L}{Z_2 + Z_L}\,\text{e}^{-2\gamma(l-z)} \,. \qquad (9\text{-}33)$$

Als Reflexionsfaktor des Abschlusswiderstandes definiert man $r_2 = r(l)$:

$$r_2 = \frac{Z_2 - Z_L}{Z_2 + Z_L} \,. \qquad (9\text{-}34)$$

Für die drei Sonderfälle Wellenanpassung, Leerlauf und Kurzschluss nimmt r_2 die Werte 0, +1 bzw. −1 an.
Mit der Abkürzung r_2 entsteht aus (9-32):

$$U(z) = \frac{1}{2}(U_2 + Z_L I_2)[\text{e}^{\gamma(l-z)} + r_2\,\text{e}^{-\gamma(l-z)}] \,. \qquad (9\text{-}35)$$

Der zugehörige Strom ergibt sich mit (9-6) zu

$$I(z) = \frac{1}{2 Z_L}(U_2 - Z_L I_2)[\text{e}^{\gamma(l-z)} - r_2\,\text{e}^{-\gamma(l-z)}] \,. \qquad (9\text{-}36)$$

10 Elektrostatische Felder

Näheres zur Einteilung der elektrischen und magnetischen Felder findet man in 14.2.

10.1 Skalare und vektorielle Feldgrößen

Bei den Größen Strom und Spannung ist an einen bestimmten durchströmten Querschnitt zu denken bzw. an eine gewisse Länge, auf der der Spannungsabfall auftritt. Daneben gibt es physikalische Größen, die einem Punkt (im Raum) zugeordnet sind. Solche Größen, die einen Raumzustand charakterisieren, nennt man *Feldgrößen*. Ist eine Feldgröße ungerichtet, wie z. B. die Temperatur oder der Luftdruck, so heißt sie *skalare Feldgröße*, hat sie auch eine Richtung, wie z. B. die Windgeschwindigkeit, so spricht man von einer *vektoriellen Feldgröße*.
Wenn die Feldgröße im Raum konstant ist, so nennt man das Feld *homogen*, andernfalls *inhomogen*. Ein Feld heißt (reines) *Quellenfeld*, wenn alle Feldlinien Anfang und Ende haben. Bei einem (reinen) *Wirbelfeld* sind alle Feldlinien geschlossen.

10.2 Die elektrische Feldstärke

Das *Coulomb'sche Gesetz* besagt: Haben zwei Punktladungen q und Q gleiche Polarität und voneinander den Abstand r, so stoßen sie sich gegenseitig mit der Kraft

$$F = \frac{qQ}{4\pi\varepsilon r^2} \quad (10\text{-}1)$$

ab. (Bei ungleichen Vorzeichen der Ladungen ziehen sie sich an.) Die Größe ε in (10-1) heißt *Permittivität* (Dielektrizitätskonstante, Influenzkonstante). Sie charakterisiert die elektrischen Eigenschaften eines Materials, z. B. des Raumes, in dem sich die Ladungen q und Q befinden. Gleichung (10-1) gilt nur, wenn der die Ladungen umgebende Raum ein konstantes ε aufweist.
Schreibt man (10-1) in der Form

$$F = q\frac{Q}{4\pi\varepsilon r^2} = qE\,, \quad (10\text{-}2)$$

so liegt folgende Interpretation nahe: Die Kraft auf die (Probe-)Ladung q ist der Ladung q und einem zweiten Faktor proportional, der eine Eigenschaft des Raumes am Ort der Kraftwirkung auf q beschreibt. Diese Eigenschaft des Raumes nennt man das *elektrische Feld* E, das von der im Abstand r vorhandenen Ladung Q hervorgerufen wird. Wegen (10-2) gilt für das elektrische Feld der Punktladung also die *Feldstärke*

$$E = \frac{Q}{4\pi\varepsilon r^2}\,, \quad (10\text{-}3)$$

und allgemein gilt für die Kraft auf eine (Probe-) Ladung q an einem Ort der elektrischen Feldstärke E:

$$F = qE \quad \text{bzw.} \quad \boldsymbol{F} = q\boldsymbol{E}\,. \quad (10\text{-}4)$$

Der Zusammenhang zwischen der elektrischen Spannung U und der elektrischen Feldstärke $\boldsymbol{E}$ kann durch eine Energiebetrachtung gefunden werden: Bei der Verschiebung der Ladung q im elektrischen Feld $\boldsymbol{E}$ um das Wegelement $\Delta\boldsymbol{s}$ tritt eine Änderung der potenziellen Energie auf:

$$\Delta W = \boldsymbol{F}\cdot\Delta\boldsymbol{s} = q(\boldsymbol{E}\cdot\Delta\boldsymbol{s}) = q\Delta U\,. \quad (10\text{-}5)$$

Bewegt sich die Ladung q im elektrischen Feld vom Punkt A zum Punkt B, so hat man

$$W_{\mathrm{AB}} = q\int_A^B \boldsymbol{E}\cdot\mathrm{d}\boldsymbol{s} = qU_{\mathrm{AB}}\,. \quad (10\text{-}6)$$

Das in (10-6) auftretende Integral hängt nur von den Punkten A und B ab, nicht vom Verlauf des Weges zwischen diesen Punkten; ein solches Integral nennt man wegunabhängig. Diese Eigenschaft lässt sich auch so darstellen:

$$\oint_C \boldsymbol{E}\cdot\mathrm{d}\boldsymbol{s} = 0\,. \quad (10\text{-}7)$$

C ist ein beliebiger geschlossener Weg. Felder, für die (10-7) gilt, heißen *wirbelfrei*.
Bei bekannter Feldstärke kann die Spannung zwischen den Punkten A und B wegen (10-6) berechnet werden:

$$U_{\mathrm{AB}} = \int_A^B \boldsymbol{E}\cdot\mathrm{d}\boldsymbol{s}\,., \quad (10\text{-}8)$$

Schwieriger ist die Umkehrung des Problems: Es sei die Spannung zwischen einem beliebigen (Auf-)Punkt P und einem willkürlich gewählten Bezugspunkt O bekannt. Dann folgt aus (10-8) wegen der Wegunabhängigkeit des Integrals, wenn das Ergebnis der unbestimmten Integration mit f bezeichnet wird:

$$U_{\mathrm{PO}} = \int_{\mathrm{P}}^{\mathrm{O}} \boldsymbol{E}\cdot\mathrm{d}\boldsymbol{s} = f\big|_{\mathrm{P}}^{\mathrm{O}} = f(\mathrm{O}) - f(\mathrm{P}) = \int_{\mathrm{P}}^{\mathrm{O}} \mathrm{d}f\,.$$

Üblicherweise arbeitet man mit $\varphi = -f$ und nennt φ die Potenzialfunktion:

$$U_{\mathrm{PO}} = \int_{\mathrm{P}}^{\mathrm{O}} \boldsymbol{E}\cdot\mathrm{d}\boldsymbol{s} = \varphi(P) - \varphi(O) = -\int_{\mathrm{P}}^{\mathrm{O}} \mathrm{d}\varphi \quad (10\text{-}9)$$

oder

$$\varphi(\mathrm{P}) = -\int_O^P \boldsymbol{E}\cdot\mathrm{d}\boldsymbol{s} + \varphi(\mathrm{O}) \quad (10\text{-}10)$$

oder

$$\varphi(\mathrm{P}) = -\int \boldsymbol{E}\cdot\mathrm{d}\boldsymbol{s}\,(+\,\mathrm{const}). \quad (10\text{-}11)$$

Wegen (10-9) oder (10-11) gilt:

$$\boldsymbol{E}\cdot\mathrm{d}\boldsymbol{s} = -\mathrm{d}\varphi,\ \text{d. h. (vgl. A)}\,, \quad (10\text{-}12)$$

$$\boldsymbol{E} = -\operatorname{grad}\varphi\,. \quad (10\text{-}13)$$

10.3 Die elektrische Flussdichte

Neben der elektrischen Feldstärke benutzt man eine zweite Feldgröße zur Beschreibung des elektrischen

Feldes, nämlich die *elektrische Flussdichte* (elektrische Verschiebung), die durch

$$\boldsymbol{D} = \varepsilon \boldsymbol{E} \qquad (10\text{-}14)$$

definiert ist. Die Richtungen von $\boldsymbol{D}$ und $\boldsymbol{E}$ stimmen bei den meisten Materialien überein. Materialien mit dieser Eigenschaft nennt man isotrop. Sind die Richtungen von $\boldsymbol{D}$ und $\boldsymbol{E}$ unterschiedlich, so bezeichnet man das Material als anisotrop; dann ist ε kein Skalar mehr, sondern ein Tensor (siehe A 3.4).

Im Fall der Punktladung erhält man wegen (10-3)

$$D = \frac{Q}{4\pi r^2}\,, \qquad (10\text{-}15)$$

also einen Ausdruck, der die Permittivität ε nicht enthält.

Die elektrische Feldkonstante (Permittivität des Vakuums) ist

$$\varepsilon_0 = 8{,}854\ldots \cdot 10^{-12}\,\frac{\text{A s}}{\text{V m}} = 8{,}854\ldots \text{pF/m}\,. \qquad (10\text{-}16)$$

Für den von einem Material ausgefüllten Raum gibt man nicht ε selbst an, sondern die Permittivitätszahl (Dielektrizitätszahl), siehe Tabelle 10-1:

$$\varepsilon_\text{r} = \varepsilon/\varepsilon_0\,. \qquad (10\text{-}17)$$

Man bezeichnet die von einer elektrischen Ladung Q insgesamt ausgehende Wirkung als *elektrischen Fluss* Ψ_ges und setzt

$$\Psi_\text{ges} = Q\,. \qquad (10\text{-}18)$$

Tabelle 10-1. Permittivitätszahl ε_r

Material	ε_r
Bariumtitanat	1000...9000
Bernstein	≈ 2,8
Epoxidharz	3,7
Glas	≈ 10
Glimmer	≈ 8
Kautschuk	≈ 2,4
Luft, Gase	≈ 1
Mineralöl	2,2
Polyethylen	2,2...2,7
Polystyrol (PS)	2,5...2,8
Polyvinylchlorid (PVC)	3,1
Porzellan	5,5
Starkstromkabelisolation (Papier, Öl)	3...4,5
Transformatoröl	2,5
Wasser	81

Für die Punktladung gilt nach (10-15)

$$4\pi r^2 D = AD = Q\,, \qquad (10\text{-}19)$$

wobei A die Oberfläche einer bezüglich der Lage von Q konzentrischen Kugel ist und D die Flussdichte auf dieser Kugel. Handelt es sich statt um die Kugeloberfläche A um eine beliebige Hüllfläche S um die Ladung, so hat man statt (10-19) den Gauß'schen Satz der Elektrostatik:

$$\oint_S \boldsymbol{D} \cdot \text{d}\boldsymbol{A} = Q\,. \qquad (10\text{-}20)$$

In (10-20) bedeutet Q die von der Hüllfläche S insgesamt umschlossene Ladung; sind es mehrere Ladungen, so hat man diese unter Beachtung des Vorzeichens zu addieren. Ist die Ladung räumlich verteilt, so ist Q durch Integration über die Raumladungsdichte ϱ (= lim($\Delta Q/\Delta V$) für $\Delta V \to 0$) zu bestimmen. Das Flächenelement d$\boldsymbol{A}$ wird vereinbarungsgemäß nach außen positiv gezählt.

Der elektrische Fluss Ψ durch eine beliebige Fläche A ist

$$\Psi = \int_A \boldsymbol{D} \cdot \text{d}\boldsymbol{A}\,. \qquad (10\text{-}21)$$

Mit (10-20) kann die Feldstärke z. B. in der Umgebung einer Linienladung q_L(= lim($\Delta Q/\Delta l$) für $\Delta l \to 0$) berechnet werden. Im Fall eines koaxialen Zylinders (Bild 10-1) ergeben die Deckflächen A_1 und A_2 keinen Beitrag zum Integral, da hier die Vektoren $\boldsymbol{D}$ und d$\boldsymbol{A}$ aufeinander senkrecht stehen. Der Beitrag des Mantels $\boldsymbol{M}$ wird, da $\boldsymbol{D}$ auf dem Mantel die gleiche Richtung hat wie d$\boldsymbol{A}$ (in demselben Punkt) und außerdem dem Betrage nach konstant ist:

$$\int_M \boldsymbol{D}\cdot\text{d}\boldsymbol{A} = \int D\,\text{d}A = D\int \text{d}A = D\cdot 2\pi\varrho l\,. \qquad (10\text{-}22)$$

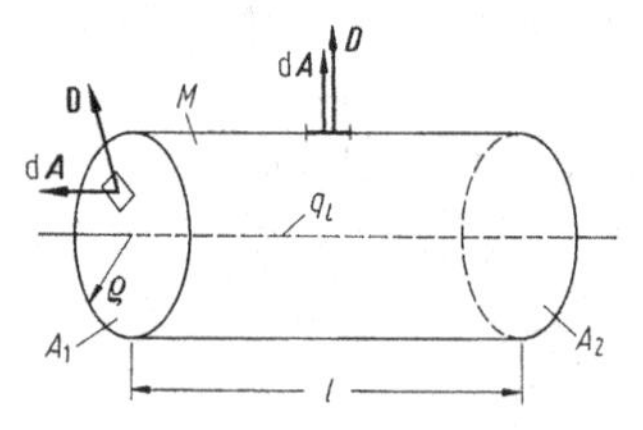

Bild 10-1. Herleitung der Potenzialfunktion einer Linienladung sehr großer Länge

Es wird die Ladung $q_L l$ umschlossen. Damit hat man $D \cdot 2\pi\varrho l = q_L l$ oder

$$D = \frac{q_L}{2\pi\varrho} \,. \tag{10-23}$$

10.4 Die Potenzialfunktion spezieller Ladungsverteilungen

Ist für eine Ladungsverteilung die elektrische Feldstärke bekannt, so kann die Potenzialfunktion mit (10-11) bestimmt werden. Für die Punktladung folgt wegen (11-3), wenn entlang einer Feldlinie integriert wird (hier ist $\mathrm{d}\boldsymbol{s} = \mathrm{d}\boldsymbol{r}$)

$$\varphi(P) = -\int \boldsymbol{E} \cdot \mathrm{d}\boldsymbol{s} = -\int E\mathrm{d}r = -\frac{Q}{4\pi\varepsilon}\int \frac{\mathrm{d}r}{r^2} \,, \tag{10-24}$$

also

$$\varphi(P) \equiv \varphi(r) = \frac{Q}{4\pi\varepsilon r} + \varphi_0 \,. \tag{10-25}$$

Für die Linienladung ergibt sich entsprechend aus (10-23):

$$\varphi(P) = -\int \boldsymbol{E} \cdot \mathrm{d}\boldsymbol{\varrho} = -\frac{q_L}{2\pi\varepsilon}\int \frac{\mathrm{d}\varrho}{\varrho} \,,$$

also

$$\varphi(P) \equiv \varphi(\varrho) = \frac{q_L}{2\pi\varepsilon}\ln\frac{1}{\varrho} + \varphi_0 = \frac{q_L}{2\pi\varepsilon}\ln\frac{\varrho_0}{\varrho} \,. \tag{10-26}$$

10.5 Influenz

Bringt man einen ungeladenen Leiter (der also gleich viele positive wie negative Ladungen trägt) in ein elektrisches Feld, so werden die beweglichen Ladungsträger (Leitungselektronen) verschoben. In Bild 10-2 ist das für eine spezielle Anordnung schematisch dargestellt: Unter der Einwirkung des Feldes eines Plattenkondensators bildet sich auf der einen Seite des hier rechteckigen Leiters ein Elektronenüberschuss ($-Q'$) aus, während es auf der anderen Seite zu einem Elektronenmangel ($+Q'$) kommt. Das Feld dieser Ladungen ($+Q', -Q'$) und das äußere Feld heben sich im Innern des Leiters gerade auf, d. h., das Leiterinnere ist feldfrei. Diese Erscheinung der Ladungstrennung unter der Einwirkung eines äußeren Feldes bezeichnet man als *Influenz*; die getrennten Ladungen auf dem insgesamt ungeladenen Leiter heißen Influenzladungen (oder influenzierte Ladungen).

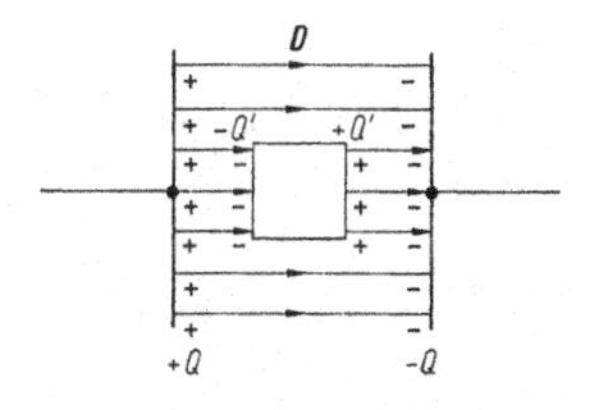

Bild 10-2. Influenz (schematisch). (Q' Influenzladung)

10.6 Die Kapazität

In Bild 10-3 sind zwei isolierte Leiter im Querschnitt dargestellt, die die Ladungen $+Q$ und $-Q$ tragen. Eine solche Anordnung heißt *Kondensator*; die beiden Leiter nennt man die *Elektroden* des Kondensators. Nach dem Coulomb'schen Gesetz wirken Kräfte zwischen den Ladungsträgern. Im statischen Fall stellt sich eine solche Ladungsverteilung ein, dass beide Leiter ein konstantes Potenzial erhalten. Damit ist die Leiteroberfläche eine Äquipotenzialfläche; auf ihr stehen die Feldlinien senkrecht. Das Leiterinnere ist feldfrei. Die Spannung zwischen den beiden Elektroden eines Kondensators ist ihrer Ladung proportional:

$$Q = CU \,. \tag{10-27}$$

Der Proportionalitätsfaktor C heißt *Kapazität* (des Kondensators).
Werden n Kondensatoren *parallel geschaltet*, so gilt:

$$\begin{aligned} Q &= Q_1 + Q_2 + \ldots + Q_n \\ &= C_1 U + C_2 U + \ldots + C_n U \\ &= (C_1 + C_2 + \ldots + C_n)U \\ &\overset{!}{=} C_{\mathrm{ges}} U \,. \end{aligned}$$

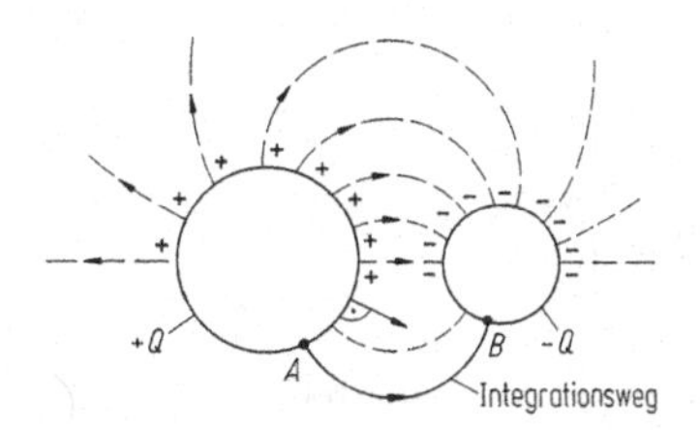

Bild 10-3. Kondensator, Feldlinien gestrichelt

Ein einzelner Kondensator, der bei der gleichen Spannung U die gleiche Ladung Q speichert, hat also die Kapazität

$$C_{\text{ges}} = C_1 + C_2 + \ldots + C_n = \sum_{k=1}^{n} C_k \,. \qquad (10\text{-}28)$$

Sind n ungeladene Kondensatoren *in Reihe geschaltet*, so nimmt jeder beim Anlegen der Spannung U die gleiche Ladung Q auf. Es gilt

$$\begin{aligned} U &= U_1 + U_2 + \ldots + U_n \\ &= \frac{Q}{C_1} + \frac{Q}{C_2} + \ldots + \frac{Q}{C_n} \\ &= \left(\frac{1}{C_1} + \frac{1}{C_2} + \ldots + \frac{1}{C_n}\right) Q \\ &\overset{!}{=} \frac{Q}{C_{\text{ges}}} \,. \end{aligned}$$

Für die Kapazität eines einzelnen Kondensators, der die Reihenschaltung ersetzen kann, folgt

$$\frac{1}{C_{\text{ges}}} = \frac{1}{C_1} + \frac{1}{C_2} + \ldots + \frac{1}{C_n} = \sum_{k=1}^{n} \frac{1}{C_k} \,. \qquad (10\text{-}29)$$

10.7 Die Kapazität spezieller Anordnungen

Nach (10-27) ist

$$C = \frac{Q}{U} \,. \qquad (10\text{-}30)$$

Die Kapazität lässt sich demnach bestimmen, indem man die Ladung vorgibt, dann die Spannung berechnet und den Quotienten (10-30) bildet. Diese Vorgehensweise soll am Beispiel des *Zylinderkondensators* der Länge $l \gg \varrho_{1,2}$ erläutert werden (Bild 10-4). Die Ladung des Kondensators sei $Q = q_{\text{L}} l$. Zunächst ermittelt man die elektrische Flussdichte D mit (10-20). Das ist oben gezeigt worden mit dem Ergebnis (10-23).

Damit ist wegen (10-14)

$$E = \frac{q_{\text{L}}}{2\pi\varepsilon\varrho} \,. \qquad (10\text{-}31)$$

Mit (10-8) ergibt sich, wenn entlang einer Feldlinie integriert wird:

$$\begin{aligned} U &= \int_A^B \boldsymbol{E} \cdot \mathrm{d}\boldsymbol{s} = \int_{\varrho_1}^{\varrho_2} E(\varrho)\, \mathrm{d}s \\ &= \frac{q_{\text{L}}}{2\pi\varepsilon} \int_{\varrho_1}^{\varrho_2} \frac{\mathrm{d}\varrho}{\varrho} = \frac{q_{\text{L}}}{2\pi\varepsilon} \ln \frac{\varrho_2}{\varrho_1} \,. \end{aligned}$$

Also wird C mit (10-30) und $Q = q_{\text{L}} l$:

$$C = \frac{2\pi\varepsilon l}{\ln \frac{\varrho_2}{\varrho_1}} \,. \qquad (10\text{-}32)$$

Im vorliegenden Fall hätte man die Spannung schneller ermitteln können, da die Potenzialfunktion der zylindersymmetrischen Anordnung bereits bekannt ist: (10-26). Damit wird die Spannung als Differenz des Potenzials der positiv geladenen Elektrode (φ_+) und des Potenzials der negativ geladenen Elektrode (φ_-):

$$U = \varphi_+ - \varphi_- = \varphi(\varrho_1) - \varphi(\varrho_2) = \frac{q_{\text{L}}}{2\pi\varepsilon} \ln \frac{\varrho_2}{\varrho_1} \,.$$

Auf die gleiche Weise kann man die Kapazität des *Plattenkondensators* (Bild 10-5)

$$C = \frac{\varepsilon A}{d} \qquad (10\text{-}33)$$

und die des *Kugelkondensators* (Bild 10-6) bestimmen:

$$C = \frac{4\pi\varepsilon r_1 r_2}{r_2 - r_1} \,. \qquad (10\text{-}34)$$

Hieraus folgt mit $r_2 \to \infty$ die Kapazität einer Kugel mit dem Radius r_1 gegenüber der (sehr weit entfernten) Umgebung:

$$C = 4\pi\varepsilon r_1 \,. \qquad (10\text{-}35)$$

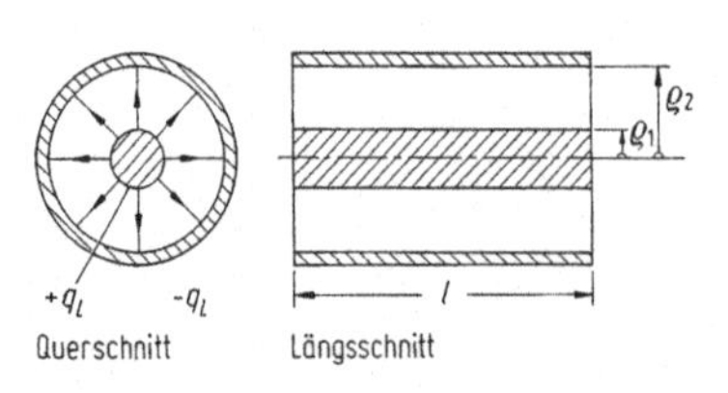

Bild 10-4. Zylinderkondensator

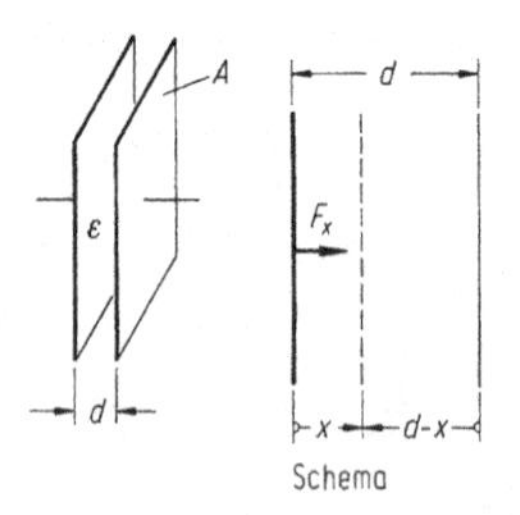

Bild 10-5. Plattenkondensator

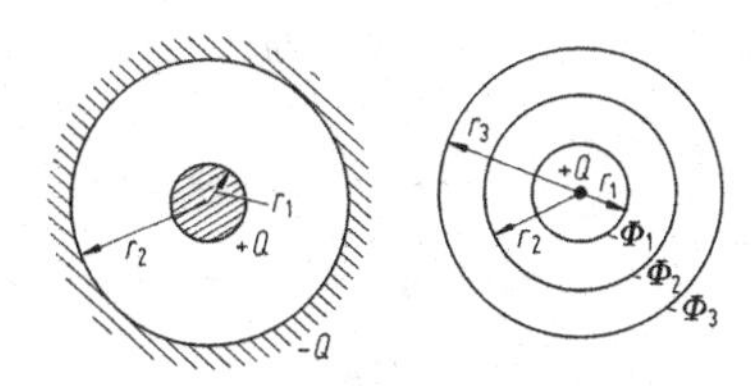

Bild 10-6. Kugelkondensator, gleiche Feld- und Potenzialverteilung wie bei der Punktladung (Querschnitt)

10.8 Energie und Kräfte

Die in einem Kondensator gespeicherte Energie ergibt sich nach 1.2.2, wobei $i\,\mathrm{d}t$ nach 1.1.2 durch $\mathrm{d}Q$ ersetzt werden kann:

$$W_\mathrm{e} = \int ui\,\mathrm{d}t = \int u\,\mathrm{d}Q\,. \qquad (10\text{-}36)$$

Wegen (10-27) ist (für konstantes C) $\mathrm{d}Q = \mathrm{d}(Cu) = C\mathrm{d}u$ und damit

$$W_\mathrm{e} = C\int_0^U u\,\mathrm{d}u = \frac{1}{2}CU^2 = \frac{1}{2}QU = \frac{1}{2}\cdot\frac{Q^2}{C}\,, \qquad (10\text{-}37)$$

wobei die beiden letzten Ausdrücke auf (10-27) beruhen.
Für einen Plattenkondensator ist $u = Ed$ und $Q = DA$. Damit folgt aus (10-36)

$$W_\mathrm{e} = \int E\,dA\,\mathrm{d}D = V\int E\,\mathrm{d}D\,.$$

Hier ist $Ad = V$ das Volumen zwischen den Platten, also des von dem elektrischen Feld erfüllten Raumes. Für die Energiedichte $w_\mathrm{e} = W/V$ gilt also

$$w_\mathrm{e} = \int_0^{D_\mathrm{e}} E\,\mathrm{d}D;\ D_\mathrm{e} = \text{Endwert} \qquad (10\text{-}38)$$

Mit (10-14) erhält man für konstantes ε wie bei (10-37) drei Ausdrücke

$$w_\mathrm{e} = \frac{1}{2}\varepsilon E^2 = \frac{1}{2}DE = \frac{1}{2}\cdot\frac{D^2}{\varepsilon}\,. \qquad (10\text{-}39)$$

Mit dem aus der Mechanik bekannten Prinzip der virtuellen Verschiebung gewinnt man einen Zusammenhang zwischen der Änderung der elektrischen Energie und der Kraft. Die linke Platte des Kondensators in Bild 10-5 verschiebe sich aufgrund der Anziehungskraft F_x um ein Wegelement $\mathrm{d}x$. Dabei wird die mechanische Energie $F_x\,\mathrm{d}x$ gewonnen. Wenn die Bewegung reibungsfrei und langsam erfolgt und außerdem die Ladung konstant bleibt, tritt nur eine weitere Energieform auf, nämlich die im Kondensator gespeicherte elektrische Energie W_e. Die Summe der Energieänderungen ist Null, also $F_x\,\mathrm{d}x + \mathrm{d}W_\mathrm{e} = 0$ oder

$$F_x = -\frac{\mathrm{d}W_\mathrm{e}}{\mathrm{d}x} \quad (Q = \text{const})\,. \qquad (10\text{-}40)$$

Ist bei der betrachteten Verschiebung der linken Platte die Spannung U konstant (der Kondensator bleibt mit der Spannungsquelle verbunden), so nimmt der Kondensator eine zusätzliche Ladung $\mathrm{d}Q$ auf und gleichzeitig ändert sich die in der Spannungsquelle gespeicherte Energie W_Q. Die Summe der Änderungen der drei jetzt auftretenden Energieformen ist Null, also $F_x\mathrm{d}x + \mathrm{d}W_\mathrm{e} + \mathrm{d}W_\mathrm{Q} = 0$. Hier ist nun nach (10-37) $\mathrm{d}W_\mathrm{e} = \frac{1}{2}U\,\mathrm{d}Q$ und nach (10-36) $\mathrm{d}W_\mathrm{Q} = -Ui\,\mathrm{d}t = -U\,\mathrm{d}Q$. Das Minuszeichen rührt daher, dass die Quelle Energie abgibt. Damit folgt

$$F_x\,\mathrm{d}x + \frac{1}{2}U\,\mathrm{d}Q - U\,\mathrm{d}Q = 0 \quad \text{oder}$$

$$F_x\,\mathrm{d}x = \frac{1}{2}U\,\mathrm{d}Q\,.$$

Ersetzt man $\frac{1}{2}U\,\mathrm{d}Q$ wieder durch $\mathrm{d}W_\mathrm{e}$, so erhält man schließlich

$$F_x = \frac{\mathrm{d}W_\mathrm{e}}{\mathrm{d}x} \quad (U = \text{const})\,. \qquad (10\text{-}41)$$

Bei der Herleitung von (10-40) und (10-41) wurde keine bestimmte Elektrodenform des Kondensators vorausgesetzt; die Gleichungen gelten also für beliebig geformte Leiter.
Mit (10-40) und (10-41) soll die Kraft zwischen den Platten eines Plattenkondensators berechnet werden. Dazu muss die gespeicherte Energie als Funktion von x dargestellt werden. Nach (10-37) ist z. B.

$$W_\mathrm{e}(x) = \frac{1}{2}\cdot\frac{Q^2}{C(x)} \quad (Q = \text{const})$$

oder

$$W_\mathrm{e}(x) = \frac{1}{2}U^2C(x) \quad (U = \text{const})$$

mit

$$C(x) = \frac{\varepsilon A}{d-x}\,.$$

Dabei wird x wie in Bild 10-5 gezählt. Also erhält man mit (10-40)

$$F_x = -\frac{\mathrm{d}}{\mathrm{d}x}\left(\frac{1}{2}\cdot\frac{Q^2}{C(x)}\right) = \frac{Q^2}{2\varepsilon A} \tag{10-42}$$

und mit (10-41)

$$F_x = \frac{\mathrm{d}}{\mathrm{d}x}\left(\frac{1}{2}U^2C(x)\right) = \frac{U^2}{2}\cdot\frac{\varepsilon A}{(d-x)^2}\,. \tag{10-43}$$

Das letzte Ergebnis zeigt, dass bei konstanter Spannung die Kraft vom Plattenabstand abhängt. Ist dieser gleich d, so ist $x = 0$, also

$$F_x = \frac{U^2\varepsilon A}{2d^2}\,. \tag{10-44}$$

Geht man in (10-42) und (10-44) zu Feldgrößen über, ($Q/A = D$, $U/d = E$), so ergibt sich:

$$F_x = \frac{\varepsilon E^2}{2}A = \frac{DE}{2}A = \frac{D^2}{2\varepsilon}A\,. \tag{10-45}$$

Für die Kraft pro Fläche F_x/A oder Kraftdichte (Kraftbelag) erhält man demnach die Ausdrücke (10-39).

10.9 Bedingungen an Grenzflächen

Um eine Aussage über das Verhalten der Normalkomponente zu gewinnen, wendet man (10-20) auf einen flachen Zylinder an, der gemäß Bild 10-7 im Grenzgebiet zwischen zwei Materialien mit unterschiedlichen Permittivitäten liegt. Die Höhe des Zylinders wird als so gering angenommen, dass nur die Beiträge der beiden Deckflächen berücksichtigt werden müssen. Dann liefert die linke Seite von (10-20):

$$\begin{aligned}\boldsymbol{D}_2\cdot\Delta\boldsymbol{A}_2 + \boldsymbol{D}_1\cdot\Delta\boldsymbol{A}_1 &= (\boldsymbol{n}\cdot\boldsymbol{D}_2 - \boldsymbol{n}\cdot\boldsymbol{D}_1)\Delta A\\ &= (D_{2n} - D_{1n})\Delta A\,.\end{aligned}$$

Auf der rechten Seite steht die von dem Zylinder umschlossene Ladung

$$\Delta Q = \sigma\Delta A\,,$$

wobei σ die Flächenladungsdichte (Ladung pro Fläche, Ladungsbelag) in der Grenzschicht ist. Es ergibt sich

$$D_{2n} - D_{1n} = \sigma\,. \tag{10-46}$$

Das Verhalten der Tangentialkomponenten folgt aus (10-7). Dabei wird nach Bild 10-8 für den Umlauf ein Rechteck geringer Höhe gewählt, sodass nur die Beiträge der Wegelemente parallel zur

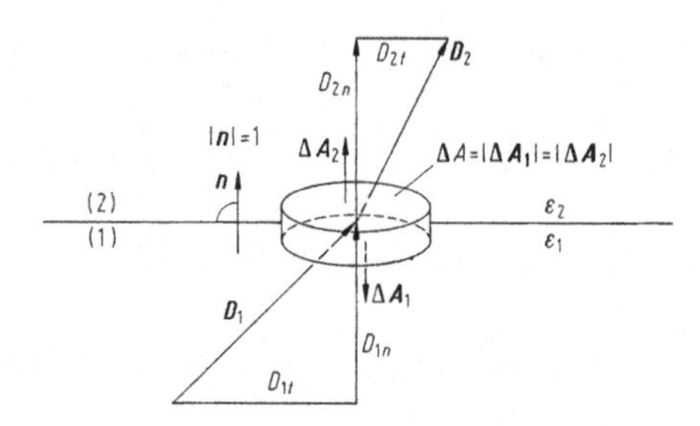

Bild 10-7. Zur Herleitung der Stetigkeit der Normalkomponenten von $\boldsymbol{D}$

Grenzschicht zu berücksichtigen sind:

$$\begin{aligned}\boldsymbol{E}_2\cdot\Delta\boldsymbol{s}_2 + \boldsymbol{E}_1\cdot\Delta\boldsymbol{s}_1 &= (\boldsymbol{t}\cdot\boldsymbol{E}_2 - \boldsymbol{t}\cdot\boldsymbol{E}_1)\Delta s\\ &= (E_{2t} - E_{1t})\Delta s = 0\end{aligned}$$

oder

$$E_{2t} = E_{1t}\,. \tag{10-47}$$

Mit (10-46) und (10-47) wird das Brechungsgesetz für elektrische Feldlinien hergeleitet, und zwar unter der Voraussetzung, dass sich in der Grenzschicht keine Ladungen befinden. Nach Bild 10-9 ist mit (10-14)

$$\tan\alpha_1 = \frac{E_{1t}}{E_{1n}} = \frac{\varepsilon_1 E_{1t}}{D_{1n}}, \quad \tan\alpha_2 = \frac{E_{2t}}{E_{2n}} = \frac{\varepsilon_2 E_{2t}}{D_{2n}}\,.$$

Durch Division folgt

$$\frac{\tan\alpha_1}{\tan\alpha_2} = \frac{\varepsilon_1}{\varepsilon_2}\,. \tag{10-48}$$

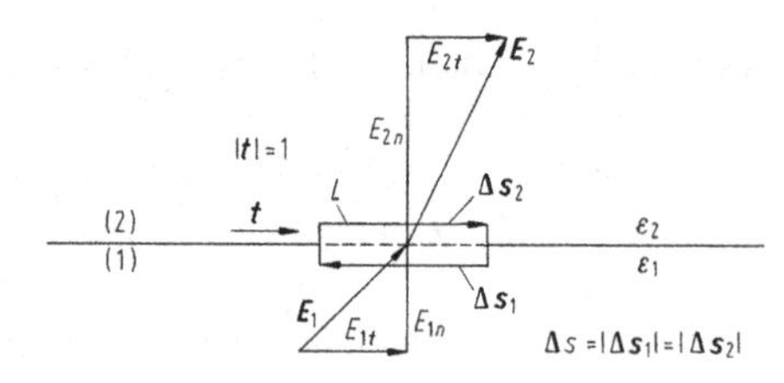

Bild 10-8. Zur Herleitung der Stetigkeit der Tangentialkomponenten von $\boldsymbol{E}$

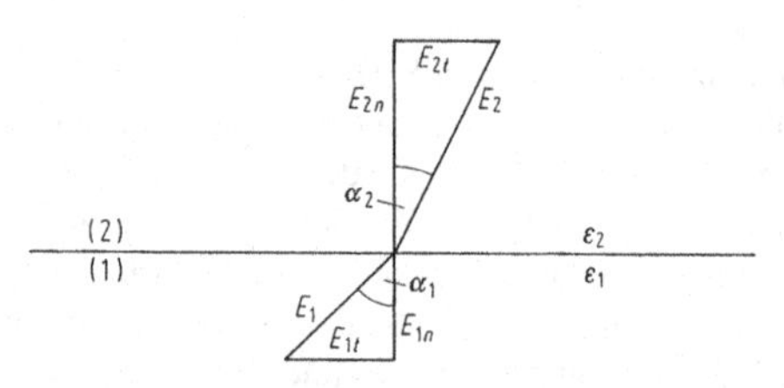

Bild 10-9. Zum Brechungsgesetz für elektrische Feldlinien

11 Stationäre elektrische Strömungsfelder

11.1 Die Grundgesetze

Zur Beschreibung des räumlich verteilten elektrischen Stromes dient – analog der elektrischen Flussdichte – die *elektrische Stromdichte* J. Diese ist durch

$$J = \frac{\Delta I}{\Delta A}$$

definiert, wobei der Strom ΔI senkrecht durch das Flächenelement ΔA hindurchtritt. Im allgemeinen Fall ist nach Bild 11-1

$$\Delta I = \boldsymbol{J} \cdot \Delta \boldsymbol{A} \quad \text{bzw.} \quad \mathrm{d}I = \boldsymbol{J} \cdot \mathrm{d}\boldsymbol{A} \,. \tag{11-1}$$

Damit wird der Strom durch einen Querschnitt A:

$$I = \int_A \boldsymbol{J} \cdot \mathrm{d}\boldsymbol{A} \,. \tag{11-2}$$

Für den ersten Kirchhoff'schen Satz (1.1.3) ergibt sich

$$\sum_k \int_{A_k} \boldsymbol{J}_k \cdot \mathrm{d}\boldsymbol{A}_k = 0 \,. \tag{11-3}$$

Einfacher lässt sich dieser Zusammenhang formulieren, wenn man die durchströmten Querschnittsflächen A_k zu einer geschlossenen Fläche S ergänzt und also in (11-3) das Integral über die nicht durchströmten Querschnitte (das Null ist) hinzunimmt (Bild 11-1):

$$\oint_S \boldsymbol{J} \cdot \mathrm{d}\boldsymbol{A} = 0 \,. \tag{11-4}$$

Das Feld der elektrischen Stromdichte ist quellenfrei. Für den Zusammenhang zwischen Spannung und elektrischer Feldstärke gilt (10-8). Damit lautet der zweite Kirchhoff'sche Satz in allgemeiner Formulierung

$$\oint_C \boldsymbol{E} \cdot \mathrm{d}\boldsymbol{s} = 0 \,. \tag{11-5}$$

Das Feld der elektrischen Feldstärke ist wie in der Elektrostatik wirbelfrei. Zwischen den Feldgrößen $\boldsymbol{E}$ und $\boldsymbol{J}$ besteht eine dem Ohm'schen Gesetz entsprechende Beziehung. Der in Bild 11-2 skizzierte Zylinder hat den Leitwert $G = \varkappa \Delta A / \Delta l$. Andererseits ist

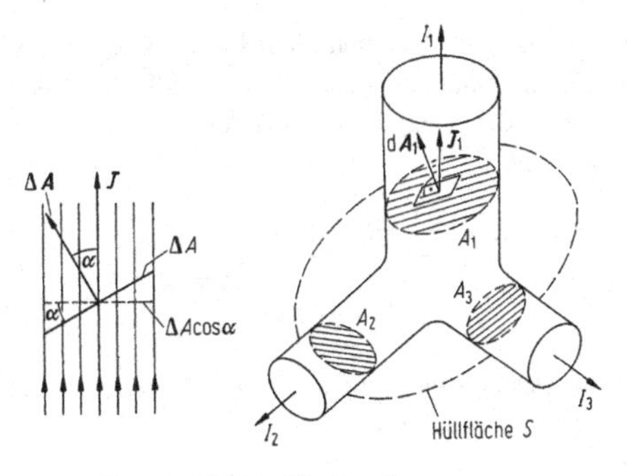

Bild 11-1. Zum 1. Kirchhoff'schen Satz

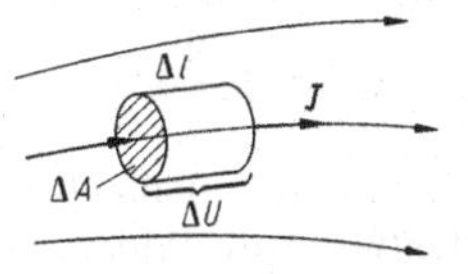

Bild 11-2. Zur Herleitung von (11-6) und (11-8)

$G = \Delta I / \Delta U$ mit $\Delta I = J \Delta A$ und $\Delta U = E \Delta l$. Durch Gleichsetzung beider Ausdrücke für G folgt

$$J = \varkappa E \tag{11-6}$$

oder allgemeiner (für isotrope Materialien)

$$\boldsymbol{J} = \varkappa \boldsymbol{E} \,. \tag{11-7}$$

Die Grundgleichungen des Strömungsfeldes sind in Tabelle 12-1 den analogen Beziehungen für das elektrostatische und das magnetische Feld gegenübergestellt.

Die in dem Volumenelement in Bild 11-2 umgesetzte elektrische Leistung ergibt sich mit $P = I^2 R$ bzw. $\Delta P = (\Delta I)^2 \Delta R$ mit der Resistivität $\varrho = 1/\varkappa$ zu

$$\Delta P = (\Delta I)^2 \frac{\varrho \Delta l}{\Delta A} = \left(\frac{\Delta I}{\Delta A}\right)^2 \varrho \Delta l \Delta A = \varrho J^2 \Delta V \,.$$

Bezieht man die Leistung P auf das Volumenelement $\Delta V = \Delta l \Delta A$, so folgen für die *Leistungsdichte* $p = \Delta P / \Delta V$ mit (11-6) die Ausdrücke

$$p = \varrho J^2 = EJ = \varkappa E^2 \,. \tag{11-8}$$

11.2 Methoden zur Berechnung von Widerständen

In Analogie zu (10-30) gilt $G = I/U$. Man kann also den Strom in einem betrachteten Widerstand vorgeben, die zugehörige Spannung ausrechnen und den

Quotienten bilden. In manchen Fällen kann ein Widerstand auch als Reihenschaltung aus Elementarwiderständen der speziellen Form $\Delta R = \varrho \Delta l / A$ aufgefasst werden:

$$R = \sum \Delta R = \sum \varrho \frac{\Delta l}{A} \quad \text{oder}$$
$$R = \int \mathrm{d}R = \int \frac{\varrho}{A}\,\mathrm{d}l \qquad (11\text{-}9)$$

bzw. als Parallelschaltung aus Leitwerten der speziellen Form $\Delta G = \varkappa \Delta A / l$:

$$G = \sum \Delta G = \sum \varkappa \frac{\Delta A}{l} \quad \text{oder}$$
$$G = \int \mathrm{d}G = \int \frac{\varkappa}{l}\,\mathrm{d}A\,. \qquad (11\text{-}10)$$

Ist die Kapazität einer Anordnung bekannt, so kennt man auch den Leitwert bzw. Widerstand der entsprechenden Anordnung. Es gilt nämlich

$$RC = \varrho\varepsilon \quad \text{oder} \quad \frac{G}{C} = \frac{\varkappa}{\varepsilon}\,. \qquad (11\text{-}11)$$

11.3 Bedingungen an Grenzflächen

Das Verhalten der Feldkomponenten an der Grenzfläche zwischen zwei Materialien mit den Leitfähigkeiten $\varkappa_1$ bzw. $\varkappa_2$ ergibt sich wie in 10.9.
Aus (11-4), angewendet auf den in Bild 10-7 skizzierten flachen Zylinder, folgt

$$J_{2n} = J_{1n}\,. \qquad (11\text{-}12)$$

Wegen (11-5) gilt (wie in der Elektrostatik)

$$E_{2t} = E_{1t}\,. \qquad (11\text{-}13)$$

Das Brechungsgesetz lautet

$$\frac{\tan\alpha_1}{\tan\alpha_2} = \frac{\varkappa_1}{\varkappa_2}\,, \qquad (11\text{-}14)$$

wobei die Winkel wie in Bild 10-9 definiert sind.
Hat ein Dielektrikum, gekennzeichnet durch seine Permittivität ε, auch eine gewisse Leitfähigkeit $\varkappa$, so wird die Feldverteilung (auch an Grenzflächen) im stationären Fall (Gleichstrom) durch die Leitfähigkeiten bestimmt. So verhält sich nach (11-12) die Normalkomponente von $\boldsymbol{J}$ stetig, nicht dagegen die Normalkomponente von $\boldsymbol{D}$. Es bildet sich vielmehr in der Grenzschicht eine Oberflächenladung gemäß (10-46) aus.

12 Stationäre Magnetfelder

12.1 Die magnetische Flussdichte

Im Gegensatz zu elektrischen Ladungen treten magnetische Pole immer paarweise auf: Teilt man z. B. einen stabförmigen Dauermagneten zwischen seinen Polen, so entstehen zwei neue Stabmagnete (jeder mit einem Nord- und einem Südpol). Dabei wird das Ende, das bei freier Lagerung nach Norden (geographisch) weist, als (magnetischer) Nordpol bezeichnet, das andere als (magnetischer) Südpol.
Von Magnetpolen hervorgerufene Felder können weitgehend auf gleiche Art behandelt werden wie die von elektrischen Ladungen verursachten Felder. Wichtiger für die technischen Anwendungen sind Magnetfelder, die von bewegten Ladungen (elektrischen Strömen) erzeugt werden. Solche Felder werden in den folgenden Abschnitten betrachtet.
Zwei stromdurchflossene Leiter, die nach Bild 12-1 angeordnet sind, ziehen sich mit der Kraft

$$F = \frac{\mu i I l}{2\pi\varrho} \quad (l \gg \varrho) \qquad (12\text{-}1)$$

an, wenn beide Ströme die gleiche Richtung haben, andernfalls stoßen sie sich ab. Die Größe μ in (12-1) ist eine Materialkonstante und heißt *Permeabilität* (Induktionskonstante). Ähnlich wie in 10.2 lässt sich (12-1) in der Form schreiben:

$$F = il\frac{\mu I}{2\pi\varrho} \qquad (12\text{-}2)$$

Man nennt B die *magnetische Flussdichte (magnetische Induktion)*. Nach (12-2) ist die magnetische Flussdichte des stromdurchflossenen (geraden, sehr langen) Leiters

$$B = \frac{\mu I}{2\pi\varrho}\,. \qquad (12\text{-}3)$$

Allgemein gilt für die Kraft auf den stromdurchflossenen Leiter der Länge l im Magnetfeld der Fluss-

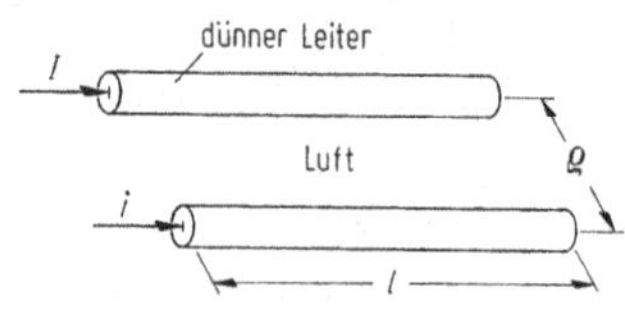

Bild 12-1. Zur Kraft zwischen zwei stromdurchflossenen Leitern

dichte B, wenn das Magnetfeld senkrecht auf dem Leiter steht:

$$F = ilB . \qquad (12\text{-}4)$$

Ist der Winkel zwischen dem Leiter und dem Magnetfeld α, so wird

$$F = ilB \sin\alpha . \qquad (12\text{-}5)$$

Die Kraft steht senkrecht auf dem Leiter und auf B. Am einfachsten lässt sich dieser Sachverhalt formulieren, wenn man l einen Vektor zuordnet, dessen Richtung in die des Stromflusses zeigt. Dann gilt (s. Bild 12-2a)

$$\boldsymbol{F} = i(\boldsymbol{l} \times \boldsymbol{B}) . \qquad (12\text{-}6)$$

Befindet sich ein beliebig geformter dünner Draht, durch den der Strom i fließt, in einem inhomogenen Magnetfeld, so kann (12-6) nur auf ein Leiterelement Δs angewendet werden:

$$\Delta\boldsymbol{F} = i(\Delta\boldsymbol{s} \times \boldsymbol{B}) . \qquad (12\text{-}7)$$

Die Gesamtkraft folgt durch Integration:

$$\boldsymbol{F} = i \int \mathrm{d}\boldsymbol{s} \times \boldsymbol{B} . \qquad (12\text{-}8)$$

Bei räumlich verteilter elektrischer Strömung ist ein Volumenelement ΔV zu betrachten: Bild 12-2b. Hier ist

$$\Delta\boldsymbol{F} = \Delta V(\boldsymbol{J} \times \boldsymbol{B}) . \qquad (12\text{-}9)$$

Bewegt sich eine Ladung Q mit der Geschwindigkeit $\boldsymbol{v}$ durch das Magnetfeld, so wirkt auf sie die Kraft

$$\boldsymbol{F} = Q(\boldsymbol{v} \times \boldsymbol{B}) . \qquad (12\text{-}10)$$

12.2 Die magnetische Feldstärke

Neben der magnetischen Flussdichte benutzt man zur Beschreibung des magnetischen Feldes als zweite Feldgröße die *magnetische Feldstärke*, die (für isotrope Materialien) durch

$$\boldsymbol{H} = \frac{\boldsymbol{B}}{\mu} \qquad (12\text{-}11)$$

definiert ist. Für den stromdurchflossenen Leiter (gerade, sehr lang) erhält man mit (12-3)

$$H = \frac{I}{2\pi\varrho} . \qquad (12\text{-}12)$$

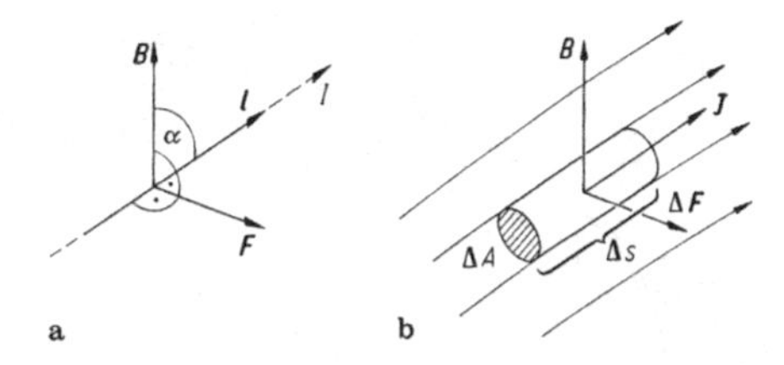

Bild 12-2. Stromdurchflossener Leiter im Magnetfeld

Die *magnetische Feldkonstante* (Permeabilität des Vakuums) ist

$$\mu_0 = 4\pi \cdot 10^{-7}\,\frac{\mathrm{V\,s}}{\mathrm{A\,m}} \approx 1{,}2566\ldots\,\mu\mathrm{H/m} .$$

(Dieser spezielle Wert hat sich durch entsprechende Festlegung der Basiseinheit Ampere ergeben.)
In Analogie zu (12-10-12-17) beschreibt man die magnetischen Eigenschaften der Stoffe durch die *Permeabilitätszahl* (relative Permeabilität)

$$\mu_\mathrm{r} = \mu/\mu_0 . \qquad (12\text{-}13)$$

Die magnetischen Werkstoffe teilt man ein in dia-, para- und ferromagnetische Stoffe.
Bei para- und diamagnetischen Stoffen unterscheidet sich μ_r nur wenig von 1. Liegt μ_r wenig unter 1, so nennt man den Stoff diamagnetisch (z. B. Kupfer; $\mu_\mathrm{r} = 1 - 10 \cdot 10^{-6} = 0{,}999990$). Ist μ_r etwas größer als 1, so heißt der Stoff paramagnetisch (z. B. Platin: $\mu_\mathrm{r} = 1{,}0003$).
Bei ferromagnetischen Stoffen (Eisen, Kobalt, Nickel u. a.) ist $\mu_\mathrm{r} \gg 1$. Der Grund dafür liegt darin, dass sich bei diesen Stoffen Elementarmagnete (bzw. Weiss'sche Bezirke, s. Teil B) unter dem Einfluss des äußeren Feldes ausrichten. Der Vorgang ist nichtlinear: Bild 12-3. Außerdem spielt die Vorgeschichte eine Rolle: wird ein Material erstmals magnetisiert, so bewegt man sich auf Kurve 1 in Bild 12-4, der sog. *Neukurve*, vom Punkt O z. B. bis zum Punkt P_1, in dem die Sättigungsfeldstärke erreicht ist (alle Elementarmagnete sind ausgerichtet). Lässt man jetzt die Feldstärke wieder auf null zurückgehen, so gelangt man auf Kurve 2 zur Remanenzflussdichte B_r usw. (H_c. Koerzitivfeldstärke).
Nach (12-12) ist

$$2\pi\varrho H = lH = I , \qquad (12\text{-}14)$$

wobei l die Länge der Feldlinie C mit dem Radius ϱ bedeutet und H die Feldstärke auf dieser Feldlinie.

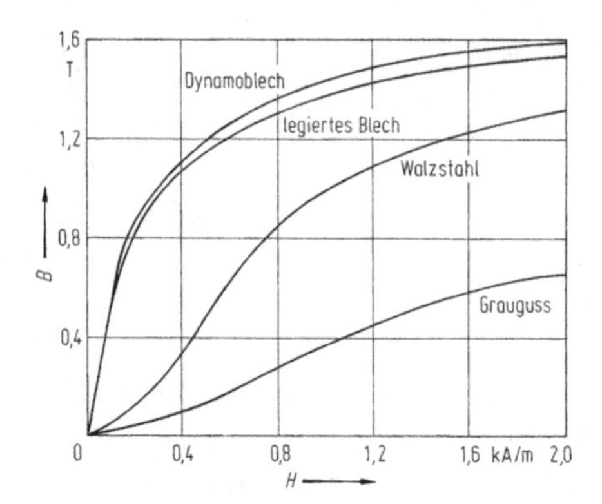

Bild 12-3. Magnetisierungskennlinien

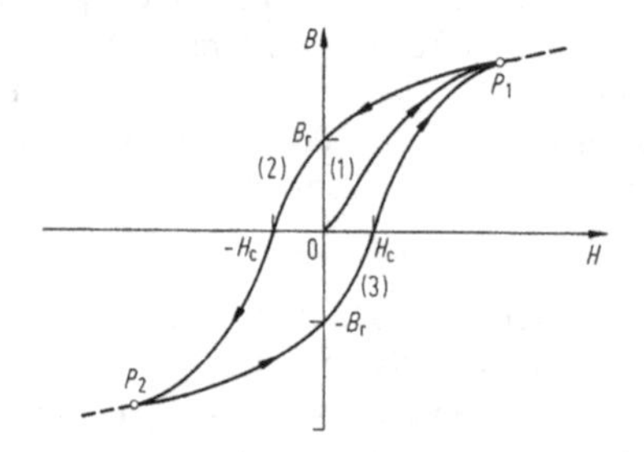

Bild 12-4. Magnetisierungskennlinie, Hystereseschleife

Handelt es sich bei C um einen nicht kreisförmigen Weg (oder geht der stromdurchflossene Leiter nicht durch den Kreismittelpunkt), so hat man statt (12-14):

$$\oint_C \boldsymbol{H} \cdot \mathrm{d}\boldsymbol{s} = I \,. \tag{12-15}$$

Das ist das *Durchflutungsgesetz*. Die Richtung des Stromes und der Umlauf C (bzw. das Wegelement $\mathrm{d}\boldsymbol{s}$) sind einander gemäß der Rechtsschraubenregel zugeordnet. Im Allgemeinen steht auf der rechten Seite von (12-15) die Summe der von dem Umlauf C umfassten Ströme:

$$\oint_C \boldsymbol{H} \cdot \mathrm{d}\boldsymbol{s} = \sum_k \boldsymbol{I}_k = \Theta \,. \tag{12-16}$$

Man nennt die Summe der Ströme die *Durchflutung Θ*.

Ist die umfasste Strömung räumlich verteilt, so gilt wegen (11-2)

$$\oint_C \boldsymbol{H} \cdot \mathrm{d}\boldsymbol{s} = \int_A \boldsymbol{J} \cdot \mathrm{d}\boldsymbol{A} \,. \tag{12-17}$$

Der Zusammenhang zwischen dem Umlaufsinn und der Orientierung der Fläche ist wieder durch die Rechtsschraubenregel festgelegt (Bild 12-5).

Den gleichen physikalischen Zusammenhang, nur in anderer Formulierung, beschreibt das Gesetz von Biot-Savart:

$$\mathrm{d}\boldsymbol{B} = \frac{\mu I}{4\pi} \cdot \frac{\mathrm{d}\boldsymbol{s} \times \boldsymbol{r}^0}{r^2} \,. \tag{12-18}$$

Es gibt den Beitrag zur Flussdichte im sog. Aufpunkt P an, den das stromdurchflossene Leiterelement $\mathrm{d}\boldsymbol{s}$ (im sog. Quellpunkt) liefert (Bild 12-6). Vorausgesetzt wird hier eine im ganzen Raum konstante Permeabilität.

Wendet man (12-15) auf einen sog. offenen Stromkreis nach Bild 12-7 an, so liefert die rechte Seite den Strom i oder den Wert Null, je nach der Form der Fläche A (bei gleicher Randkurve). Dieser Widerspruch

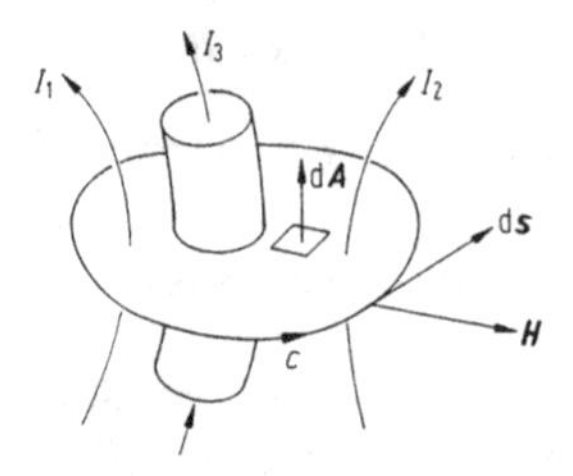

Bild 12-5. Zum Durchflutungsgesetz in allgemeiner Form

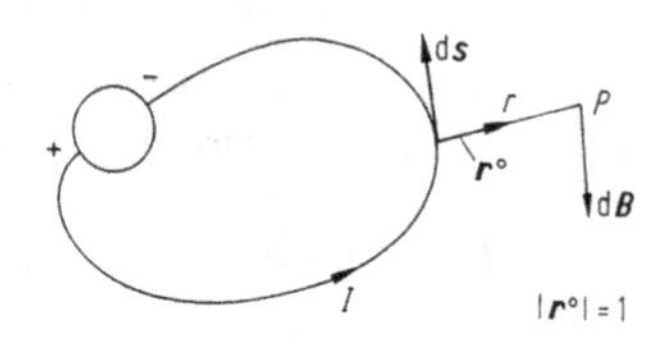

Bild 12-6. Zum Biot-Savart'schen Gesetz

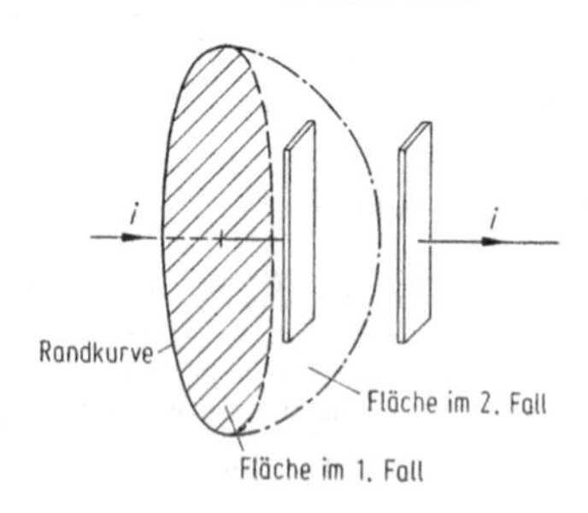

Bild 12-7. Anwendung des Durchflutungssatzes auf offene Stromkreise

lässt sich dadurch auflösen, dass auf der rechten Seite die Leitungsstromdichte $\boldsymbol{J}$ durch die Verschiebungsstromdichte $\partial\boldsymbol{D}/\partial t$ ergänzt wird:

$$\oint_C \boldsymbol{H} \cdot \mathrm{d}\boldsymbol{s} = \int_A \left(\boldsymbol{J} + \frac{\partial \boldsymbol{D}}{\partial t}\right) \cdot \mathrm{d}\boldsymbol{A} . \quad (12\text{-}19)$$

Das so erweiterte Durchflutungsgesetz nennt man die *1. Maxwell'sche Gleichung*, vgl. 14.2.

12.3 Der magnetische Fluss

Entsprechend den Zusammenhängen (10-21) im elektrischen Feld und (11-2) im Strömungsfeld definiert man den *magnetischen Fluss*

$$\Phi = \int_A \boldsymbol{B} \cdot \mathrm{d}\boldsymbol{A} . \quad (12\text{-}20)$$

Im Fall des homogenen Feldes vereinfacht sich (12-20) zu

$$\Phi = \boldsymbol{B} \cdot \boldsymbol{A} , \quad (12\text{-}21)$$

und wenn B senkrecht auf der Fläche A steht, wird

$$\Phi = BA . \quad (12\text{-}22)$$

Eine grundlegende Eigenschaft der Flussdichte B ist ihre Quellenfreiheit:

$$\oint_S \boldsymbol{B} \cdot \mathrm{d}\boldsymbol{A} = 0 . \quad (12\text{-}23)$$

12.4 Bedingungen an Grenzflächen

Wie in 10.9 und 11.3 werden die Grundgesetze – hier (12-23) und (12-15) – auf einen flachen Zylinder bzw. auf ein Rechteck angewendet. Im ersten Fall erhält man

$$B_{2n} = B_{1n} , \quad (12\text{-}24)$$

im zweiten Fall zunächst

$$(H_{2t} - H_{1t})\Delta s = \Delta I ,$$

falls in der Grenzschicht ein Strom ΔI (innerhalb des Rechtecks) fließt. Dividiert man hier durch Δs und führt den längenbezogenen Strom $I' = \Delta I/\Delta s$ ein, so wird

$$H_{2t} - H_{1t} = I' \quad (12\text{-}25)$$

und für $I' = 0$

$$H_{2t} = H_{1t} . \quad (12\text{-}26)$$

12.5 Magnetische Kreise

Für die bisher behandelten Felder gelten ganz ähnliche Gesetze, wie Tabelle 12-1 zeigt. (Einige der auftretenden Größen werden erst in den folgenden Abschnitten erklärt.)

Wegen der weitgehenden Übereinstimmung der Grundgesetze können magnetische Kreise (solange μ konstant ist oder als konstant vorausgesetzt werden darf) genauso wie lineare Netze behandelt werden. Auch lassen sich ganz analoge Begriffe bilden. Das folgende Beispiel macht das deutlich: Bild 12-8. Ein Eisenring mit Luftspalt trägt eine stromdurchflossene Wicklung mit N Windungen. Die Querschnittsabmessungen des Ringes seien klein gegen den Radius einer Feldlinie; dann kann das Feld im Eisen näherungsweise als homogen angesehen werden. Außerdem soll die Luftspaltlänge sehr viel kleiner als die Luftspaltbreite sein; damit kann man das Feld auch im Luftspalt als homogen betrachten und von den Feldverzerrungen am Rand des Luftspalts absehen. Unter diesen Voraussetzungen folgt mit (12-24)

$$B_{\mathrm{Fe}} = B_{\mathrm{L}} = B \quad (12\text{-}27)$$

und mit (12-16)

$$H_{\mathrm{Fe}} l_{\mathrm{Fe}} + H_{\mathrm{L}} l_{\mathrm{L}} = \Theta = NI . \quad (12\text{-}28)$$

Mit (12-11) und (12-22) ergibt sich hieraus

$$\Phi\left(\frac{l_{\mathrm{Fe}}}{\mu_{\mathrm{Fe}} A} + \frac{l_{\mathrm{L}}}{\mu_{\mathrm{L}} A}\right) = \Theta . \quad (12\text{-}29)$$

Falls der Fluss gesucht ist und alle übrigen Größen bekannt sind, ist die Aufgabe hiermit im Prinzip gelöst.

Nach Tabelle 12-1 entspricht der Fluss Φ dem Strom I, die Durchflutung Θ einer Spannung (Quellenspannung). Der Ausdruck in den runden

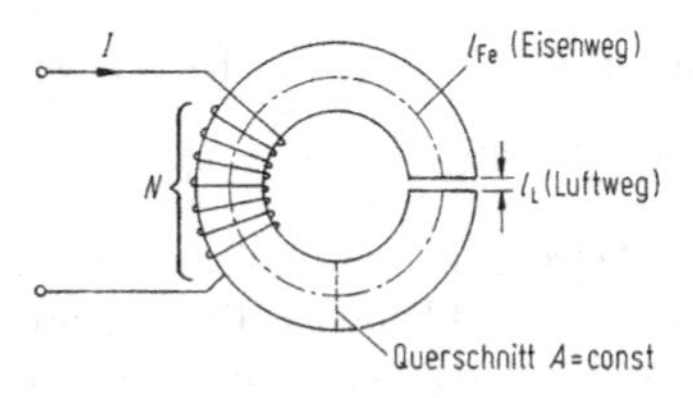

Bild 12-8. Magnetischer Kreis

Tabelle 12-1. Die Grundgesetze stationärer Felder

	Elektrostatisches Feld	Stationäres elektrisches Strömungsfeld	Stationäres Magnetfeld
Grundgesetze formuliert mit			
Feldgrößen	$\oint_S \boldsymbol{D}\cdot\mathrm{d}\boldsymbol{A} = Q$	$\oint_S \boldsymbol{J}\cdot\mathrm{d}\boldsymbol{A} = 0$	$\oint_S \boldsymbol{B}\cdot\mathrm{d}\boldsymbol{A} = 0$
	$\oint_C \boldsymbol{E}\cdot\mathrm{d}\boldsymbol{s} = 0$	$\oint_C \boldsymbol{E}\cdot\mathrm{d}\boldsymbol{s} = 0$	$\oint_C \boldsymbol{H}\cdot\mathrm{d}\boldsymbol{s} = \Theta$
	$\boldsymbol{D} = \varepsilon\boldsymbol{E}$	$\boldsymbol{J} = \varkappa\boldsymbol{E}$	$\boldsymbol{B} = \mu\boldsymbol{H}$
integralen Größen	$\sum \Psi_e = Q$	$\sum I = 0$	$\sum \Phi = 0$
	$\sum U = 0$	$\sum U = 0$	$\sum V = \Theta$
	$\left.\begin{matrix} Q \\ \Psi_e \end{matrix}\right\} = CU$	$I = GU$	$\phi = \Lambda V$
			$\Psi = N\phi = LI$
Zusammenhang zwischen integralen Größen und Feldgrößen	$\Psi_e = \int_A \boldsymbol{D}\cdot\mathrm{d}\boldsymbol{A}$	$I = \int_A \boldsymbol{J}\cdot\mathrm{d}\boldsymbol{A}$	$\Phi = \int_A \boldsymbol{B}\cdot\mathrm{d}\boldsymbol{A}$
	$U = \int_s \boldsymbol{E}\cdot\mathrm{d}\boldsymbol{s}$	$U = \int_s \boldsymbol{E}\cdot\mathrm{d}\boldsymbol{s}$	$V = \int_s \boldsymbol{H}\cdot\mathrm{d}\boldsymbol{s}$

Klammern stellt die Summe zweier Widerstände dar. Man nennt ihn den *magnetischen Widerstand* R_m. So ist der magnetische Widerstand des Luftspalts und der des Eisenbügels durch einen Ausdruck der Form

$$R_m = \frac{1}{\mu A} \quad (12\text{-}30)$$

gegeben. Der Kehrwert heißt *magnetischer Leitwert* Λ:

$$\Lambda = \frac{1}{R_m}\,. \quad (12\text{-}31)$$

Bezeichnet man nun noch das Produkt aus Fedstärke und Länge als magnetische Spannung V_m, also

$$V_m = Hl\,, \quad (12\text{-}32)$$

so lässt sich das *Ohm'sche Gesetz des magnetischen Kreises* formulieren:

$$V_m = R_m\Phi \quad \text{bzw.} \quad \Phi = \Lambda V_m\,. \quad (12\text{-}33)$$

Damit kann man statt (12-29) auch schreiben:

$$\Phi(R_{mFe} + R_{mL}) = V_{mFe} + V_{mL} = \Theta\,.$$

Bei vielen Anwendungen ist μ_{Fe} nicht bekannt und auch nicht annähernd konstant. Die Eigenschaft des Eisens ist vielmehr durch die Magnetisierungskennlinie vorgegeben. Ist jetzt wieder der Fluss oder die Flussdichte gesucht (bei sonst gleicher Anordnung), so geht man wieder von (12-27) und (12-28) aus. Mit (12-11) für den Luftspalt (nur hier ist μ bekannt, nämlich μ_0) folgt aus (12-28)

$$H_{Fe}l_{Fe} + \frac{B}{\mu_0}l_L = \Theta \quad (12\text{-}34)$$

oder

$$\frac{H_{Fe}}{\Theta/l_{Fe}} + \frac{B}{\mu_0\Theta/l_L} = 1\,. \quad (12\text{-}35)$$

Diese Gleichung enthält die beiden Unbekannten H_{Fe} und $B(= B_{Fe} = B_L)$. Es wird eine zweite Bedingung gebraucht; sie liegt in Form der Magnetisierungskennlinie vor: Bild 12-9. In dieses Diagramm hat man die erste Bedingung, also den

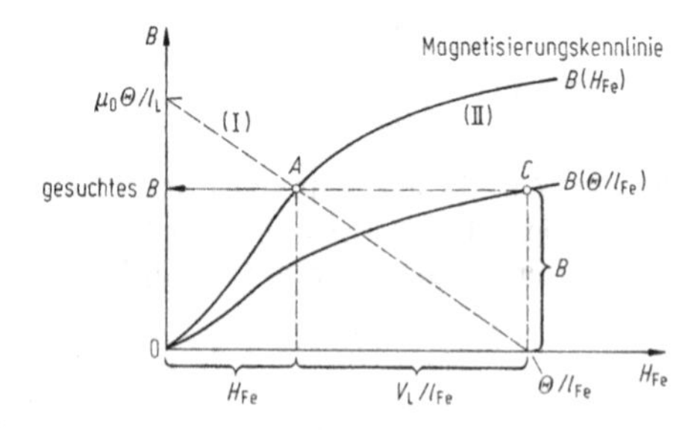

Bild 12-9. Zum Verfahren der Scherung

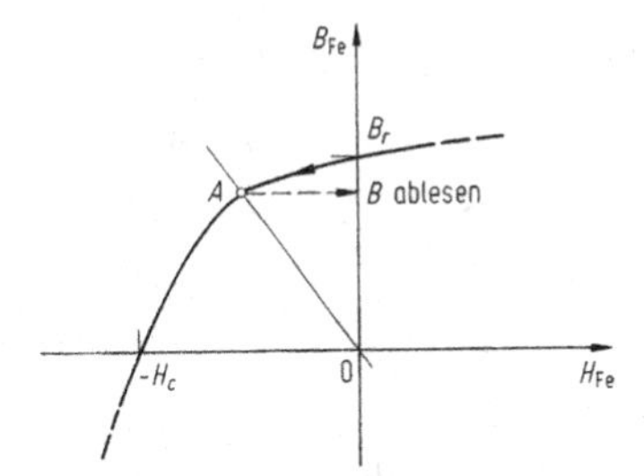

Bild 12-10. *B* im Luftspalt eines Dauermagneten

linearen Zusammenhang zwischen H_{Fe} und B gemäß (12-35) (Scherungsgerade), einzutragen. Der Schnittpunkt zwischen beiden Kurven liefert die gesuchte Flussdichte.

Von einem Dauermagneten mit Luftspalt sind die Abmessungen l_{Fe} und l_L (Bild 12-8) und die Hystereseschleife bekannt; eine Wicklung ist nicht vorhanden. Gesucht ist die Flussdichte. Anstelle von (12-34) hat man (mit $\Theta = 0$):

$$H_{Fe} l_{Fe} + \frac{B}{\mu_0} l_L = 0$$

oder

$$B = -\mu_0 H_{Fe} \frac{l_{Fe}}{l_L} \,. \qquad (12\text{-}36)$$

Die zweite Bedingung liegt als Kurve vor (Bild 12-10). Dabei wird vorausgesetzt, dass das Material sich für $l_L = 0$ in dem durch $H_{Fe} = 0$, $B_{Fe} = B_r$ gekennzeichneten Zustand befindet. Bei Vergrößern des Abstandes zwischen den Magnetpolen auf das vorgegebene l_L verringert sich B_{Fe}. Das gesuchte B_{Fe} kann im Punkt A abgelesen werden (Bild 12-10).

13 Zeitlich veränderliche Magnetfelder

13.1 Das Induktionsgesetz

Bewegt man einen insgesamt ungeladenen Leiter durch ein Magnetfeld, so wirken auf die Ladungsträger Kräfte nach (12-10). Die negativ geladenen Leitungselektronen wandern hier an das untere Ende des Leiterstabes, während sich am oberen Ende eine positive Ladung (Elektronenmangel) zeigt. Zwischen

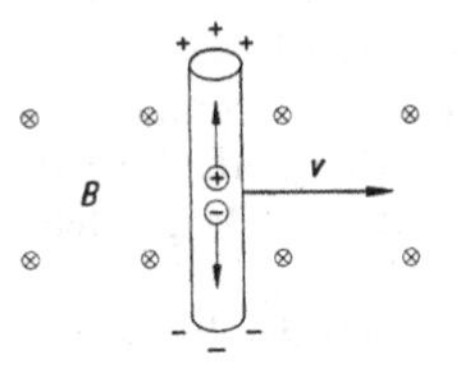

Bild 13-1. Ungeladener Leiterstab bewegt sich durch Magnetfeld

den Ladungen an den Stabenden existiert ein elektrisches Feld und damit eine elektrische Spannung. Diese kann man messen, indem man den bewegten Leiter über leitende Federn mit einem ruhenden Spannungsmesser verbindet: Bild 13-2.

Man findet experimentell:

$$u_1 = \frac{d\Phi}{dt} \,,$$

wenn die Leiterschleife den Widerstand Null hat. Es ist dt der Zeitraum, in dem der von der Leiterschleife bzw. dem Umlauf umfasste Fluss um $d\Phi$ zunimmt. Dem Fluss Φ ordnet man die Umlaufrichtung und zugleich die Zählrichtung der Umlaufspannung $\mathring{u}$ (= induzierte Spannung) nach der Rechtsschraubenregel zu. Damit lautet das *Induktionsgesetz*

$$\mathring{u} = -\frac{d\Phi}{dt} \,. \qquad (13\text{-}1)$$

Die Erfahrung zeigt, dass (13-1) auch dann gilt, wenn die Flussänderung $d\Phi/dt$ durch eine zeitliche Änderung der Flussdichte zustandekommt. Ist z. B. $\Phi(t) = B(t)A(t)$, so geht (13-1) über in

$$\mathring{u} = -B(t)\frac{dA}{dt} - A(t)\frac{dB}{dt} \,. \qquad (13\text{-}2)$$

Hieraus folgt, wenn B zeitlich konstant ist, für die in Bild 13-2 skizzierte Anordnung (mit $A = xl$):

$$\mathring{u} = -B\frac{d(xl)}{dt} = -Bl\frac{dx}{dt} = -Blv \,. \qquad (13\text{-}3)$$

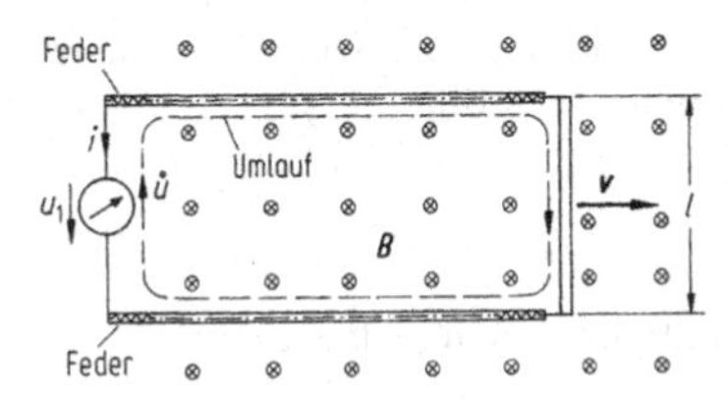

Bild 13-2. Zum Induktionsgesetz

Bild 13-2 enthält auch den von der induzierten Spannung verursachten Strom i. Mit diesem ist ein „sekundäres“ Magnetfeld verknüpft, das dem vorgegebenen „primären“ Magnetfeld entgegenwirkt: Lenz'sche Regel.
Die allgemeine Form des Induktionsgesetzes erhält man, indem man in (13-1) den Fluss durch (12-20) und die Spannung durch (10-8) darstellt:

$$\oint_C \boldsymbol{E} \cdot \mathrm{d}\boldsymbol{s} = -\frac{\mathrm{d}}{\mathrm{d}t} \int_A \boldsymbol{B} \cdot \mathrm{d}\boldsymbol{A} \,. \tag{13-4}$$

Das ist die 2. *Maxwell'sche Gleichung*. Sie gilt ganz allgemein für beliebige Umläufe. Wichtig ist, dass die Umlaufrichtung und die Orientierung der Fläche gemäß der Rechtsschraubenregel miteinander verknüpft sind.
Im Gegensatz zum elektrostatischen Feld ist das durch Induktionswirkungen entstehende elektrische Feld nicht wirbelfrei. Damit folgt, dass das Integral in (10-8) nicht wegunabhängig ist.
Bei einer Wicklung mit N Windungen umfasst u. U. jede Windung einen anderen Fluss (Teil- oder Bündelfluss): $\Phi_1, \Phi_2, \ldots, \Phi_N$. Dann ist (13-1) durch

$$\mathring{u} = -\frac{\mathrm{d}}{\mathrm{d}t}(\Phi_1 + \Phi_2 + \ldots + \Phi_N) \tag{13-5}$$

zu ersetzen. Die Summe der Teilflüsse nennt man den Gesamt- oder Induktionsfluss ψ, also ist

$$\mathring{u} = -\frac{\mathrm{d}\psi}{\mathrm{d}t} \,. \tag{13-6}$$

Sind die N Teilflüsse gleich, so hat man

$$\mathring{u} = -N\frac{\mathrm{d}\Phi}{\mathrm{d}t} \,. \tag{13-7}$$

13.2 Die magnetische Energie

Um die zum Aufbau des magnetischen Feldes erforderliche Energie zu bestimmen, stellt man zunächst die Umlaufgleichung auf. Nach (13-1) lautet sie für die Anordnung nach Bild 13-3:

$$\mathring{u} = -u + Ri = -N\frac{\mathrm{d}\Phi}{\mathrm{d}t} \,. \tag{13-8}$$

Durch Multiplizieren mit $i\,\mathrm{d}t$ entsteht

$$ui\,\mathrm{d}t = Ri^2\,\mathrm{d}t + Ni\,\mathrm{d}\Phi \,. \tag{13-9}$$

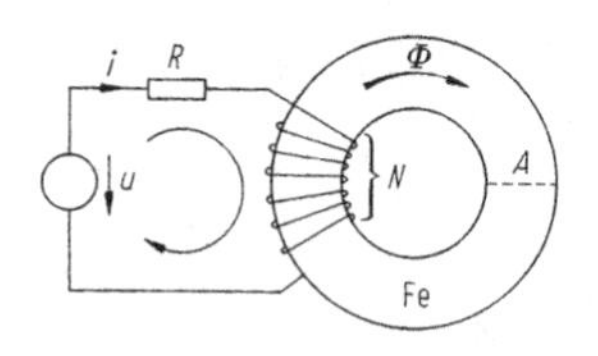

Bild 13-3. Zur Bestimmung der magnetischen Feldenergie

Die linke Seite stellt die von der Spannungsquelle in der Zeit $\mathrm{d}t$ abgegebene Energie dar, der erste Summand rechts ist die im Widerstand in Wärme umgesetzte Energie und der zweite Summand die zum Aufbau des Feldes aufgewendete Energie. Für diese Energieaufwendung lässt sich mit (12-22) schreiben (wobei bezüglich der Abmessungen des Kerns vorausgesetzt wird, dass das Feld als homogen betrachtet werden kann):

$$\mathrm{d}W_\mathrm{m} = Ni\,\mathrm{d}\Phi = NiA\,\mathrm{d}B \,. \tag{13-10}$$

Hier lässt sich Ni aufgrund des Durchflutungsgesetzes (12-16) durch $2\pi\varrho H$ ersetzen:

$$\mathrm{d}W_\mathrm{m} = 2\pi\varrho AH\,\mathrm{d}B = VH\,\mathrm{d}B \,. \tag{13-11}$$

Dabei ist V das Volumen des Kerns. Durch Integration folgt

$$W_\mathrm{m} = V\int_0^{B_\mathrm{e}} H\,\mathrm{d}B \,; \quad B_\mathrm{e} = \text{Endwert}$$

Für die *Energiedichte* $w_\mathrm{m} = W_\mathrm{m}/V$ gilt also

$$w_\mathrm{m} = \int_0^{B_\mathrm{e}} H\,\mathrm{d}B \,. \tag{13-12}$$

Mit (12-11) erhält man hieraus für konstantes μ den Ausdruck

$$w_\mathrm{m} = \frac{1}{2}\mu H^2 = \frac{1}{2}BH = \frac{1}{2}\cdot\frac{B^2}{\mu} \,. \quad \text{vgl. 16.2.1} \tag{13-13}$$

Verringert man die magnetische Feldstärke von ihrem Endwert auf null, so gewinnt man die magnetische Energie vollständig zurück, wenn das Material keine Hysterese zeigt. Wird dagegen bei einem Material mit Hysterese die Hystereseschleife einmal vollständig durchlaufen, so kommt es – wie sich aus (13-12)

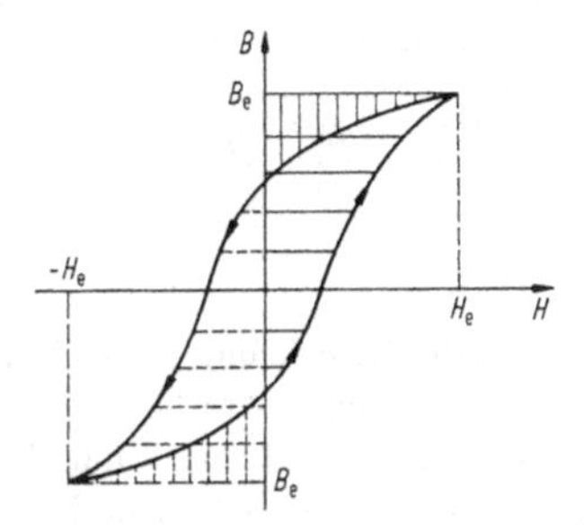

Bild 13-4. Hystereseverlust

ergibt – zu einem Energieverlust (Hystereseverlust, Ummagnetisierungsverlust), der der von der Hystereseschleife umschlossenen Fläche proportional ist: Bild 13-4 (die waagrecht schraffierten Flächen entsprechen der aufgewendeten Energie, die senkrecht schraffierten der zurückgewonnenen Energie).

13.3 Induktivitäten

13.3.1 Die Selbstinduktivität

Für die Leiterschleife (Spule) nach Bild 13-5 gilt die Umlaufgleichung (13-8). Besteht zwischen dem Fluss Φ und dem verursachenden Strom i ein linearer Zusammenhang, so setzt man

$$\Psi = N\Phi = Li \tag{13-14}$$

und nennt L die Selbstinduktivität der Spule. Mit (13-14) folgt aus (13-8) der Zusammenhang

$$u = Ri + L\frac{\mathrm{d}i}{\mathrm{d}t}\,, \tag{13-15}$$

für den man das Ersatzschaltbild 13-6 angeben kann. Die Selbstinduktivität entspricht also einem Schaltelement, bei dem gilt:

$$u_\mathrm{L} = L\frac{\mathrm{d}i}{\mathrm{d}t}\,. \tag{13-16}$$

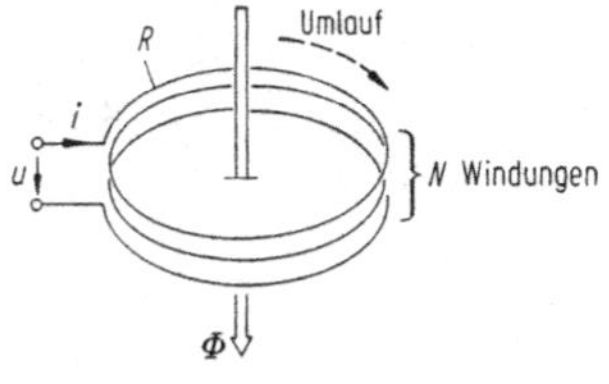

Bild 13-5. Stromdurchflossene Leiterschleife, Selbstinduktivität

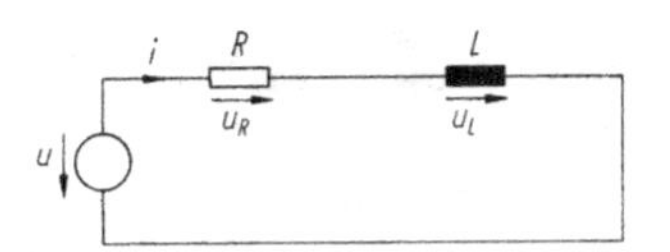

Bild 13-6. Ersatzschaltbild zu Bild 13-5

13.3.2 Die Gegeninduktivität

Zwischen zwei stromdurchflossenen Spulen nach Bild 13-7 tritt eine magnetische Kopplung auf. Zunächst ist wegen (13-7)

$$\begin{aligned} \mathring{u}_1 &= -u_1 + R_1 i_1 = -N_1\frac{\mathrm{d}\Phi_1}{\mathrm{d}t}\,, \\ \mathring{u}_2 &= -u_2 + R_2 i_2 = -N_2\frac{\mathrm{d}\Phi_2}{\mathrm{d}t}\,. \end{aligned} \tag{13-17}$$

Die Flüsse werden von beiden Strömen verursacht. Bei Linearität gilt

$$\begin{aligned} \Psi_1 &= N_1\Phi_1 = L_{11}i_1 + L_{12}i_2\,, \\ \Psi_2 &= N_2\Phi_2 = L_{21}i_1 + L_{22}i_2\,. \end{aligned} \tag{13-18}$$

Hier sind L_{11} und L_{22} die Selbstinduktivitäten der Spulen 1 bzw. 2, L_{12} und L_{21} die Gegeninduktivitäten zwischen den Spulen. Diese stimmen (bei isotropen Medien) überein, wie mit einer Energiebetrachtung gezeigt werden kann. Üblich sind die vereinfachten Bezeichnungen

$$L_1 = L_{11}\,, L_2 = L_{22}\,, \quad M = L_{12} = L_{21}\,. \tag{13-19}$$

Mit (13-18) und (13-19) folgt aus (13-17):

$$\begin{aligned} u_1 &= R_1 i_1 + L_1\frac{\mathrm{d}i_1}{\mathrm{d}t} + M\frac{\mathrm{d}i_2}{\mathrm{d}t}\,, \\ u_2 &= R_2 i_2 + L_2\frac{\mathrm{d}i_2}{\mathrm{d}t} + M\frac{\mathrm{d}i_1}{\mathrm{d}t}\,. \end{aligned} \tag{13-20}$$

Durch Umformung entsteht das Gleichungspaar

$$\begin{aligned} u_1 &= R_1 i_1 + (L_1 - M)\frac{\mathrm{d}i_1}{\mathrm{d}t} + M\frac{\mathrm{d}(i_1 + i_2)}{\mathrm{d}t}\,, \\ u_2 &= R_2 i_2 + (L_2 - M)\frac{\mathrm{d}i_2}{\mathrm{d}t} + M\frac{\mathrm{d}(i_1 + i_2)}{\mathrm{d}t}\,, \end{aligned} \tag{13-21}$$

für das das Ersatzschaltbild 13-8 gilt.

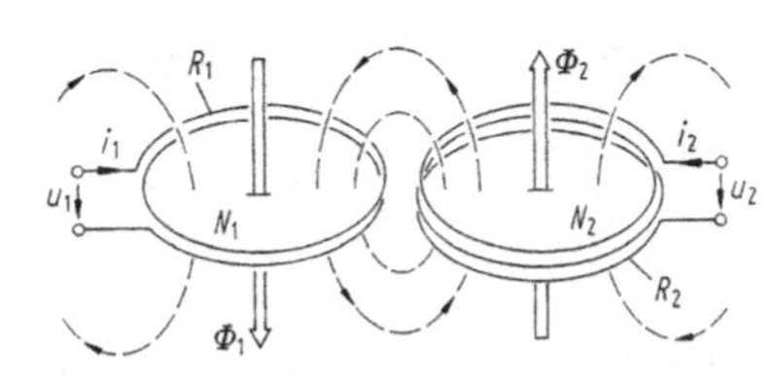

Bild 13-7. Zwei magnetisch gekoppelte Leiterschleifen

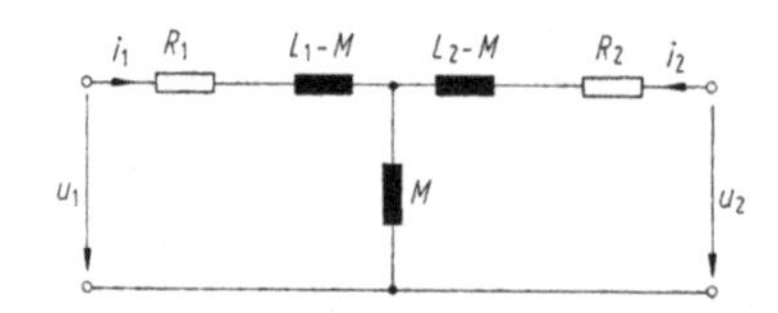

Bild 13-8. Ersatzschaltbild zu Bild 13-7

13.3.3 Berechnung von Selbst- und Gegeninduktivitäten

Mit (13-14) und (13-18), (13-19) folgt – in Analogie zu (10-30) –

$$L = \frac{\Psi}{i} = \frac{N\Phi}{i} \tag{13-22}$$

und

$$M = L_{12} = L_{21} = \frac{\Psi_{12}}{i_2} = \frac{N_1\Phi_{12}}{i_2} = \frac{\Psi_{21}}{i_1} = \frac{N_2\Phi_{21}}{i_1}\,. \tag{13-23}$$

Man gibt sich also einen Strom vor, berechnet den Fluss und bildet den Quotienten (13-22) bzw. (13-23).

Beispiel

Die Ermittlung einer Selbstinduktivität soll für die mit N gleichmäßig verteilten Windungen bewickelte Ringspule mit rechteckigem Querschnitt und den Abmessungen nach Bild 13-9 durchgeführt werden.

Wegen (12-20), (12-11) und (12-12) mit Ni statt I erhält man

$$\Phi = \int B\,\mathrm{d}A = \int \mu H l\,\mathrm{d}\varrho = \frac{\mu l N i}{2\pi}\int\limits_{\varrho_i}^{\varrho_a}\frac{\mathrm{d}\varrho}{\varrho} = \frac{\mu l N i}{2\pi}\ln\frac{\varrho_a}{\varrho_i}\,.$$

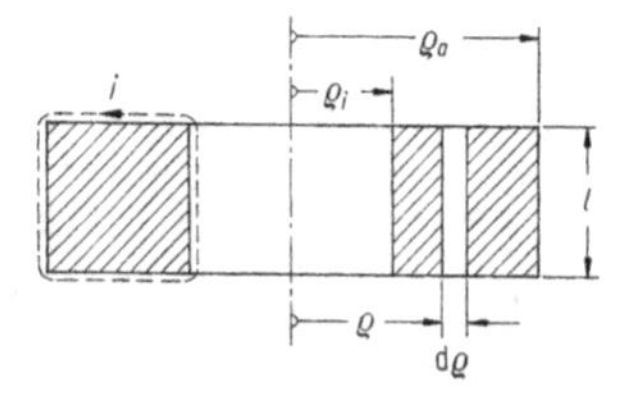

Bild 13-9. Ringspule im Querschnitt (Es ist nur eine der N Windungen dargestellt)

Daraus folgt mit (13-22):

$$L = \frac{\mu l N^2}{2\pi}\ln\frac{\varrho_a}{\varrho_i}\,. \tag{13-24}$$

Beispiel

Als Beispiel für die Berechnung einer Gegeninduktivität werden die beiden senkrecht zur Papierebene sehr langen Leiterschleifen (Länge l) mit N_1 bzw. N_2 Windungen nach Bild 13-10 betrachtet. Bei vorgegebenem Strom i_1 wird der Beitrag der Leiter a wegen (12-20), (12-11), (12-12) mit $I = N_1 i_1$

$$\Phi_{2a} = \frac{\mu l N_1 i_1}{2\pi}\int\limits_{\varrho_{ac}}^{\varrho_{ad}}\frac{\mathrm{d}\varrho}{\varrho} = \frac{\mu l N_1 i_1}{2\pi}\ln\frac{\varrho_{ad}}{\varrho_{ac}}\,.$$

Dabei wurde statt über A über die Fläche A' integriert, da die Feldvektoren senkrecht auf A' stehen und diese Integration einfacher ist.

Ganz entsprechend erhält man für den Beitrag der Leiter b

$$\Phi_{2b} = \frac{\mu l N_1 i_1}{2\pi}\ln\frac{\varrho_{bc}}{\varrho_{bd}}\,.$$

Mit $\Phi_{21} = \Phi_{2a} + \Phi_{2b}$ liefert (13-23):

$$M = \frac{\mu l N_1 N_2}{2\pi}\ln\frac{\varrho_{ad}\varrho_{bc}}{\varrho_{ac}\varrho_{bd}}\,. \tag{13-25}$$

Die Ergebnisse (13-24) und (13-25) zeigen, dass die Windungszahl in der Selbstinduktivität als N^2 enthalten ist, während die beiden Windungszahlen in die Gegeninduktivität als Produkt $N_1 N_2$ eingehen.

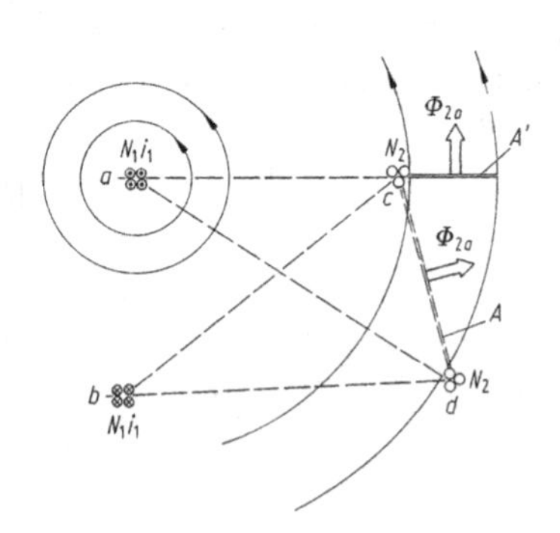

Bild 13-10. Zur Berechnung der Gegeninduktivität zwischen zwei senkrecht zur Papierebene sehr langen rechteckigen Spulen mit N_1 bzw. N_2 Windungen

13.3.4 Die gespeicherte Energie

Die im Feld einer Spule gespeicherte Energie ergibt sich aus (10-36) mit (13-16) zu

$$W_{\mathrm{m}} = \int ui\,\mathrm{d}t = \int L\frac{\mathrm{d}i}{\mathrm{d}t}i\,\mathrm{d}t = \int Li\,\mathrm{d}i\,.$$

Für konstantes L folgt

$$W_{\mathrm{m}} = L\int_0^I i\,\mathrm{d}i = \frac{1}{2}LI^2 = \frac{1}{2}\Psi I = \frac{1}{2}\cdot\frac{\Psi^2}{L}\,, \quad (13\text{-}26)$$

wobei die beiden letzten Ausdrücke auf (13-14) beruhen.

Durch ähnliche Überlegungen erhält man für zwei magnetisch gekoppelte Spulen (Bild 13-7):

$$W_{\mathrm{m}} = \frac{1}{2}L_1I_1^2 + MI_1I_2 + \frac{1}{2}L_2I_2^2\,. \quad (13\text{-}27)$$

Dabei ist vorausgesetzt, dass die von beiden Strömen erzeugten Beiträge zum „koppelnden" Fluss sich addieren. Andernfalls steht vor M ein Minuszeichen.

Für n gekoppelte Spulen kann man herleiten:

$$W_{\mathrm{m}} = \frac{1}{2}\sum_{\mu=1}^{n}\sum_{\nu=1}^{n}L_{\mu\nu}I_\mu I_\nu\,, \quad (13\text{-}28)$$

wobei $L_{\mu\nu} = L_{\nu\mu}$ die Gegeninduktivität zwischen der μ-ten und ν-ten Spule ist.

Übrigens können Selbst- und Gegeninduktivitäten auch über die Energie ermittelt werden. Im ersten Fall bestimmt man für einen vorgegebenen Strom I die Energie W und bildet mit (13-26):

$$L = \frac{2W}{I^2}\,. \quad (13\text{-}29)$$

Bei zwei Spulen gibt man sich I_1 und I_2 vor, berechnet W und liest aus (13-27) die gesuchten Koeffizienten L_1, L_2, M ab.

13.4 Kräfte im Magnetfeld

Das Prinzip der virtuellen Verschiebung werde auf die in Bild 13-11 skizzierte Anordnung angewendet, und zwar unter den folgenden Voraussetzungen: Die Stromquelle gibt einen konstanten Strom ab, die Leitungen sind widerstandsfrei,

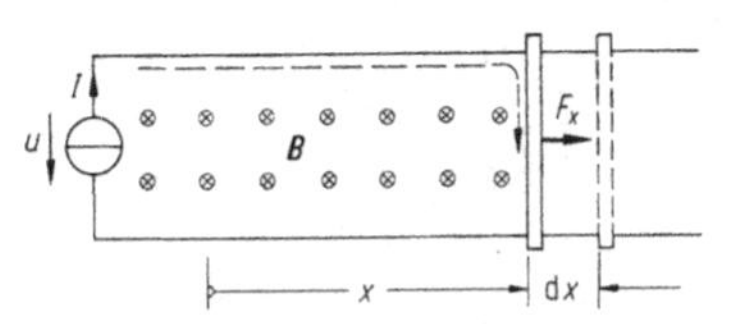

Bild 13-11. Zur Herleitung der Kraft mithilfe des Prinzips der virtuellen Verschiebung

der senkrechte Leiterstab kann sich reibungsfrei bewegen, weiter ist der Übergangswiderstand zwischen dem beweglichen Leiterstab und den feststehenden Leitern gleich null. Bei einer Verschiebung um $\mathrm{d}x$ wird die mechanische Energie $F_x\,\mathrm{d}x$ gewonnen. Gleichzeitig ändern sich die magnetische Feldenergie und die in der Quelle gespeicherte Energie um $\mathrm{d}W_{\mathrm{m}}$ bzw. $\mathrm{d}W_{\mathrm{q}}$. Die Summe der Änderungen ist null: $F_x\mathrm{d}x + \mathrm{d}W_{\mathrm{m}} + \mathrm{d}W_{\mathrm{q}} = 0$. Hierin ist nach (13-26) $\mathrm{d}W_{\mathrm{m}} = \frac{1}{2}I\,\mathrm{d}\Psi = \frac{1}{2}I\,\mathrm{d}\Phi$ (für $N = 1$) und mit (13-1) $\mathrm{d}W_{\mathrm{Q}} = -uI\,\mathrm{d}t = -\frac{\mathrm{d}\Phi}{\mathrm{d}t}I\,\mathrm{d}t = -I\,\mathrm{d}\Phi$. Das Minuszeichen bringt zum Ausdruck, dass die Quelle Energie abgibt. Damit hat man

$$F_x\,\mathrm{d}x + \frac{1}{2}I\,\mathrm{d}\Phi - I\,\mathrm{d}\Phi = 0$$

oder

$$F_x\,\mathrm{d}x = \frac{1}{2}I\,\mathrm{d}\Phi\,.$$

Ersetzt man $\frac{1}{2}I\,\mathrm{d}\Phi$ wieder durch $\mathrm{d}W_{\mathrm{m}}$, so erhält man

$$F_x = \frac{\mathrm{d}W_{\mathrm{m}}}{\mathrm{d}x} \quad (I = \mathrm{const})\,. \quad (13\text{-}30)$$

Mit (13-30) soll die Kraft zwischen zwei Eisenjochen nach Bild 13-12 bestimmt werden (Anwendung: Elektromagnet). Die Abmessungen seien so gewählt, dass man von Randeffekten absehen kann. Die magnetische Energie ist nach (13-13) und mit (12-22), (12-29), (12-33):

$$W_{\mathrm{m}} = Al_{\mathrm{Fe}}\frac{B^2}{2\mu_{\mathrm{Fe}}} + Al_{\mathrm{L}}\frac{B^2}{2\mu_0} = \frac{\Phi^2}{2}\left(\frac{l_{\mathrm{Fe}}}{\mu_{\mathrm{Fe}}A} + \frac{l_{\mathrm{L}}}{\mu_0 A}\right)$$
$$= \frac{\Phi^2 R_{\mathrm{m\,ges}}}{2} = \frac{\Theta^2}{2R_{\mathrm{m\,ges}}}\,.$$

Nach (13-30) wird mit (12-23)

$$F_x = \frac{\Theta^2}{2}\cdot\frac{\mathrm{d}}{\mathrm{d}x}\cdot\frac{1}{R_{\mathrm{m\,ges}}} = -\frac{\Theta^2}{2}\cdot\frac{1}{R_{\mathrm{m\,ges}}^2}\cdot\frac{\mathrm{d}R_{\mathrm{m\,ges}}}{\mathrm{d}x}$$
$$= -\frac{\Phi^2}{2}\cdot\frac{\mathrm{d}R_{\mathrm{m\,ges}}}{\mathrm{d}x}\,.$$

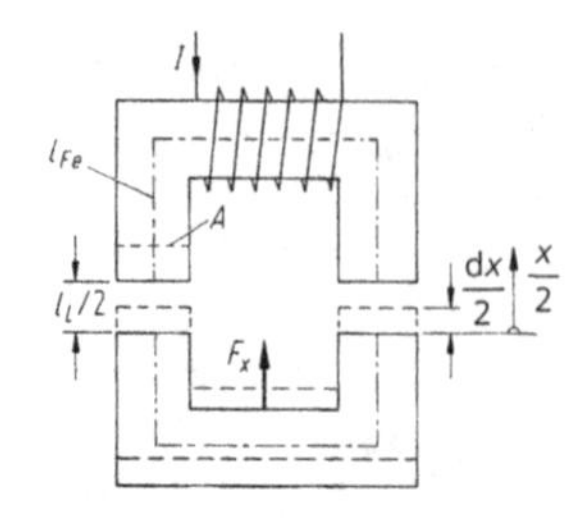

Bild 13-12. Kraft zwischen Eisenjochen

Darin ist mit (12-30), wenn μ_{Fe} nicht von x abhängt:

$$R_{m\,ges}(x) = \frac{l_{Fe}}{\mu_{Fe}A} + \frac{l_L - x}{\mu_0 A}\,, \quad \frac{dR_{m\,ges}}{dx} = -\frac{1}{\mu_0 A}\,,$$

also wird mit (12-22)

$$F_x = \frac{\Phi^2}{2\mu_0 A} = \frac{B^2}{2\mu_0}A\,. \qquad (13\text{-}31)$$

Die Kraft pro Fläche (der Kraftbelag) ist also

$$\frac{1}{2}\frac{B^2}{\mu_0} = \frac{1}{2}BH_L = \frac{1}{2}\mu_0 H_L^2, \text{ vgl. (13-13)}\,.$$

14 Elektromagnetische Felder

14.1 Die Maxwell'schen Gleichungen in integraler und differenzieller Form

Die beiden Maxwell'schen Hauptgleichungen machen Aussagen über die Wirbel des magnetischen bzw. elektrischen Feldes:

$$\text{(12-19)} \quad \oint_C \boldsymbol{H}\cdot d\boldsymbol{s} = \int_A \left(\boldsymbol{J} + \frac{\partial \boldsymbol{D}}{\partial t}\right)\cdot d\boldsymbol{A}\,, \qquad (14\text{-}1)$$

$$\text{(13-4)} \quad \oint_C \boldsymbol{E}\cdot d\boldsymbol{s} = -\frac{d}{dt}\int_A \boldsymbol{B}\cdot d\boldsymbol{A}\,. \qquad (14\text{-}2)$$

Aussagen über die Quellen der Felder machen

$$\text{(12-23)} \quad \oint_S \boldsymbol{B}\cdot d\boldsymbol{A} = 0\,, \qquad (14\text{-}3)$$

$$\text{(10-20)} \quad \oint_S \boldsymbol{D}\cdot d\boldsymbol{A} = \int_V \varrho\, dV\,, \qquad (14\text{-}4)$$

die auch als 3. und 4. Maxwell'sche Gleichung bezeichnet werden. In (14-4) ist ϱ die Raumladungsdichte. Zu (14-1) bis (14-4) kommen noch die sog. Materialgleichungen (14-10-14), (14-11-14-6), (14-12-14-11) hinzu:

$$\boldsymbol{D} = \varepsilon \boldsymbol{E}\,, \quad \boldsymbol{J} = \varkappa \boldsymbol{E}\,, \quad \boldsymbol{B} = \mu \boldsymbol{H}\,. \qquad (14\text{-}5\text{ a,b,c})$$

Mit dem Stokes'schen Satz (siehe A17.3) lässt sich (14-1) umformen:

$$\oint_C \boldsymbol{H}\cdot d\boldsymbol{s} = \int_A \operatorname{rot}\boldsymbol{H}\cdot d\boldsymbol{A} = \int_A \left(\boldsymbol{J} + \frac{\partial \boldsymbol{D}}{\partial t}\right)\cdot d\boldsymbol{A}\,.$$

Damit ist

$$\operatorname{rot}\boldsymbol{H} = \boldsymbol{J} + \frac{\partial \boldsymbol{D}}{\partial t}\,. \qquad (14\text{-}6)$$

Entsprechend folgt aus (14-2)

$$\operatorname{rot}\boldsymbol{E} = -\frac{\partial \boldsymbol{B}}{\partial t}\,. \qquad (14\text{-}7)$$

Mit dem Gauß'schen Satz (siehe A17.3) ergibt sich aus (14-4):

$$\oint_S \boldsymbol{D}\cdot d\boldsymbol{A} = \int_V \operatorname{div}\boldsymbol{D}\, dV = \int_V \varrho\, dV$$

und somit

$$\operatorname{div}\boldsymbol{D} = \varrho\,. \qquad (14\text{-}8)$$

Entsprechend kann (14-3) durch

$$\operatorname{div}\boldsymbol{B} = 0 \qquad (14\text{-}9)$$

ersetzt werden. Die Gleichungen (14-6) bis (14-9) sind die Maxwell'schen Gleichungen in differenzieller Form.

14.2 Die Einteilung der elektromagnetischen Felder

Die Einteilung der Felder in die Kapitel 10 bis 15 erscheint sinnvoll, wenn man die Maxwell'schen Gleichungen unter verschiedenen einschränkenden Annahmen betrachtet.

Der speziellste und zugleich einfachste Fall ist der, dass keine zeitlichen Änderungen auftreten und kein Strom fließt ($\partial/\partial t = 0$, $\boldsymbol{J} = \boldsymbol{o}$). Die Grundgleichungen zerfallen dann in zwei Gruppen

$$\operatorname{rot}\boldsymbol{E} = \boldsymbol{o} \qquad \operatorname{rot}\boldsymbol{H} = 0$$
$$\operatorname{div}\boldsymbol{D} = \varrho \qquad \operatorname{div}\boldsymbol{B} = 0$$
$$\boldsymbol{D} = \varepsilon\boldsymbol{E} \qquad \boldsymbol{B} = \mu\boldsymbol{H}\,,$$

zwischen denen keine Beziehungen bestehen: in die *Elektrostatik* und die *Magnetostatik*. Diese Gebiete lassen sich also völlig unabhängig voneinander behandeln.
Setzt man weiterhin $\partial/\partial t = 0$ voraus, lässt aber Gleichströme zu, so sind das elektrische und das magnetische Feld über rot $\boldsymbol{H} = \varkappa \boldsymbol{E}$ verknüpft. Hier spricht man von *Feldern stationärer Ströme*.
Eine recht enge Verbindung zwischen elektrischen und magnetischen Größen liegt dann vor, wenn zeitliche Änderungen der magnetischen Flussdichte berücksichtigt werden (die magnetisierende Wirkung des Verschiebungsstromes jedoch noch nicht). Dieses Teilgebiet heißt *Felder quasistationärer Ströme*.
Die Maxwell'schen Gleichungen in der allgemeinsten Form bilden die Grundlage zur Behandlung *elektromagnetischer Wellen*.

14.3 Die Maxwell'schen Gleichungen bei harmonischer Zeitabhängigkeit

Ändern sich die Feldgrößen zeitlich nach einem Sinusgesetz, so geht man wie in 2.1 zur komplexen Darstellung über und macht z. B. für die elektrische Feldstärke den Ansatz

$$\boldsymbol{E}(x, y, z; t) \equiv \boldsymbol{E}(P, t) = \mathrm{Re}\{\boldsymbol{E}(P)\mathrm{e}^{\mathrm{j}\omega t}\}\,.$$

Hier ist P der Aufpunkt, der z. B. in kartesischen Koordinaten durch (x, y, z) bestimmt ist. Aus (14-1) und (14-2) ergeben sich

$$\oint_C \boldsymbol{H} \cdot \mathrm{d}\boldsymbol{s} = \int_A (\boldsymbol{J} + \mathrm{j}\omega\boldsymbol{D}) \cdot \mathrm{d}\boldsymbol{A}\,, \tag{14-10}$$

$$\oint_C \boldsymbol{E} \cdot \mathrm{d}\boldsymbol{s} = -\mathrm{j}\omega \int_A \boldsymbol{B} \cdot \mathrm{d}\boldsymbol{A}\,. \tag{14-11}$$

Statt (14-6) und (14-7) hat man

$$\mathrm{rot}\,\boldsymbol{H} = \boldsymbol{J} + \mathrm{j}\omega\boldsymbol{D}\,, \tag{14-12}$$

$$\mathrm{rot}\,\boldsymbol{E} = -\mathrm{j}\omega\boldsymbol{B}\,. \tag{14-13}$$

Die allein vom Ort P abhängenden komplexen Amplituden $\boldsymbol{E}(P)$, $\boldsymbol{H}(P)$ usw. nennt man Phasoren. (Anders als in der Wechselstromlehre arbeitet man in der Feldtheorie mit Amplituden und nicht mit Effektivwerten.)

15 Elektromagnetische Wellen

15.1 Die Wellengleichung

Die Maxwell'schen Gleichungen (in der allgemeinsten Form) beschreiben die sehr enge Verknüpfung zwischen elektrischen und magnetischen Feldern: beide Felder „induzieren" sich gegenseitig. Wenn dieser Vorgang nicht an einen Ort gebunden ist, sondern im Raum fortschreitet, liegt eine *elektromagnetische Welle* vor.
Die folgenden Überlegungen beschränken sich auf den Fall sinusförmiger Zeitabhängigkeit. (Die Erweiterung auf den allgemeinen Fall beliebiger zeitlicher Änderung lässt sich mithilfe von Fourierreihen bzw. von Fourierintegralen leicht durchführen.) Außerdem wird vorausgesetzt, dass das betrachtete Gebiet raumladungsfrei, homogen und isotrop ist. Dann folgt aus (15-14-15-12) und (15-14-15-13), wenn man jeweils auf beiden Seiten die Rotation bildet:

$$\mathrm{rot\,rot}\,\boldsymbol{H} + \gamma^2\boldsymbol{H} = 0 \tag{15-1}$$

$$\mathrm{rot\,rot}\,\boldsymbol{E} + \gamma^2\boldsymbol{E} = 0 \tag{15-2}$$

mit der Abkürzung

$$\gamma^2 = \mathrm{j}\omega\mu(\varkappa + \mathrm{j}\omega\varepsilon)\,; \quad \gamma = \alpha + \mathrm{j}\beta\,(\alpha, \beta \text{ reell})\,. \tag{15-3}$$

(Häufig wird die Abkürzung $k^2 = -\gamma^2$ verwendet; man nennt k die komplexe Kreisrepetenz.)
Statt (15-1) und (15-2) kann mit der aus der Vektoranalysis (A 17.1, (17-6)) bekannten Beziehung

$$\mathrm{rot\,rot}\,\boldsymbol{A} = \mathrm{grad\,div}\,\boldsymbol{A} - \Delta\boldsymbol{A}$$

und bei Beachtung von (14-8), (14-9) und $\varrho = 0$ geschrieben werden:

$$\Delta\boldsymbol{H} - \gamma^2\boldsymbol{H} = 0 \tag{15-4}$$

$$\Delta\boldsymbol{E} - \gamma^2\boldsymbol{E} = 0\,. \tag{15-5}$$

Diese Gleichungen nennt man *Helmholtz-Gleichungen* oder auch *Wellengleichungen*.
Bei Verwendung rechtwinkliger Koordinaten ist

$$\Delta = \frac{\partial^2}{\partial x^2} + \frac{\partial^2}{\partial y^2} + \frac{\partial^2}{\partial z^2}\,,$$

d. h., jede rechtwinklige Komponente von $\boldsymbol{E}$ und $\boldsymbol{H}$ (z. B. E_x) genügt der Gleichung

$$\frac{\partial^2 E_x}{\partial x^2} + \frac{\partial^2 E_x}{\partial y^2} + \frac{\partial^2 E_x}{\partial z^2} - \gamma^2 E_x = 0\,. \tag{15-6}$$

Zur Illustration eines Wellenfeldes soll eine möglichst einfache Lösung betrachtet werden. Es sei

$$\boldsymbol{E} = \boldsymbol{e}_x E_x(z)\,. \tag{15-7}$$

Damit folgt aus (15-5) bzw. (15-6)

$$\frac{\mathrm{d}^2 E_x}{\mathrm{d}z^2} - \gamma^2 E_x = 0 \tag{15-8}$$

mit der Lösung (vgl. 9.1)

$$E_x(z) = E_\mathrm{p}\mathrm{e}^{-\gamma z} + E_\mathrm{r}\mathrm{e}^{\gamma z}\,. \tag{15-9}$$

Die zugehörige magnetische Feldstärke ergibt sich aus (15-14-15-13) mit (15-14-15-5):

$$\operatorname{rot}\boldsymbol{E} = \begin{vmatrix} \boldsymbol{e}_x & \boldsymbol{e}_y & \boldsymbol{e}_z \\ 0 & 0 & \partial/\partial z \\ E_x & 0 & 0 \end{vmatrix} = \boldsymbol{e}_y \frac{\mathrm{d}E_x}{\mathrm{d}z}$$

$$= -\mathrm{j}\omega\mu\boldsymbol{H} = -\mathrm{j}\omega\mu\boldsymbol{e}_y H_y\,.$$

Da rot $\boldsymbol{E}$ hier nur eine y-Komponente aufweist, kann $\boldsymbol{H}$ (auf der rechten Seite) auch nur eine y-Komponente besitzen:

$$\frac{\mathrm{d}E_x}{\mathrm{d}z} = -\mathrm{j}\omega\mu H_y\,. \tag{15-10}$$

Auf die gleiche Weise folgt aus (14-14-12)

$$\frac{\mathrm{d}H_y}{\mathrm{d}z} = -(\varkappa + \mathrm{j}\omega\varepsilon)E_x\,. \tag{15-11}$$

Mit (15-10) erhält man aus (15-9), wenn man die *Feldwellenimpedanz* (Feldwellenwiderstand)

$$Z_\mathrm{F} = \frac{\mathrm{j}\omega\mu}{\gamma} = \sqrt{\frac{\mathrm{j}\omega\mu}{\varkappa + \mathrm{j}\omega\varepsilon}} \tag{15-12}$$

einführt, für das magnetische Feld:

$$H_y(z) = \frac{E_\mathrm{p}}{Z_\mathrm{F}}\mathrm{e}^{-\gamma z} - \frac{E_\mathrm{r}}{Z_\mathrm{F}}\mathrm{e}^{\gamma z}\,. \tag{15-13}$$

Das Gleichungspaar ((15-9), (15-13)) stellt eine Welle dar, bei der beide Felder senkrecht auf der Ausbreitungsrichtung (z-Achse) stehen und keine Feldkomponenten in Ausbreitungsrichtung auftreten. Eine solche Welle nennt man transversal-elektromagnetisch (abgekürzt: *TEM-Welle*).

Anmerkung: Weist dagegen das elektrische oder das magnetische Feld eine Komponente in Ausbreitungsrichtung auf, so spricht man im 1. Fall von einer E-Welle oder *TM-Welle* (transversal-magnetisch) und im 2. Fall von einer H-Welle oder *TE-Welle* (transversal-elektrisch).

Die Lösung soll noch für zwei Sonderfälle betrachtet werden.

Breitet sich die **Welle im Vakuum** aus (die folgenden Beziehungen gelten näherungsweise auch für den Luftraum), so wird Z_F nach (15-12)

$$Z_\mathrm{F} = \sqrt{\frac{\mu_0}{\varepsilon_0}} \approx 377\,\Omega \quad \text{(reell)}\,, \tag{15-14}$$

d. h., das elektrische und das magnetische Feld der Hauptwelle sind in Phase; das gleiche gilt für die Echowelle. Beide Wellen sind in Bild 15-1 veranschaulicht.

Für γ ergibt sich nach (15-3)

$$\gamma = \mathrm{j}\omega\sqrt{\varepsilon_0\mu_0} = \mathrm{j}\beta = \mathrm{j}\frac{\omega}{c_0} \quad \text{(rein imaginär)}\,. \tag{15-15}$$

Die Welle ist ungedämpft und breitet sich nach (15-9-15-15) mit der Geschwindigkeit

$$v = 1/\sqrt{\varepsilon_0\mu_0} \approx 3\cdot 10^8\,\mathrm{m/s}\,,$$

also mit der Lichtgeschwindigkeit c_0, aus. Die Wellenlänge beträgt nach (15-9-15-16) $\lambda = c_0/f$.

Der zweite Sonderfall betrifft die **Wellenausbreitung in einem Leiter**; es soll dabei $\varkappa \gg \omega\varepsilon$ sein, d. h., die

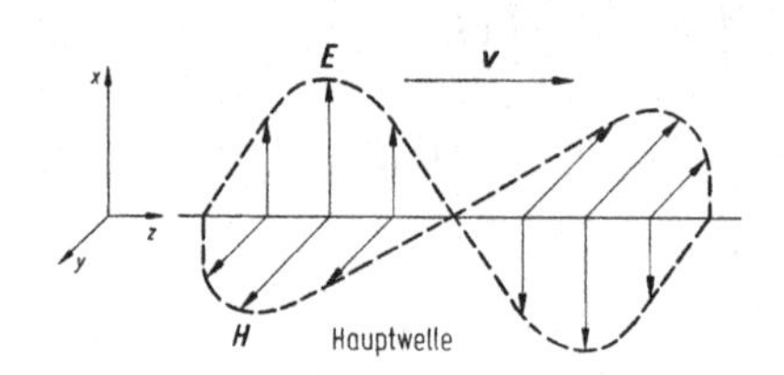

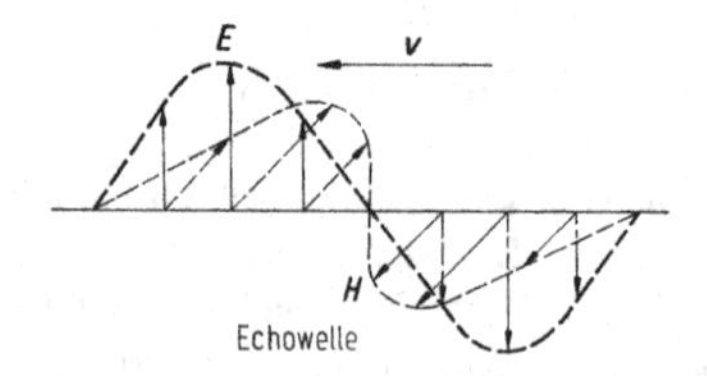

Bild 15-1. Transversalwelle

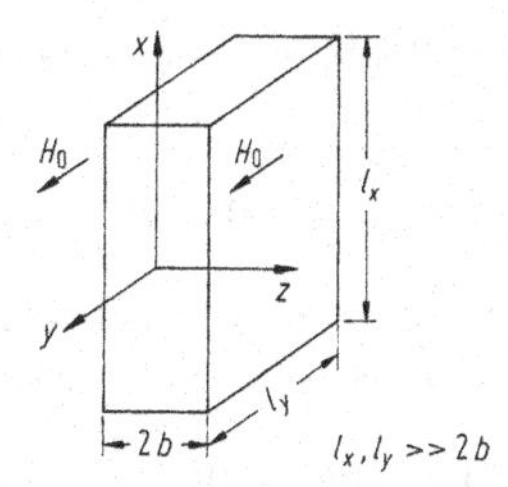

Bild 15-2. Leitende Platte im magnetischen Wechselfeld (Transformatorblech)

Verschiebungsstromdichte $\partial \boldsymbol{D}/\partial t$ wird gegenüber der Leitungsstromdichte $\boldsymbol{J}$ vernachlässigbar. Dann folgt aus (15-12)

$$Z_F = \sqrt{\frac{j\omega\mu}{\varkappa}} = (1+j)\sqrt{\frac{\omega\mu}{2\varkappa}} \qquad (15\text{-}16)$$

und aus (15-3)

$$\gamma = \sqrt{j\omega\mu\varkappa} = (1+j)\sqrt{\frac{\omega\mu\varkappa}{2}}$$
$$=: \frac{1+j}{d} = \alpha + j\beta\,. \qquad (15\text{-}17)$$

Man nennt d die *Eindringtiefe*. Die Welle in diesem Fall heißt *Wirbelstromwelle*, obwohl die diesem Sonderfall zugrunde liegende Differenzialgleichung die Wärmeleitungs- oder Diffusionsgleichung ist.
Für die in Bild 15-2 skizzierte Anordnung (Transformatorblech) ergibt sich aus Symmetriegründen mit (15-13):

$$H_y(z) = \frac{E}{Z_F}(e^{\gamma z} + e^{-\gamma z}) = \frac{2E}{Z_F}\cos\gamma z\,.$$

Arbeitet man hier die Randbedingung $H_y(\pm b) = H_0$ ein, so erhält man

$$H_y(z) = H_0\frac{\cosh\gamma z}{\cosh\gamma b}\,. \qquad (15\text{-}18)$$

Die Ströme in dem Leiter bezeichnet man als Wirbelströme. Die Stromdichte folgt mit (15-11):

$$\varkappa E_x(z) = J_x(z) = -H_0\gamma\frac{\sinh\gamma z}{\cosh\gamma b}\,. \qquad (15\text{-}19)$$

15.2 Die Anregung elektromagnetischer Wellen

Elektromagnetische Wellen werden von (Sende-) *Antennen* angeregt. Eine Elementarform einer solchen Antenne stellt eine um ihre Ruhelage schwingende Ladung Q dar. Gleichwertig ist die Vorstellung, dass ein Wechselstrom I in einem Leiter der sehr kleinen Länge l fließt. Es lässt sich zeigen, dass ein im Ursprung eines Kugelkoordinatensystems nach Bild 15-3 angeordnetes Stromelement das folgende Feld verursacht (der das Leiterelement umgebende Raum sei nichtleitend, damit wird $\gamma = j\omega/c = jk$ imaginär):

$$E_r = \frac{\hat{i}l}{2\pi}e^{-j\frac{\omega}{c}r}\left(\frac{Z_F}{r^2} + \frac{1}{j\omega\varepsilon r^3}\right)\cos\theta\,, \qquad (15\text{-}20)$$

$$E_\theta = \frac{\hat{i}l}{4\pi}e^{-j\frac{\omega}{c}r}\left(\frac{j\omega\mu}{r} + \frac{Z_F}{r^2} + \frac{1}{j\omega\varepsilon r^3}\right)\sin\theta\,, \qquad (15\text{-}21)$$

$$H_\varphi = \frac{\hat{i}l}{4\pi}e^{-j\frac{\omega}{c}r}\left(\frac{j\omega/c}{r} + \frac{1}{r^2}\right)\sin\theta\,. \qquad (15\text{-}22)$$

Die übrigen Feldkomponenten sind null. Das Feld in unmittelbarer Nähe des Stromelements bezeichnet man als *Nahfeld*. Für die Funktechnik interessant ist das Feld in großer Entfernung, das *Fernfeld*; dieses wird durch die Terme beschrieben, die proportional zu $1/r$ sind:

$$E_\theta = \frac{\hat{i}l}{4\pi}e^{-j\frac{\omega}{c}r}\frac{j\omega\mu}{r}\sin\theta\,, \qquad (15\text{-}23)$$

$$H_\varphi = \frac{\hat{i}l}{4\pi}e^{-j\frac{\omega}{c}r}\frac{j\omega/c}{r}\sin\theta\,, \qquad (15\text{-}24)$$

Die Gleichungen (15-20) bis (15-24), die die Entstehung der elektromagnetischen Welle und ihre Ablösung von dem Elementarerreger beschreiben, kann man durch Feldbilder veranschaulichen: Bild 15-4.
Die bis jetzt betrachtete Elementarantenne nennt man auch einen *Hertz'schen Dipol*, entsprechend der Vorstellung, dass hier ein elektrischer Dipol oszilliert. Hat der Elementarerreger dagegen die Form einer

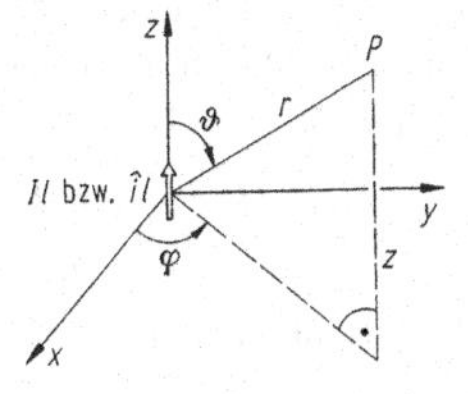

Bild 15-3. Im Ursprung eines Kugelkoordinatensystems angeordnetes Stromelement (Hertz'scher Dipol)

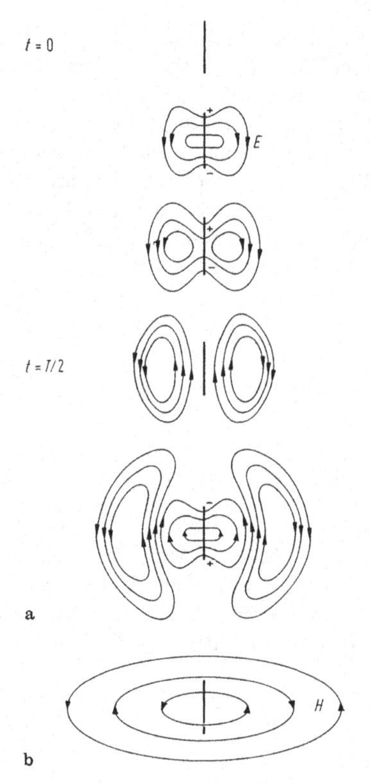

Bild 15-4. Die Entstehung einer elektromagnetischen Welle in der Umgebung eines Hertz'schen Dipols

kleinen stromdurchflossenen Leiterschleife (die einen oszillierenden magnetischen Dipol darstellt), so benutzt man die Bezeichnung *Fitzgerald'scher Dipol.*

15.3 Die abgestrahlte Leistung

Einen Ausdruck für die von der Welle transportierte Leistung gewinnt man, indem man von dem zeitlichen Zuwachs der elektrischen und magnetischen Energiedichte ausgeht. Dieser ist wegen (15-10-39) und (15-13-15-13)

$$\frac{\mathrm{d}w}{\mathrm{d}t} = \boldsymbol{E} \cdot \frac{\partial \boldsymbol{D}}{\partial t} + \boldsymbol{H} \cdot \frac{\partial \boldsymbol{B}}{\partial t}$$

oder mit (15-14-15-6) und (15-14-15-7)

$$\frac{\mathrm{d}w}{\mathrm{d}t} = -\boldsymbol{E} \cdot \boldsymbol{J} + \boldsymbol{E} \cdot \operatorname{rot} \boldsymbol{H} - \boldsymbol{H} \cdot \operatorname{rot} \boldsymbol{E} .$$

Die beiden letzten Terme lassen sich zusammenfassen (vgl. A17.1):

$$\frac{\mathrm{d}w}{\mathrm{d}t} = -\boldsymbol{E} \cdot \boldsymbol{J} - \operatorname{div}(\boldsymbol{E} \times \boldsymbol{H}) . \qquad (15\text{-}25)$$

Durch Integration über das Volumen und Benutzung des Gauß'schen Satzes (siehe A17.3) entsteht

$$-\oint_S (\boldsymbol{E} \times \boldsymbol{H}) \mathrm{d}\boldsymbol{A} = \int_V \boldsymbol{E} \cdot \boldsymbol{J} \, \mathrm{d}V + \int_V \frac{\mathrm{d}w}{\mathrm{d}t} \mathrm{d}V . \qquad (15\text{-}26)$$

Die Terme auf der rechten Seite sind die in Wärme umgesetzte Leistung und der auf die Zeit bezogene Zuwachs der Feldenergie; demnach muss die linke Seite die in das Volumen eingestrahlte Leistung sein; deren Flächendichte nennt man den *Poynting-Vektor*:

$$\boldsymbol{S} = \boldsymbol{E} \times \boldsymbol{H} \qquad (15\text{-}27)$$

Mit den soeben entwickelten Beziehungen soll die vom Fernfeld eines Hertz'schen Dipols transportierte Leistung berechnet werden. Man denkt sich um den Dipol eine geschlossene Fläche gelegt, am einfachsten eine Kugel, in deren Mittelpunkt sich der Dipol befindet. Dann erhält man (ohne Zwischenrechnung) mit (15-26), (15-23), (15-24) für den Mittelwert der Leistung (Wirkleistung):

$$P = \mathrm{Re} \frac{1}{2} \oint_S (\boldsymbol{E} \times \boldsymbol{H}^*) \mathrm{d}\boldsymbol{A} = \frac{2\pi}{3} Z_\mathrm{F} \left(\frac{l}{\lambda}\right)^2 |I|^2 . \qquad (15\text{-}28)$$

Ordnet man der Antenne durch die Gleichung

$$P = R_\mathrm{rd} |I|^2 \qquad (15\text{-}29)$$

einen *Strahlungswiderstand* R_rd zu, so ergibt sich für den Hertz'schen Dipol

$$R_\mathrm{rd} = \frac{2\pi}{3} Z_\mathrm{F} \left(\frac{l}{\lambda}\right)^2 \qquad (15\text{-}30)$$

und, falls dieser sich im Vakuum befindet:

$$R_\mathrm{rd} \approx 80\pi^2 \Omega \left(\frac{l}{\lambda}\right)^2 \approx 789{,}6\,\Omega \left(\frac{1}{\lambda}\right)^2 .$$

15.4 Die Phase und aus dieser abgeleitete Begriffe

Die komplexe Wellenfunktion, die man als Lösung von (15-6) erhält, kann in der Form

$$A(P)\mathrm{e}^{\mathrm{j}\varphi(P)} \quad \text{oder} \quad A(x,y,z)\mathrm{e}^{\mathrm{j}\varphi(x,y,z)} \tag{15-31}$$

geschrieben werden. Die Amplitude A und der Nullphasenwinkel φ sind reelle Größen. Zu der komplexen Wellenfunktion gehört der Augenblickswert

$$A(P)\cos[\omega t + \varphi(P)]\,. \tag{15-32}$$

Flächen, auf denen φ konstant ist, heißen *Flächen gleicher Phase* oder *Phasenflächen*. Nach der Form dieser Flächen unterscheidet man *ebene Wellen, Zylinderwellen, Kugelwellen* u. a. Wenn A auf den Phasenflächen konstant ist, spricht man von gleichförmigen (uniformen) Wellen. Die *Wellennormale* (in irgendeinem Punkt) steht senkrecht auf der Phasenfläche und hat die Richtung von grad φ. (Der Betrag von grad φ gibt die stärkste Änderungsrate der Nullphase φ an.) Die auf die Länge bezogene Abnahme der Phase in irgendeiner Richtung ist der der betreffenden Richtung zugeordnete Phasenkoeffizient:

$$\beta_x = -\frac{\partial\varphi}{\partial x}\,, \quad \beta_y = -\frac{\partial\varphi}{\partial y}\,, \quad \beta_z = -\frac{\partial\varphi}{\partial z}\,. \tag{15-33}$$

Diese Terme lassen sich zu einem vektoriellen Phasenkoeffizienten zusammenfassen:

$$\boldsymbol{\beta} = -\mathrm{grad}\,\varphi\,. \tag{15-34}$$

Das Argument der Cosinusfunktion in (15-32) gibt die augenblickliche Phase der Welle an. Eine *Fläche konstanter Phase* ist durch

$$\omega t + \varphi(P) = \mathrm{const} \tag{15-35}$$

definiert. Die Fläche konstanter Phase stimmt in jedem Augenblick mit einer Phasenfläche überein. Bei einer Zeitänderung um $\mathrm{d}t$ muss, wenn (15-35) erfüllt sein soll, die Phase um $\mathrm{d}\varphi$ abnehmen. In kartesischen Koordinaten gilt:

$$\mathrm{d}\varphi = \frac{\partial\varphi}{\partial x}\,\mathrm{d}x + \frac{\partial\varphi}{\partial y}\,\mathrm{d}y + \frac{\partial\varphi}{\partial z}\,\mathrm{d}z = \mathrm{grad}\,\varphi\cdot\mathrm{d}\boldsymbol{s}\,.$$

Damit lautet die Bedingung für die Bewegung einer Fläche konstanter Phase

$$\omega\,\mathrm{d}t + \mathrm{grad}\,\varphi\cdot\mathrm{d}\boldsymbol{s} = 0\,. \tag{15-36}$$

Daraus folgen die Phasengeschwindigkeiten in den drei Richtungen der kartesischen Koordinaten:

$$\begin{aligned} v_x &= -\frac{\omega}{\partial\varphi/\partial x} = \frac{\omega}{\beta_x} \\ v_y &= -\frac{\omega}{\partial\varphi/\partial y} = \frac{\omega}{\beta_y} \\ v_z &= -\frac{\omega}{\partial\varphi/\partial z} = \frac{\omega}{\beta_z}\,. \end{aligned} \tag{15-37}$$

Die Phasengeschwindigkeit in Richtung der Wellennormalen ist

$$v_\mathrm{p} = -\frac{\omega}{|\mathrm{grad}\,\varphi|}\,. \tag{15-38}$$

Die Größe v_p ist kein Vektor (mit den Komponenten (15-37)), sondern die kleinste Phasengeschwindigkeit der Welle.

Energietechnik

H.-P. Beck

Die nachhaltige, wirtschaftliche und sichere Versorgung der Bevölkerung mit elektrischer Energie und eine rationelle und umweltschonende Anwendung ist eine der wichtigsten Aufgaben der Infrastruktur unserer Volkswirtschaft. Sie ist eine Voraussetzung für ein Leben in geordneten sozialen Verhältnissen. Mit ihr beschäftigen sich heute mehr Wissenschaftler, Ingenieure und Techniker als je zuvor. Dieser Trend wird sich voraussichtlich auch in Zukunft fortsetzen, weil die Sekundärenergieform „Elektrizität" gegenüber anderen Energieformen bedeutende Vorteile aufweist:

- Sie erlaubt es, im Grundsatz jede Primärenergiequelle auszunutzen und zwar unabhängig davon, ob es sich um fossile Energiestoffe (Kohle, Gas, Öl), Kernbrennstoffe oder um regenerative Energiequellen (Wind, Biomasse, Sonnenenergie, Geothermie, etc.) handelt.
- Sie lässt sich rasch, zuverlässig, sauber und verlustarm bis zum Endabnehmer verteilen und mit gutem Wirkungsgrad in alle Nutzenergieformen umwandeln. Solche vollständig umwandelbaren Energieanteile werden in der Thermodynamik „Exergie", die nichtumwandelbaren „Anergie" genannt. Elektrische Energie ist fast reine Exergie (F 1.6.2)
- Sie ist einfach und genau zu messen, zu steuern und zu regeln.
- Sie ist für die Informationsverarbeitung (J 7) praktisch unverzichtbar.

Diesen Vorteilen stehen allerdings auch Nachteile gegenüber, die zu Restriktionen bei der Anwendung elektrischer Energie führen:

- Sie lässt sich nicht unmittelbar speichern. In jedem Augenblick muss von den Kraftwerken genauso viel Leistung abgegeben werden, wie die Endabnehmer fordern, zuzüglich eines Zuschlages für die im allgemeinen unter 10% bleibenden Übertragungsverluste der Netze.
- Sie wird heute zum überwiegenden Teil durch Wärmekraftmaschinen erzeugt, die Wärme nur beschränkt in elektrische Energie umwandeln können. Nur in modernen Gas- und Dampfturbinen-(GuD)-Kraftwerken können Wirkungsgrade über 50% verwirklicht werden.
- Ihre Übertragung ist an Leitungen gebunden. Freileitungen beeinflussen das Landschaftsbild, Erdkabel können bei großen Leistungen das Erdreich erwärmen und sind aufwändig zu installieren.
- Die erforderlichen Kraftwerke, Transport- und Verteilnetze sind sehr kapitalintensiv, insbesondere wenn eine hohe Verfügbarkeit gewährleistet werden soll.

Der hohe Kapitalbedarf verlangt Bedarfsanalysen und langfristige Kraftwerks- und Netzplanung, wobei die wünschenswerte Einbindung von regenerativen Energiequellen berücksichtigt werden muss.
Die Einbindung regenerativer Energiequellen stellt heute kein unlösbares technisches Problem dar. Es ist vielmehr eine Frage der Wirtschaftlichkeit und des politischen Willens der Beteiligten (Energiewende). Die heute existierenden, flächendeckenden Stromversorgungseinrichtungen bieten, durch die Energie-Verbundwirtschaft, die Möglichkeit, die mit regenerativen Energiequellen erzeugte elektrische Energie anwenderfreundlich bis zum Endverbraucher zu verteilen. Aus diesem Grunde bringt die Anwendung der elektrischen Energie sehr gute Voraussetzungen mit, um den in künftigen Jahrzehnten notwendigen Übergang von den fossilen auf die regenerativen Energieträger wesentlich mitzugestalten.
Zur Energietechnik sind innerhalb der Elektrotechnik folgende Fachgebiete zu rechnen:

- Energiewandlung (umgangssprachlich auch Energieerzeugung genannt, [3])
- Energietransport und -verteilung [1]
- Energiespeicherung [11, 12, 13]
- Energieflusssteuerung (Leistungselektronik [6, 8, 9])
- Energienutzung (Antriebstechnik, Elektrothermische Prozesstechnik, Lichttechnik etc. [2, 4, 7])
- Elektrizitätswirtschaft [14, 15]

16 Grundlagen der Energiewandlung

16.1 Grundbegriffe

16.1.1 Energie, Arbeit, Leistung, Wirkungsgrad

Elektrische Energie ist ohne grundsätzliche physikalische Einschränkung, wie sie z. B. der 2. Hauptsatz in der Thermodynamik (Carnot-Wirkungsgrad) darstellt, in andere Energieformen umwandelbar, wobei sich die Umwandlungsverluste gering halten lassen. Ihre Höhe ist durch die Bemessung der verwendeten Betriebsmittel beeinflussbar und damit im Wesentlichen eine Frage wirtschaftlicher Abwägung.
Ist W eine übertragene oder umgesetzte Arbeit, dann ist

$$P = \frac{\mathrm{d}W}{\mathrm{d}t} \qquad (16\text{-}1)$$

die zugehörige momentane Leistung.
Ein Teil der umgesetzten Leistung kommt nicht dem gewünschten Ziel zugute und geht dem Prozess „verloren". Die übliche, wenn auch nicht korrekte Bezeichnung dafür ist „Verluste" (P_V).
Der Leistungswirkungsgrad, kurz *Wirkungsgrad* η, ist das Verhältnis von abgegebener Leistung zur aufgenommenen Leistung eines Betriebsmittels oder einer Übertragungsstrecke.

$$\eta = \frac{P_\mathrm{ab}}{P_\mathrm{auf}} = \frac{P_\mathrm{ab}}{P_\mathrm{ab} + P_\mathrm{V}} \,. \qquad (16\text{-}2)$$

Gelegentlich wird mit dem Arbeitswirkungsgrad (Nutzungsgrad) gerechnet, bei dem man das Verhältnis zwischen ab- und zugeführter elektrischer Arbeit bildet.

16.1.2 Energietechnische Betrachtungsweisen

Die wichtigste Form, in der elektrische Energie angewandt und erzeugt wird, ist 3-phasiger Drehstrom (G 16.2). Daraus abgeleitet wird zum Betrieb kleinerer Verbraucher (< 5 kW) auf der Niederspannungsebene ($\leqq$ 1000 V) einphasiger Wechselstrom (unsymmetrische Belastung).
Bildet man die Momentanleistung aus den drei Strangströmen i_1, i_2, i_3 und den zugehörigen Strangspannungen u_1, u_2, u_3

$$P(t) = u_1 i_1 + u_2 i_2 + u_3 i_3 \qquad (16\text{-}3)$$

Tabelle 16-1. Typische elektrische Leistungen

Gerät, Prozess	Leistung P
Signal in Fernsehempfangsantenne	10 nW
Leuchtdiode	10 mW
Glühlampen (ohne Speziallampen)	0,1 ... 200 W
Lichtmaschine in Kfz	400 ... 1000 W
Dauerleistung aus 16-A-Steckdose	3,5 kW
E-Lokomotive	2 ... 6 MW
Synchrongenerator	... 1300 MW

als Summe der Leistungen aller drei Stränge, so erhält man bei symmetrischer Last die konstante Leistung

$$P = \frac{3}{2}\hat{u}_\mathrm{S}\hat{\imath}\cos\varphi \qquad (16\text{-}4)$$

oder in Effektivwerten (I: Strangstrom, U_S: Strangspannung, U_V: verkettete Spannung) (Bild 16-1):

$$P = 3\,U_\mathrm{S} I\cos\varphi = \sqrt{3}\,U_\mathrm{V} I\cos\varphi \qquad (16\text{-}5)$$

Eine einzelne Teilleistung aus (16-3), die die Leistung eines Wechselstromsystems darstellt, pulsiert mit doppelter Netzfrequenz ($2f$). Bei der Summation der Teilleistungen zur Gesamtleistung des Drehstromsystems heben sich die pulsierenden Anteile auf. Die Leistung wird also durch symmetrischen Drehstrom kontinuierlich und nicht pulsierend übertragen, d. h. Verbraucher und Generator arbeiten mit zeitlich konstantem Leistungsfluss.
Ist der Verbraucher ein Drehstrommotor, so berechnet sich dessen Drehmoment zu $M = P/\omega$. Da der Leistungsfluss P nicht pulsiert, ist auch das Drehmoment bei ω = *konst.* zeitlich konstant. Die gleiche Überlegung gilt für den Generator.

16.1.3 Definitionen

Wirkleistung *P*

(a) *Wechselstrom*:

$$P = UI\cos\varphi \,. \qquad (16\text{-}6)$$

mit P als Mittelwert der zeitlich pulsierenden Leistung, sofern Spannung und Strom sinusförmig und gegeneinander um den Phasenwinkel φ verschoben sind.

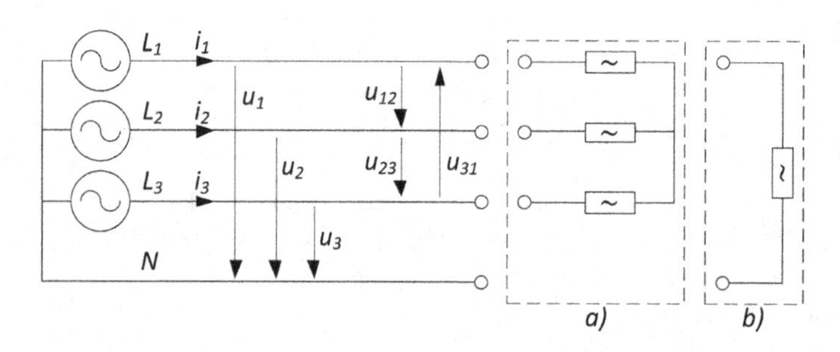

Bild 16-1. Symmetrisches Drehspannungssystem u_{12}, u_{23}, u_{31} verkettete Spannung u_1, u_2, u_3 Strangspannungen, **a** symmetrischer Verbraucher, **b** einphasiger Verbraucher

(b) *Drehstrom*:

$$P = 3\,U_\mathrm{S} I \cos\varphi = \sqrt{3}\,U_\mathrm{V} I \cos\varphi\,. \qquad (16\text{-}7)$$

Die Übertragungsleistung P ist nicht pulsierend.

Scheinleistung S

(a) *Wechselstrom (einphasig):*

$$S = UI\,, \qquad (16\text{-}8)$$

(b) *Drehstrom:*

$$S = 3\,U_\mathrm{S} I = \sqrt{3}\,U_\mathrm{V} I\,. \qquad (16\text{-}9)$$

Die Scheinleistung S ist ein Produkt der Effektivwerte von Strom und Spannung, wobei S nur eine Rechengröße ist, da sie entgegen (16-10) und (16-11) nicht maßgebend für die übertragene Wirkleistung ist. S ist für die Auswahl von Betriebsmitteln entscheidend, deren Beanspruchung unabhängig von der Phasenlage des Stromes ist, z. B. Transformatoren und Leitungen. Die Angaben erfolgen nicht in der physikalischen Einheit Watt (W), sondern in der Einheit (VA).

Blindleistung Q

(a) *Wechselstrom (einphasig):*

$$Q = UI \sin\varphi\,, \qquad (16\text{-}10)$$

(b) *Drehstrom:*

$$Q = 3U_\mathrm{S} I \sin\varphi = \sqrt{3}\,U_\mathrm{V} I \sin\varphi\,. \qquad (16\text{-}11)$$

Die Blindleistung Q ist ein formales Produkt (oder bei Drehstrom die Summe der Produkte) aus Spannung und derjenigen Komponente des Stromes $I \sin\varphi$, die im Mittel nichts zur Übertragung von elektrischer Arbeit beiträgt. Die Angabe erfolgt in Var (var).

Andere Darstellungen:
Statt der zeitabhängigen Funktionen für die Größen des symmetrischen Drehstromsystems werden vorzugsweise bei der Behandlung unsymmetrischer Fehler (z. B. bei der Kurzschlussberechnung) andere Darstellungen bevorzugt. Beim Verfahren der „symmetrischen Komponenten“ [1], transformiert man das Drehstromsystem in einen Bildraum, in dem symmetrische Mit-, Gegen- oder Nullkomponenten auftreten. Auch werden die Ersatzschaltbilder der Betriebsmittel (Maschinen, Leitungen, Transformatoren, Fehlerstellen) in diesen Bildbereich transformiert. Nach Berechnung der im Bildbereich symmetrischen, und damit einfacher zu behandelnden Vorhänge, wird ggf. zurücktransformiert und man erhält die Auswirkungen auf das Originalnetz.

16.2 Elektrodynamische Energiewandlung

16.2.1 Energiedichte in magnetischen und elektrischen Feldern

Die Umwandlung mechanischer in elektrische Energie (Generator) sowie die Wandlung elektrischer in mechanische Energie (Motor) ist prinzipiell sowohl unter Ausnutzung der elektrischen als auch der magnetischen Feldstärke möglich. In der Technik kommt bis auf wenige Ausnahmen nur die Verwendung der magnetischen Kraftwirkungen zur Anwendung, da die unter technisch realisierbaren Feldstärken erzielbaren Energiedichten im Magnetfeld wesentlich größer sind als im elektrischen Feld [2].
Bei einer elektrischen Feldstärke von $E = 1\,\mathrm{kV/mm}$ (unterhalb der Durchbruchfeldstärke für Luft) ist die Energiedichte (vgl. 10.3)

$$w = \frac{1}{2}\varepsilon_0 E^2 = 4{,}4\,\mathrm{J/m^3}\,. \qquad (16\text{-}12)$$

Im Magnetfeld der Flussdichte $|B| = 1{,}5\,\mathrm{T}$ (Eisen schon im Sättigungsgebiet) beträgt die Energiedichte (vgl. 13.2)

$$w = \frac{1}{2}\frac{B^2}{\mu_0} = 0{,}9 \cdot 10^6\,\mathrm{J/m^3}\,. \qquad (16\text{-}13)$$

Die Energiedichte des magnetischen Feldes ist also um mehr als 5 Zehnerpotenzen größer als im Fall des angenommenen elektrischen Feldes.

16.2.2 Energiewandlung in elektrischen Maschinen

Allen elektrodynamischen Energiewandlern (Generatoren, Motoren, Schallwandlern) ist das Prinzip gemeinsam, dass sich ein stromdurchflossenes Leitersystem in einem Magnetfeld befindet und dass Strom und Feld gegeneinander Relativbewegungen ausführen können. Im Schema der Elementarmaschine (Bild 16-2) ist ein ortsfestes und zeitlich konstantes Feld der Flussdichte B angenommen, in dem senkrecht zur Flussrichtung ein Leiter der Länge l den Strom i führen kann. Die Art der Stromzuführung, die vom Maschinentyp abhängig ist, wird schematisch durch flexibel angenommene Leitungen dargestellt.
u_i ist die durch Bewegung induzierte Spannung. Der Widerstand R soll die Leiterverluste symbolisieren, und u ist eine von außen wirkende „Betriebsspannung". Die Rückwirkung, die der Leiterstrom auf das Feld hat, und die bei vielen elektrischen Maschinen große Bedeutung für das Betriebsverhalten hat, wird durch das Schema nicht erfasst.
Unabhängig von einer Bewegung des Leiters entsteht eine Kraft (z. B. Teil der Umfangskraft bei einer rotierenden Maschine, Rechtsystem, B, l, F senkrecht zueinander)

$$F = ilB\,. \qquad (16\text{-}14)$$

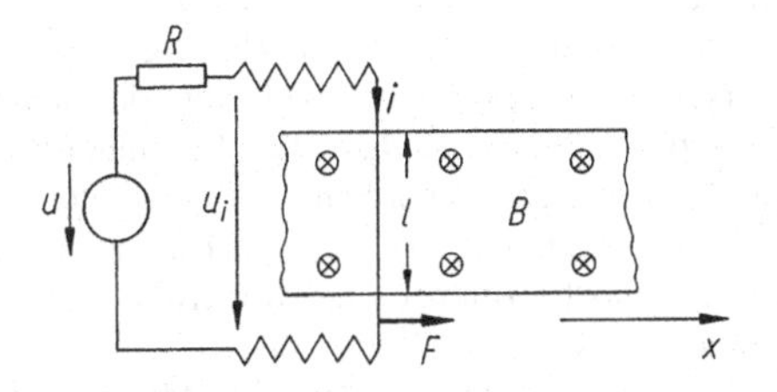

Bild 16-2. Elementarmaschine

Bewegt sich der Leiter in x-Richtung mit der Geschwindigkeit v, so ist die Flussänderung in der Leiterschleife

$$\mathrm{d}\Phi = B\,\mathrm{d}A = Bl\,\mathrm{d}x \qquad (16\text{-}15)$$

und bei zeitlich und örtlich konstanter Flussdichte

$$u_\mathrm{i} = \frac{\mathrm{d}\Phi}{\mathrm{d}t} = Bl\frac{\mathrm{d}x}{\mathrm{d}t} = Blv\,. \qquad (16\text{-}16)$$

Der Momentanwert der dabei umgesetzten mechanischen Leistung

$$P_\mathrm{mech} = Fv\,, \qquad (16\text{-}17)$$

entspricht dem Momentanwert der „inneren" elektrischen Leistung

$$P_\mathrm{el} = u_\mathrm{i}i\,. \qquad (16\text{-}18)$$

Sie unterscheidet sich um die „Verluste"

$$P_\mathrm{V} = (u - u_\mathrm{i})i = i^2R \qquad (16\text{-}19)$$

von der außen, an den Maschinenklemmen wirksamen Leistung

$$P = ui\,. \qquad (16\text{-}20)$$

Bewegt sich der Leiter stromlos, d. h., sind induzierte und äußere Spannung im Gleichgewicht, so stellt sich eine Leerlaufgeschwindigkeit

$$v_0 = \frac{u}{Bl} \qquad (16\text{-}21)$$

ein. Wird der Leiter abgebremst, also $v < v_0$ und $u_\mathrm{i} < u$, so gibt er mechanische Leistung ab, die er zuzüglich der Verluste P_V, der Spannungsquelle als elektrische Leistung entnimmt (Motor). Wird der Leiter in Richtung der Bewegung angetrieben, $v > v_0$, $u_\mathrm{i} > u$ so kehrt sich der Strom gegenüber dem Motorbetrieb um und die dem Leiter zugeführte mechanische Leistung fließt, abzüglich der Verluste, der Spannungsquelle als elektrische Leistung zu (Generator).
Der Anordnung der „Elementarmaschine" entsprechen Energiewandler, von denen nur eine begrenzte translatorische, u. U. oszillierende, Bewegung verlangt wird (z. B. Lautsprecher/Mikrofone, Aktuatoren in Plattenlaufwerken).

Rotierende Maschinen

Elektrische Maschinen bestehen aus einem zylindrischen Stator S, siehe Bild 16-3a, und einem Rotor R,

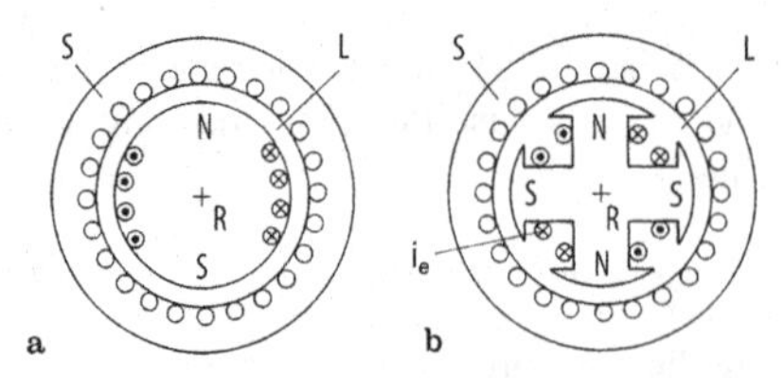

Bild 16-3. **a** Schematischer Querschnitt der rotationssymmetrischen Maschine mit Polarpaarzahl $p = 1$; **b** Schematischer Querschnitt durch eine Maschine mit ausgeprägten Polen ($p = 1$) im Rotor (N: Nordpol, S: Südpol)

der innerhalb der „Bohrung" des Stators im Abstand des Luftspaltes L drehbar gelagert ist. Die dem Luftspalt benachbarten Zonen von Stator und Rotor sind mit Längsnuten versehen, in die der jeweiligen Bauart entsprechende Wicklungen eingelegt sind.
Bei einigen Maschinentypen sind Rotor oder Stator nicht als rotationssymmetrische Körper ausgebildet, sondern es handelt sich um Rotoren bzw. Statoren mit ausgeprägten Polen mit den sogenannten Polschuhen als Abschluss (Bild 16-3b).

Drehmoment und Bauvolumen. Mit dem Strombelag a, der die Stromstärke pro Umfangseinheit an der Luftspaltoberfläche angibt und der wirksamen Leiterlänge l ergibt sich das Element der Umfangskraft zu

$$dF = a(x)\,dx\,lB(x) \qquad (16\text{-}22)$$

und damit das Element des Drehmomentes zu

$$dM = a(x)\,dx\,lB(x)r\,. \qquad (16\text{-}23)$$

Unter der idealisierenden Annahme rechteckförmiger Verteilung von Strombelag a und Flussdichte B über dem Umfang sowie der Polpaarzahl $p = 1$ ergibt sich für das Drehmoment

$$M = \int_{x=0}^{2\pi r} dM = aBl \cdot 2\pi r^2\,, \qquad (16\text{-}24)$$

$$M = aB \cdot 2V\,. \qquad (16\text{-}25)$$

mit dem Volumen des Läufers $V = \pi r^2 l$. Da die Größe des Strombelages die Wicklungserwärmung bestimmt und damit auch in den Wirkungsgrad eingeht, sind ihm enge Grenzen gesetzt ($a = 200\ldots900\,\text{A/cm}$).

Ebenso ist die maximale Flussdichte durch die Sättigungseigenschaften des verwendeten Eisens begrenzt. Ein Vergleich von Maschinen unterschiedlicher Größe, jedoch gleicher Bauart, zeigt gemäß (16-25), dass das erzielbare Drehmoment proportional dem Läufervolumen ist. Damit bestimmt das Drehmoment M auch das Gesamtvolumen ($\approx 10\,\text{Nm/m}^3$) und im Wesentlichen das Gewicht der Maschine.
Auch bei anderen Verteilungen der Feldgrößen über dem Umfang, wie der bei Drehfeldmaschinen angestrebten sinusförmigen Verteilung, trifft diese Aussage zu. Lediglich sind in (16-23) dann andere räumliche Verläufe der Feldgrößen einzusetzen.
Die mechanische Wellenleistung P_{mech} einer Maschine ist

$$P_{\text{mech}} = M\omega_{\text{mech}} \qquad (16\text{-}26)$$

mit der Kreisfrequenz ω_{mech} der Rotation. Die Leistung geht über das Drehmoment in die Baugröße ein. Demgemäß drehen Maschinen mit niedrigem Leistungsgewicht mit möglichst hohen Drehzahlen.

16.2.3 Kommutatormaschinen

Bei Kommutatormaschinen wird das Feld B von Erregerpolen geführt, die über eine Erregerwicklung die Durchflutung [4, 7] erhalten. Bei kleineren Gleichstrommaschinen werden auch Permanentmagnete eingesetzt. Ein Rotor („Anker") aus geblechtem Eisen dreht sich relativ zum Feld. Er trägt in Nuten eine Wicklung, deren einzelne Wicklungsstränge zu einem Polygon zusammengeschaltet sind. Die Ecken des Polygons sind an Lamellen eines Kommutators angeschlossen, der mit dem Rotor umläuft. Die Stromzuführung zu den Lamellen des Kommutators erfolgt über Gleitkontakte (Bürsten) in der Weise, dass, unbeschadet der Rotation, stets gleichbleibende Zuordnung von Strom- und Feldrichtung auftritt, d. h., die Umfangskraft in allen Leitern in gleicher tangentialer Richtung zeigt. Gleichzeitig sorgt die Weiterschaltung des Leiterstroms von der ablaufenden zur auflaufenden Lamelle (Kommutierung) auch für die geeignete Zuordnung der Polaritäten von induzierter Spannung $u_i = u_{12}$ und Klemmenspannung $|u_{12}|$ ($|\overline{u}_{12}|$: arithmetischer Mittelwert) an den Klemmen (Bild 16-4).
Kommutatormaschinen werden als Motoren mit Gleichstromspeisung für Antriebe eingesetzt, die

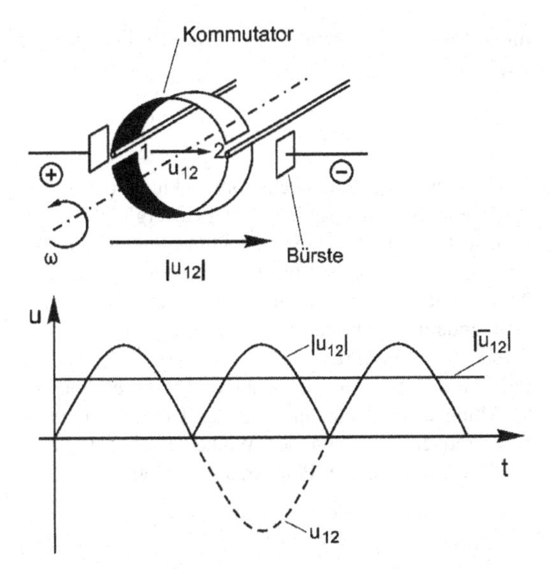

Bild 16-4. Kommutatorprinzip

ein kontinuierlich steuerbares Drehmoment haben sollen.

Im Grunddrehzahlbereich wird die Drehzahl über die Ankerspannung $|\bar{u}_{12}|$ gesteuert. Zur Speisung werden heute leistungselektronische Geräte verwendet [7, 8].

Oberhalb des Grunddrehzahlbereiches kann durch Feldschwächung die Drehzahl nochmals erhöht werden. Aus Gründen einer oberen Grenze für den Ankerstrom (Erwärmung, Kommutierung) wird das erreichbare Drehmoment mit zunehmender Feldschwächung kleiner (vgl. (16-26) P_{mech} = konst.).

Sollen Kommutatormaschinen mit Wechselstrom betrieben werden, müssen die zeitlichen Verläufe von Fluss und Ankerstrom übereinstimmen. Erreicht wird dies durch Reihenschaltung der entsprechend bemessenen Erreger- und Ankerwicklung. Als einphasiger Universalmotor hat diese Form des Reihenschlussmotors erhebliche Bedeutung bis zur Leistung von etwa 3 kW (bis 20 000 min^{-1}), da die Kommutatormaschinen in ihrer Drehzahl unabhängig von der Netzfrequenz sind.

Die Kommutierung wird durch zusätzliche Wendepole, deren Wicklung vom Ankerstrom durchflossen ist, verbessert. Die Kompensationswicklung, die ebenfalls vom Ankerstrom durchflossen wird, hebt das Ankerfeld ganz oder teilweise auf (Kompensation der Ankerrückwirkung). Dadurch ergibt sich auch eine Verbesserung der Kommutierung (kein „Bürstenfeuer“) und eine Verbesserung der dynamischen Eigenschaften [7].

16.2.4 Magnetisches Drehfeld

In Bild 16-5 sind drei gleiche Spulen an eine symmetrische Drehspannungsquelle u_1, u_2, u_3 angeschlossen. Die Spulenachsen sind um jeweils $2\pi/3 \mathrel{\widehat{=}} 120°$ entsprechend den Phasenwinkeln des Drehspannungssystems räumlich gegeneinander versetzt ($\varphi_{\text{el}} = -\varphi_{\text{mech}}$), die räumlichen Einheitsvektoren der Achsrichtung lauten:

$$\boldsymbol{E}_1 = \mathrm{e}^{\mathrm{j}0}, \quad \boldsymbol{E}_2 = \mathrm{e}^{\mathrm{j}\frac{2\pi}{3}}, \quad \boldsymbol{E}_3 = \mathrm{e}^{\mathrm{j}\frac{4\pi}{3}} .$$

In jeder Achsrichtung bildet sich stromflussbedingt (i_1, i_2, i_3) ein magnetisches Wechselfeld aus:

$$b(t) = \hat{b} \cdot \cos(\omega t + \alpha) , \qquad (16\text{-}27)$$

wobei α der Phasenlage des jeweiligen Stromes entspricht, im Dreiphasensystem also 0, $-2\pi/3$, $-4\pi/3$. Eine Multiplikation dieser Wechselfelder mit dem entsprechenden Einheitsvektor und Addition der Produkte liefert die Flussdichte im Koordinatenursprung:

$$\begin{aligned} b(t) &= \hat{b} \cdot \cos(\omega t - 0) \cdot \mathrm{e}^{\mathrm{j}0} \\ &\quad + \hat{b} \cdot \cos\left(\omega t - \frac{2\pi}{3}\right) \cdot \mathrm{e}^{\mathrm{j}\frac{2\pi}{3}} \\ &\quad + \hat{b} \cdot \cos\left(\omega t - \frac{4\pi}{3}\right) \cdot \mathrm{e}^{\mathrm{j}\frac{4\pi}{3}} , \end{aligned}$$

$$\begin{aligned} b(t) &= \frac{\hat{b}}{2} \cdot \left[\mathrm{e}^{\mathrm{j}\omega t} + \mathrm{e}^{-\mathrm{j}\omega t} + \mathrm{e}^{\mathrm{j}\omega t} + \mathrm{e}^{-\mathrm{j}\omega t} \cdot \mathrm{e}^{\mathrm{j}\frac{4\pi}{3}} \right. \\ &\quad \left. + \mathrm{e}^{\mathrm{j}\omega t} + \mathrm{e}^{-\mathrm{j}\omega t} \cdot \mathrm{e}^{\mathrm{j}\frac{8\pi}{3}} \right] , \end{aligned}$$

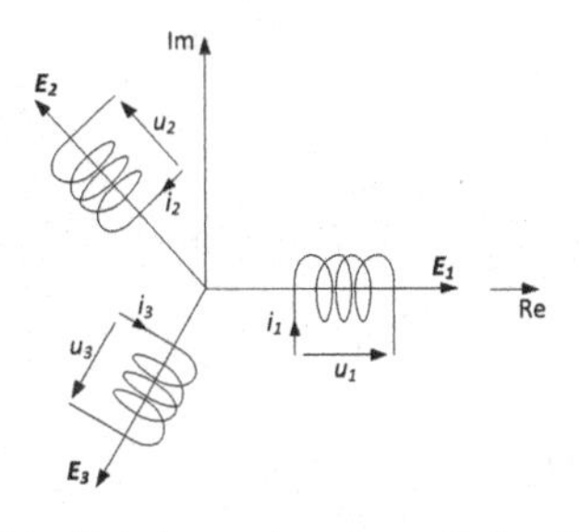

Bild 16-5. Zur Entstehung eines magnetischen Drehfeldes

und wegen

$$e^{-j\omega t} \cdot \left(e^{j0} + e^{j\frac{4\pi}{3}} + e^{j\frac{8\pi}{3}}\right) = 0\,,$$

$$b(t) = \frac{3}{2} \cdot \hat{b} \cdot e^{j\omega t}$$

ein Drehfeld, welches sich durch einen Raumzeiger konstanter Länge ($3/2 \cdot \hat{b}$) und konstanter Winkelgeschwindigkeit ω darstellen lässt (Drehfeld). Etwaige Unsymmetrien der Spannungen oder der Spulen erzeugen ein überlagertes gegenläufiges Drehfeld ($e^{-j\omega t}$), was zu einer Erhöhung der Verluste führt und die Transportkapazität des Netzes beschränkt.
In realen Maschinen sind die Spulen der Drehstromwicklung ($1 - 1'$, $2 - 2'$, $3 - 3'$) über dem Umfang verteilt (Bild 16-6, $p = 1$).
Die Wicklungsanordnung bewirkt, dass das von den Spule ausgehende Feld im Luftspalt eine annähernd sinusförmig Verteilung aufweist. Die Anwendung der vorhergehenden Überlegung auf diese Verteilung ergibt eine als Drehfeld im Luftspalt umlaufende Welle der Flussdichte $b(j\omega t)$.
Die gleichen Überlegungen gelten auch für die umlaufende Welle des Strombelages $a(j\omega t)$. Bild 16-5 stellt eine Wicklung mit der Polpaarzahl $p = 1$ dar. Bei größeren Polpaarzahlen werden p derartiger Spulenanordnungen am Umfang verteilt untergebracht, wobei das Einzelsystem auf den Bogen $2\pi/p$ zusammengedrängt wird. Allgemein gilt für die Kreisfrequenz ω_D des Drehfeldes

$$\omega_D = \omega_1/p \qquad (16\text{-}28)$$

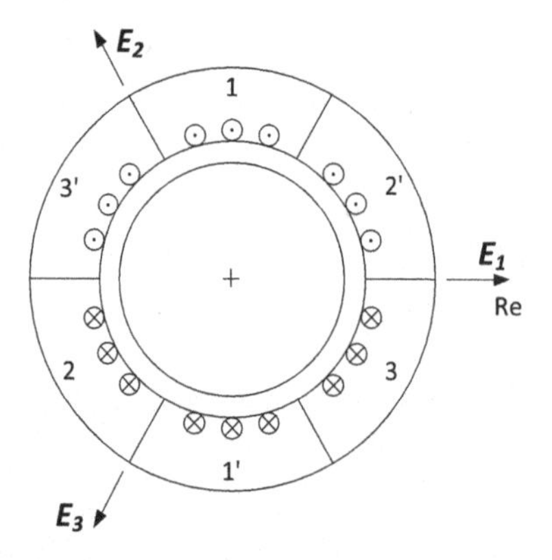

Bild 16-6. Schema einer Drehstromwicklung

mit der Winkelgeschwindigkeit aus der Drehstromfrequenz ω_1.

16.2.5 Synchronmaschine

Der Stator trägt eine Drehstromwicklung der Polpaarzahl p, der Rotor eine vom Erregergleichstrom i_e (Bild 16-3) durchflossene Wicklung derselben Polpaarzahl. Der Erregerstrom i_e wird über Schleifringe oder auch über eine weitere Drehfeldmaschine mit rotierendem Gleichrichter, die sog. Erregermaschine, dem Rotor zugeführt.
Die an das Drehstromnetz angeschlossene Statorwicklung erzeugt ein umlaufendes Drehfeld, deren Kreisfrequenz ω_D von der Winkelgeschwindigkeit des Netzes ω_N und der Polpaarzahl p abhängt:

$$\omega_D = \frac{\omega_N}{p}\,. \qquad (16\text{-}29)$$

Der Rotor dreht sich im normalen stationären Betrieb mit der synchronen Drehzahl n_D. Sein Gleichfeld wird mit ω_D in Richtung des umlaufenden Statorfeldes gedreht. Beide mit gleicher Geschwindigkeit umlaufenden Felder addieren sich zu einem resultierenden Drehfeld, welches für Spannungsbildung und Drehmomenterzeugung maßgebend ist. Entscheidend für die Größe des resultierenden Feldes ist der räumliche Winkel zwischen Stator- und Rotorfeld.
Für stationäre Betriebsverhältnisse (Hauptanwendungsfall: Generator in Kraftwerken) lässt sich der Turbogenerator im einfachsten Fall durch ein Ersatzschaltbild nachbilden (Bild 16-7, [3]).
Die innere Spannung $\underline{E}$, die sog. Polradspannung, und die Klemmenspannung $\underline{U}$ unterscheiden sich durch den Spannungsabfall, den der Laststrom $\underline{I}$ an der Hauptfeldreaktanz X hervorruft. Diese beschreibt die Wirkung der Felder innerhalb der Maschine:

$$\underline{E} = \underline{U} + jX\underline{I}\,, \quad \underline{I} = -\frac{\underline{U}}{jX} + \frac{\underline{E}}{jX}\,. \qquad (16\text{-}30)$$

Ist θ der Winkel zwischen $\underline{E}$ und $\underline{U}$ (Polradwinkel) und der φ Phasenwinkel zwischen $\underline{U}$ und $\underline{I}$, so beträgt die Wirkleistung

$$P = 3UI\cos\varphi = \frac{3|\underline{E}||\underline{U}|}{X}\sin\theta\,. \qquad (16\text{-}31)$$

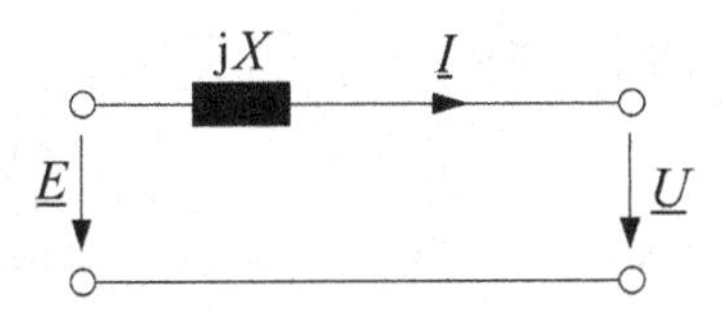

Bild 16-7. Vereinfachtes Ersatzschaltbild des Synchronturbogenerators (Polradspannung $\underline{E}$, Klemmenspannung $\underline{U}$, Laststrom $\underline{I}$ und Hauptfeldreaktanz E)

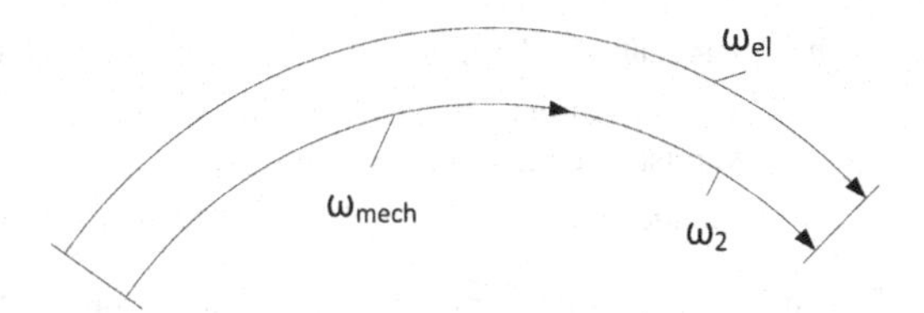

Bild 16-8. Drehrichtung von Läufer (ω_{mech}), Drehfeld (ω_{el}) und Läufer-Drehstromsystem (ω_2)

Für das Moment gilt

$$M = p\frac{P}{\omega} = \frac{3p}{\omega} \cdot \frac{|\underline{E}||\underline{U}|}{X} \sin\theta\,. \tag{16-32}$$

Das den Generator antreibende (oder den Synchronmotor belastende) Moment darf den Scheitelwert, der sich aus (16-32) ergibt, nicht überschreiten ($\theta < 90°$) und muss bei Winkeländerungen (Lastschwankungen) zu einem stabilen Punkt zurückkehren. Grenzlagen des Polradwinkels sind $\theta = 0°$ und $90°$.
Die Regelung für den Generator greift an zwei Stellen ein:

1. Über den Erregerstrom i_e als Stellgröße wird der Betrag von $\underline{E}$ und damit der Blindleistungsaustausch zwischen Generator und Netz beeinflusst.
2. Das Drehmoment des Antriebes (Turbine) ist Stellgröße für die vom Generator abgegebene Wirkleistung. Die statische Einstellung des Turbinenreglers ist so vorzunehmen, dass mit fallender Frequenz (steigende Last) die Wirkleistungsabgabe steigt.

16.2.6 Asynchronmaschinen

Asynchronmaschinen enthalten in ihrem Stator eine Drehstromwicklung der Polpaarzahl p. Der Rotor, auch Läufer genannt, enthält bei der Schleifringausführung eine Drehstromwicklung mit derselben Polpaarzahl wie der Stator, deren Anschlüsse über Schleifringe und Bürsten von außen zugänglich sind. Über diese Anschlüsse können Widerstände zur Anlaufhilfe bei Schweranlauf oder leistungselektronische Komponenten (frequenz- und spannungsvariable Drehspannungsquellen) zur Verstellung der Drehzahl mit Rückspeisung der Schlupfleistung (Gl. 16-37) angeschlossen werden.

Bei der häufig verwendeten Käfigläuferausführung (Kurzschlussläufer) besteht die Rotorwicklung aus Stäben, die an den Stirnseiten des Rotors untereinander kurzgeschlossen sind. Die Vielzahl der Stäbe hat die magnetische Wirkung einer vielphasigen, in sich kurzgeschlossenen Drehstromwicklung mit dem Widerstand R_2. Die Ausdehnung der Stäbe in radialer Richtung ist in fast allen Fällen größer als in Richtung des Rotorumfanges (Stromverdrängungsläufer mit $R_2(\omega_2)$ zur Verbesserung des Anlaufverhaltens, vgl. (16-33)).
Meistens wird der Stator an ein Drehstromnetz konstanter Spannung und Frequenz angeschlossen. Die Drehzahl ist dann eng an die durch Netzfrequenz f_N und Polarpaarzahl p bestimmte synchrone Drehzahl $n_0 = f_N/p$ gebunden ($n \approx (0{,}95 \ldots 0{,}97)n_0$ im Motorbetrieb).
Sollen Drehzahl und/oder Drehmoment steuerbar sein, so erfolgt die Speisung leistungselektronisch aus dem Drehstrom- oder Gleichstromnetz über Umrichter (s. Kap. 18) mit variabler Frequenz und Spannung.
Der Drehstrom erzeugt ein Drehfeld (16.2.4), welches in Bezug auf ein statorfestes Koordinatensystem mit der Kreisfrequenz $\omega_D = \omega_{\text{el}} = \omega_1/p$ (ω_1 = Kreisfrequenz des Statorstromes) rotiert.
Von der Differenz der Rotationskreisfrequenz des Drehfeldes (ω_{el}) und der Rotationskreisfrequenz des Läufers (ω_{mech}) hängt die Kreisfrequenz (ω_2) des Läuferdrehstromsystems ab:

$$\omega_2 = \omega_{\text{el}} - \omega_{\text{mech}}\,. \tag{16-33}$$

Der Schlupf

$$s = \frac{\omega_2}{\omega_{\text{el}}} = \frac{\omega_{\text{el}} - \omega_{\text{mech}}}{\omega_{\text{el}}} = \frac{n_0 - n}{n_0} \tag{16-34}$$

gibt die relative Abweichung der mechanischen Drehzahl von der des Drehfeldes an.

n Drehzahl des Läufers

$n_0 = f_1/p$ synchrone Drehzahl (Drehzahl im verlustfreien Leerlauf des Motors)

f_1 Frequenz der angelegten Drehspannung

Die induzierte Läuferspannung ($U_2 \sim \omega_2$) prägt in der kurzgeschlossenen Läuferwicklung einen Drehstrom ein. Bezogen auf das Läufersystem zeigt er die Kreisfrequenz ω_2. Vom Stator aus betrachtet hat der Läuferstrom aufgrund der Rotation des Läufers die Kreisfrequenz ω_{el}. Damit kann er zusammen mit dem Ständerdrehfeld, welches ebenfalls mit ω_{el} rotiert, ein Drehmoment M entwickeln (Synchronmaschinen-Prinzip).
Vernachlässigt man den Statorwiderstand R_1, so überträgt das Drehfeld die Wirkleistung

$$P_{\text{el}} = 3\,\text{Re}\left\{\underline{U}_1\underline{I}_1^*\right\} = 3\,U_1 I_1 \cos\varphi_1 \tag{16-35}$$

auf den Rotor.
Diese Leistung teilt sich auf in die mechanische Leistung

$$P_{\text{mech}} = (1-s)P_{\text{el}} \tag{16-36}$$

und die im Läuferwiderstand umgesetzte Verlustleistung (Schlupfleistung P_S)

$$P_S = P_{\text{vl}} = sP_{\text{el}}\,. \tag{16-37}$$

Nach Umrechnung auf die Statorwicklungszahl (vgl. 6.2, [1]) ist

$$P_{\text{mech}} = 3(1-s)U_1^2\frac{R_1/s}{(R_1/s)^2 + X_\sigma^2} \tag{16-38}$$

mit umgerechnetem Läuferwiderstand R_2, umgerechneter Streureaktanz X_σ und umgerechneter Läuferspannung U_l, wobei $U_l \approx U_1$ gilt.
Damit ist das Moment

$$M = \frac{P_{\text{mech}}}{\omega_{\text{mech}}} = \frac{P_{\text{mech}}}{(1-s)\omega_{\text{el}}} = \frac{3U_1^2}{\omega_{\text{el}}X_\sigma}\cdot\frac{1}{\dfrac{R_2}{sX_\sigma}+\dfrac{sX_\sigma}{R_2}}\,. \tag{16-39}$$

mit $\omega_{\text{el}} = 2\pi f_1/p$.

Beim sog. Kippschlupf

$$s_{\text{kp}} = \frac{R_2}{X_\sigma} \tag{16-40}$$

durchläuft das Moment ein Maximum, das Kippmoment M_{kp}.
Bezieht man das Moment darauf und führt den Kippschlupf s_{kp}, als charakteristische Größe mit ein, so gilt für das Moment unter Verwendung des Kippmoments

$$M_{\text{kp}} = \frac{3U_1^2}{2\omega_{\text{el}}X_\sigma} \tag{16-41}$$

die Kloß'sche Gleichung

$$\frac{M}{M_{\text{kp}}} = \frac{2}{\dfrac{s}{s_{\text{kp}}}+\dfrac{s_{\text{kp}}}{s}} \tag{16-42}$$

Bild 16-9 stellt diesen Zusammenhang für $0 \le s \le 1$ grafisch dar.
Tabelle 16-2 zeigt zusammengefasst die Betriebsarten der Asynchronmaschine.
Im Anlauffall $s = 1$ stellt die Maschine elektrisch einen kurzgeschlossenen Transformator dar (vgl. 6.3, $Z_A = 0$). Eine Reduktion des Anlaufstromes kann durch Verringern der Spannung (z. B. Stern-Dreieck-Schaltung oder Drehstromsteller – vgl. Bild 18-5 dreiphasig) erfolgen. Das vermindert nach (16-41) das

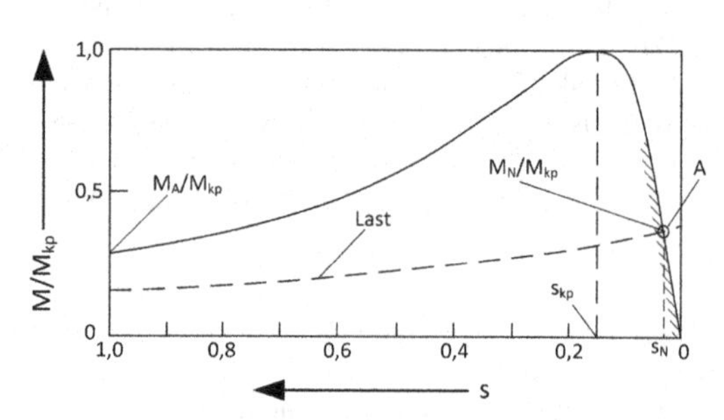

Bild 16-9. Betriebskennlinie des Asynchronmotors (*schraffiert*: normaler Betriebsbereich) M_A Anlaufmoment, M_N Nennmoment, s_N Nennschlupf, s_{kp} Kippschlupf, A Arbeitspunkt im Nennbetrieb

Tabelle 16-2. Betriebsarten der Asynchronmaschine

s	n	Betriebsart
1	0	Anlauf/Stillstand
0,03 ... 0,05	$< n_0$	Motor, Dauerbetrieb
< 0	$> n_0$	Generator(übersynchron)
> 1	< 0	Gegenstrombremsbetrieb

Kippmoment und damit auch das Anlaufmoment. Eine Erhöhung des Läuferwiderstandes $R_2(\omega_2)$ beim Anfahren (Schleifringläufer, Stromverdrängungsläufer) bewirkt das Gegenteil.
Der Bereich $s = 1$ bis s_N wird beim Hochlauf durchfahren. Der Arbeitspunkt im Motorbetrieb liegt im Bereich $s > 0$. Für Dauerbetrieb gilt wegen der Läuferverluste etwa $M \leq 0{,}5 M_{kp}$.
Im übersynchronen Generatorbetrieb ($n > n_0, s < 0$) nimmt die Maschine, wie auch im Motorbetrieb, induktive Blindleistung auf und gibt elektrische Wirkleistung ab. Ein Betrieb ist daher nur am Netz oder mit Umrichter möglich, die induktive Blindleistung abgeben können, um das Magnetfeld der Maschine zu erregen.

16.3 Elektromagnete

Das Feld B im Luftspalt eines Elektromagneten (Bild 16-10), werde homogen angenommen. Die im Volumen Ax gespeicherte Energie beträgt

$$W = \frac{Ax}{2} \cdot \frac{B^2}{\mu_0} . \qquad (16\text{-}43)$$

Die in den Eisenteilen des magnetischen Kreises herrschende Energiedichte ist wegen der wesentlich größeren Permeabilität des Ferromagnetikums gegenüber derjenigen von Luft sehr viel kleiner als im Luftspalt.
Unter Annahme aufgeprägter Flussdichte B ($B \neq f(x)$) bewirkt eine Verschiebung der Pole um dx in Richtung der Anzugskraft eine Volumenänderung und damit eine Änderung der gespeicherten Energie:

$$\mathrm{d}W = \mathrm{d}x A \frac{1}{2} \cdot \frac{B^2}{\mu_0} . \qquad (16\text{-}44)$$

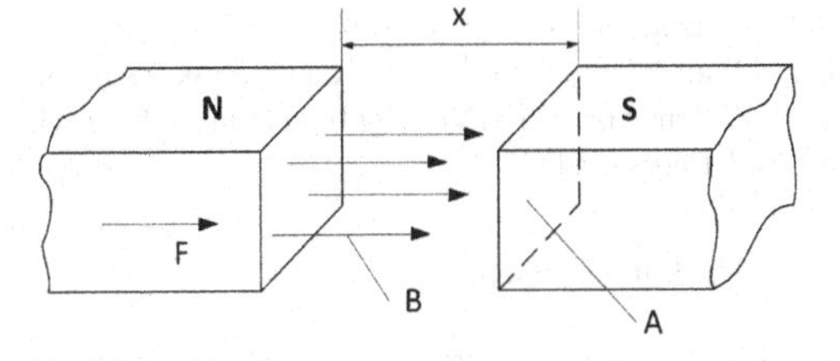

Bild 16-10. Zur Anziehungskraft eines Elektromagneten

Die Kraft F des Magneten wird damit

$$F = \frac{\mathrm{d}W}{\mathrm{d}x} = \frac{1}{2} A \frac{B^2}{\mu_0} . \qquad (16\text{-}45)$$

16.4 Thermische Wirkungen des elektrischen Stromes

Technisch bedeutsam sind neben vielen thermisch-elektrischen Effekten im Wesentlichen die Widerstandserwärmung und die Bogenentladung.

16.4.1 Widerstandserwärmung

Ein durch einen Leiter fließender Strom setzt im Widerstand des Leiters die Leistung

$$P = i^2 R \qquad (16\text{-}46)$$

um. Diese wird in Wärme umgewandelt, in Form von infraroter Strahlung, Konvektion oder Konduktion abgegeben und, bei entsprechend hohen Temperaturen, auch in Form von kurzwelliger Strahlung z. B. sichtbarem Licht, abgestrahlt. Sofern die Wandlung der elektrischen Energie in Wärme Ziel der technischen Anwendung ist, beträgt der Wirkungsgrad 100%. Der Widerstand stellt hierbei einen Verbraucher dar.
Die Wärmewirkung tritt als Verlust in Erscheinung, wo immer Ströme durch Leiter fließen, also auch dort, wo die Wärmewirkung nicht Ziel der Anwendung ist, wie z. B. in Leitungen, Wicklungen elektrischer Maschinen und Halbleiterbauelementen. Die Verlustleistung beeinträchtigt den Wirkungsgrad und muss oft unter erheblichem Aufwand abgeführt werden, damit die Temperaturgrenzen der Bauelemente nicht überschritten werden.

16.4.2 Bogenentladung

Gasentladungen entstehen, wenn das elektrische Feld in einem Gas auf Ionen einwirkt, d. h. elektrisch nicht neutrale Gasmoleküle. Bei der Bogenentladung sorgt der im Plasma herrschende Leistungsumsatz für die stete Bildung einer zur Aufrechterhaltung der Entladung ausreichenden Zahl von Ionen. Außerdem erwärmt der Aufprall der positiven Ionen die Kathode und schafft hier die Bedingungen für Elektronenemission.

Charakteristisch für Bogenentladungen ist die „negative“ Spannungs-Strom-Charakteristik der Entladung. Mit zunehmendem Strom sinkt die Spannung, d. h. die Entladungsstrecke wird mit steigender Stromstärke leitfähiger. Bogenentladungen sind daher für direkten Betrieb aus Konstantspannungsquellen nicht geeignet. Durch geeignete Maßnahmen (aufgeprägter Strom, Vorschaltinduktivitäten bei Wechselstrom) muss für stabilen Betrieb gesorgt werden (vgl. Schweißtransformatoren).

Die Leistungsabgabe des Plasmas erfolgt abhängig von den Bedingungen wie Gasart, Gasdruck, Stromdichte, Elektrodenmaterial und Temperatur in Form von Wärme und anderen kurzwelligen Strahlungskomponenten, wie z. B. von ultraviolettem Licht zur Anregung der Leuchtstoffe in Niederdruck-Leuchtstofflampen [2].

Anwendung: Lichtbogenofen zum Schmelzen von Metallen, Elektroschweißen, Beleuchtung.

16.5 Chemische Wirkungen des elektrischen Stromes

Beim Stromdurchgang durch Elektrolyte ist der Ladungstransport, im Gegensatz zur metallischen Leitung, mit einem Stofftransport verbunden. Positive Ionen (Wasserstoff, Metalle) bewegen sich in Richtung der Kathode, negative Ionen wandern zur Anode. Die transportierte Stoffmenge ist proportional der transportierten Ladung $q = \int i\mathrm{d}t$. Werden der Elektrolyse keine neuen Ionen (etwa durch Auflösung der Anode) zugeführt, verarmt der Elektrolyt an Ladungsträgern, d. h., er verliert die Leitfähigkeit.

Beispiele

Bei der Elektrolyse des geschmolzenen Kryoliths, einer natürlich vorkommenden Aluminiumverbindung, schlägt sich an der Kathode das gewonnene Aluminium nieder. Die Elektrolyse von Kupfersulfat mit Anoden aus Kupfer bewirkt, dass das Anoden-Kupfer in Lösung geht und sich als raffiniertes Kupfer an der Kathode niederschlägt. Chlor wird durch die Elektrolyse von NaCl-Lösung gewonnen, es entsteht an der Anode der Elektrolyseanlage. Die erwähnten großtechnisch durchgeführten Prozesse bedingen den Einsatz erheblicher elektrischer Energiemengen in Form von Gleichstrom.

$$W_{\mathrm{el}} = e \cdot N_{\mathrm{A}} \cdot z \cdot U_{\mathrm{z}} = Q \cdot U_{\mathrm{z}} \qquad (16\text{-}47)$$

e: Elementarladung ($e = 1{,}60217648740 \cdot 10^{-19}$ C)
N_{A}: Avogadrokonstante ($N_{\mathrm{A}} = 6{,}0221412927 \cdot 10^{23}$ 1/mol)
z: Wertigkeit
U_{Z}: Zersetzungsspannung
Q: Ladung (in C)

16.5.1 Primärelemente

An dieser Stelle kann nur kurz auf die Thematik der galvanischen Zellen eingegangen werden. Zur tieferen Behandlung sei an dieser Stelle auf die angegebene Literatur zu diesem Thema hingewiesen.

Primärelemente sind elektrolytische Zellen, in denen durch eine chemische Redoxreaktion von Elektrolyt und Elektroden verbunden mit einem Ladungstransport (Ionenstrom) ein elektrischer Strom durch einen Leiter zwischen den Elektroden hervorgerufen wird. Diese Reaktion ist bei Primärelementen irreversibel (nicht wiederaufladbare Batterien). Die Gründe dafür liegen in der chemischen Zusammensetzung der Zellen. Zum einen besitzen die in Primärzellen verwendeten zur Reaktion auf den Elektrodenmaterialien (Aktivmaterialien) eine hohe Löslichkeit. Dies führt zu einem Verlust der Reaktionsfläche an den Elektroden und kann auch zu einem Kurzschluss zwischen den Elektroden führen. Zum anderen treten beim Laden Nebenreaktionen auf, die unter Volumenvergrößerung und damit einhergehender Drucksteigerung die Zelle öffnen können. Hierdurch kann der Elektrolyt entweichen und das enthaltene Wasser verloren gehen. Des Weiteren zerfällt beim Entladen das Kristallgitter der Elektroden irreversibel, sodass es zu Problemen mit der Kontaktierung und der Stabilität der Zelle kommt [12].

Die Energiedichten liegen bei auf dem Markt befindlichen Primärelementen im Bereich von 90 W h/kg bei Alkali-Mangan-Zellen (genauer: Zink-Manganoxid-Zellen) bis zu 500 W h/kg bei Lithium-Thionylchlorid-Batterien [11].

16.5.2 Sekundärzellen

Im Gegensatz zu den Primärzellen sind bei Sekundärzellen die Zersetzungsvorgänge zumindest zum Teil

reversibel (wiederaufladbare Batterien, Akkumulatoren). Über eine von außen angelegte Spannung können die Zellen wieder aufgeladen werden. Die chemischen Vorgänge bei Ladung und Entladung rufen eine strukturelle Veränderung der Zelle hervor, weshalb bei erneuter Ladung nur eine verringerte Kapazität der Zelle vorhanden ist. Daraus ergibt sich die Lebensdauer der Zellen in Abhängigkeit der Zyklenzahl. Ein Zyklus besteht aus einem Lade- und Entladevorgang.
Bei Redox-Flow-Batterien werden die energiespeichernden Elektrolyte außerhalb der Zelle in voneinander getrennten Tanks gelagert. Dadurch wird es möglich, Energie (bestimmt durch den Tankinhalt) und Leistung (im Wesentlichen gegeben durch Elektrodenoberfläche und Volumenstrom der Elektrolytpumpen) unabhängig voneinander zu skalieren.
Im Vergleich zu den Primärelementen ergibt sich für Sekundärzellen eine geringere spezifische Energiedichte, jedoch ist die Wiederaufladbarkeit für einige Anwendungen essentiell. Akkumulatoren finden Verwendung z. B. in den Bereichen der mobilen elektrischen und elektronischen Geräte, der Elektromobilität, der unterbrechungsfreien Stromversorgung und bei der Stromspeicherung in Inselnetzen.
Die aktuell auf dem Markt befindlichen Technologien weisen spezifische Energiedichten von 25 W h/kg bei Bleiakkumulatoren bis zu 200 W h/kg bei Lithium/Lithiumcobaltoxid-Akkumulatoren auf [11]. Im Labormaßstab sind mit Lithium-Schwefel-Systemen Energiedichten von 350 W h/kg erreichbar [13].

16.6 Direkte Energiewandlung, fotovoltaischer Effekt, Solarzellen

Wird der PN-Übergang (Sperrschicht) einer Halbleiterdiode elektromagnetischer Strahlung W ausgesetzt, so verschiebt sich die Diodenkennlinie gemäß Bild 16-11 in den Quadranten negativer Ströme und positiver Spannungen (Bild 27-39). Der Kurzschlussstrom i_k ist abhängig von den Parametern des PN-Überganges, dem Spektrum der Strahlung und ist im Übrigen proportional der Strahlungsdichte. Die Leerlaufspannung u_e erreicht schon bei kleinen Strahlungsdichten ihren praktischen Grenzwert von unter 1 V (0,6 V bei Silizium). Ist der äußere Stromkreis so aufgebaut, dass der Arbeitspunkt A in den markierten Bereich fällt, so arbeitet der

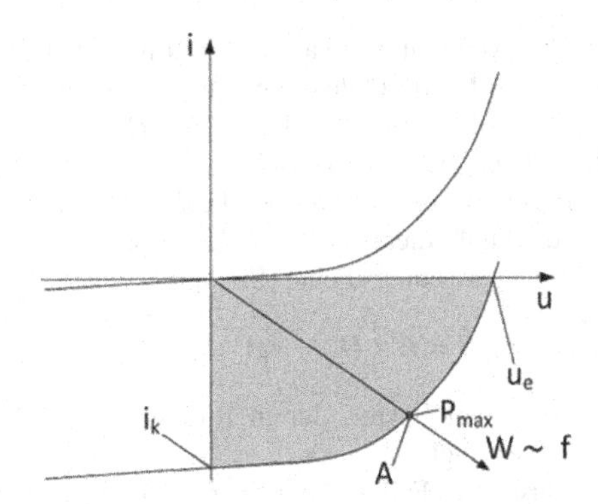

Bild 16-11. Verschiebung des u, i-Verhaltens eines PN-Überganges bei Einwirkung von ionisierender Strahlung auf die Sperrschicht

PN-Übergang generatorisch, d. h., ein Teil der mit der Strahlung zugeführten Leistung wird in Form elektrischer Leistung abgegeben. Die Energie der Strahlung nimmt proportional mit der Frequenz der Strahlung zu.
Praktisch angewendet werden insbesondere Solarzellen auf Siliziumbasis, da die Siliziumtechnologie auf dem Gebiet der Halbleiter am weitesten fortgeschritten ist.
Die Energieversorgung von Satelliten und zunehmend die von Häusern geschieht heute durch Solarzellen (Leistungen bis in den Megawattbereich). Aktuelle marktgängige Solarzellen für terrestrische Anwendungen erreichen Wirkungsgrade von 15–20%. Spezialzellen für die Raumfahrt kommen auf bis zu 30%.
In der Regel werden Solargeneratoren so betrieben, dass eine nachgeschaltete Elektronik dafür sorgt, dass der Punkt maximaler Leistungsabgabe (P_{max}) aus der Kennlinie nachgeregelt wird (sog. MPP-Tracking, Bild 16-11).

17 Übertragung elektrischer Energie

17.1 Leistungsdichte, Spannungsabfall

Übertragungsmedium für elektrische Energie ist das elektromagnetische Feld, das sich vorwiegend in der

Umgebung von Leitungen aufbaut. Der im Leiter fließende Strom hat im Leiter selbst und in dessen Umgebung ein Magnetfeld der Feldstärke $\boldsymbol{H}$ zur Folge. Aufgrund der Spannung zwischen den Leitern bildet sich ein elektrisches Feld mit der Feldstärke $\boldsymbol{E}$ aus. An jedem Punkt dieser beiden Felder lässt sich nach Poynting die Leistungsdichte (Strahlungsdichte)

$$\boldsymbol{S} = \boldsymbol{E} \times \boldsymbol{H}\,, \quad \text{vgl. 15.3}\,, \tag{17-1}$$

ausdrücken, ein Vektor, der in Richtung des Leistungsflusses zeigt.

Im (verlustlosen) Fall ist $\boldsymbol{S}$ der Energieleitung parallel gerichtet. Dazu orthogonale Komponenten stellen die in die Leiter einziehenden Verlustleistungsanteile dar. Im Fall höherer Frequenzen kann sich das elektromagnetische Feld von dafür besonders geformten Leitern (Antennen) lösen, und es findet eine Abstrahlung statt. (Nachrichtentechnik, Sender, Energie als Träger der Nachricht (15.2))

Die Übertragung elektrischer Energie erfolgt in den meisten Fällen in Form von Drehstrom (Europa 50 Hz, USA 60 Hz). In besonderen Fällen, z. B. bei sehr großen Übertragungsleistungen und weiten Entfernungen, wird hochgespannter Gleichstrom übertragen (Hochspannungsgleichstromübertragung – HGÜ), um die bei Wechselgrößen entstehende Blindleistung zu vermeiden. Im stationären Zustand sind die Vektoren $\boldsymbol{H}, \boldsymbol{E}$ und damit $\boldsymbol{S}$ bei der HGÜ konstant. Die Übertragung einphasigen Wechselstroms erfolgt in Europa in Netzen der Bahnstromversorgung (16 2/3 Hz, 15 kV), in USA auch auf der Mittelspannungsebene der öffentlichen Versorgung (3 kV).

Die am Verbrauchsort gewünschte Spannung stimmt selten mit der für die Übertragung technisch und wirtschaftlich optimalen Übertragungsspannung überein. Die Übertragung bedient sich daher verschiedener Spannungsebenen, die durch Transformatoren verlustarm gekoppelt werden.

Bild 17-1 stellt ein vereinfachtes Ersatzbild einer Drehstrom-Übertragungsleitung dar, welches die Leitungsverluste und den Spannungsabfall ΔU repräsentiert. Querleitwerte zur Nachbildung von Leitungskapazitäten und Wirkung von Isolationsverlusten sind hier nicht miterfasst (9.1).

Die Übertragungs-Wirkleistung (symmetrischer Betrieb) beträgt,

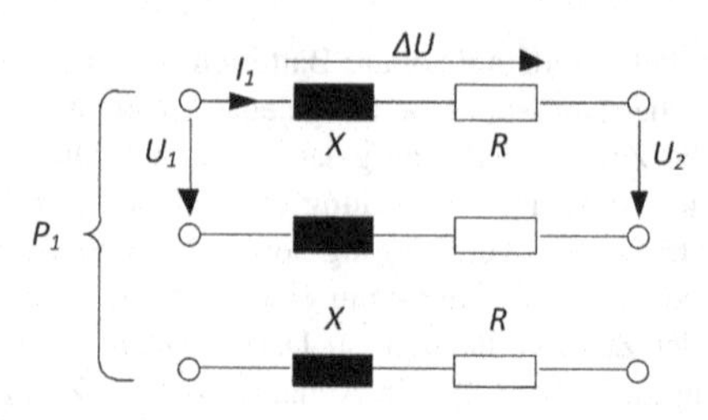

Bild 17-1. Vereinfachtes Ersatzbild einer Drehstromleitung, der Index 1 deutet die Quelle (Erzeuger) und der Index 2 die Senke (Verbraucher) an

$$P_1 = \sqrt{3}\, U_1 I_1 \cos\varphi_1\,. \tag{17-2}$$

und der auf die Übertragungsspannung bezogene Spannungsabfall beträgt

$$\Delta u = \frac{\Delta U}{U_1/\sqrt{3}} = \frac{P_1\sqrt{R^2+X^2}}{U_1^2 \cos\varphi_1}\,. \tag{17-3}$$

Die Leitungsverluste in Höhe von

$$P_\mathrm{V} = 3\, I_1^2 R \tag{17-4}$$

ergeben das Verlustverhältnis v, wenn sie auf die Übertragungsleistung bezogen werden:

$$v = \frac{P_\mathrm{V}}{P_1} = \frac{P_1 R}{(U_1\cos\varphi_1)^2}\,. \tag{17-5}$$

Für den Übertragungswirkungsgrad ergibt sich dann

$$\eta = 1 - \frac{P_\mathrm{V}}{P_1} = 1 - \frac{P_1 R}{(U_1\cos\varphi_1)^2}\,. \tag{17-6}$$

Da am Verbrauchsort die Spannung U_2 möglichst konstant sein soll, muss der leistungsabhängige Spannungsabfall $\Delta u \sim P_1$ durch Wahl des Leitungswiderstands R, der Leitungsreaktanz X und des Phasenwinkels φ_1 in Grenzen gehalten werden. Geringe Verluste (R, $\varphi_1 \to 0$) und damit hoher Wirkungsgrad sind ein wirtschaftliches Erfordernis und ggf. auch eines der zulässigen Erwärmung. Da die Variationsbreite möglicher Leitungsdaten (R, X) und des Phasenwinkels φ_1 begrenzt ist (Leitermaterialaufwand, Bauform der Leitung, Blindleistungsbezug der Last, $\varphi_2 > 0$) zielen die Forderungen nach Gleichung (17-3) bis (17-6) ($\Delta u \to 0, \eta \to 1$) wegen des Faktors P_1/U_1^2 auf möglichst hohe Übertragungsspannungen.

Für die Obergrenze der zu wählenden Übertragungsspannung von Freileitungen sind u. a. die bei großen Feldstärken auftretende Ionisation der Luft (Korona) und die damit verbundenen Leistungsverluste maßgebend. Durch Vergrößerung der wirksamen Leiteroberfläche (Bündelleiter) wird bei Freileitungen diese Grenze heraufgesetzt (z. B. bei Übertragungsnetzen mit 400 kV-Nennspannung).
Zur einfachen Abschätzung des Spannungsfalls Δu kann Gleichung 17-3 durch Einführung der Kurzschlußleistung $S_K = U_1^2/\sqrt{R^2+X^2}$ umgeformt werden ($P_1 = S_K$ bei $U_2 = 0$), weil diese oft am Einspeisepunkt von P_1 bekannt ist. Es gilt

$$\Delta u = \frac{P_1}{S_K \cos^2 \varphi_1}\,. \tag{17-7}$$

Für z. B. $P_1/S_K = 0{,}05$ und $\cos\varphi_1 = 0{,}8$ folgt $\Delta u = 7{,}8\%$.

17.2 Stabilitätsprobleme

Bei Drehstromübertragungen über größere Entfernungen, bei denen mehrere Generatoren an verschiedenen Orten miteinander verbunden sind (allgemeiner Fall des Verbundnetzes), kann der Fall auftreten, dass der Winkel θ zwischen den Spannungen $\underline{E}, \underline{U}$ (Bild 16-7) so groß wird, dass Lastschwankungen zum Überschreiten des Kipppunktes eines Generators führen und damit stabiler Betrieb nicht mehr möglich ist.
Der theoretische Grenzfall für den Winkel ist $\theta = 90°$, aus Gründen stets notwendiger Lastreserven bleibt man immer deutlich unter diesem Wert.
Dem Grenzwert des Winkels entspricht bei 50 Hz und einer verlustarmen Freileitung, die mit der natürlichen Leistung P_n betrieben wird (9.2, Wellenanpassung),

$$P_n = \frac{U^2}{Z_L}\,, \quad Z_L = \sqrt{\frac{L'}{C'}} \tag{17-8}$$

eine Entfernung von 1500 km (Wellenlänge $\lambda = 6000$ km bei 50 Hz: $l/\lambda = 0{,}25$, $\theta = 90°$).
Reichen die unter Berücksichtigung notwendiger Stabilitätsreserven erzielbaren Leitungslängen nicht aus, so können Kompensationsmittel (in Abständen der Leitung parallel geschaltete Induktivitäten oder Reihenkondensatoren) eingesetzt werden.

Hochspannungs-Gleichstromübertragung (HGÜ)

Sind große Entfernungen zu überbrücken (500 km und mehr) oder sollen Netze völlig unterschiedlicher Leistung und/oder Frequenz miteinander verbunden werden, so werden die Stabilitätsprobleme durch Entkopplung mithilfe einer HGÜ-Verbindung gelöst. Anfang und Ende der HGÜ-Verbindung enthalten Umrichter mit Leistungshalbleitern, die auf jeder Seite sowohl als (gesteuerte) Gleichrichter als auch als Wechselrichter betrieben werden können (Kapitel 18). Damit weist die Verbindung Stellglieder auf, die es gestatten, den Leistungsfluss zwischen den gekoppelten Netzen zu steuern und zu regeln, ohne dass die bei Drehstromübertragungen zu erwartenden Stabilitätsprobleme auftreten, da die Übertragungsfrequenz gleich null ist.
Darüber hinaus kann der Aufwand für die HGÜ-Fernleitung bei Gleichstrom unter Umständen kleiner sein als bei leistungsgleicher Drehstromübertragung.

18 Umformung elektrischer Energie

18.1 Schalten und Kommutieren

In der elektrischen Energietechnik werden mechanische Schalter zur Unterbrechung und Umschaltung von Stromkreisen benutzt. In der überwiegenden Zahl dieser Fälle findet der Schaltvorgang in einer Schaltstrecke statt, die Luft enthält. In der Hochspannungstechnik werden spezielle Isoliergase und -flüssigkeiten eingesetzt und auch Vakuumschalter haben ein breites Anwendungsfeld, um den Schaltlichtbogen möglichst schnell zu löschen.
Lichtbogenfreie und damit verschleißarme Schaltvorgänge in Stromrichtern und Schaltnetzgeräten werden mithilfe von Leistungshalbleitern (Transistoren, Thyristoren, Dioden usw.) bewerkstelligt (vgl. 27.2–27.5).

Einschalten

Vor dem eigentlichen Schaltvorgang ist die Schaltstrecke spannungsbeansprucht und es fließt kein Strom. Im Fall der Leistungshalbleiter tritt ein sehr kleiner Leckstrom auf. In der Übergangsphase des Einschaltens baut sich der Strom bei gleichzeitigem Vorhandensein einer Spannung auf. In der Schaltstrecke wird *Einschaltarbeit* W_{ein} in Wärme

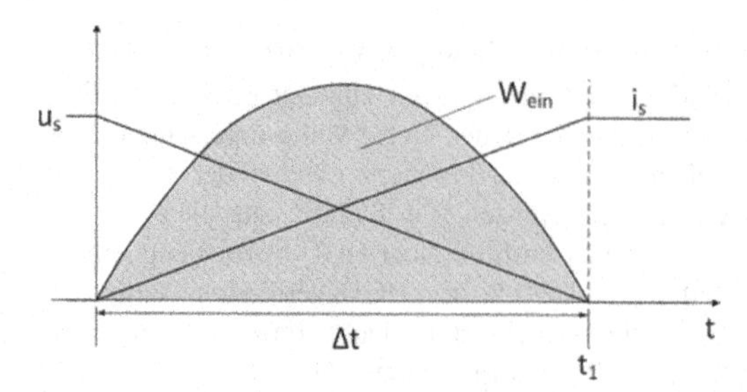

Bild 18-1. Vereinfachter Strom- und Spannungsverlauf beim Einschalten eines Schaltelementes (ohmsche Last)

umgesetzt. Die zeitlichen Verläufe von Strom und Spannung werden im Wesentlichen durch die Daten des einzuschaltenden Stromkreises bestimmt. Bei Halbleitern mit sehr raschem Stromaufbau bestimmen auch die Eigenschaften des Halbleiters (Abbau der Sperrschicht, Ladungsträgergeschwindigkeiten) den zeitlichen Verlauf des Schaltvorganges. Zur Berechnung der Einschaltarbeit muss deshalb der Verlauf von u_S, i_S bekannt sein (Bild 18-1).

$$W_{ein} = \int_0^{t_1} u_S(t) i_S(t) dt = \frac{1}{6} u_S(0) i_S(t_1) \Delta t \quad \text{mit } \Delta t = t_1 \tag{18-1}$$

Gleichung (18-1) zeigt eine Einschaltarbeit, die mit $\Delta t \to 0$ gegen Null geht, ein Grund dafür, dass Schaltvorgänge möglichst schnell ablaufen sollten, um die Einschaltverluste zu verringern.

Eingeschalteter Zustand

Bei mechanischen Schaltern bildet der Strom mit dem Spannungsabfall an der Schaltstrecke eine dauernd wirkende Verlustleistung, die die Obergrenze des Stromes festsetzt, welchen der Schalter dauernd führen kann.

Bei Leistungshalbleitern kommt zu diesem Durchlasswiderstand, der höher ist als bei Leitern in mechanischen Schaltern, noch die Schleusenspannung U_S hinzu, die etwa gleich der Diffusionsspannung eines PN-Überganges $U_D \cong 0{,}8\,V$ ist. Je nach Anzahl und Richtung der in Reihe geschalteten PN-Übergänge kann U_S auf 2–3 V ansteigen, wodurch die Verlustleistung $P_S = U_S \cdot I_{S\,av}$ nennenswert ansteigen (av: arithmetischer Mittelwert). Eine Kühlung ist daher i. A. unabdingbar.

Ausschalten

In mechanischen Schaltern bildet sich unmittelbar nach Öffnen der Kontakte ein Lichtbogen aus, der im Wesentlichen den durch die Daten des Stromkreises bestimmten Strom führt (kritisch $\cos\varphi = 0$). Die Brennspannung des Lichtbogens liegt an der Schaltstrecke an. Schalter für Wechselstrom nutzen die Tatsache aus, dass der Strom periodische Nulldurchgänge besitzt, in denen der Lichtbogen verschwindet. Eine Kühlung sorgt für Entionisierung des Lichtbogenraumes und verhindert ein Wiederzünden. Die im Lichtbogen umgesetzte Energie führt im Allgemeinen zur stärksten Beanspruchung des Schalters, insbesondere beim Abschalten von Kurzschlüssen ($S_K \gg P_1$, Gl. (17-7)).

Beim Abschalten größerer Gleichströme in induktiven Stromkreisen (Glättungsdrosselspulen, Motoren), muss der Lichtbogen durch magnetische Kräfte (Blasmagneten) in einer entsprechend gestalteten Brennkammer erweitert werden, sodass er nach Abbau der in der Induktivität gespeicherten Energie verlischt. Dieses Hilfsmittel wird auch bei Schaltern für Wechselstrom angewandt.

Bild 18-2 zeigt einen prinzipiellen Strom- und Spannungsverlauf am Gleichstromschaltelement mit einer Induktivität L im Stromkreis mit U_q als treibende Spannung.

$$W_{aus} = 2U_q \frac{i_S(0)}{2} \Delta t = \frac{1}{2} U_q i_S(0) \Delta t + \frac{1}{2} L i_S^2(0) \tag{18-2}$$

Ein Vergleich mit Gleichung (18-1) zeigt, dass W_{aus} sechsfach höher ist als W_{ein} (mit $U_q = u_S(0)$), was am unterschiedlichen Verlauf von u_S, i_S liegt. W_{aus} besteht aus zwei Teilen:

1. aus dem Energieteil, der während Δt der Quelle U_q entnommen wird
2. aus dem Energieteil der in der Induktivität zu Beginn des Ausschaltens gespeichert ist

W_{aus} kann durch Minimierung von Δt, L verkleinert werden. Bei Halbleiterschaltern liegen typische Werte von W_{aus} bei 0,1 ... 10 W s, was bei einer Schaltfrequenz f_S von z. B. 1 kHz $W_{ges} = f_S W_{aus} = 0{,}1 \ldots 10\,kW$ Verluste bewirken würde. Diese müssten durch Kühlung des Schalters abgeführt oder bei aktiver Beschaltung z. T. in den Nutzstromkreis zurückgeführt werden.

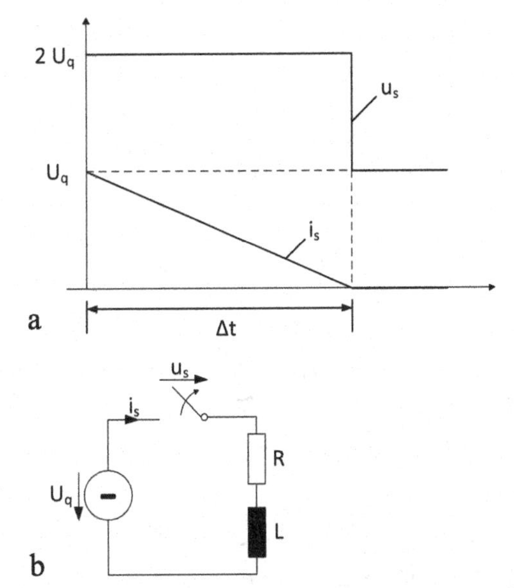

Bild 18-2. **a** Vereinfachter Strom- und Spannungsverlauf beim Ausschalten eines Stromkreises **b** mit Induktivität und ohmschen Widerstand *R*

Das Abschalten von *Dioden* und *Thyristoren* (Stromventilen, 27.4) erfolgt dadurch, dass der zeitliche Verlauf der treibenden Spannung einen Stromnulldurchgang erzwingt. Bei Stromrichtern, die am Dreh- oder Wechselstromnetz arbeiten, erfolgt dieser Nulldurchgang durch Zünden des Folgeventils periodisch („natürliche" Kommutierung). In Schaltungen, die keine natürlichen Stromnulldurchgänge aufweisen, wie z. B. bei Wechselrichtern die aus Gleichspannung betrieben werden, wird durch zwangsweise Erhöhung des Durchlasswiderstandes der abschaltbaren Ventile (GTO, MOSFET, etc.) ein Stromnulldurchgang erzwungen (Zwangskommutierung). Charakteristisch für Dioden und Thyristoren ist das Auftreten eines negativen Rückstromes unmittelbar nach dem Stromnulldurchgang, der, von der negativen Sperrspannung getrieben, Ladungsträger aus dem Kristall entfernt. Erst nach Abklingen dieses Rückstromes, das unter Umständen mit großer Stromsteilheit $\mathrm{d}i/\mathrm{d}t$ erfolgt, ist die Schaltstrecke für negative Spannungen aufnahmefähig, d. h. abgeschaltet. Beim Thyristor, der im Gegensatz zur Diode auch positive Sperrspannungen aufzunehmen vermag, darf letztere erst nach Ablauf einer Freiwerdezeit, die länger als die Rückstromzeit ist, auftreten, da sonst ein „Durchzünden", d. h. ein unkontrolliertes Wiedereinschalten der Schaltstrecke, erfolgt. Die Freiwerdezeit wird durch die Daten des Bauelementes und die Höhe der negativen Sperrspannung, die der positiven Sperrspannung vorausgehen muss, bestimmt [6, 8].

Bei Transistoren wird der Abschaltvorgang durch Wegnahme des Basisstromes (bipolarer Transistor in Emittergrundschaltung) oder durch Steuerung der Spannung am Gate (Feldeffekttransistor) eingeleitet. Letzteres gilt im Prinzip auch für die Kombination aus Transistoren und Feldeffekttransistoren (IGBT), die beide Vorteile in einem Bauelement vereinen. Unter Annahme von Übergangszeiten der Steuergrößen, die kurz gegenüber allen anderen beteiligten transienten Vorgängen sind (Verhältnisse, die in der Praxis der Schalttransistoren – insbesondere bei IGBT – erreicht werden), beginnt der Strom nach Ablauf einer Speicherzeit zu fallen, gleichzeitig tritt Spannung an der Schaltstrecke auf. Die zeitlichen Verläufe dieser Größen werden durch die Charakteristik des abzuschaltenden Stromkreises bestimmt (Beispiel Bild 18-2). In jedem Fall tritt auch beim Ausschalten Verlustarbeit auf, die durch Kühlung abgeleitet werden muss. Sie kann im Prinzip durch Vertauschen von Strom und Spannung nach Gleichung (18-1) berechnet werden, sofern keine nennenswerten induktiven Anteile im Spiel sind.

Beschaltung

Zur Begrenzung und auch zur zeitlichen Steuerung der beanspruchenden Größen, werden Schaltstrecken, insbesondere Halbleiterschaltstrecken, „beschaltet", d. h., zu ihnen parallel werden Entlastungsnetzwerke angebracht, welche aus Kombinationen von Kapazitäten, Widerständen und in einigen Fällen auch nichtlinearen Elementen zusammengesetzt sind. Sinn von Entlastungsnetzwerken ist es im Allgemeinen die Schaltverluste durch Beeinflussung von $u_\mathrm{S}(t)$, $i_\mathrm{S}(t)$ zu verringern und unzulässig hohe Werte von Strom, Spannung und Temperatur zu vermeiden.

18.2 Gleichrichter, Wechselrichter, Umrichter

18.2.1 Leistungselektronik

Unter Leistungselektronik oder auch Energieelektronik versteht man den Einsatz von elektronischen

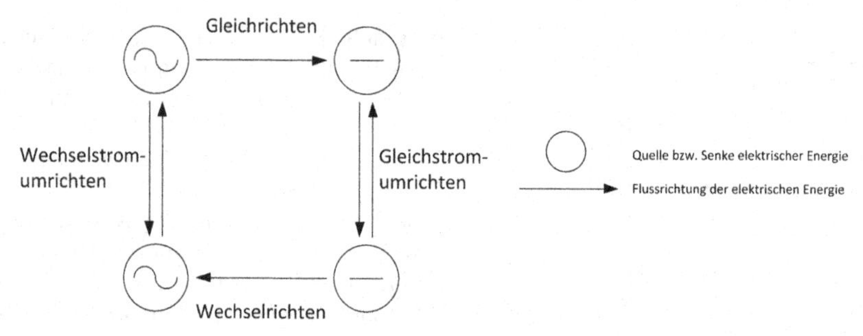

Bild 18-3. Grundfunktionen der Energieumformung (äußere Wirkungsweise)

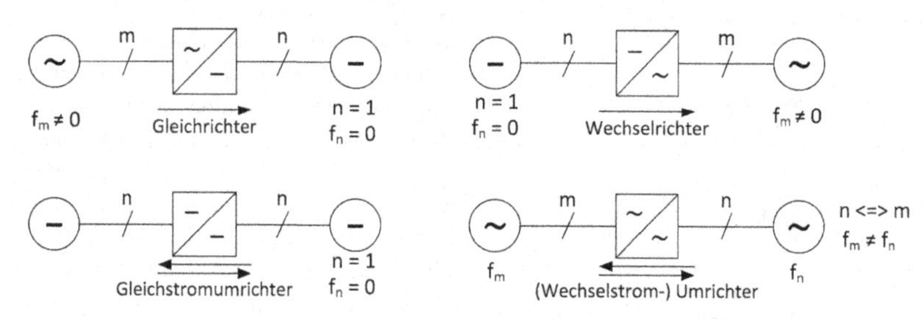

Bild 18-4. Grundfunktionen der Umformung elektrischer Energie in elektrische Energie

Ventilen (vorwiegend Halbleiter, gelegentlich noch Ionen- und Hochvakuumröhren) zum Zweck der Steuerung, des Schaltens und der Umformung elektrischer Energie, wobei Umformung die Wandlung von elektrischer Energie der einen Stromart in eine andere bedeutet, z. B. Drehstrom in Gleichstrom.
Zu den Elementen der Leistungselektronik gehören Halbleiterbauelemente mit Ventilwirkung (27.2 bis 27.5 und [6, 8]).

18.2.2 Grundfunktionen der Energieumformung

Mit Umrichtern lässt sich der Energiefluss zwischen verschiedenen Spannungs- und Stromsystemen steuern und regeln, wobei dazu die systembeschreibenden Größen Spannungs- und Stromamplitude U, I, Leistung P, Frequenz f, Phasenzahl m und Phasenwinkel φ geändert werden. Es ergeben sich bezogen auf die energieflussbezogene (äußere) Wirkungsweise vier Grundfunktionen.

1. **Gleichrichter**
   Umformung von Wechselspannung/-strom in Gleichspannung/-strom, wobei Energie vom Wechsel- in das Gleichsystem fließt.
2. **Wechselrichter**
   Umformung von Gleichspannung/-strom in Wechselspannung/-strom, wobei Energie vom Gleich- in das Wechselsystem fließt.
3. **Gleichstromumrichter**
   Umformung von Gleichstrom gegebener Spannung und Polarität in solchen einer anderen Spannung und gegebenenfalls umgekehrter Polarität, wobei Energie vom einen Gleich- in das andere Gleichstromsystem fließt.
4. **Wechselstromumrichter**
   Umformung von Wechselstrom einer gegebenen Spannung, Frequenz f_m und Phasenzahl m in solchen einer anderen Spannung, Frequenz f_n und gegebenenfalls einer anderen Phasenzahl n, wobei Energie vom einen Wechsel- in das andere Wechselsystem und zurück fließen kann.

18.2.3 Umrichtertypen

Statt nach der ausgeführten Grundfunktion (äußere Wirkungsweise), können Umrichter auch nach ihrer inneren Wirkungsweise unterschieden werden, wobei hier nach Art und Herkunft der Kommutierungsspan-

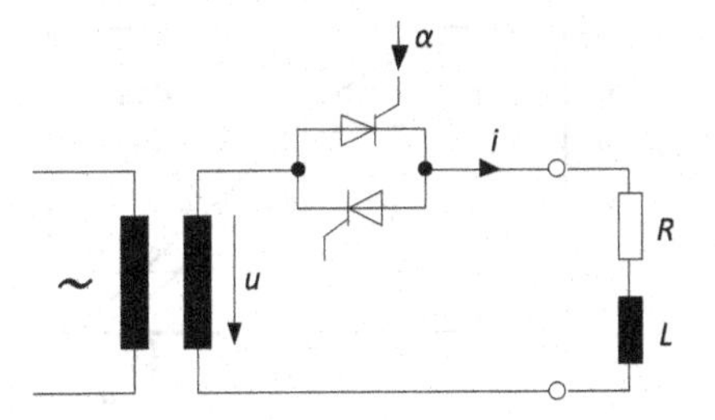

Bild 18-5. Umrichter ohne Kommutierung (Wechselstromsteller)

nung eingeteilt wird. Es ergeben sich in diesem Fall drei Typen:

1. Umrichter, bei denen keine Kommutierungsvorgänge nach Abs. 18.1 vorkommen (Halbleiterschalter und -steller für Wechsel- und Drehstrom mit natürlichem Stromnulldurchgang, Bild 18-5)
2. Umrichter mit natürlicher Kommutierung (fremdgeführte Umrichter, Bild 18-6)
3. Umrichter mit Zwangskommutierung (selbstgeführte Umrichter, Bild 18-7)

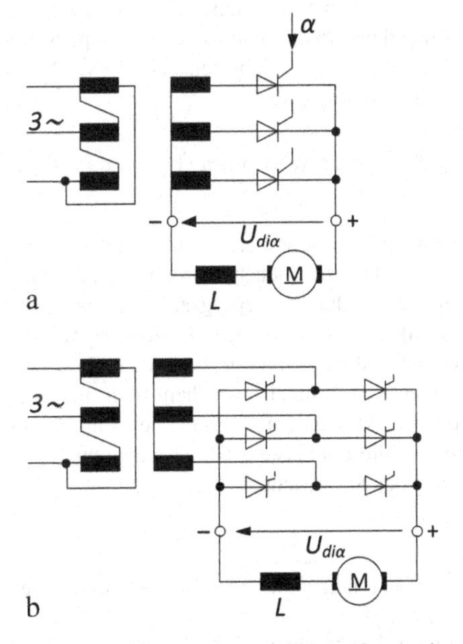

Bild 18-6. Umrichter mit natürlicher Kommutierung: **a** dreiphasige Einwegschaltung (M3), **b** dreiphasige Zweiwegschaltung (B6)

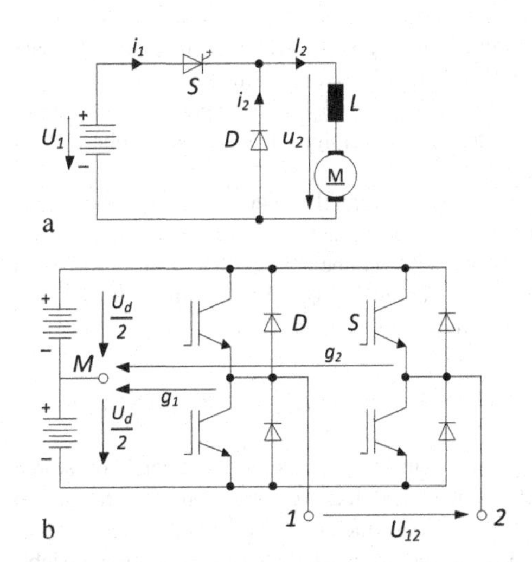

Bild 18-7. Umrichter mit Zwangskommutierung bzw. ausschaltbaren Ventilen (GTO-Element, mit Dioden-Freilaufkreis (**a**) und Einphasen-Brückenschaltung mit IGBT (**b**))

18.2.4 Halbleiterschalter und -steller (nichtkommutierende Stromrichter)

Mit dem Begriff Schalter ist folgend der ideale Leistungshalbleiter assoziiert, welcher im leitenden Zustand den Widerstandwert Null, im sperrenden Zustand einen unendlichen Widerstand aufzeigt. Es sind für den Betrieb in den nachfolgend betrachteten Schaltungen nur diese beiden Schaltzustände zulässig. Ein linearer Betrieb, welcher mit Leistungstransistoren möglich wäre, ist nicht zulässig.

Halbleiterschalter für Wechsel- und Drehstrom (nichtperiodisches Schalten)

Halbleiterschalter für zwei Stromrichtungen (Bild 18-5) lassen sich zum Schalten von Wechsel- und Drehstromkreisen (Schaltung erweitern) verwenden. Gegenüber den mechanischen Schaltern für Wechselstrom im Niederspannungsbereich besitzen sie Vor- und Nachteile. Vorteile bieten die praktisch unbegrenzte Schaltspielzahl, die Verschleißfreiheit, die Möglichkeit den Einschaltzeitpunkt über den Zündimpuls exakt einzustellen, und das Ausschalten ohne Lichtbogen im natürlichen Stromnulldurchgang. Dem stehen als Nachteile der Durchlassspannungsabfall im leitenden Zustand, der praktisch eine zu-

sätzliche Kühlung (z. B. Kühlung durch den Einsatz von Kühlkörpern) erforderlich macht, das ungenügende Isolationsvermögen im gesperrten Zustand mit Rückströmen von einigen mA und der höhere Preis gegenüber.
Trotz dieser Nachteile werden Halbleiterschalter im Niederspannungsgebiet dort eingesetzt, wo hohe Schaltspielzahlen ohne notwendige Wartungsarbeiten verlangt werden (z. B. Temperaturregelung von Glaswannenbeheizung)

Halbleiterschalter für Wechsel- und Drehstrom (periodisches Schalten)

Ein aus gegensinnig parallelgeschalteten Thyristoren aufgebauter Halbleiterschalter für Wechselstrom (Bild 18-5) kann auch innerhalb einer halben Netzperiode ein- und ausgeschaltet werden (Stellerbetrieb). Die antiparallelen Thyristoren werden dazu synchron zu den Netzspannungsnulldurchgängen verzögert um den Steuerwinkel α abwechselnd gezündet. Abhängig vom Verhältnis L/R ergeben sich dann die im Bild 18-8 dargestellten Stromverläufe.
Bei konstanter Netzspannung und L-R-Last ergibt sich eine quasi verlustlose Leistungssteuerung $P_1 \sim I_{1\,\mathrm{eff}}$ über die vom Steuerwinkel α abhängige Amplitude des Netzstromes I_{eff} (Bild 18-9), wie sie z. B. bei Bohrmaschinen mit einphasigen Universalmotoren angewendet wird (Abs. 16.2.3).

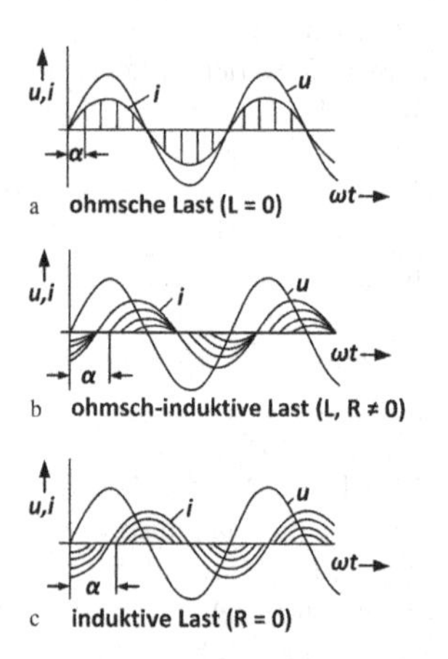

Bild 18-8. Stromverlauf beim einphasigen Wechselstromsteller

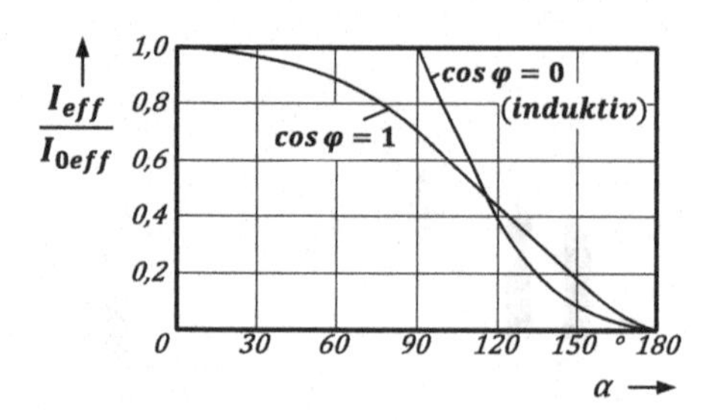

Bild 18-9. Betragssteuerung des Netzstromes I_{eff} von Wechselstromstellern mittels Steuerwinkel α (mit $I_{\mathrm{eff}} = I_{0\,\mathrm{eff}}$ für $\alpha = 0$)

Zu beachten ist hierbei, dass bei sinusförmiger Netzspannung die im Netzstrom vorhandenen Oberschwingungen nicht zu Wirkleistungsübertragung beitragen. Für die (Wirk-) Leistungssteuerung P_1 ist also nur der Effektivwert der Stromgrundschwingung $I_{1\,\mathrm{eff}}$ und der Grundschwingungsphasenwinkel φ_1 maßgebend (Fourieranalyse). Halbleiterschalter und -steller können auch dreiphasig ausgeführt werden. Sie dienen dann dem Sanftanlauf von Asynchronmaschinen bis ca. 1 MVA (Spannungssteuerung), und der variablen Blindleistungssteuerung von Drosselspulen in dynamischen Kompensationsanlagen für Elektrostahlöfen (< 100 MVA) und Netzkompensationsanlagen.

18.2.5 Netzgeführte Stromrichter mit natürlicher Kommutierung

Bei Verwendung steuerbarer Ventile und Zufuhr von geeignet gelagerten netzsynchronen Zündimpulsen, die in einer der Steuerungsaufgabe angepassten Elektronik erzeugt werden, lässt sich der Mittelwert der Gleichspannung steuern. Ist der Zünd-(verzugs)-winkel α der Winkel zwischen dem natürlichen Zündzeitpunkt und dem Auftreten des Zündimpulses, so beträgt die unbelastete Gleichspannung $U_{\mathrm{di}\,\alpha}$ am Ausgang des Stromrichters

$$U_{\mathrm{di}\,\alpha} = U_{\mathrm{di}} \cos\alpha \qquad (18\text{-}3)$$

mit der Leerlaufspannung U_{di} des ungesteuerten Gleichrichters ($\alpha = 0$, Bild 18-6).
Übersteigt der Zündverzug den Winkel $\alpha = 90°$, so kehrt die Gleichspannung ihr Vorzeichen um. Unter Voraussetzung ausreichender Stromglättung ($L \to \infty$,

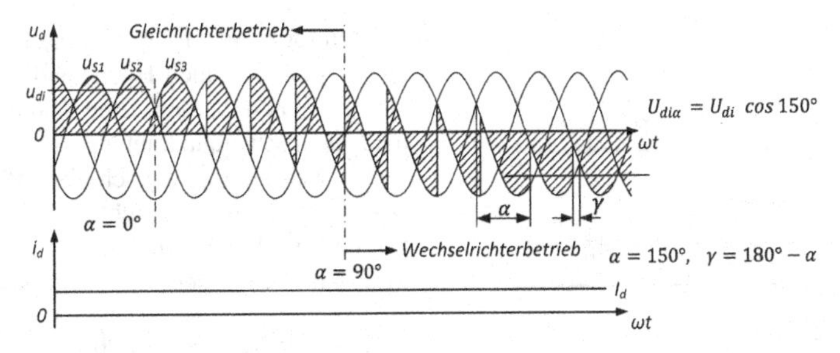

Bild 18-10. Übergang vom Gleichrichterbetrieb zum Wechselrichterbetrieb (M3-Schaltung nach Bild 18-6a)

I_d = konst., d. h. nicht lückender Betrieb, bei Stromrichtern größerer Leistung stets gegeben) und für den Fall, dass auf der Gleichspannungsseite Leistung zugeführt werden kann (in Bild 18-6 durch die Ankopplung einer Gleichstrommaschine gegeben), kehrt sich die Richtung des Leistungsflusses um. Der Stromrichter wird zum netzgeführten Wechselrichter wobei die Stromrichtung von I_d wegen der Ventilwirkung der Thyristoren erhalten bleibt.
Die Stromglättung bewirkt, dass der Netzstrom nicht sinusförmig ist, sondern aus 120° Blöcken mit positiven und negativen Vorzeichen besteht. Durch Zündverzug verschiebt sich die Phase der Stromgrundschwingung um den Winkel α gegenüber der Netzspannung, sodass dem Netz Steuerblindleistung entnommen wird (induktives Verhalten des netzgeführten Umrichters).
Wegen der endlichen Freiwerdezeit t_q der Thyristoren muss ein Löschwinkel $\gamma > 0°$ (hier 30°, Bild 18-10) eingehalten werden. Bei 50 Hz entspricht dies einer Schonzeit $t_s > t_q(\pi/6 \cdot 2\pi 50)\,\text{s} > t_q$. Die Gleichrichterleerlaufspannung U_{di} der sogenannten M3-Schaltung kann durch Reihenschaltung zweier M3-Schaltungen verdoppelt werden. Es entsteht die sogenannte B6-Schaltung (Bild 18-6b) mit sechs Ventilen, die pro Periode 6-mal voneinander unabhängig kommutieren. Die B6-Schaltung ist heute die Standardgleichrichterschaltung, weil sie gute elektrische Eigenschaften besitzt (z. B. gute Ventilausnutzung, geringe Trafobelastung, relativ geringe Oberschwingungen auf der Gleich- und Wechselspannungsseite, für relativ hohe Leistungen baubar, einfache Realisierung einer B12-Schaltung durch Reihenschaltung und Umkehrstromrichterschaltung mit I_d-Umkehr durch Parallelschaltung zur sogenannten B6AB6-Schaltung).

18.2.6 Selbstgeführte Stromrichter mit Zwangskommutierung mittels abschaltbarer Ventile

Wird die Ablösung der zeitlich aufeinander folgend betriebenen Schaltstrecken nicht durch die Betriebswechselspannung bewirkt, so müssen abschaltbare Schaltstrecken (Transistoren, Gate-Turn-Off-Elemente, d. h. GTO, Insulated-Gate-Bipolar-Transistor d. h. IGBT oder Integrated-Gate-Commutated-Thyristor d. h. IGCT) verwendet werden.
Selbstgeführte Stromrichter (Bild 18-7) sind sowohl für Speisung aus Wechsel-/Drehstromnetzen, wie auch für den Betrieb aus Gleichspannungsquellen ausführbar. Sie benötigen im Gegensatz zu Stromrichtern mit natürlicher Kommutierung keine Blindleistung aus dem Netz oder der angeschlossenen Maschine. Im Gegenteil, sie können auch Blindleistung erzeugen und diese z. B. für den Betrieb von Asynchronmaschinen zur Verfügung stellen. Der Ausgang stellt entweder eine gesteuerte Gleichspannung bereit (Gleichstromsteller) oder ein Wechsel-/Drehstromsystem einstellbarer Spannung und Frequenz (Wechselrichter, insbesondere zur Speisung drehzahlvariabler Antriebe).

Gleichstrom-Tiefsetz-Steller

Wenn man einen Halbleiterschalter eines Gleichstromstellers (Bild 18-7a) periodisch im Takt einer bestimmten Schaltfrequenz $f_p = 1/T$ (Bild 18-11) zündet (t_0) und löscht (t_1), so lässt sich auf diese Weise die Leistungsaufnahme einer Last aus einer Gleichstromquelle U_1 „stellen".
Wie Bild 18-11 zeigt, ergeben sich dadurch lastseitig pulsförmige Spannungsblöcke (u_2). Ihre Höhe ist

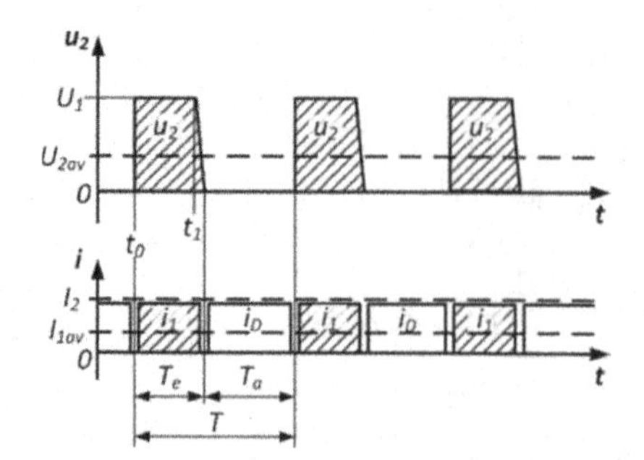

Bild 18-11. Spannungs- und Stromverläufe eines Gleichstrom-Tiefsetz-Stellers (Schaltbild vgl. Bild 18-7a)

gleich U_1 und die Breite gleich der Einschaltzeit T_e. Während der Ausschaltzeit T_a führt die Freilaufdiode D getrieben durch die Induktivität und gegebenenfalls durch die Spannungsquelle, sofern sie z. B. drehzahlabhängig nicht gerade gleich Null ist, den Strom $I_2 = i_D$ weiter (Annahme: vollständige Glättung des Laststroms I_2 wegen $L \to \infty$). Als arithmetischer Mittelwert der Ausgangsspannung $U_{2\,av}$ stellt sich der Wert

$$U_{2\,av} = \frac{T_e}{T_e + T_a} U_1 = \lambda U_1 \qquad (18\text{-}4)$$

ein. Für den Eingangsstrom gilt aus Gründen des Leitungsgleichgewichtes (Vernachlässigung der Verluste) das Entsprechende.

$$\overline{i_1} = I_{1\,av} = \lambda I_2 \quad \text{für } 0 \leq \lambda \leq 1 \qquad (18\text{-}5)$$

Das Einschaltverhältnis λ hat somit die Funktion eines Übersetzungsverhältnis des „Gleichstromtransformators".

Gleichstrom-Hochsetz-Steller

Zur Energierücklieferung kann in entsprechender Weise ein Hochsetz-Gleichstromsteller definiert werden, wenn die Funktion von S und D und ihre Stromrichtungen vertauscht werden. Der Halbleiterschalter (S) im Querzweig dient dann während des Einschaltens T_e dem Aufladen der Induktivität, die nach dem Öffnen (T_a) von S die nötige Spannung liefert ($u_L = L|di_D/dt|$), um den Stromfluss durch die Diode gegen die höhere Eingangsspannung U_1 aufrecht zu erhalten.

Für den sogenannten Zweiquadrantenbetrieb ($U_1 > 0$, $I_1 > 0$) können auch Hoch- und Tiefsetzsteller parallel betrieben werden. Eine solche Schaltung nennt man auch Zweiquadrantensteller oder „Phasenbaustein", weil sie topologisch einer Phase (Klemme 1) des Einphasenwechselrichters (Bild 18-7b) gleicht. Die Last wird in diesem Fall zwischen Klemme 1 und Minus angeschlossen.

Selbstgeführte Wechselrichter

Ein Zweiquadrantensteller kann auf einfache Weise zu einem einphasigen Wechselrichter erweitert werden, wenn die Gleichspannungsquelle U_d (Bild 18-7b) eine Mittelanzapfung M erhält und die Last zwischen Klemme 1 (2) und M angerschlossen wird. Bezogen auf die Klemme 1 (g_1) und Klemme 2 (g_2) ergeben sich dann die im Bild 18-12 dargestellten normierten Schaltfunktionen

$$g_1 = \frac{2u_{1\,M}}{U_d}, \quad g_2 = \frac{2u_{2\,M}}{U_d} \qquad (18\text{-}6)$$

für das Frequenzverhältnis $f_p/f_1 = 5$ (f_1: Wechselrichterausgangsfrequenz). Das Verhältnis f_p/f_1 kann frei gewählt werden (Schaltverluste beachten). Je nach Wahl der Schaltwinkel $\alpha_1 \ldots \alpha_4$ kann der Aussteuergrad R (hier $R_1 = R_2 = R = 0{,}5$) im Intervall $-1 \leq R \leq 1$ mehr oder weniger sinusbewertet eingestellt werden. Am Wechselrichterausgang stellt sich entsprechend der Maschenregel die Spannung

$$u_{12} = (g_1 - g_2)\frac{U_d}{2} \qquad (18\text{-}7)$$

ein, die in Bild 18-12 abgebildet ist.

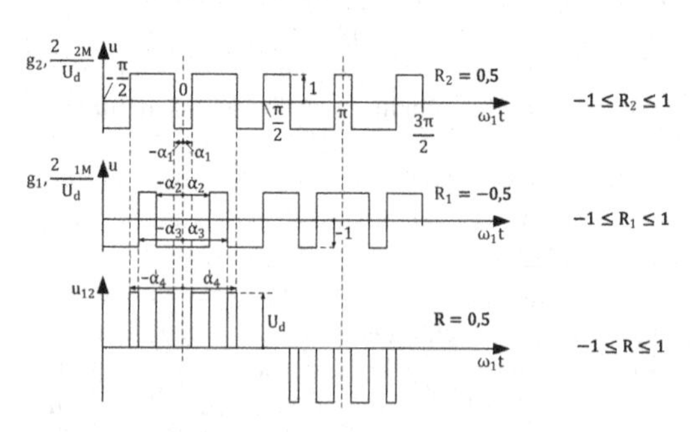

Bild 18-12. Zeitlicher Verlauf der Wechselspannung u_{12} bei unsymmetrischer Dreieck-Sinus-Modulation ($f_p/f_1 = 5$, Schaltbild vgl. 18-7b, R: Amplitude der Grundschwingung über $\alpha_1 \ldots \alpha_4$ einstellbar) [5]

Der Zeitverlauf $u_{12}(t)$ weist auf eine sinusähnliche Ausgangsspannung hin, die allerdings noch erhebliche Oberschwingungsanteile aufweist. Bild 18-13b zeigt, dass diese einerseits vom Aussteuergrad abhängig sind und andererseits paketweise Amplitudenmaxima bei den Ordnungszahlen

$$v = 2n\frac{f_p}{f_1}, \quad n = 1, 2, \ldots \qquad (18\text{-}8)$$

aufweisen. Im Vergleich zur Blocksteuerung (Bild 18-13a) mit den Blockbreiten $\beta = \pi, \pi/3$ entfallen jedoch hier weitestgehend die niederfrequenten Oberschwingungen (v = 3 und 5).

Zur Speisung von Drehstromlasten, insbesondere von Asynchronmaschinen, kann der Einphasenwechselrichter durch Aufreihen eines dritten Phasenbausteines zu einem Wechselrichter in Drehstrom-B6-Brückenschaltung erweitert werden (vgl. auch Bild 18-14). Anstelle der sechs gesteuerten Ventile des fremdgeführten Stromrichters sind hier wegen des erforderlichen Freiheitsgrades ($0° \leq \alpha \leq 360°$)

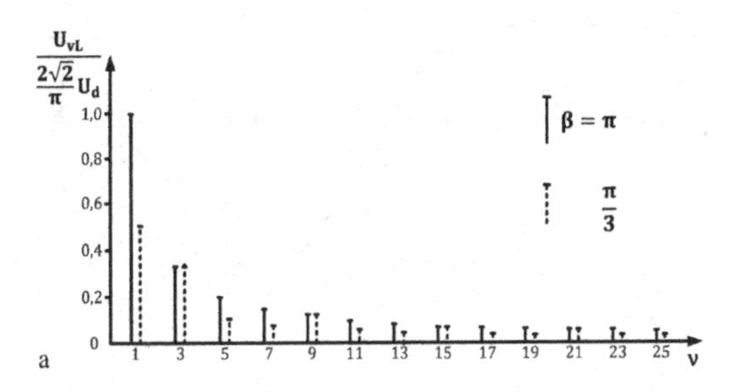

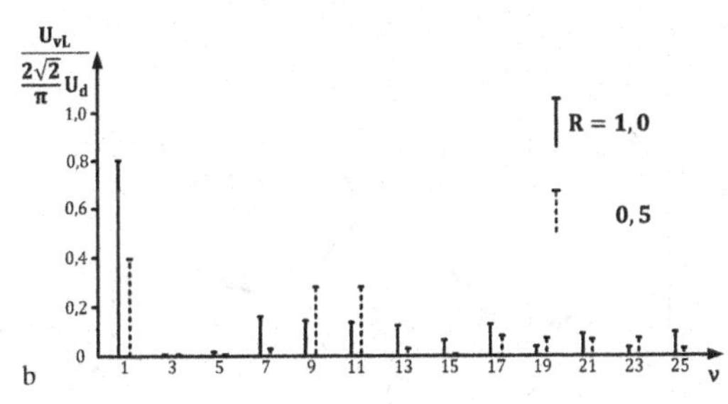

Bild 18-13. Schwingungsspektren der Wechselrichterausgangsspannung u_{12} bei **a** Blocksteuerung mit der Blockbreite $\beta = \pi, \pi/3$ und **b** unsymmetrischer Pulssteuerung ($f_p/f_1 = 5$) mittels sogenannter Dreieck-Sinus-Modulation [5]

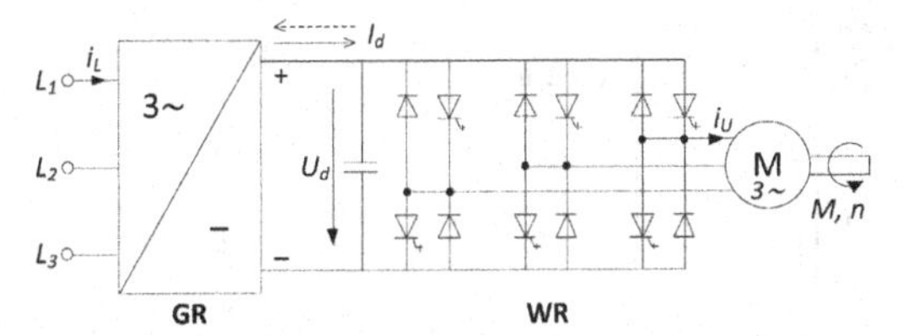

Bild 18-14. Selbstgeführter Wechselrichter (WR) in Drehstrom-Brückenschaltung (B6) mit abschaltbaren Ventilen (GTO) in den Hauptzweigen mit Wirkleistungsversorgung über einen bidirektionalen Gleichrichter (GR, Umkehrstromrichter)

sechs abschaltbare Ventile erforderlich (hier GTO). Die zu den GTO antiparallelen sechs Dioden sind zur freizügigen Einstellung des Phasenwinkels φ_1 ($0° \leq \varphi_1 \leq 360°$) vorgesehen, sodass der Wechselrichter grundschwingungsbezogen alle Forderungen erfüllt, die ein Drehzahl- (n) und Drehmoment- (M) gesteuerter Betrieb der Asynchronmaschine ($-U_{max} \leq u \leq U_{max}$, $-M_{max} \leq M \leq M_{max}$, sog. Vierquadrantenbetrieb) erfordert.

Gemäß Gleichung (16-41) ist für den Vierquadrantenbetrieb mit konstantem Kippmoment

$$M_{kp} = \frac{3U_1^2}{2\omega_{el}X_\sigma} = \frac{3}{2L_\sigma}\left(\frac{U_1}{\omega_{el}}\right)^2 = konst. \qquad (18\text{-}9)$$

die Einhaltung der Bedingung $U_{UV} \sim U_1 \sim \omega_{el} \sim n$ erforderlich, was durch eine frequenzproportionale Verstellung der symmetrischen Drehspannung $U_{UV} = U_{VW} = U_{WV}$ erfolgt (Grunddrehzahlbereich).

Ist eine Drehzahlerhöhung über den Grunddrehzahlbereich hinweg gewünscht, kann dies durch weitere Frequenzerhöhung bei konstanter Spannung ($U_d \approx \sqrt{2}U_{UV}$) erfolgen. Das Kippmoment nimmt wegen Gleichung (18-9) in diesem Feldschwächbetrieb quadratisch mit der Frequenz bis zur Maximaldrehzahl $n = n_{max}$ ab ($M_{kp} \sim 1/\omega_{el}^2$). Die Wirkleistung für den Antrieb wird i. A. aus dem Netz über einen Gleichrichter (GR) mit Energierücklieferung entnommen bzw. zurückgespeist (Generatorbetrieb der Maschine). Derartige Antriebe werden heute in großer Zahl für den gesamten Leistungsbereich bis in den zweistelligen Megawattbereich hinein eingesetzt.

Kritisch dabei sind insbesondere bei großen Leistungen die Abweichungen des Maschinen- und Netzstro-

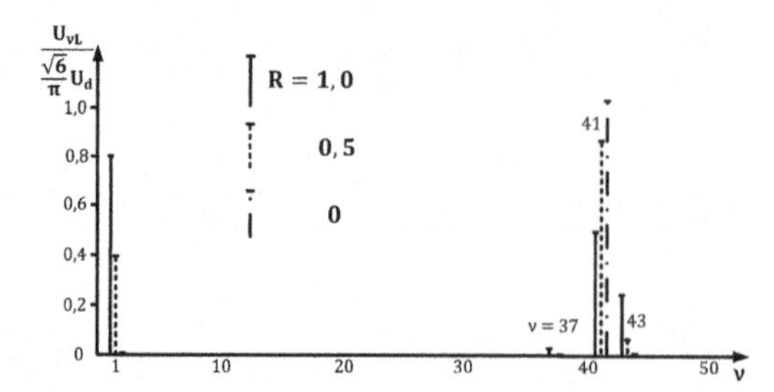

Bild 18-15. Schwingungsspektrum der Leiterspannung der Drehstrom-Brückenschaltung bei Dreieck-Sinus-Modulation bei $f_\mathrm{p}/f_1 = 41$ (Aussteuerungsgrad $R = 0; 0,5; 1$) [5]

mes von der Sinusform. Hier wurden in den letzten zehn Jahren erhebliche Fortschritte erzielt. Neben schaltungstechnischen Maßnahmen spielt dabei die Erhöhung der Pulsfrequenz $f_\mathrm{p} > 1\,\mathrm{kHz}$ eine entscheidende Rolle. Bild 18-15 zeigt z. B. die erhebliche Reduktion der niederfrequenten Oberschwingungen mit den Ordnungszahlen $v < 37$ bei Erhöhung der Pulsfrequenz auf den 41-fachen Wert der Grundfrequenz (bei $f_1 = 50\,\mathrm{Hz}$ gilt $f_\mathrm{p} \approx 2\,\mathrm{kHz}$). Das erste Maximum liegt bei der dreiphasigen Schaltung bei $v = (6n \pm 1)41$ für $n = 0, 1, 2, \ldots$

Durch den enormen Fortschritt bei der Verbesserung des Schaltvermögens der Leistungshalbleiter (insbesondere der IGBT-Technik) sind heute weit höhere Pulsfrequenzen ($f_\mathrm{p} \gg 1\,\mathrm{kHz}$) möglich. Die geforderten Grenzen für die Oberschwingungen im Maschinen- (i_U) und Netzstrom (i_L) haben zu Schaltungen nach Bild 18-16 geführt, in denen der fremdgeführte bidirektionale Gleichrichter durch eine weitere selbstgeführte IGBT-Brücke ersetzt wird. Zusammen mit der vorgeschalteten Induktivität L_σ gestattet sie den Betrieb eines Hochsetzstellers (gestrichelt: Ladung von L_σ, durchgezogen: Entladung von L_σ) mit dem die Gleichspannungseinstellung am Zwischenkondensator C_d so erfolgen kann, dass netzseitig ein sinusförmiger Strom i_L fließt und gleichzeitig die bidirektionale Wirkleistungsübertragung bedarfsgerecht erfolgen kann. Der netzseitige L-C-Filterkreis trennt die pulsfrequenten Oberschwingungsströme von i_f ab, sodass sie nicht das Netz belasten.

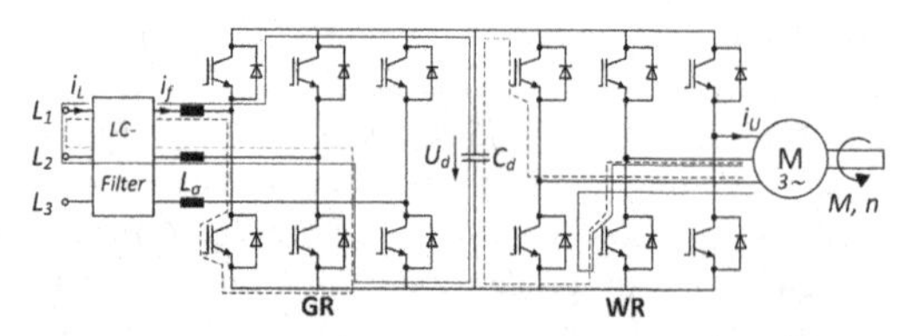

Bild 18-16. Umrichter mit beidseitiger IGBT-Brücke (B6) für sinusförmigen Netzstrom i_L, Filterstrom i_f und Motorstrom i_U

Auf der Maschinenseite kann dieser Filter entfallen, wenn die Ständerwicklung für die Oberschwingungsbelastung ausgelegt ist. Die Induktivität L_σ (18-9) wird durch das Streufeld der Maschine gebildet. Der maschinenseitige Wechselrichter dient als Frequenz- (polender Betrieb), Phasenzahlwandler ($m = 1$ auf $n = 3$) und Tiefsetzsteller (pulsender Betrieb mit $f_\mathrm{p} = 5{,}5\,\mathrm{kHz}$, gestrichelt: Aufladung von L_σ, durchgezogen: Entladung – Freilauf – von L_σ) zur frequenzproportionalen Absenkung der Drehspan-

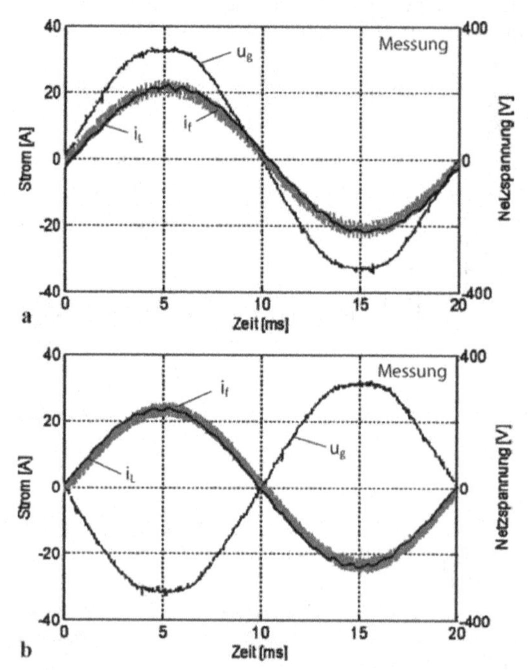

Bild 18-17. Messergebnisse des Betriebes einer IGBT-Drehstrombrücke nach Bild 18-16 am Netz bei (a) Gleichrichter- ($\cos\varphi_1 = 1$) und (b) Wechselrichterbetrieb ($\cos\varphi_1 = -1$) [9]

nungsquelle (Konstantflußbetrieb der Maschine). Bild 18-17 zeigt ein Messergebnis eines bidirektionalen Gleichrichters am Netz im Motorbetrieb (a) und bei Energierücklieferung (b) im Generatorbetrieb der Maschine. Zu erkennen ist die geforderte Minimierung der Oberschwingungen im Netzstrom i_L, der unter 3% liegt [9].
Die Schaltung nach Bild 18-16 gewinnt in Zukunft weitere Bedeutung bei der Kupplung von Netzen unterschiedlicher Frequenz und als Transport-Fernleitung (HGÜ-Light-SVC) für Off-Shore-Windenergieanlagen. Werden die Umrichter, wie in [9] vorgeschlagen, wie eine Synchronmaschine geregelt, dienen sie nicht nur der bidirektionalen Energieübertragung über weite Entfernungen mittels Gleichstromseekabel oder -freileitungen sondern auch der Netzstabilisierung am jeweiligen Einspeisepunkt (Blindleistungsbereitstellung und Frequenzregelung). Übertragungsleistungen bis 1000 MW sind realisiert.

Nachrichtentechnik
K. Hoffmann, W. Mathis

Grundlagen der Nachrichtentechnik

Nachrichtentechnische Sachverhalte beziehen sich auf die Zusammenhänge zeitlich veränderlicher Größen. Ihre Beschreibung kann in allgemein gültiger strukturunabhängiger Form hergeleitet werden. Für die Bemessung der zugehörigen Schaltungen sei auf die einschlägige Literatur verwiesen [1].

19 Grundbegriffe

19.1 Signal, Information, Nachricht

19.1.1 Beschreibung zeitabhängiger Signale

Als elektrische Größen, die eine Nachricht enthalten können, kommen Spannungen oder Ströme, aber auch elektromagnetische Felder in Betracht, die dazu zeitabhängige Veränderungen aufweisen müssen und unter dem Begriff des Signales $s(t)$ zusammengefasst werden. Durch die Art der Betrachtung und gerätetechnische Bearbeitung ist eine Einteilung der Signale in vier Gruppen nach Bild 19-1 (vgl. DIN 40 146) zweckmäßig, je nachdem, ob ein Signal in seiner Amplitude und/oder seiner Zeiteinteilung an allen oder nur an bestimmten Stellen ausgewertet wird.
Mit der Fourier-Transformation kann zu jedem zeitabhängigen Signalverlauf $s(t)$ eine, Spektrum genannte, Frequenzabhängigkeit ermittelt werden. Aus einem reellen Signal $s(t)$ entsteht ein komplexes Spektrum $\underline{S}(f) = S(f)e^{j\varphi(f)}$, wobei $S(f)$ Betragsspektrum und $\varphi(f)$ Phasenspektrum genannt wird. Systemanalysen erfordern häufig die Einführung von Amplituden- und Frequenzgrenzen ohne Kenntnis des Signales $s(t)$. Dazu dient die Frequenzband genannte, ebenfalls mit $S(f)$ bezeichnete Größe als Einhüllende der Betragsspektren aller damit erfassbaren Signalverläufe.
Eine Nachricht besteht aus einer zufälligen Folge von Ereignissen, die Informationen genannt werden und unvorherbestimmbare Veränderungen der zugehörigen Signale erfordern. Diese Veränderungen müssen auf eine begrenzte Anzahl von Zuständen aus einem

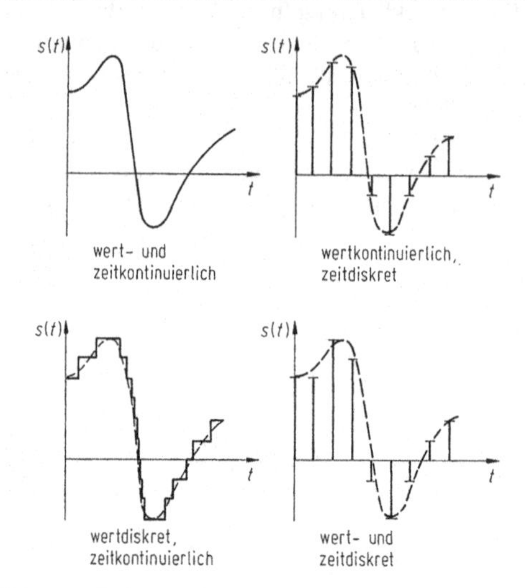

Bild 19-1. Kontinuierliche und diskrete Signalverläufe

bekannten Vorrat beschränkt werden, um nach eindeutigen Regeln und in endlicher Zeit eine Zuordnung zu der damit beschriebenen Nachricht treffen zu können.

19.1.2 Deterministische und stochastische Signale

Durch geschlossene Formeln beschreibbare Vorgänge wären in jedem Zeitpunkt vorherbestimmbar. Da aber eine Nachricht stets zufällige Informationsanteile enthalten muss, können vollständig berechenbare (deterministische) Zeitabhängigkeiten keine Nachricht enthalten. In der Nachrichtentechnik werden trotzdem deterministische Signaleverläufe, harmonische oder Pulsschwingungen zur Systemanalyse verwendet. Dabei wird vorausgesetzt, dass solche Modellsignale durch Amplituden- und/oder Frequenzänderungen die nachrichtenbeinhaltenden Frequenzbänder $S(f)$ vollständig ausfüllen.
Stochastische Signale, die keine vorherbestimmbare Bindungen zwischen den Signalwerten aufweisen, enthalten zeitbezogen die meisten Informationen und damit auch den höchsten Nachrichtengehalt. Jede störungsbedingte Veränderung des Signalverlaufes

bewirkt dann jedoch eine unerkennbare Verfälschung von Informationen und damit auch der Nachricht. Durch deterministische und damit vorherbestimmbare Signalanteile kann diese Gefahr vermindert werden. Deshalb bestehen die Nachrichtensignale in praktischen Systemen meist aus einer Mischung deterministischer und stochastischer Signalanteile.

19.1.3 Symbolische Darstellungsweise, Bewertung

Der Informationsgehalt eines Signales wird durch die Häufigkeit der Veränderungen und die Zahl der Entscheidungen zwischen den zugrunde liegenden Unterschieden bestimmt. Durch eine Umsetzung von Signalwerten in Symbole, die nur an diese Unterschiede gebunden sind, wird die Auswertung von Nachrichten ganz wesentlich vereinfacht. Dazu können analoge mit wert- und zeitkontinuierlichen Signalen arbeitende oder digitale auf zweistufige wert- und zeitdiskrete Signale gegründete Verfahren eingesetzt werden, die entsprechend den Qualitätsanforderungen unterschiedlichen Aufwand erfordern. Subjektive Bewertungen, die eine Meinung über den Wert einer Nachricht beinhalten, dürfen dabei nicht enthalten sein.

19.1.4 Unverschlüsselte und codierte Darstellung

Die unverschlüsselte Darstellung eines, eine Nachricht enthaltenden Signales erlaubt, dieses jederzeit in die enthaltenen Informationen umzuwandeln. Zur Vereinfachung von Entscheidungen bei der Auswertung und wegen unvermeidbarer Störeinflüsse bei der Übertragung ist die symbolisch verschlüsselte Darstellung von größter Wichtigkeit, da sie die beste Ausnutzung von Nachrichtenübertragungswegen ermöglicht. Symbolische Verschlüsselungen werden in der Nachrichtentechnik als Codierung bezeichnet. Ein typisches Beispiel stellt die Wandlung von Schriftzeichen in Symbole des internationalen Fernschreibcodes dar, siehe Bild 19-2.

19.2 Aufbereitung, Übertragung, Verarbeitung

19.2.1 Grundprinzip der Signalübertragung

Die Nachrichtentechnik ermöglicht die Übertragung von Informationen zwischen räumlich getrennten Orten. Dabei ist der Übertragungsweg bei größerer Entfernungen der aufwändigste und störempfindlichste Teil des Systems. Die Beschreibung solcher Systeme erfolgt nach dem Grundschema in Bild 19-3. Die Signale entstammen einer Quelle, ihr Ziel ist die Senke. Moderne nachrichtentechnische Systeme bedienen sich der Verfahren der Codierung, um Übertragungswege besser zu nutzen und eine störfestere Auswertung zu ermöglichen. Quellenseitig wird dazu vor den Übertragungsweg eine Aufbereitung genannte Einrichtung eingefügt, in der die Signale so umgeformt werden, dass ihre senkenseitige Rückwandlung in der Verarbeitung genannten Einrichtung diese übertragungstechnischen Vorteile zu nutzen erlaubt. Die bepfeilten Linien geben dabei die möglichen Wege und die Laufrichtungen der auf ihnen geführten Signale an.

19.2.2 Eigenschaften von Quellen und Senken

Werden die Quellen und Senken einer Nachrichtenübertragung durch das menschliche Kommunikationsvermögen bestimmt, so ist auf jeder Seite eine Signalwandlung erforderlich, da der Mensch für elektrische Signale kein angemessenes Unterscheidungsvermögen besitzt. Dies gilt in ähnlicher Weise auch für andere nichtelektrische Vorgänge, deren Informationen übertragen oder verarbeitet werden

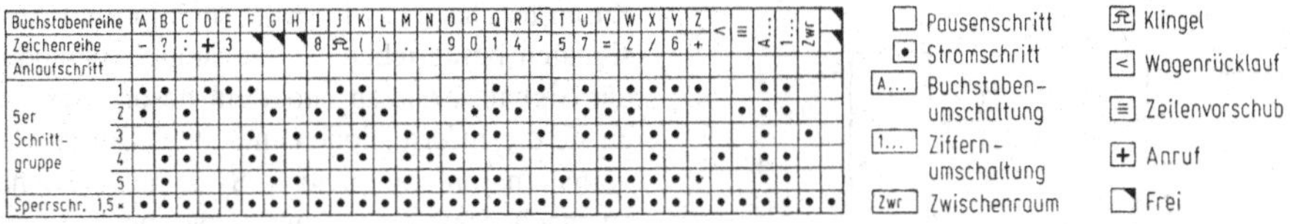

Buchstabenreihe		A	B	C	D	E	F	G	H	I	J	K	L	M	N	O	P	Q	R	S	T	U	V	W	X	Y	Z	<	≡	A...	1...	Zwr	◥
Zeichenreihe		-	?	:	+	3	◥	◥	◥	8	⍾	(	)	.	.	9	0	1	4	'	5	7	=	2	/	6	+						◥
Anlaufschritt																																	
5er Schrittgruppe	1	•	•		•	•	•				•	•						•		•		•		•	•	•	•			•	•		
	2	•		•				•		•	•	•	•				•	•	•			•	•	•					•	•	•		
	3			•			•		•	•		•		•	•		•	•		•		•	•		•	•				•		•	
	4		•	•	•		•	•			•	•		•	•	•			•				•		•			•		•	•		
	5		•					•	•				•	•		•	•	•			•		•	•	•	•	•			•	•		
Sperrschr. 1,5×		•	•	•	•	•	•	•	•	•	•	•	•	•	•	•	•	•	•	•	•	•	•	•	•	•	•	•	•	•	•	•	•

□ Pausenschritt
⊡ Stromschritt
A... Buchstabenumschaltung
1... Ziffernumschaltung
Zwr Zwischenraum
⍾ Klingel
< Wagenrücklauf
≡ Zeilenvorschub
+ Anruf
◥ Frei

Bild 19-2. Der internationale Fernschreibcode (nach CCITT)

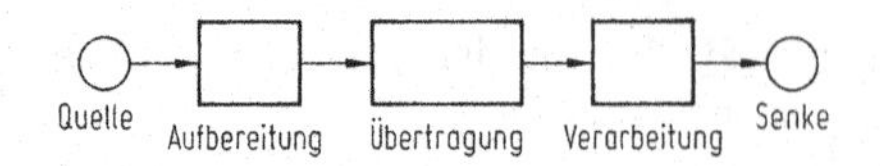

Bild 19-3. Grundschema einer Nachrichtenübertragung

sollen. Die erforderlichen Wandler sind Teile der Aufbereitung und Verarbeitung und erfordern eine Umsetzung der Energieform. Bei Nachrichtensignalwandlern finden je nach der Art der zu wandelnden Signale und deren Frequenzbereich sehr unterschiedliche physikalische Prinzipien Anwendung. Neuere Wandlerkonstruktionen führen außer der eigentlichen Energieumwandlung zunehmend auch Codierungs- oder Decodierungsaufgaben durch.

19.2.3 Grundschema der Kommunikation

In dem Schema Bild 19-3 ist nur eine Übertragung nach rechts hin zur Senke möglich. Eine Antwort auf eine übermittelte Nachricht erfordert aber, dass auch eine Verbindung in Gegenrichtung besteht. Dies kann zwar durch zwei gleiche Anordnungen, für jede Richtung eine, erreicht werden, würde aber den doppelten technischen Aufwand erfordern. Durch das Einfügen von Richtungsweichen bzw. Richtungsgabeln in die Aufbereitung und Verarbeitung entsprechend Bild 19-4 kann eine Kommunikationsverbindung über einen einzigen Übertragungsweg hergestellt werden. Diese Betriebsart erlaubt gleichzeitig oder auch in zeitlich wechselnder Folge die Nachrichtenübertragung zwischen Quelle A und Senke B und umgekehrt.

19.2.4 Betriebsweise der Vielfachnutzung

Durch Erweiterungen in der Aufbereitung und in der Verarbeitung kann ein einziger Nachrichtenübertragungsweg auch von einer Vielzahl einzelner Quellen-Senken-Verbindungen gleichzeitig oder in zeitlicher

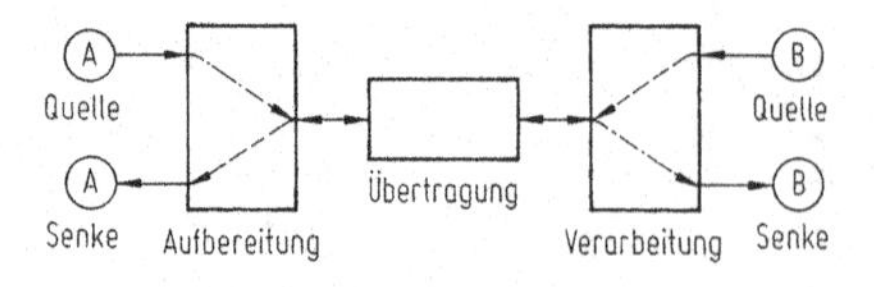

Bild 19-4. Prinzip der Einwegkommunikation

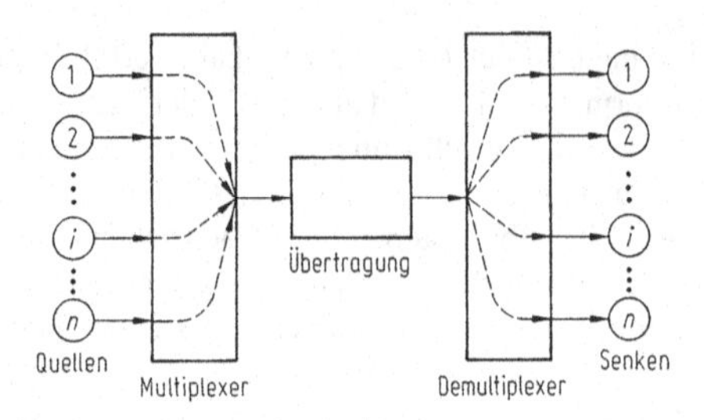

Bild 19-5. Vielfachnutzung eines Nachrichtenübertragungsweges

Folge genutzt werden. Diese Betriebsweise wird als Vielfach oder Multiplex bezeichnet. Das in Bild 19-5 gezeigte Schema eines Multiplexsystemes erfordert eine Multiplexer genannte Einrichtung zur Zusammenführung der einzelnen Kanäle vor dem Übertragungsweg und seine funktionsmäßige Umkehr, den Demultiplexer, der die Kanaltrennung auf der Verarbeitungsseite bewirkt.

Die störungsarme Zusammenführung und Wiederauftrennung der Signale auf dem als Bündel bezeichneten gemeinsamen Übertragungsweg stellt hohe Anforderungen an die Eigenschaften der Systemteile. Dem Übertragungsweg zugeordnete Einrichtungen zur Verbesserung seiner Eigenschaften kommen aber allen Multiplexkanälen gleichermaßen zugute, sodass sich der Aufwand je Kanal mit deren steigender Zahl vermindert. Ein weitverbreitetes System dieser Art stellt bei analoger Aufbereitung und Verarbeitung 2700 Telefonkanäle auf einem einzigen Übertragungsweg zur Verfügung, wie in Abschnitt 22.4.4 erläutert wird.

19.3 Schnittstelle, Funktionsblock, System

19.3.1 Konstruktive und funktionelle Abgrenzung

Die Eigenschaften nachrichtentechnischer Einrichtungen werden durch logische und funktionelle Zusammenhänge zwischen ihren Ein- und Ausgangssignalen beschrieben. Zeitabhängige Veränderungen der Signale besitzen dabei ein besonderes Gewicht, da sie die Informationen enthalten. Um das Gesamtverhalten umfangreicherer Systeme überschaubarer zu machen, ist eine Untergliederung in Einzelfunktionen sinnvoll. Dazu werden verknüpfte Signale auf Schnittstellen bezogen. Diese Schnittstellen decken sich vielfach mit konstruktiv vorhandenen Verbindungsstellen, die dann als Messpunkte zum Nachweis der einwandfreien Funktion von Einrichtungen dienen können.

19.3.2 Mathematische Beschreibungsformen

Das Zusammenwirken von Signalen $s = f(s_i)$ $(i = 1, \ldots, n)$ kann sehr unterschiedliche Abhängigkeiten aufweisen, wobei f die funktionale Abhängigkeit beschreibt. Für die Beschreibung solcher Beziehungen werden in der Nachrichtentechnik vorzugsweise mathematische Darstellungsformen benutzt. Die meisten Aufbereitungs- und Verarbeitungsverfahren verwenden deshalb logische, arithmetische oder stetige Funktionen. Dabei ist zu beachten, dass es sich stets um technische Näherungen handelt und die Signalwerte s_i nur mit einer endlichen, aufwandsbestimmten Auflösung der Abweichung Δs_i eingehalten werden können. In zunehmendem Maße gewinnen rechnergestützte Verfahren an Bedeutung, da mit ihnen die informationstragenden Signalanteile von dafür unwesentlichen getrennt werden können. Integrierbare elektronische Schaltungen erlauben umfangreiche Berechnungsverfahren mit Signalbandbreiten bis einige MHz, sodass damit auch in bewegten Fernsehbildern enthaltene Muster analysiert werden können, was in Abschnitt 24.3.1 erörtert wird

19.3.3 Darstellung in Funktionsblockbildern

Die Analyse des Verhaltens und der Entwurf nachrichtentechnischer Einrichtungen, die eine Vielzahl von gegenseitigen Abhängigkeiten aufweisen, erfordert eine bis zur Einzelfunktion gehende Untergliederung. Das geschieht in Form von Blockschaltbildern, wobei die einzelnen Funktionsblöcke durch Schnittstellen voneinander abgegrenzt sind. Die Verknüpfungsbeziehungen können durch mathematische Zusammenhänge in Form funktionaler Abhängigkeiten, durch Schaltzeichen nach DIN 40 900 oder durch beschreibenden Text angegeben werden, siehe Bild 19-6.

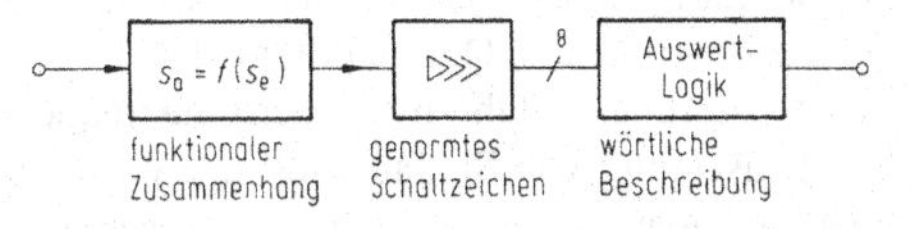

Bild 19-6. Darstellungsweisen für Funktionsblöcke

19.3.4 Zusammenwirken und Betriebsverhalten

Das Zusammenwirken einzelner Funktionsblöcke in einem nachrichtentechnischen System führt zu gegenseitiger Beeinflussung wie auch zum Übergriff von Signalen auf andere Abläufe. Für einen zuverlässigen Betrieb von Einrichtungen während eines Zeitraumes müssen bestimmte Toleranzen sowohl der Funktion als auch der Signalwerte eingehalten werden. Eine Überschreitung von Toleranzgrenzen bedeutet einen Ausfall, der durch jedes einzelne Element hervorgerufen werden kann. Hochzuverlässige Nachrichtensysteme sind deshalb oft redundant aufgebaut, wobei ausfallbedrohte Teile mehrfach vorhanden sind und im Störungsfall das geschädigte Teil ersetzt werden kann, sodass sich dieses im Gesamtbetriebsverhalten der Einrichtung nicht bemerkbar macht [2].

20 Signaleigenschaften

20.1 Signaldynamik, Verzerrungen

20.1.1 Dämpfungsmaß und Pegelangaben

Signale der Nachrichtentechnik können einen Wertebereich von vielen Zehnerpotenzen überstreichen. Eine lineare Skalierung solcher Größen würde auf unhandliche Zahlenwerte und eine unübersichtliche Darstellung von Abhängigkeiten führen. Man bevorzugt deshalb eine logarithmische Skalierung, wobei Übertragungseigenschaften als Maße und Signalwerte als Pegel bezeichnet werden.
Das *Dämpfungsmaß* beschreibt das logarithmierte Verhältnis

$$d = 10 \lg (P_1/P_2)\,\mathrm{dB} \qquad (20\text{-}1)$$

von Eingangsleistung P_1 zu Ausgangsleistung P_2 eines Systems. Die „Quasi-Einheit" Dezibel (dB) dient dabei als Hinweis auf den dekadischen Logarithmus. Werte $d > 0$ werden als Dämpfung, Werte $d < 0$ nach Betragsbildung auch als Verstärkung bezeichnet.

Zur Angabe absoluter Signalwerte werden *Pegel* verwendet,

$$L_P = 10\lg(P/P_0)\,\mathrm{dB}$$

und

$$L_U = 20\lg(U/U_0)\,\mathrm{dB} \qquad (20\text{-}2)$$

bei denen ein Bezug auf eine konstante Leistung P_0 bzw. eine konstante Spannung U_0 vorgenommen wird. Die am häufigsten verwendeten Bezugswerte sind $P_0 = 1\,\mathrm{mW}$, der mit der „Quasi-Einheit" dB (1 mW) = dBm und $U_0 = 1\,\mathrm{V}$, der mit der „Quasi-Einheit" dB (1 V) = dBV bezeichnet wird. Für den Bezugswiderstand $R_0 = (U_0)2/P_0 = 1\,\mathrm{k\Omega}$ gilt dann $L_P/\mathrm{dBm} = L_U/\mathrm{dBV}$.
Die *Signaldynamik* $D_s = s_{max}/s_{min}$ als Verhältnis von Größt- zu Kleinstwert eines Signals kann damit auch als Pegeldifferenz $d_s = L_{s,max} - L_{s,min} = 20\lg D_s\,\mathrm{dB}$ ausgedrückt werden.

20.1.2 Lineare und nichtlineare Verzerrungen

Nachrichtensignale werden zur Trennung von Kanälen und zur Ausblendung von Störungen häufig einer frequenzabhängigen Aufbereitung oder Verarbeitung durch Filter unterzogen. Diese bewirken eine frequenzabhängige Veränderung der Amplituden- und Phasenwerte des Signalspektrums, erzeugen jedoch keine zusätzlichen Spektralanteile. Voraussetzung dafür ist ein linearer Zusammenhang zwischen Ausgangssignal s_a und Eingangssignal s_e, sodass das Verhältnis s_a/s_e keine Abhängigkeit von den Signalen selbst aufweisen darf. Im Gegensatz dazu werden beim Übergang auf diskrete Signale und zur frequenzmäßigen Umsetzung von Signalen in andere Bänder Einrichtungen verwendet, die nichtlineare Zusammenhänge aufweisen. Eine Abhängigkeit dieser Art ist die Multiplikation zweier Signale. Dabei können jedoch auch verarbeitungsseitig nicht ausgleichbare Überlagerungen linearer und nichtlinearer Verzerrungen entstehen.

20.2 Auflösung, Störungen, Störabstand

20.2.1 Empfindlichkeit und Aussteuerung

Die Grenze der Auswertbarkeit von Signalen wird durch den kleinstzulässigen Signalpegel bestimmt, der Grenzempfindlichkeit genannt wird. Zusammen mit dem aus der Signaldynamik bestimmten höchsten Signalpegel ergibt sich der Aussteuerbereich, der für einen wirtschaftlichen und verzerrungsarmen Betrieb vorzusehen ist. Hier liegen die Vorteile der digitalen Nachrichtentechnik, bei der nur zwischen zwei Signalwerten zu unterscheiden ist.

20.2.2 Störungsarten und Auswirkungen

Die Sicherheit einer Nachrichtenübertragung wird durch die Auswirkungen von Störungen bestimmt, gleichgültig ob diese aus systeminternen Kanälen oder von systemfremden Einflüssen herrühren. Es ist zwischen kurzzeitigen und kontinuierlichen Störungen zu unterscheiden, wobei Erstere meist durch betriebsbedingte Zustandswechsel, Letztere vorwiegend durch physikalische Unvollkommenheiten hervorgerufen werden. Störungen können gleichermaßen aus deterministischen wie stochastischen Signalen bestehen. Ihre Auswirkungen in analogen wie digitalen Systemen liegen in einer Unschärfe der Signalauswertung. Die Störanteile werden durch das Leistungsverhältnis

$$S/N \mathrel{\hat{=}} 10\lg(P_{\mathrm{Nutzsignal}}/P_{\mathrm{Störsignal}})\,\mathrm{dB} \qquad (20\text{-}3)$$

beschrieben, das Störabstand (signal to noise ratio) heißt.

20.2.3 Maßnahmen zur Störverminderung

Bessere Eigenschaften lassen sich mit einer störungsbezogenen Signalbewertung erzielen, weil damit alle Nutzsignalanteile gleichen Störabstand besitzen können. Verfahren dieser Art filtern die spektrale Verteilung der Signale entsprechend den Störspektren. Durch eine Preemphasis genannte lineare Verzerrung wird in der Aufbereitung ein frequenzunabhängiger Störabstand hergestellt. Der verarbeitungsseitige, Deemphasis genannte Ausgleich bezüglich des Nutzsignales liefert danneine Verbesserung, die in Bild 20-1 als Fläche mit Schraffur gekennzeichnet ist. Einrichtungen dieser Art heißen Optimalfilter [3].
Digitale Codierungsverfahren erlauben eine frequenzmäßige Umsetzung von Signalen mit den darin enthaltenen Informationen auf einzelne, voneinander getrennte Frequenzbänder. Damit kann eine wirksame-

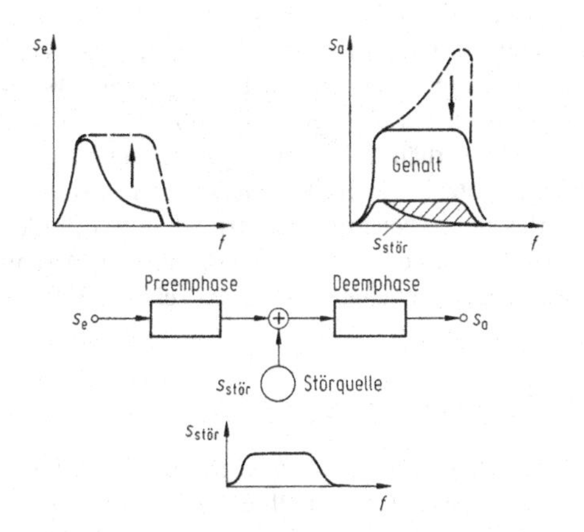

Bild 20-1. Störverminderung durch lineare Filterung

re Verbesserung des Störabstandes als mit Analogverfahren erreicht werden, indem mithilfe von Filtern, die kammartige Frequenzgänge besitzen, ineinander verschachtelte Signal- und Störfrequenzbänder getrennt werden können.

20.3 Informationsfluss, Nachrichtengehalt

20.3.1 Herleitung des Entscheidungsbaumes

Die Auswertung nachrichtenbeinhaltender Signale bezieht sich auf Symbole, die sich in ihren Signalwerten oder deren zeitlicher Folge unterscheiden können. Die Zuordnung der Symbole erfordert den Vergleich von Unterscheidungsmerkmalen und lässt sich im einfachsten Fall auf die zweiwertige Entscheidung „zutreffend" oder „nicht zutreffend" zurückführen. Mit n Entscheidungen können $m = 2^n$ verschiedene Symbole voneinander getrennt werden. Dies erfordert bei einem Vorrat von m Symbolen im Mittel einen Durchlauf durch einen Entscheidungsbaum mit $n = \mathrm{ld}\, m$ Verzweigungen. Werden statt dessen p-wertige Entscheidungen verwendet, so gilt $n = \log_p m = \ln m / \ln p$. Für das Alphabet mit $m = 27$ Buchstaben und Leerzeichen sind dann $n = \ln 27 / \ln 3 = 3$ dreiwertige Entscheidungen für eine Zuordnung zu treffen.

20.3.2 Darstellung mit Nachrichtenquader

Um den Vorrat an Symbolen, deren Änderungsgeschwindigkeit und die zeitliche Dauer eines Nachrichtensignales zugleich wiedergeben zu können, benötigt man eine dreidimensionale Darstellung, da diese Größen voneinander unabhängig sind. Der Inhalt des umfassten Volumens ist ein Maß für die Nachrichtenmenge des betreffenden Signales. Bezieht man sich auf stationäre Grenzwerte, so ergibt sich ein prismatischer Körper, der Nachrichtenquader genannt wird. Die Codierungsverfahren der Nachrichtentechnik ermöglichen Veränderungen sowohl seiner Lage als auch seiner Form, wie Bild 20-2 zeigt, wobei inhaltliche Verluste durch gleichbleibendes Volumen vermieden werden können.

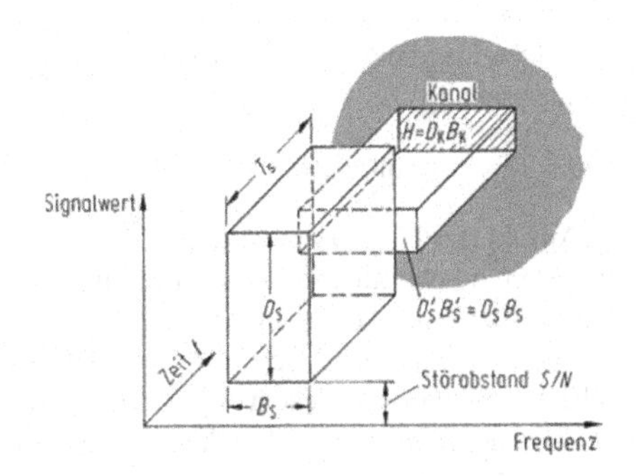

Bild 20-2. Nachrichtenquader und Kanalkapazität

20.3.3 Grenzwerte und Mittelungszeitraum

Die Grenzen jeder Nachrichtenaufbereitung und -übertragung werden durch die Sicherung der Auswertbarkeit auf der Verarbeitungsseite bestimmt. Hier spielen die Dynamik

$$d_s = 20 \lg D_s \,\mathrm{dB} = 20 \lg (s_{max} / s_{min}) \,\mathrm{dB} \,, \qquad (20\text{-}4)$$

der Störabstand S/N und die Frequenzbandbreite B_s des Signales eine entscheidende Rolle, damit keine Überdeckungseffekte durch Störungen auftreten oder informationstragende Signalanteile durch Filterung abgetrennt werden. Die zeitliche Zuordnung kann bei der Auswertung von Signalen auch durch Laufzeiteffekte gestört werden, wenn die Information im zeitlichen Bezug von Signalwerten zueinander steckt.

20.3.4 Kanalkapazität und Informationsverlust

Die Gesamtzahl N_s der Entscheidungen, die zur vollständigen Auswertung eines die Zeitdauer T_s währenden Nachrichtensignales zu treffen sind, kann über den Zusammenhang

$$N_s = (T_s/\Delta t)\, n \,\text{bit} = 2B_s T_s \,\text{ld}\, m \,\text{bit} \qquad (20\text{-}5)$$

aus der Anzahl $n = \text{ld}\, m$ zweiwertiger Entscheidungen für jeden Auswertungszeitpunkt bestimmt werden. Der Zeitabstand Δt der einzelnen Auswertungen erfordert wegen des Einschwingverhaltens eine Systembandbreite von mindestens $B_s = 1/2\Delta t$. Wird die Anzahl m der Signalwertstufen durch das Verhältnis

$$m = s_{max}/s_{min} = \sqrt{(P_{max}/P_{min})} = \sqrt{(1 + S/N)} \qquad (20\text{-}6)$$

bei Bezug auf die Leistungen $P_{max} = P_s + P_N$ und $P_{min} = P_N$ des Störabstandes S/N gebildet, so entspricht dies einer linearen Unterteilung der Signalwerte. Aus den Beziehungen (20-5) und (20-6) kann dann die Rate der Entscheidungen

$$H' = N_s/T_s = B_s \,\text{ld}\,(1 + S/N)\,\text{bit} \qquad (20\text{-}7)$$

bestimmt werden. Diese Größe H' wird Informationsfluss und bei Übertragungswegen Kanalkapazität genannt. Zur Unterscheidung von der Bandbreite B_s benutzt man wegen der zweiwertigen Entscheidungen für die Größe H' die unechte Sondereinheit bit/s (Bit je Sekunde).

Die Übertragungsfähigkeit eines Kanals kann in dieser Darstellung als Öffnung in einer aus Signalwert und Frequenz aufgespannten Ebene beschrieben werden. Um Informationsverluste zu vermeiden, muss der Kanal in seiner Dynamik D_k und Bandbreite B_k so ausgelegt sein, dass er das zu Signal verlustfrei zu übertragen vermag oder es muss eine Umcodierung des Signales zur Anpassung an die Kanaleigenschaften vorgenommen werden, siehe Bild 20-2.

20.4 Relevanz, Redundanz, Fehlerkorrektur

20.4.1 Erkennungssicherheit bei Mustern

Die Signalauswertung mithilfe eines Entscheidungsbaumes erlaubt nur dann eine sichere Zuordnung von Symbolen, wenn die Unterscheidungsmerkmale eindeutig erkannt werden können. Dazu ist ein Vergleich der auszuwertenden Signale untereinander oder mit gespeicherten Werten erforderlich. Derartige Verfahren bezeichnet man als Mustererkennung. Die als Erkennungssicherheit bezeichnete Wahrscheinlichkeit der richtigen Symbolzuordnung wird durch das Verhältnis aus richtigen Entscheidungen zur Gesamtzahl aller Entscheidungen bestimmt. Zuverlässige Nachrichtenübertragung erfordert Werte für die dazu komplementäre, Fehlerwahrscheinlichkeit genannte Größe zwischen 10^{-8} und 10^{-10}.

20.4.2 Störeinflüsse und Redundanz

Die für richtige Entscheidungen erforderlichen Informationen heißen relevant. Ihre Mindestzahl ist aus (20-5) zu bestimmen. Die Erkennungssicherheit kann durch Hinzunahme weiterer, bei störfreier Übertragung der Signale für die Zuordnung nicht unbedingt erforderlicher Merkmale und damit zusätzlicher Entscheidungen gesteigert werden. Diese Vergrößerung des Informationsflusses wird als Redundanz bezeichnet und durch das Verhältnis

$$R = \frac{H' - H'_{min}}{H'} = 1 - \frac{H'_{min}}{H'} \approx \left(1 - \frac{3}{S/N}\right) \text{dB} \qquad (20\text{-}8)$$

beschrieben, wobei H' der Informationsfluss des redundanzbehafteten Signales und H'_{min} der des entsprechenden, völlig redundanzfreien Signales ist. Kanalstörungen führen bei redundanzfreien Signalen zu nicht erkennbaren Übertragungsfehlern. Der angegebene Näherungswert gilt für rauschartige Störeinflüsse, wenn der Störabstand S/N mindestens den Wert 20 dB aufweist.

20.4.3 Fehlererkennung und Fehlerkorrektur

Die Fortschritte auf dem Gebiet der digitalen Signalverarbeitung erlauben durch Speicherung immer größerer Informationsmengen und immer raschere vergleichende Auswertung bei Anwendung geeigneter Codierungsarten sowohl die Verminderung der redundanten Signalanteile als auch die Erkennung und Korrektur von Fehlern, die bei der Übertragung durch Störeinflüsse aufgetreten sind. Dazu wird die Redundanz R genutzt, die dafür in ihrer Verteilung dem Verarbeitungsprozess und auch den fehlerverursachenden Störungen angepasst werden kann.

21 Beschreibungsweisen

21.1 Signalfilterung, Korrelation

21.1.1 Reichweite des Filterungsbegriffes

Alle Arten der Signalverarbeitung, die auf eine frequenz- oder amplitudenabhängige Signalbewertung $\underline{h}(f)$ bzw. $\underline{h}(s)$ führen, werden mit dem Oberbegriff der Filterung erfasst. Jeder Bearbeitungsschritt, der die Verzerrung des Zeitverlaufes $s(t)$ eines Signales oder dessen Amplituden- und/oder Phasenspektrums $S(f)$ bzw. $\varphi(f)$ bewirkt, ist eine solche Filterung, gleichgültig, ob diese beabsichtigt oder eine unerwünschte Nebenwirkung ist. Bedingt durch den Einsatz digitaler Rechner, kommen in zunehmendem Maße rekursive und adaptive Verfahren zum Einsatz, die eine signalwertabhängige Steuerung der Filter ermöglichen.
Gestützt auf die zeitlichen Veränderungen wert- und zeitdiskreter Signalwerte $s(t)$ erfolgt deren Betrachtung meist im Zeitbereich. Das Frequenzverhalten $\underline{S}(f)$ lässt sich daraus mithilfe der Fouriertransformation bestimmen

$$\underline{S}(f) = \int_{0}^{\infty} s(t)\,\mathrm{e}^{-\mathrm{j}\cdot 2\pi f t}\,\mathrm{d}t\,. \qquad (21\text{-}1)$$

21.1.2 Lineare und nichtlineare Verzerrungen

Jede Art der Verzerrung erfordert eine Unterscheidung zwischen linearem und nichtlinearem Betrieb. Die mathematisch einfacher beschreibbaren linearen Verzerrungen führen auf lineare Gleichungssysteme für die Signalspektren, wobei der Überlagerungssatz

$$\underline{S}_{\mathrm{a}}(f) = \underline{S}_{\mathrm{e}}(f)\underline{h}(f) \qquad (21\text{-}2)$$

gilt und dies bevorzugt zur Begrenzung von Frequenzbändern eingesetzt wird. Dabei ist die Stationarität aller Parameter $\underline{h}(f)$ und die Beschränkung der Eingangssignalamplituden $\underline{S}_{\mathrm{e}}$ auf die verarbeitbare Dynamik vorausgesetzt. Alternativ kann das Eingangs-/Ausgangsverhalten eines linearen zeitinvarianten Systems auch im Zeitbereich mit dem Faltungsintegral

$$s_{\mathrm{a}}(t) = (s_{\mathrm{e}} * h)(t) = \int_{0}^{t} s_{\mathrm{e}}(\tau)h(\tau - t)\,\mathrm{d}\tau \qquad (21\text{-}3)$$

betrachtet werden.

Nachführbare adaptive Prozesse und Signalwertbegrenzungen führen auf nichtlineare Verzerrungen, das Systemverhalten wird dadurch signalabhängig und eine Betrachtung im Frequenzbereich ist dann nicht mehr ohne weiteres möglich. Unerwünschte Spektralanteile können entweder durch Kompensation oder durch frequenzabhängige Filterung gedämpft werden. Sind die zeitlichen Veränderungen der Systemeigenschaften hinreichend klein, $\Delta h(t) \ll s(t)$, kann die Betrachtung durch intervallweise Linearisierung vereinfacht werden.

21.1.3 Redundanzverteilung in Mustern

Die senkenseitige Verarbeitung von Nachrichtensignalen zur Wiedergewinnung darin enthaltener Informationen erfordert im Falle der codierten Übertragung den Vergleich von Unterschieden, um die erforderliche Zuordnung vornehmen zu können. In störbehafteter Umgebung muss jedes Symbol mit einer gewissen Redundanz behaftet sein, um seine Erkennungssicherheit zu gewährleisten. Die Redundanz kann dabei jedem einzelnen Signalwert aber auch Signalwertfolgen, die Muster genannt werden, zugeordnet sein. Kurzzeitstörungen, deren Häufigkeit reziprok zu ihrer Dauer ist, wirken sich deshalb in länger währenden Mustern zunehmend weniger aus. Dies ist bei der Auswertung von störbehafteten Signalen durch Mustererkennung von großer Bedeutung, da damit Verdeckungseffekte beherrscht werden können.

21.1.4 Kreuz- und Autokorrelation

Der Gehalt eines bestimmten Musters in einem Signal $s(t)$ lässt sich durch Vergleich mit dem dieses Muster beschreibenden Bezugssignal $s_{\mathrm{b}}(t)$ ermitteln. Die zeitvariable Produktbildung liefert bei anschließender Integration nur für phasenrichtige Spektralanteile von Null verschiedene Werte. Diese Vorgehensweise wird im Zeitbereich durchgeführt und als Korrelation

$$B(t) = \lim_{T \to \infty} \frac{1}{2T} \int_{0}^{T} s(t)s_{\mathrm{b}}(t + \tau)\,\mathrm{d}t \qquad (21\text{-}4)$$

bezeichnet. Die Korrelation stellt eine spezielle Art adaptiver Filterung dar. Die Korrelation eines Signales mit sich selbst heißt Autokorrelation, wobei der Zusammenhang

$$A(t) = \lim_{T->\infty} \frac{1}{2T} \int_0^T s(t)s(t+\tau)\,\mathrm{d}t$$

$$= 2\pi \int_0^8 P(f) \cos(2\pi f t)\,\mathrm{d}f \qquad (21\text{-}5)$$

über die Fourier-Transformation eine frequenzunabhängige Leistungsverteilung $P(f)$ = const bei Redundanzfreiheit erfordert und deshalb zur Prüfung auf Redundanzgehalt verwendet werden kann.

21.1.5 Änderung der Redundanzverteilung

Die Veränderung des Redundanzgehaltes von Nachrichtensignalen zur Verbesserung des Störabstandes kann durch gezielten Zusatz von signalbezogenen Informationen erreicht werden. Dazu gibt es sowohl festeingestellte als auch von den Signalverläufen abhängige lineare und nichtlineare Verfahren. Eine Steigerung des Störabstandes unter Verwendung korrelativer Verfahren erhöht jedoch wegen der zeitlichen Integration nach (21-4) stets die Auswertzeit.

21.2 Analoge und digitale Signalbeschreibung

21.2.1 Lineare Beschreibungsweise, Überlagerung

Aus Aufwandsgründen muss die Dynamik nachrichtentechnischer Systeme beschränkt werden. Ihr Verhalten lässt sich bei vernachlässigbaren nichtlinearen Verzerrungen mit proportionalen Zusammenhängen

$$\underline{S}_{\mathrm{a}}(f) = \underline{S}_{\mathrm{e}}(f) \prod_0^n \underline{h}_i(f) \qquad (21\text{-}6)$$

beschreiben. Dieser Betrachtungsweise liegt die lineare Filterung und Analyse im Spektralbereich zugrunde. Bei Entkopplung der Parameter $\underline{h}_i(f)$ kann der Prozess umgekehrt und der Überlagerungssatz zur Bemessung genutzt werden [4].

21.2.2 Beschreibung nichtlinearer Zusammenhänge

Nichtlineare Signalzusammenhänge erfordern eine funktionale Darstellungsweise der Art $s_{\mathrm{a}} = f(s_{\mathrm{e}})$, die bei Frequenzabhängigkeit $S(f)$ stets auf nichtlineare Differenzial- oder Integralgleichungen führt. Eine geschlossene Lösung und Umkehrung ist nur in sehr einfachen Fällen möglich. Zur Betrachtung haben sich deshalb zwei Näherungsverfahren herausgebildet: Funktionalreihenansätzen $s_{\mathrm{a}}(t) = \sum_0^n f_i(s_{\mathrm{e}}(t))$ und die intervallweise Linearisierung unter Berücksichtigung der Übergangsbedingungen von energiespeichernden Elementen an den Intervallgrenzen. Bei der zuerst genannten Vorgehensweise werden u. a. sogenannte Volterrareihen verwendet, bei denen es sich bei zeitinvarianten Systemen um eine Verallgemeinerung der Faltungsintegral-Darstellung des Eingangs-/Ausgangsverhaltens handelt. Die Impulsantwortfunktion, die als Volterrakern 1. Ordnung gedeutet werden kann, treten auch Volterrakerne höherer Ordnung auf. Weitere Einzelheiten findet man u. a. bei Schetzen [15].

21.2.3 Parallele und serielle Bearbeitung

Im Gegensatz zu analogen nachrichtentechnischen Einrichtungen, bei denen die zu verknüpfenden Signale in kontinuierlicher Form gleichzeitig und damit parallel verfügbar sind, verwenden digitale Aufbereitungs- und Verarbeitungsverfahren in Anlehnung an den Rechnerbetrieb meist eine serielle Signalbehandlung. Dies ist darin begründet, dass digitale Einrichtungen Zwischenwerte speichern und deshalb im Multiplexbetrieb umschaltbare Verknüpfungseinrichtungen verwenden können. Bei hohem Informationsfluss kann die zeitliche Folge der Bearbeitungsschritte zu Durchsatzschwierigkeiten führen, wenn Echtzeitbetrieb gefordert wird. Besondere auf die nachrichtentechnischen Anforderungen der Codierung und Filterung zugeschnittene Signalprozessoren erlauben durch eine raschere, zum Teil auch parallel ablaufende Signalbearbeitung die erforderliche Erhöhung des Informationsflusses.

Verfahren der Nachrichtentechnik

Die in der Nachrichtentechnik verwendeten Verfahren der Signalbehandlung zur Übermittlung und Verarbeitung von Informationen unterliegen stets störenden

Beeinflussungen aufgrund nichtidealer Eigenschaften der verwendeten Einrichtungen. Im Gegensatz zu den physikalisch bedingten absoluten Grenzwerten müssen auch verfahrensbedingte Einflüsse berücksichtigt und in ihren Auswirkungen auf ein vorherbestimmtes Mindestmaß reduziert werden. Die dafür zutreffenden Abhängigkeiten werden mit Blick auf die verwendeten technischen Einrichtungen in den Kapiteln 22 bis 24 erörtert.

22 Aufbereitungsverfahren

22.1 Basisbandsignale, Signalwandler

22.1.1 Dynamik der Signalquellen

Der Begriff des Basisbandsignales umfasst Signale mit der von den Quellen zur Verfügung gestellten Dynamik und Frequenzbandbreite. Dabei ist die Energieform unerheblich, da der Einsatz von Signalwandlern keine Einschränkung darstellt, wenn sie keine Veränderung relevanter Signalanteile bewirken. Bandbreite, Dynamik und Störabstand von Basisbandsignalen für Systeme zur Nachrichtenübertragung sind in Tabelle 22-1 zusammengestellt. Diese Angaben gründen sich auf Untersuchungen, die zu Normwerten geführt haben.
Die Anpassung der Signale an die Eigenschaften zugeordneter Übertragungswege kann bei Verminderung der Dynamik und/oder Bandbreite ohne Verlust an Informationsgehalt durch eine Umcodierung vorgenommen werden. Dazu können informationsverarbeitende Signalwandler mit kontinuierlicher oder diskreter Wertzuordnung verwendet werden. Besondere Vorteile ergeben sich damit durch Anpassung an das Kanalverhalten unter Verminderung des Einflusses kanaltypischer Störungen. Zeitbezogene Zuordnungen haben sich, da verarbeitungsseitig mit festen Takten korrelierbar, für die Übertragung in stark gestörter Umgebung besonders bewährt.

22.1.2 Direktwandler, Steuerungswandler

Die Signalwandlung bei der Aufbereitung und Verarbeitung nichtelektrischer Quellen- bzw. Senkensignale kann durch die physikalischen Effekte des betreffenden Energieumsatzes erfolgen. Wegen unvermeidlicher Verluste wird stets ein gewisser Energieanteil in Verlustwärme umgewandelt und geht der Signalübertragung verloren. Diese Verluste bewirken eine Dämpfung

$$d_v = 10\lg(P_a/P_e) = 10\lg\eta \qquad (22\text{-}1)$$

und damit eine Verschlechterung des Störabstandes

$$(S/N)_{\text{Ausgang}} = (S/N)_{\text{Eingang}} - d_v\,. \qquad (22\text{-}2)$$

Anforderungen an die Bandbreite von Signalwandlern können oft nur durch Bedämpfung frequenzabhängiger Einflüsse erfüllt werden, was die niedrigen Wirkungsgrade η einiger Wandlerarten in der Tabelle 22-2 erklärt.
Außer den Direktwandler genannten Einrichtungen mit Energiekonversion gibt es noch eine weitere Wandlergruppe, bei der eine informationsfreie Hilfsenergie zugeführt wird und der Wandlungseffekt in einer signalabhängigen Steuerung der Hilfsquelle besteht. Der Wirkungsgrad η für das Signal kann dadurch >1 werden, da ein Verstärkungseffekt vorliegt. Bei Berücksichtigung der Hilfsquellenleistung muss jedoch der Gesamtwirkungsgrad stets <1 bleiben. Bei diesen Steuerungswandlern ist deshalb die Angabe eines Wirkungsgrades in Tabelle 22-2 nicht sinnvoll. Dagegen spielen hier Verzerrungen, vor allem nichtlinearer Art eine wichtige Rolle.

Tabelle 22-1. Eigenschaften von Nachrichtenübertragungssystemen

Art des Nachrichtensignals	Frequenzbandbreite	Dynamik $\hat{=}$ Amplitudenverhältnis	Störabstand $\hat{=}$ Leistungsverhältnis
Fernschreiben (Telegrafie 120 Baud)	(0 ... 240) Hz	3 dB $\hat{=}$ $\sqrt{2}$	10 dB $\hat{=}$ 10
Fernsprechen (Telefonie)	(0,3 ... 3,4) kHz	30 dB $\hat{=}$ 32	34 dB $\hat{=}$ 2500
Bildübertragung (Fernsehrundfunk)	(0 ... 5,5) MHz	24 dB $\hat{=}$ 16	30 dB $\hat{=}$ 1000
Tonübertragung (UKW-Tonrundfunk)	(0,05 ... 15) kHz	55 dB $\hat{=}$ 560	15 dB $\hat{=}$ 32

Tabelle 22-2. Eigenschaften von Signalwandlern

Art	Verfahren	Eingabe (typ. Bsp.)	Ausgabe (typ. Bsp.)	Übertragungs-frequenzbereich	Empfindlichkeit	Wirkungsgrad
Mechanisch	Elektromechanisch	Tastatur	Wähler	(0...100) Hz	(0,01...1) N/(0,1...10) W	gesteuert
	Elektromagnetisch	Magnettonkopf	Relais	(0...10) MHz/(0...1) kHz	–/(0,1...10) W	1% gesteuert
	Elektrodynamisch	–	Drehspulinstrument	(0...1) Hz	$(0{,}1\ldots10)\ \frac{\mu A}{Grad}$	–
	Druckempfindliche Widerstandsänderung	Kontaktfreie Tastatur	–	(0...1) kHz	(0,01...1) N	gesteuert
Akustisch	Elektromagnetisch	Magnettonabnehmer	Telefonhörer	(50 Hz ...20) kHz/ (300...3400) Hz	$ca.\ 1\ \frac{mV\,s}{cm}/100\ \frac{\mu B}{mA}(50\ \Omega)$	gesteuert / 20%
	Elektrodynamisch	Dynamisches Mikrofon	Lautsprecher	50 Hz...20 kHz	$0{,}3\ldots3\ \frac{mV}{\mu B}/0{,}01\ldots0{,}2$	1...20%
	Druckempfindliche Widerstandsänderung	Telefonmikrofon	–	(300...3400) Hz	$50\ \frac{mV}{\mu B}(100\ \Omega)$	gesteuert
	Piezoeffekt	Kristalltonabnehmer	Ultraschallwandler	(0,1...10) kHz/ (10 kHz...1 MHz)	$ca.\ 50\ \frac{mV\,s}{cm}/(0{,}6\ldots0{,}8)$	3% / (60...80)%
Optisch	Strahlungsempfindliche Widerstandsänderung	Fotowiderstand, -diode, -transistor	–	(0...10) MHz	$(30\ldots400)\ \frac{\mu A}{lx}$	gesteuert
	Innerer Fotoeffekt	Fotozelle	–	(0...5) MHz	$1\ \frac{mV}{lx}$	ca. 12%
	Elektronenerregte Strahlungsemission	–	Glühlampe, Elektronenleuchtschirm, Laserdiode	(0...100) Hz (0...100) MHz (0...10) MHz	–	(0,1...1)% (0,1...10)% (1...10)%

Durch kleine Aussteuerungswerte s im Verhältnis zum Hilfsquellensignal s_h können sie in vertretbaren Grenzen gehalten werden, wie die Entwicklung der Nichtlinearität als Potenzreihe

$$(s + s_h)^x \approx xss_h^{x-1} + s_h^x \sim s + \text{const} \quad \text{für} \quad s \ll s_h = \text{const} \tag{22-3}$$

erkennen lässt.

22.2 Abtastung, Quantisierung, Codierung

22.2.1 Zeitquantisierung, Abtasttheorem

Signale endlichen Nachrichtengehaltes sind stets durch eine bestimmte Anzahl von Entscheidungen vollständig zu beschreiben, sodass eine lückenlose Kenntnis des zeitlichen Signalverlaufes $s(t)$ nicht erforderlich ist. Dies führt auf die zeitliche Quantisierung, die nur einer endlichen Anzahl n von Stützstellen bei $s(t_i)$ $(i = 1, \ldots, n)$ bedarf. Aus Gründen des technischen Aufwandes ist es vorteilhaft, den Abstand der Abtastzeitpunkte, $T_0 = \Delta t = t_i - t_{i-1}$, konstant und damit die Frequenz $f_0 = 1/\Delta t$ des zugehörigen Abtastsignales s_0 konstant zu halten und so festzulegen, dass das abzutastende Signal $s(t)$ ohne Informationsverlust rekonstruiert werden kann. Dies lässt sich durch Multiplikation mit einem Rechteckpuls $s_0(t)$ der Werte 1 und 0 entsprechend Bild 22-1 zeigen. Dabei ist vorausgesetzt, dass das

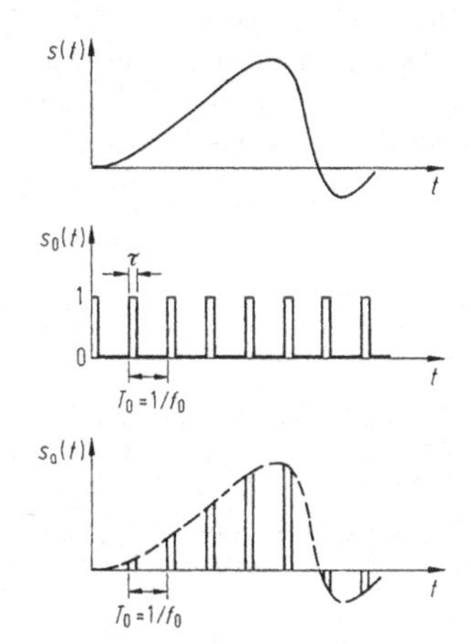

Bild 22-1. Abtastung von Nachrichtensignalen

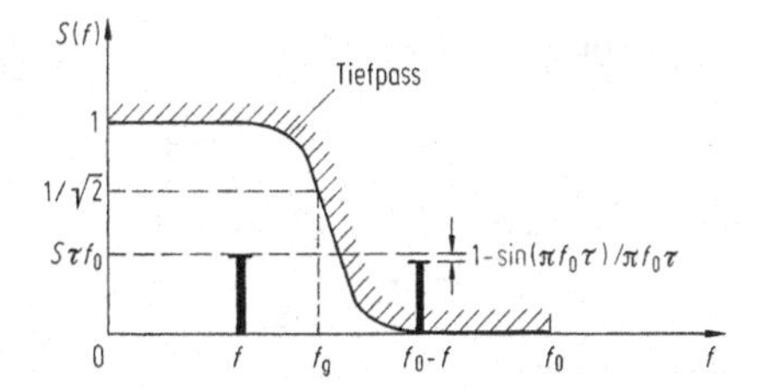

Bild 22-2. Rekonstruktion abgetasteter Signale

Signal $s(t)$ nur Spektralanteile bis zur Grenzfrequenz f_g aufweist, also bei f_g bandbegrenzt ist. Der Rechteckpuls kann durch den Zusammenhang

$$s_0(t) = tf_0 \left\{ 1 + 2 \sum_1^n [\sin(i\pi f_0 t)/i\pi f_0 t] \cos(2i\pi f_0 t) \right\} \tag{22-4}$$

beschrieben werden. Das Produkt für eine Signalschwingung $s(t) = s \cos 2\pi ft$ innerhalb des Frequenzbandes $S(f_g)$ liefert dann als niedrigste Spektralanteile für $i = 1$ im Ausgangssignal die beiden Beiträge

$$s_a(t) = s(t)s_0(t) \approx s \cos 2\pi ft + s \cos 2\pi(f_0 - f)t(\sin \pi f_0 t/\pi f_0 t) \,. \tag{22-5}$$

Zur fehlerfreien Rekonstruktion des Signalverlaufes $s(t)$ muss das Ausgangssignal $s_a(t)$ von dem frequenzmäßig nächstgelegenen Spektralanteil bei $f_0 - f$ befreit werden, was durch Tiefpassfilterung entsprechend dem Spektrogramm Bild 22-2 geschieht. Da praktische Tiefpässe nur einen begrenzten Dämpfungsanstieg aufweisen können, muss die Abtastfrequenz stets

$$f_0 > 2f_g \tag{22-6}$$

gewählt werden, da für $f_0 = 2f_g$ die beiden Spektralanteile zusammenfallen. Gleichung (22-6) wird als Abtasttheorem bezeichnet.

22.2.2 Amplitudenquantisierung

Zur wertdiskreten Darstellung von Signalen ist eine schwellenbehaftete Amplitudenbewertung erforderlich, die sich bei konstanter Auflösung als Treppenkurve einheitlicher Stufenhöhe nach Bild 22-3

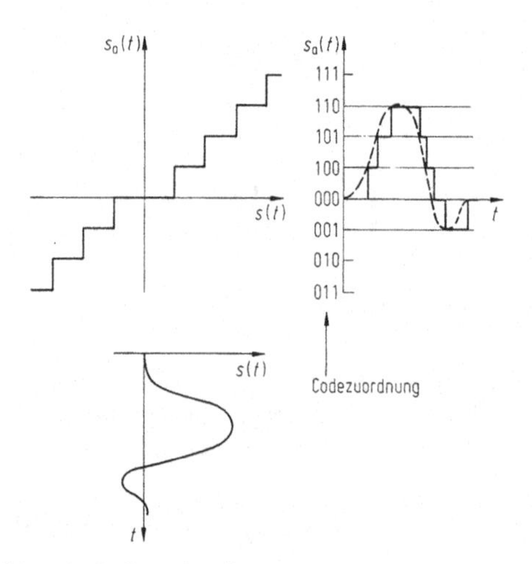

Bild 22-3. Codierte Amplitudenbewertung

darstellt. Zweiwertigen Entscheidungen entsprechen der digitalen Codierung, z. B. den im Bild 22-3 angegebenen Dualzahlen. Zuordnungsunterschiede ergeben sich zwischen fortlaufenden Zahlenfolgen und vorzeichenbehafteter Betragsdarstellung sowie in der Beschreibung des Nullwertes.

Akustische Signalpegel werden vom menschlichen Ohr logarithmisch bewertet, sodass die expontielle Stufung bei Schallsignalen stets eine Reduktion des Informationsflusses ohne Verlust relevanter Anteile bewirkt. Die nichtlinearen Wertzuordnungen werden allgemein unter dem Begriff der Pulscodemodulation (PCM) zusammengefasst. Bild 22-4 zeigt den Störabstand S/N eines Telefonkanales in Abhängigkeit vom Signalpegel L_s bei logarithmischer Signalquantisierung.

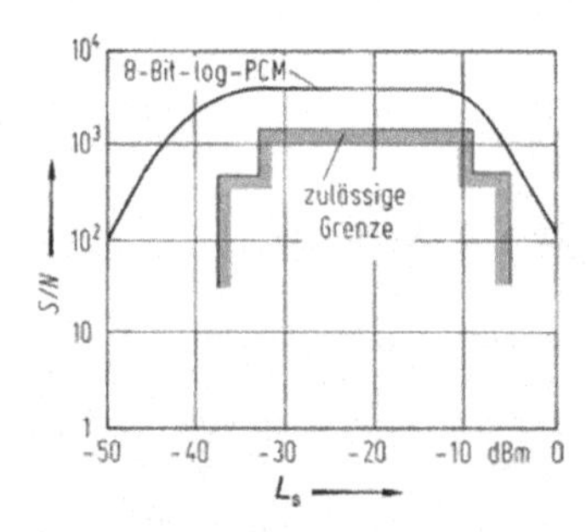

Bild 22-4. Störabstand von PCM-Telefonsignalen

22.2.3 Differenz- und Blockcodierung

Schöpft ein wertquantisiertes Nachrichtensignal den Dynamikbereich der Codierung im zeitlichen Mittel nicht voll aus, kann die zur Übertragung erforderliche Kanalkapazität durch Differenzbildung mit zeitlich vorangegangenen Signalwerten vermindert werden. Verfahren der Differenzcodierung erfordern deshalb zur Verminderung des Informationsflusses zumindest zeitweise redundante Signalanteile. Die Wiedergewinnung der Signalwerte erfolgt im einfachsten Fall durch Summenbildung aus der übertragenen Differenz und dem zuletzt bestimmten Signalwert, wie dies Bild 22-5 zeigt. Daraus folgt bis zum Verfügbarkeitszeitpunkt eines Signalwertes $s_a(t)$ am Ausgang des Systems ein Zeitverzug von zwei Abtastperioden Δt. Die Differenzbildung kann auch aus mehreren zeitlich vorhergehenden Signalwerten nach feststehenden oder auch signalwertabhängigen Regeln vorgenommen werden. Bei der Fernsehbildübertragung ist so mit Bildpunkten von Nachbarzeilen (Interframe-Codierung) und Nachbarbildern (Intraframe-Codierung) ohne merklichen Qualitätsverlust etwa eine Halbierung des Informationsflusses erreicht worden.

Kann dagegen ein Signalverlauf durch eine feste Anzahl von Mustern beschrieben werden, deren codierte Übertragung eine geringere Kanalkapazität als die des ursprünglichen Signales erfordert, so bringt dies übertragungstechnische Vorteile. Diese Blockquantisierung genannte Codierungsart benötigt zur Auswertung Referenzmuster, die durch Korrelation von Signalausschnitten zu gewinnen sind und für die bestmögliche Redundanzreduktion eine adaptive Anpassung an den augenblicklichen Signalverlauf erfordern.

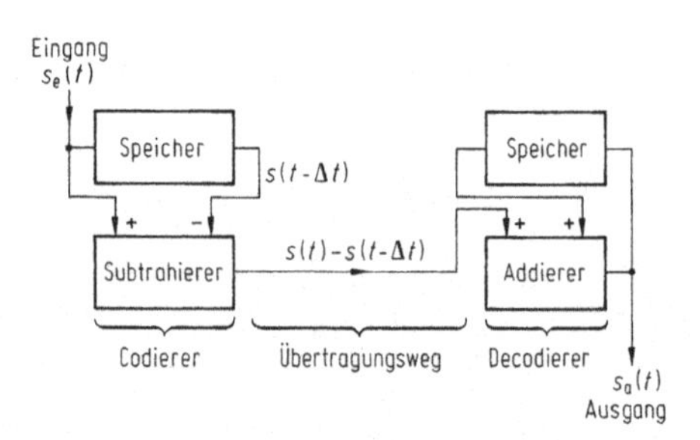

Bild 22-5. Prinzip der Differenzcodierung

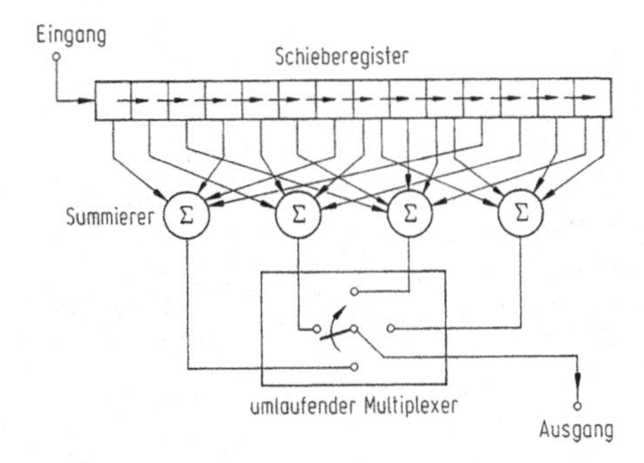

Bild 22-6. Blockorientierte Kanalcodierung

22.2.4 Quellen- und Kanalcodierung

Bei redundanzverändernden Codierungsarten ist zwischen der Berücksichtigung quellenspezifischer Merkmale und kanalspezifischer Störungseinflüsse zu unterscheiden. Bei Kenntnis des Mustervorrates einer Signalquelle und der Häufigkeit des Auftretens einzelner Muster kann der Informationsfluss auch durch eine verteilungsabhängige Codierung vermindert werden. Codierungen, die solche quellenbezogenen Merkmale berücksichtigen, werden als Quellencodierung bezeichnet.
Durch Umcodierung von Nachrichtensignalen ohne Berücksichtigung quellenbezogener Merkmale kann eine Veränderung der Redundanzverteilung und damit meist eine Verbesserung des Störabstandes erreicht werden. Da Umcodierungen in einer Veränderung der Zuordnung zwischen Signalwerten und Codes bestehen, kann damit vor allem musterabhängigen Störeinflüssen entgegengewirkt werden. Bild 22-6 zeigt dazu ein blockorientiertes Kanalcodierverfahren, bei dem durch partielle Summation aus einer Folge von Signalwerten eine Umordnung und Zusammenfassung erfolgt.

22.3 Sinusträger- und Pulsmodulation

22.3.1 Modulationsprinzip und Darstellungsarten

Wird einem zu übertragenden Nachrichtensignal $s(t)$ ein deterministisches und damit informationsfreies Hilfssignal durch eine nichtlineare Operation hinzugefügt, so bezeichnet man diese Art der Signalaufbereitung als Modulation. Sie dient vor allem zur Veränderung von Kanalfrequenzlagen für die

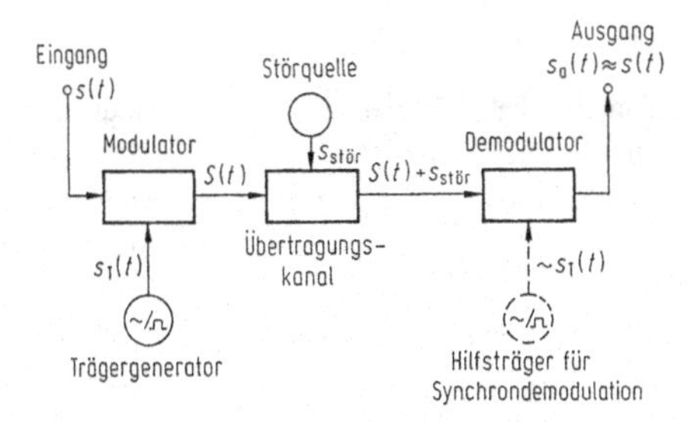

Bild 22-7. Prinzip der Modulationsübertragung

Nutzung in Frequenzmultiplexsystemen. Bei einigen Modulationsarten können durch die Verarbeitungsverfahren Störeinflüsse des Übertragungsweges vermindert werden. Voraussetzung jeder Modulation ist die Kenntnis des zeitlichen Verlaufes des als Träger bezeichneten Hilfssignales $s_T(t)$, dem das zu übertragende Nachrichtensignal $s(t)$ aufgeprägt wird. Aus dem entstehenden Signal $S(t)$ kann mit einer als Demodulator bezeichneten Einrichtung das Modulationssignal $s(t)$ wiedergewonnen werden. Das Schema von Modulationsübertragungen zeigt Bild 22-7, wobei für bestimmte Demodulationsverfahren ein Hilfsträger erforderlich ist, dessen Signal phasenstarr mit dem Trägersignal $s_T(t)$ verkoppelt sein muss. Die Modulationsarten stützen sich zum überwiegenden Teil auf sinus- oder pulsförmige Trägersignale $s_T(t)$, da die harmonische oder binäre Darstellungsweise den analogen bzw. digitalen Verfahren zur Signalaufbereitung und Signalverarbeitung besonders entspricht. Für wertkontinuierlich und für wertdiskret quantisierte Nachrichtensignale sind die Bezeichnungen der üblichen Modulationsarten in Tabelle 22-3 zusammengestellt.
Nach der Aufprägung des Nachrichtensignales $s(t)$ ist unabhängig von der Modulationsart stets ein Frequenzband zur Übertragung der signalabhängigen Veränderungen erforderlich. Die Anforderungen an die Bandbreite B des Übertragungskanales lassen sich aus der spektralen Amplitudenverteilung $S(f)$ des modulierten Signales, die Dynamikverhältnisse aus seinem Zeitverlauf $S(t)$ erkennen.

22.3.2 Zwei-, Ein- und Restseitenbandmodulation

Wird eine harmonische Schwingung $S(t)$ der Frequenz F als Trägersignal verwendet, so lässt sich ein

Tabelle 22-3. Übersicht über gebräuchliche Modulationsarten

Modulationssignal Amplitudenverlauf	Trägersignal Verlauf	Modulationsart (Kurzzeichen)	
Wertkontinuierlich	sinusförmig	Amplitudenmodulation	(AM)
		– Restseitenbandmodulation	(RM)
		– Einseitenbandmodulation	(ESB)
		Frequenzmodulation	(FM)
		Phasenmodulation	(PM)
	pulsförmig	Amplitudenumtastung	(ASK)
		– Trägertastung	(A1)
		Frequenzumtastung	(FSK)
		Phasenumtastung	(PSK)
Wertdiskret	sinusförmig	Pulsamplitudenmodulation	(PAM)
		– je 2^n Signalwerte auf 2 orthogonalen Trägern	(QAM)
		Pulsfrequenzmodulation	(PFM)
		Pulsphasenmodulation	(PPM)
	pulsförmig	verschiedene Arten von PCM, wegen Störspektren bandbegrenzt, gibt quantisierte PAM-, PFM- oder PPM-Modulation	

Nachrichtensignal $s(t)$ im einfachsten Falle auf deren Amplitude A aufprägen.

$$S(t) = A(s)\cos(2\pi Ft) = A_0(1 + ms(t)/s_{\max})\cos(2\pi Ft) \quad (22\text{-}7)$$

Dabei wird der Faktor m *Modulationsgrad* genannt und darf für verzerrungsarme Modulation nur Werte $m < 1$ annehmen. Füllt das Spektrum $s(f)$ des Nachrichtensignales $s(t)$ ein Frequenzband mit der Amplitude $s_{\max}$ aus, so lässt sich das modulierende Signal durch die Beziehung $s(t) = s_{\max}\cos(2\pi ft)$ beschreiben und das Produkt der trigonometrischen Funktionen in Summen und Differenzen angeben. Damit gilt für die Zeitabhängigkeit

$$S(t) = A_0\cos 2\pi Ft + m(A_0/2)(\cos 2\pi(F - f)t) + \cos(2\pi(F + f)t)) \,. \quad (22\text{-}8)$$

Wird der Zusammenhang (22-8) im Spektralbereich $S(f)$ dargestellt, so ergeben sich neben dem Träger mit der Amplitude A_0 zwei Seitenbänder mit Amplitude $mA_0/2$ symmetrisch auf beiden Seiten der Trägerfrequenz F_0. Die Richtung steigender Modulationsfrequenz f ist in den Seitenbändern entgegengesetzt, wie dies die Pfeile in Bild 22-8a andeuten. Die unverzerrte Übertragung eines zweiseitenband-amplitudenmodulierten Signales erfordert deshalb die doppelte Kanalbandbreite B des modulierenden Signales $s(t)$. Der zeitliche Verlauf des modulierten Signales $s(t)$ weist als Produkt aus modulationssignalabhängiger Amplitude und Trägeramplitude nach (22-7) und Bild 22-8b als Einhüllende das Modulationssignal $s(t)$ auf. Diesen

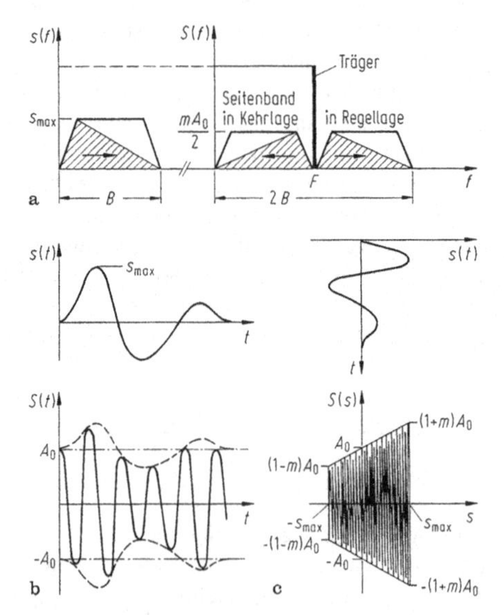

Bild 22-8. Zweiseitenband-Amplitudenmodulation. **a** Frequenzbänder, **b** Modulationssignal $s(t)$ und moduliertes Signal $S(t)$, **c** Modulationstrapez

Zusammenhang lässt auch die Modulationstrapez genannte Abhängigkeit $s(s)$, Bild 22-8c, erkennen, mit der der Modulationsgrad m und nichtlineare Verzerrungen bei dieser Modulationsart auf einfache Weise darstellbar sind.
Da die Information des aufmodulierten Signales $s(t)$ in jedem der beiden Seitenbänder vollständig enthalten ist, muss die Übertragung eines einzigen Seitenbandes zur Wiedergewinnung des Signales $s(t)$ auf der Empfangsseite und damit auch dessen Bandbreite B für den Übertragungskanal genügen. Frequenzbandsparende Nachrichtensysteme benutzen deshalb das Einseitenbandmodulation (ESB) genannte Übertragungsverfahren, das nur ein einziges Seitenband nutzt. Dazu wird sendeseitig ein Filter mit steilen Dämpfungsanstieg zur Trennung der Seitenbänder eingesetzt und empfangsseitig durch Zusatz eines Hilfsträgersignales der Frequenz F im Demodulator entsprechend Bild 22-7 durch Synchrondemodulation eine verzerrungsarme Wiedergewinnung des Nutzsignales erreicht. Die Bewegtbildübertragung des Fernsehens erfordert wegen des großen Informationsflusses eine Verminderung der Kanalbandbreite. Helligkeitsschwankungen verbieten jedoch als sehr niederfrequente Signalanteile aufgrund unzureichender Filtereigenschaften die Einseitenbandmodulation als Übertragungsverfahren. Durch eine teilweise Übertragung des anderen Seitenbandes kann jedoch die Flankensteilheit der Filter auf einen technisch beherrschbaren Wert vermindert werden, siehe Bild 22-9. Der zum halben Trägerwert $A/2$ und zur Trägerfrequenz F_0 punktsymmetrische Dämpfungsverlauf im Bereich niederer Frequenzen wird als Nyquist-Flanke bezeichnet und bestimmt die Eigenschaften dieses Restseitenbandmodulation (RM) genannten Übertragungsverfahrens.

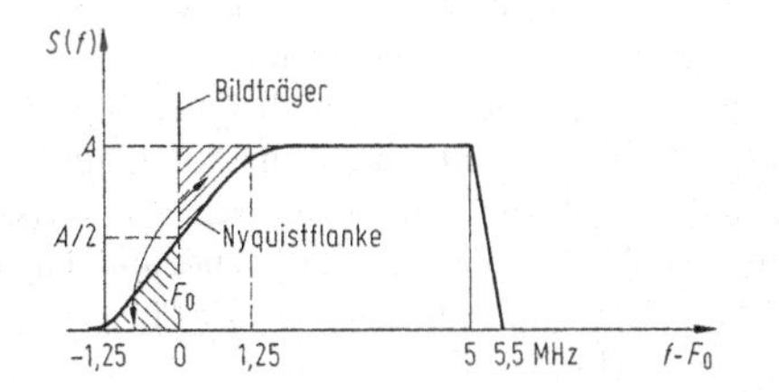

Bild 22-9. Spektrum der Fernseh-Restseitenbandmodulation

22.3.3 Frequenz- und Phasenmodulation

Wird die Phase φ des Übertragungssignales $S(t) = A_0 \cos\varphi$ moduliert und die Amplitude A_0 konstant gehalten, so bezeichnet man dies je nach der Art der Abhängigkeit als Frequenz- oder als Phasenmodulation. Über den Zusammenhang $\Phi = 2\pi \int_0^\infty F(t)\,\mathrm{d}t$ besteht die Verbindung zwischen Phase F und Frequenz F eines Signales. Für die aus Aufwandsgründen bevorzugte Frequenzmodulation ist der modulationsabhängige Verlauf der Momentanfrequenz $F(t)$ und das zugehörige Ausgangssignal $S(t)$ in Bild 22-10 dargestellt. Dafür gilt der Zusammenhang

$$S(t) = A_0 \cos\left\{2\pi F_0\left[t + (\Delta F/F_0)\int_0^\infty [s(t)/s_{\max}]\mathrm{d}t\right]\right\}, \tag{22-9}$$

dessen Zerlegung in harmonische Komponenten eine Summe von Besselfunktionen liefert. Daraus ergeben sich in Abhängigkeit von dem auf die höchste Modulationsfrequenz $f_{\max}$ bezogenen Frequenzhub ΔF sehr unterschiedliche Spektralverteilungen $S(f)$, siehe Bild 22-11. Die Kanalbandbreite B für eine verzerrungsarme Übertragung muss in beiden Fällen mindestens $B > 2(\Delta F + f_{\max})$ betragen. Phasenmodulationsverfahren erlauben zur Frequenzaufbereitung zwar eine besserer Kontrolle der Ruhefrequenzlage, haben aber wegen des höheren technischen Aufwandes weniger praktische Bedeutung erlangt.

22.3.4 Zeitkontinuierliche Umtastmodulation

Die Übertragung digitaler Modulationssignale führt bei konstanten Amplitudenwerten im einfachsten Falle auf das zeitabhängige Ein- und Ausschalten eines Hilfsträgersignales. Dieses Verfahren wird Trägertastung (A1) genannt und in der Morsefunktelegrafie noch verwendet. Da nachregelnde Empfangseinrichtungen in den signalfreien Zeitabschnitten keine Information erhalten, bevorzugt man heute Umtastmodulationsarten, die ständig ein Übertragungssignal bereitstellen. Die modulationsabhängige Umschaltung zwischen zwei Trägergeneratoren der Frequenzen F_1 und F_2 zeigt Bild 22-12. Sie wird als Frequenzumtastung (FSK, frequency-shift keying) bezeichnet. Das

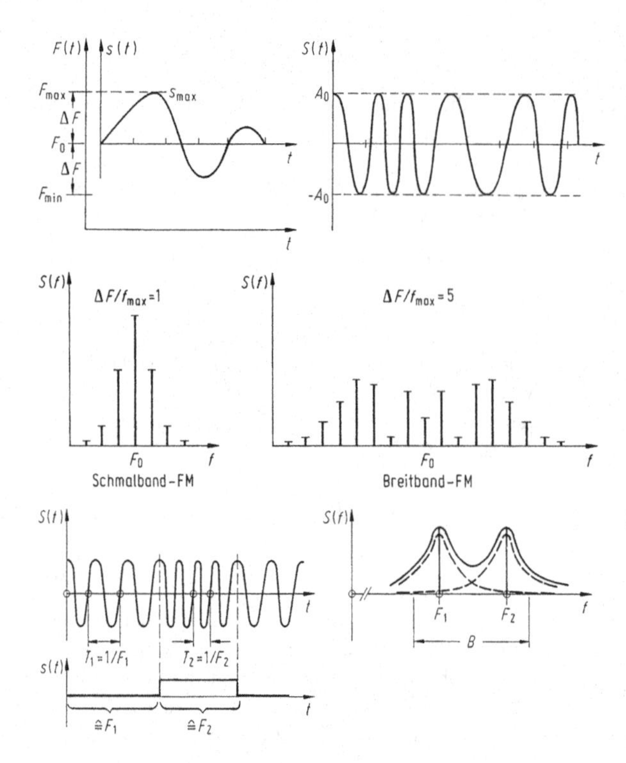

Bild 22-10. Frequenzmodulationsverfahren (FM)

Bild 22-11. Spektrum einer Schmalband- und einer Breitband-FM

Bild 22-12. Frequenzumtastung (FSK)

zugehörige Spektrum $S(f)$ des Übertragungssignales setzt sich aus den Pulsspektren beider Modulationsintervalle zusammen. Die Beschränkung der Übertragungsbandbreite auf $B = 2(F_2 - F_1 + 3f_{max})$ erfasst etwa 95% der Signalleistung, wenn die beiden Trägerfrequenzen F_1 und F_2 als ganzzahliges Vielfaches der modulierenden Frequenzen f gewählt werden und keine sprunghaften Übergänge im Umschaltaugenblick auftreten.

Durch Signalfilterung kann eine modulationsabhängige Phasenzuordnung erreicht werden. Dieses

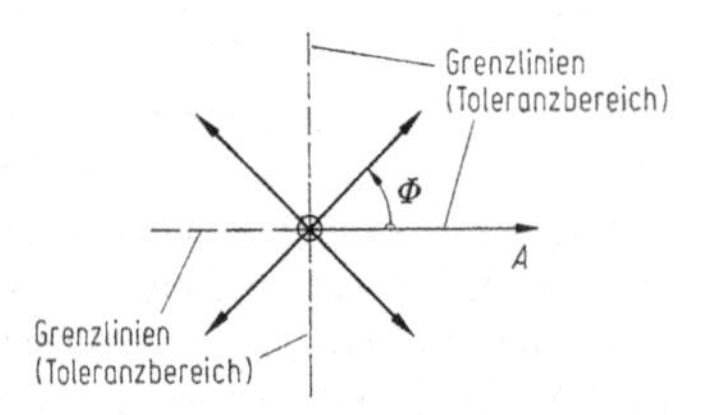

Bild 22-13. Zeigerdiagramm einer Vierphasenumtastung (PSK)

Phasenumtastung (PSK, phase-shift keying) genannte Verfahren lässt sich durch ein Vektordiagramm z. B. für vier Phasenzustände entsprechend Bild 22-13 beschreiben. Bei einer Beschränkung der Phasenänderungsgeschwindigkeit $d\Phi/dt = 2\pi f_{max}$ auf die höchste Modulationsfrequenz f_{max} ergibt sich die geringste Bandbreiteforderung an den Übertragungskanal.

22.3.5 Kontinuierliche Pulsmodulation

Anstelle harmonischer Schwingungen kann als Trägersignal auch ein rechteckförmiges Pulssignal dienen, das weniger Aufwand bei der Signalauswertung erfordert. Zur analogen Aufprägung des Modulationssignales $s(t)$ bieten sich die Pulsamplitude $A(s)$ bei der Pulsamplitudenmodulation (PAM), die Pulsfrequenz $F(s)$ bei der Pulsfrequenzmodulation (PFM), die Pulsphase $\Phi(s)$ bei der Pulsphasenmodulation (PPM) und die Pulsdauer $t(s)$ bei der Pulsdauermodulation (PDM) oder auch Pulsweitenmodulation (PWM) an. Zur Veranschau-

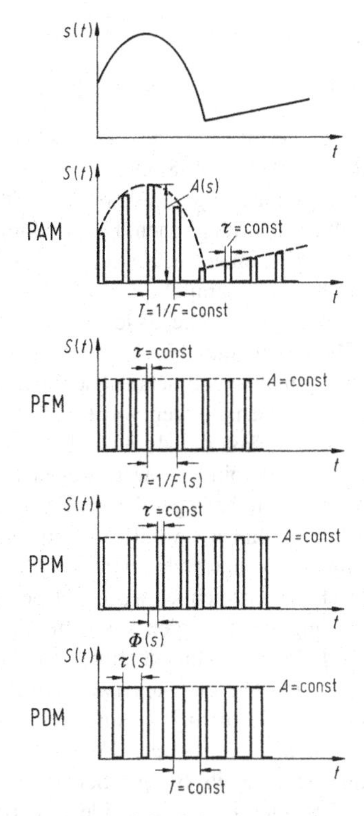

Bild 22-14. Kontinuierliche Pulsmodulationsarten

lichung sind die Ausgangssignale $S(t)$ bei diesen Modulationsarten in Bild 22-14 dargestellt. Die volldigitale Betriebsweise von Nachrichtenkanälen hat diese Verfahren jedoch weitgehend verdrängt, sodass sie nur noch vereinzelt zur Signalaufbereitung und Signalverarbeitung eingesetzt werden. Der Einfluss unterschiedlicher spektraler Energieverteilungen und Störabstände ist bei diesen Verfahren von Bedeutung.

22.3.6 Pulscode-, Delta- und Sigma-Delta Modulation

Im Unterschied zur PAM wird bei der Pulscodemodulation (PCM) nicht nur die Zeit diskretisiert, sondern es erfolgt auch eine Amplitudendiskretisierung, die man (Amplituden-)Quantisierung nennt. Die Quantisierung ist ein nichtlinearer Prozess. Die Signalübertragung erfolgt mit seriellen synchronen Pulsmustern, wobei bevorzugt Dualzahlen verwendet

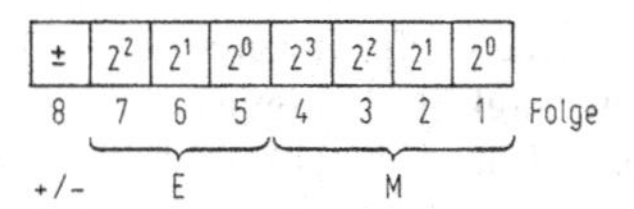

Bild 22-15. Muster einer 8-Bit-Pulscodemodulation (PCM)

werden. Mit dem Faktor 2 kann dabei die Dynamik auf einfache Weise exponentiell erweitert werden. Das zur Sprachübertragung in Telefonqualität bevorzugte logarithmische PCM-Codierungsschema zeigt Bild 22-15, bei dem für die Signalwerte $s = (+/-)M \cdot 2^E$ gilt. Die Modulationseinrichtungen sind dabei Analog-Digital-Umsetzer, die diese Stufung bei serieller Ausgabe der Signalwerte aufweisen.

Bei der Standard-PCM wird jeder Amplitudenwert einzeln quantisiert, was mit einem erheblichen Aufwand in Kodierer und Dekodierer verbunden ist. Vielfach sind jedoch die Amplitudenproben des PAM-Signal korreliert, was bei der Standard-PCM nicht berücksichtigt wird. Bei der DPCM (Differential Pulse Code Modulation) wird daher bei solchen Signalen nur die Differenz des Signals mit einem Prädiktor kodiert, der sich aus vergangenen Amplitudenwerten berechnet und somit die Vergangenheit des Signals und damit dessen Korrelationen berücksichtigt.

Ein besonders einfaches digitales Modulationsverfahren mit Prädiktion ist die Deltamodulation (DM), welche im Unterschied zu DPCM-Varianten das Ausgangssignal jeweils nur um einen Schritt verändert. Die zugehörige sehr einfache Modulationseinrichtung nach Bild 22-16 besteht aus einer schwellenbehafteten Differenzbildung (Komparator) für zweiwertige Ausgangssignale $S(t) = +/-A$, einem Einstufenkomparator und einem Integrierglied. Bei verschwindendem Eingangssignal $s(t)$ liefert sie eine konstante Pulsfolge höchstmöglicher Änderungsrate (granulares Rauschen). Sie erreicht

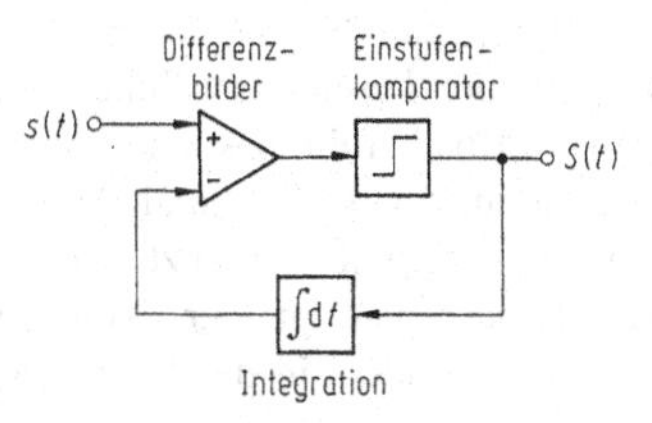

Bild 22-16. Prinzip der Deltamodulation (DM)

jedoch nur eine tiefpassbegrenzte zeitliche Anstiegsgeschwindigkeit (Steigungsüberlastung oder Slope Overload) und ist auch noch durch den Integrationsverzug mit Überschwingen behaftet. Diese Nachteile beschränken die Anwendbarkeit des Deltamodulationsverfahrens. Daher muss ein Kompromiss hinsichtlich der Schrittweite erzielt werden, damit diese Effekte minimiert werden können. Besser ist es noch, die Schrittweite an das Eingangssignal zu adaptieren, sodass man einen adaptiven Delta-Modulator (ADM) erhält.

Zur der Dekodierung eines von einem Delta-Modulator erzeugten Signals, das man über einen Kanal überträgt, wird zunächst ein Integrator und anschließend ein Tiefpass benötigt. Verschiebt man diesen Integrator an den Anfang der Kodierer-Dekodierer-Kette und somit vor den Delta-Modulator und zieht diesen Integrator zusammen mit dem in der Rückkopplungsschleife befindlichen Integrator hinter die Differenzbildung, dann erhält man die Struktur eines Sigma-Delta-Modulators. Das von einem Sigma-Delta-Modulator erzeugte Signal braucht nur mit einem Tiefpass gefiltert werden, um das Eingangssignal zurück zu gewinnen. Um eine gute Signalqualität zu erhalten, muss allerdings eine hohe Überabtastung verwendet werden.

Diese scheinbar unbedeutende äquivalente Umformung der Kette aus Delta-Modulator und zugehörigem Demodulator führt aber bei dem neuen System zu ganz unterschiedlichen Eigenschaften. Während beim Delta-Modulator die Übertragungsfunktionen für Eingangs- und Rauschsignal gleichartigen Charakter haben, besitzt beim Sigma-Delta-Modulator die Übertragungsfunktion für das Eingangssignal Tiefpass-Charakter, für das Rauschsignal aber Hochpass-Charakter. Damit ist sogenanntes Noise-Shaping – d. h. Hochpass-mäßige Verformung des Rauschens – möglich, wodurch das Rauschspektrum zu den hohen Frequenzen verschoben wird. Weiterhin wird beim Deltamodulator die Signaldifferenz kodiert, was zu der bereits erwähnten Steigungsüberlastung (Overload) führen kann, während beim Sigma-Delta-Modulator das Signal kodiert wird, wodurch nur das Signal begrenzt wird. Weitere Einzelheiten findet man in der weiterführenden Literatur und insbesondere in der Monographie von Zölzer [17].

22.4 Raum-, Frequenz- und Zeitmultiplex

22.4.1 Baum- und Matrixstruktur

Die Nutzung verfügbarer Nachrichtenkanäle für wechselnde Quellen und Senken erfordert deren bedarfgerechte Zuordnung und damit Einrichtungen, die Umschaltungen ermöglichen. Die Struktur derartiger Anordnungen unterscheidet sich darin, ob die Kanäle in Folge oder parallel mit den Schaltpunkten verbunden sind, wie siehe Bild 22-17 erkennen lässt. Die Folgeschaltung Bild 22-17a wird auch Baumstruktur genannt und schützt durch räumliche Trennung vor Fehlschaltungen von Kanälen, hat jedoch den Nachteil, dass die als Bündel bezeichneten parallel laufenden Verbindungswege wegen der räumlichen und zeitlichen Abfragefolge nur unvollständig genutzt werden können. Abhilfe schafft hier ein Mehrfachzugriff in unterschiedlicher Reihenfolge, der als Mischung bezeichnet wird und dem Informationsfluss angepasst werden kann. Im Gegensatz dazu erfordert die kreuzschienenartige Matrixstruktur nach Bild 22-17b stets ein Steuerwerk, das ist eine Hilfseinrichtung, die für die störungsfreie Auswahl der Durchschaltepunkte sorgt. Voraussetzung ist die Kenntnis über bereits belegte Schaltpunkte, um eine innere Blockierung zu vermeiden. Aus diesem Grunde können derartige Einrichtungen sinnvoll nur mit digitaler Steuerungen betrieben werden. Sie haben wegen der besseren Ausnutzung der Bündel die Baumstruktur weitgehend verdrängt.

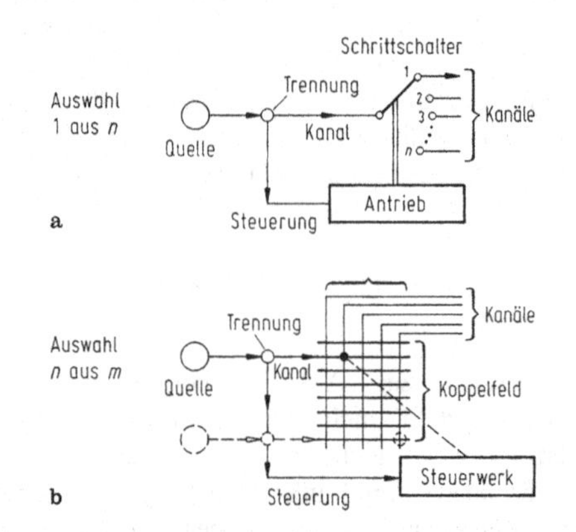

Bild 22-17. Raummultiplex in **a** Baum- und **b** Matrixstruktur

22.4.2 Durchschalt- und Speicherverfahren

Der wichtigste Unterschied beim Betrieb von Einrichtungen zur bedarfsabhängigen Kanalzuweisung besteht darin, ob die Durchschaltung entweder direkt auf Anforderung hin oder erst nach einer Überprüfung des Gesamtschaltzustandes erfolgen kann. Letzteres erfordert die zeitunabhängige Verfügbarkeit unbearbeiteter Anforderungen und wird deshalb als Speicherverfahren bezeichnet. Damit kann die Nutzung von Durchschaltmöglichkeiten in Systemen hoher Kanalzahl erheblich verbessert werden, es erfordert jedoch eine besondere Signalisierung des Schaltzustandes. Im Gegensatz dazu ist bei dem jeder Anforderung folgenden Durchschaltverfahren zu jedem Zeitpunkt der Schaltzustand systembedingt festgelegt. Der höhere Aufwand des Speicherverfahrens hat sich durch den Einsatz von Digitalrechnern zur Speicherung und Steuerung beträchtlich vermindert und den Ablauf so beschleunigt, dass verfahrensbedingte Verzögerungen kaum mehr in Erscheinung treten. In Systemen hoher Kanalzahl werden heute deshalb vorzugsweise digitale Speicherverfahren verwendet.

22.4.3 Zugänglichkeit und Blockierung

Für die Zugänglichkeit von Nachrichtenkanälen in kanalzuweisenden Systemen ist zwischen Wähl- und Suchsystemen zu unterscheiden, die von der anfordernden Quelle ausgehend einen freien Kanal nach Bild 22-18a oder von einem freien Kanal aus die anfordernde Quelle nach Bild 22-18b aufsuchen. Dabei sind neben der Anzahl der abzusuchenden Verbindungsstellen auch deren zeitliche Verfügbarkeit für die Auslastung solcher Einrichtungen von Bedeutung. Entsprechend den Regeln zur Anforderungsbearbeitung besteht jedoch die Gefahr der Blockierung, sodass in bestimmten Belastungsfällen keine weitere Anforderungsbearbeitung mehr erfolgen kann. Dabei ist zwischen der inneren, durch die Systemstruktur bedingten Blockierung und der äußeren, durch das Anforderungsverhalten bedingten Blockierungen zu unterscheiden. Durch zunehmenden Einsatz von Speicherverfahren anstelle von Durchschaltverfahren hat sich das Blockierungsverhalten von äußeren auf innere Einflüsse verlagert und wird vorwiegend durch eine nicht hinreichende Berücksichtigung des Systemverhaltens in den programmierten Steuerungsabläufen bestimmt.

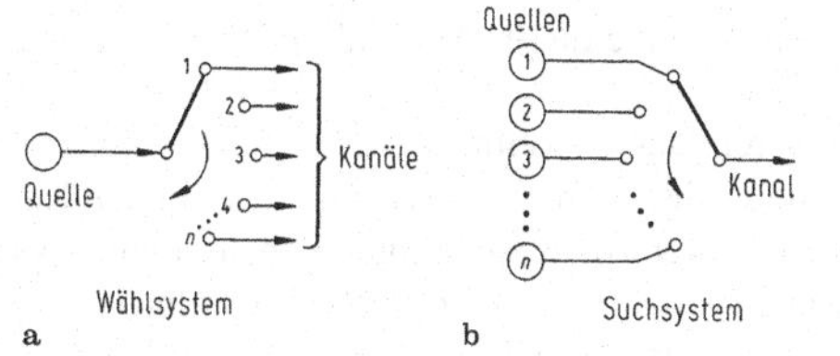

Bild 22-18. Prinzip **a** des Wähl- und **b** des Suchsystems

22.4.4 Trägerfrequenzverfahren

Der Hauptvorteil moderner Nachrichtensysteme besteht in der Mehrfachnutzung von Übertragungswegen nach dem Multiplexverfahren. Das älteste und verbreitetste Verfahren dieser Art ist das Trägerfrequenzverfahren, bei dem mithilfe von Modulation und frequenzselektiver Filterung eine Änderung der von den Nachrichtenkanälen benutzten Frequenzbänder herbeigeführt wird. Bei hinreichend linearem Übertragungsverhalten des Übertragungsweges können so eine Vielzahl von Kanälen störungsfrei zusammengeführt und wieder getrennt werden, siehe Bild 22-19. Der Vorteil des Trägerfrequenzverfahrens besteht darin, dass bei nichtkorrelierten Signalen s_i in den n Einzelkanälen sich deren Leistungen addieren und deshalb die Amplitude des Gesamtsignales S auf

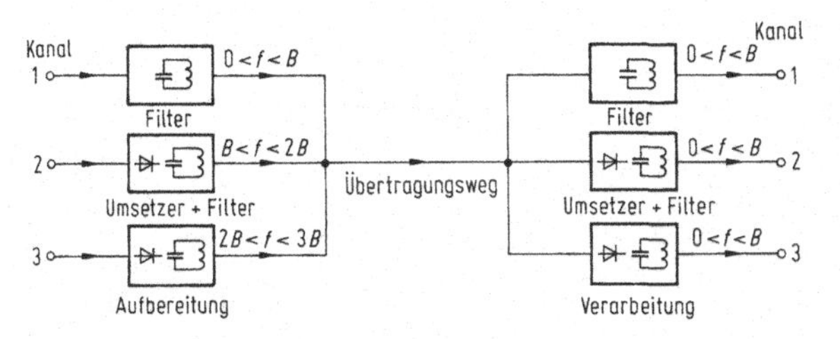

Bild 22-19. Prinzip des Trägerfrequenz-Multiplexverfahrens

Tabelle 22-4. Eigenschaften von Trägerfrequenzsystemen

Bezeichnung	Kanalzahl	Frequenzband	Leitungsart	Verstärkerabstand
V 60	60	(12–252) kHz	symmetrisch 1,3 mm ⌀	18,6 km
V 120	120	(12–552) kHz		
V 960	960	(60–4028) kHz	koaxial 2,6/9,5 mm ⌀	9,3 km
V 2700	2700	(312–12 388) kHz		4,65 km
V 10 800	10 800	(4332–61 160) kHz		1,55 km

dem Übertragungsweg bei gleichen Maximalwerten $s_{\max}$ in den Einzelkanälen

$$S = \sqrt{\overline{P}_s} = \sqrt{\sum_1^n (s_i)^2} = \sqrt{\sum_1^n (s_{\max})^2} = s_{\max}\sqrt{n} \tag{22-10}$$

nur mit der Wurzel der Kanalzahl n ansteigt. Die Kennwerte der fünf meistverwendeten Trägerfrequenzsysteme für den Einsatz auf Telefonfernleitungen sind in Tabelle 22-4 zusammengestellt.

22.4.5 Geschlossene und offene Systeme

Trägerfrequenzsysteme erlauben nur die einmalige Verwendung eines Frequenzbandes auf einem Übertragungsweg, um Übersprechstörungen zwischen Kanälen zu vermeiden. Mehrfache Frequenzzuweisung auf unterschiedlichen Übertragungswegen erfordert einen hohen Entkopplungsgrad zwischen diesen und kann mit Koaxialleitungen (80 bis 100 dB) oder Lichtwellenleitern (∞) am besten gesichert werden. Solche leitungsgebundenen Übertragungssysteme arbeiten mit getrennten Räumen zur Ausbreitung der die Nachricht tragenden elektromagnetischen Wellen und werden als geschlossene Systeme bezeichnet. Im Gegensatz dazu werden Systeme, die sich des freien Raumes zur Wellenausbreitung bedienen, als offene Systeme bezeichnet. Hierzu rechnet der Rundfunk, aber auch Funkverbindungen, bei denen mit strahlbündelnden Antennen für das Aussenden und den Empfang der elektromagnetischen Wellen durch Richtfunk eine räumliche Entkopplungen gegen gleichfrequent genutzte Übertragungskanäle geschaffen wird.

22.4.6 Zeitschlitz- und Amplitudenauswertung

Durch die Verwendung zeitdiskret quantisierter Signale wird eine zeitbezogene Kanalzuordnung möglich, die als Zeitmultiplexverfahren bezeichnet wird. Das Grundprinzip der Arbeitsweise ist in Bild 22-20 dargestellt. Der typische Verlauf des Signals $S(t)$ auf dem Übertragungsweg bei Pulsamplitudenmodulation zeigt Bild 22-21. Unter Beachtung des Abtasttheoremes (22-6) kann durch selektive Filterung die Bandbreite ohne Informationsverlust beschränkt werden. Moderne Systeme dieser Art arbeiten mit Pulscodemodulation, wobei die Information der Kanäle in binär codierter Folge in den zugeordneten Zeitschlitzen übertragen wird. Einige im Telefonweitverkehr eingesetzten Systeme dieser Art sind in Tabelle 22-5 aufgeführt.

Ein vereinfachtes Zeitmultiplexverfahren ergibt sich bei unterschiedlichen Signalamplituden in den Kanälen. Die verarbeitungsseitige Kanaltrennung kann dann an einfachen Amplitudenschwellen erfolgen und erfordert keinen quellsynchronen Zeitbezug.

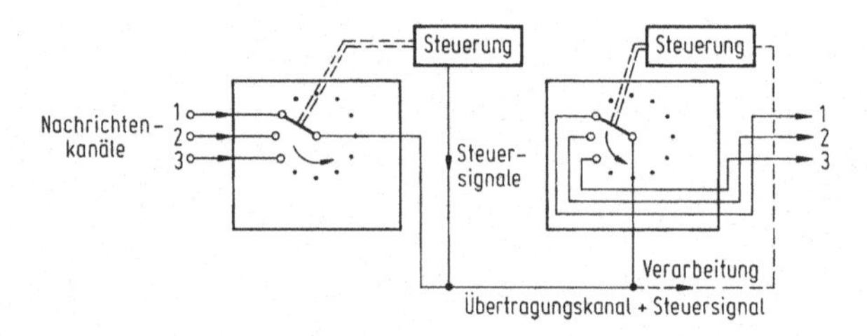

Bild 22-20. Prinzip des Zeitmultiplexverfahrens

Tabelle 22-5. Eigenschaften von PCM-Übertragungssystemen

Bezeichnung	Kanalzahl	Bitrate	Leitungsart	Verstärkerabstand
PCM 30	30	2048 kbit/s	symmetrisch 1,4 mm ∅	4,8 km
PCM 120	120	8448 kbit/s		4,3 km
PCM 480	480	34 368 kbit/s	koaxial 1,2/4,4 mm ∅	4,1 km
PCM 1920	1920	104 448 kbit/s		2,0 km

Dieses Verfahren wird bei der Fernsehbildübertragung eingesetzt, wo neben dem Bildinhalt stets Synchronisiersignale zu übertragen sind. Einen Signalausschnitt nach der Gerber-Norm zeigt Bild 22-22. Die Kanaltrennung erfolgt hier bei einem Amplitudenwert von 75% des Maximalwertes, sodass Synchronisierimpulse „ultraschwarz" werden und bei der Bildwiedergabe nicht in Erscheinung treten. Die dafür erforderliche Amplitudenumkehr des Bildsignales wird Negativmodulation genannt und ist auch zur optischen Ausblendung von Störimpulsen im Bildinhalt besonders vorteilhaft.

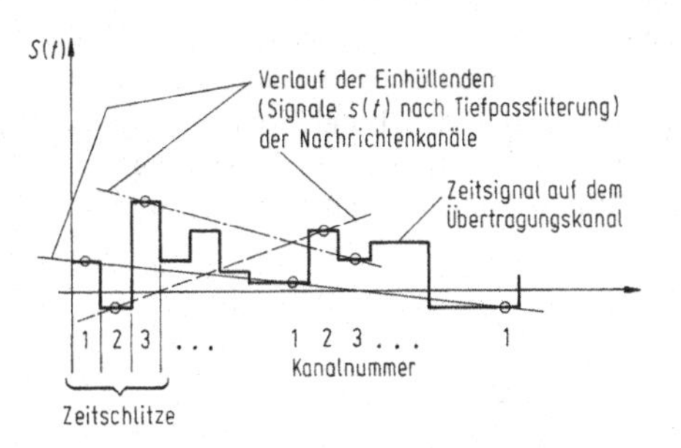

Bild 22-21. Verlauf eines Zeitmultiplexsignals

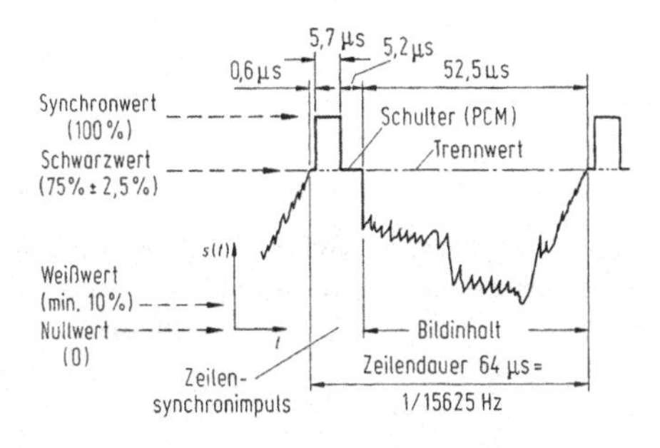

Bild 22-22. Amplitudenmultiplex beim Fernsehbildsignal

23 Signalübertragung

23.1 Kanaleigenschaften, Übertragungsrate

23.1.1 Eigenschaften, Verzerrungen, Entzerrung

Das Übertragungsverhalten eines Nachrichtenkanals wird durch seine linearen und nichtlinearen Verzerrungen sowie durch die Einprägung von Störsignalen bestimmt. Diese Einflüsse bewirken meist eine Verschlechterung des Störabstandes und können durch verarbeitungsseitige Signalfilterung vermindert werden. Entsprechend der modellartigen Betrachtung nach Bild 23-1 lassen sich amplituden- und phasenabhängige Kanalverzerrungen über den Zusammenhang

$$\underline{h}_\mathrm{k} = (1/\underline{h}_\mathrm{f})\underline{h}_\mathrm{e} \tag{23-1}$$

ausgleichen, soweit das auf den Kanaleingang bezogene Störsignal $s_\text{stör} \ll s_\mathrm{f}$ hinreichend klein ist. Der frequenzabhängige Amplitudenverlauf kann durch die Signalfilterung $\underline{h}_\mathrm{f}$ so beeinflusst werden, dass sich für das Ausgangssignal s_a der größtmögliche Störabstand ergibt. Diese Art der Entzerrung des Übertragungsverhaltens wird Optimalfilterung genannt [3], vgl. Bild 20-1. Kanalbedingte nichtlineare Verzerrungen müssen für einen störungsfreien Multiplexbetrieb zur einwandfreien Kanaltrennung mit Filtern vermindert werden. In praktischen Übertragungsmedien herrschen jedoch die linearen Verzerrungen vor, deren Ausgleich stets mit einem verarbeitungsseitigen Filter des Übertragungsverhaltens $\underline{h}_\mathrm{e} = 1/\underline{h}_\mathrm{k}$ vorgenommen werden kann und als Kanalentzerrung bezeichnet wird. Ein frequenzabhängiger Störabstand im Kanal erfordert dann eine aufbereitungsseitige Vorverzerrung $\underline{h}_\mathrm{f}$ des Eingangssignals s_e um allen relevanten Anteilen den gleichen Störabstand zu sichern.

23.1.2 Nutzungsgrad und Kompressionssysteme

Entscheidend für die optimale Nutzung eines Nachrichtenkanales ist allein die einwandfreie Wiedergewinnung übertragener Informationen. Deshalb ist nicht der Störabstand des augenblicklichen Signalverlaufes $s(t)$ von Bedeutung sondern der Störabstand des gesamten die Nachricht tragenden Musters. Im Allgemeinen bestehen diese Muster aus der blockweisen Zusammenfassung von Einzelsignalen und besitzen den aus Dynamik und Bandbreite multiplikativ gebildeten Informationsfluss H'_s. Bei endlichem Auflösungsvermögen kann der momentane Informationsfluss $H'_s(t)$ für jedes Signal bestimmt werden, wobei die Kanalkapazität des Übertragungsweges $H'_k \geq H'_s(t)$ zur verlustfreien Übertragung sein muss. Das Verhältnis dieser beiden Größen wird Kanalnutzungsgrad η_k genannt und als zeitlicher Mittelwert angegeben

$$\eta_k = (1/T) \int_0^T \left(H'_s(t)/H'_k\right) \mathrm{d}t \,. \tag{23-2}$$

Einsparungen an Kanalkapazität können für $\eta_k < 1$ durch eine bessere aufbereitungsseitige Anpassung des Informationsflusses H'_s an die Kanalkapazität H'_k erreicht werden, da sich die amplituden- und frequenzmäßige Zuordnung durch Umcodierung verändern lässt. Dazu dienen nichtlineare Signalquantisierungsarten und die spektrale Energieumverteilung durch Modulationsverfahren. Übertragungseinrichtungen dieser Art werden als Kompressionssysteme bezeichnet und in zunehmendem Maße auf stark gestörten Übertragungswegen zur Reduktion der Bandbreite oder zur Verbesserung des Störabstandes eingesetzt. Der Ausgleich momentaner Nutzungsgrad- und/oder Störabstandsschwankungen erfolgt dabei durch zeitabhängige Musterzuweisung und verarbeitungsseitige Mittelwertbildung. Bei Quellen mit zeitvarianten Informationsfluss kann zusätzlich eine adaptive Anpassung an die Kanalkapazität vorgenommen werden.

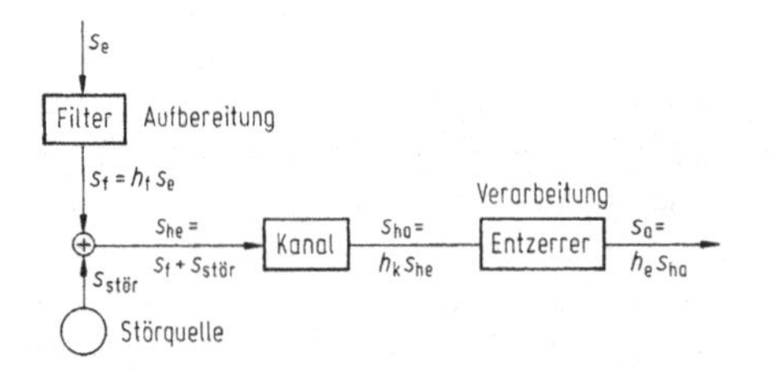

Bild 23-1. Ausgleich von Amplituden- und Phasenverzerrungen

23.2 Leitungsgebundene Übertragungswege

23.2.1 Symmetrische und unsymmetrische Leitungen

Übertragungsleitungen können Nachrichtensignale mithilfe elektromagnetischer Wellen dämpfungsarm über große Entfernungen führen. Sie werden für erdsymmetrischen Betrieb als Zweidrahtleitungen ausgeführt, die aus konstruktiven Gründen paarweise zu „Sternvierer" genannten Bündeln in Kabeln zusammengefasst werden, Bild 23-2a. Für den erdunsymmetrischen Betrieb verwendet man Koaxialleitungen nach Bild 23-2b zum Aufbau der Kabel. Eigenschaften einiger für die Trägerfrequenzübertragung eingesetzter Ausführungsformen enthält Tabelle 23-1. Das Übersprechen in den zu Viererbündeln zusammengefassten Zweidrahtleitungen wird durch Verdrillung der Bündel mit unterschiedlicher Schlagweite, das bei Koaxialleitungen dagegen durch die Schirmwirkung des Außenleiters bestimmt.

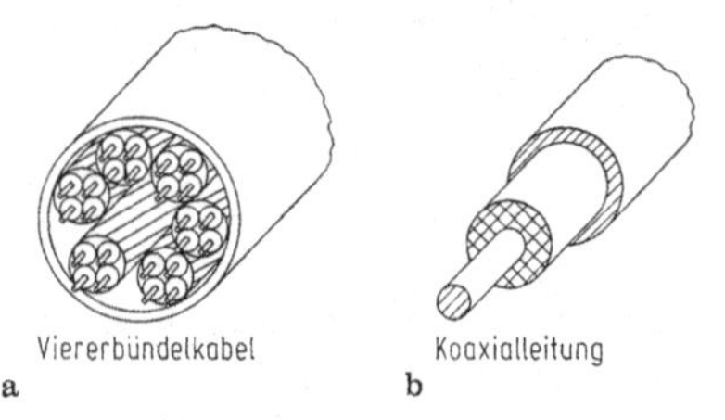

Bild 23-2. Schnittbilder von Übertragungsleitungen

Tabelle 23-1. Eigenschaften von Trägerfrequenzleitungen

Art	Bezeichnung Abmessung	Wellenwiderstand Z_L	Dämpfungsmaß bei 1 MHz dB/km
Symmetrisch	2 × 0,6 mm ⌀	ca. 175 Ω	2,1
	2 × 1,4 mm ⌀		0,9
Koaxial	1,2/4,4 mm ⌀	ca. 75 Ω	5,2
	2,6/9,5 mm ⌀		2,4

23.2.2 Hohlleiter- und Glasfaserarten

Zur Übertragung von Signalen bei höheren Pegeln $p > 40\,\text{dBm}$ kommen im Höchstfrequenzbereich ($1\,\text{GHz} < f < 100\,\text{GHz}$) metallische Wellenleiter in Betracht. Eindeutige Schwingungsformen ergeben sich z. B. bei einem Frequenzverhältnis von $f_{max}/f_{min} \approx 2$ in rechteckförmigen Hohlleitern deren Seitenverhältnis 1:2 beträgt. Die zulässigen Grenzpegel p_{max} und die Dämpfung d/R können dann näherungsweise aus der leitend umschlossenen materialfreien Querschnittsfläche q nach den Beziehungen

$$p_{max} \approx [60 + 10\lg(400\,\text{cm}^2/q)]\,\text{dBm}$$
$$\text{und}\quad d/R \approx 0{,}22\,(q/\text{cm}^2)^{0{,}83}\,\text{dB/m} \qquad (23\text{-}3)$$

bestimmt werden. Für die Nachrichtenübertragung wird in zunehmendem Maße der optische Wellenbereich genutzt, seit es gelingt dämpfungsarme, dielektrische Wellenleiter auf der Basis von Quarzglasfasern (SiO_2) herzustellen. Es gibt zwei Faserarten, die sich durch ihre relativen Querschnittsabmessungen a/λ unterscheiden. Die Gradientenfaser nutzt bei einem Durchmesser $a \approx 50\,\lambda$ eine radial abnehmende Brechzahl zur Reduktion der Abstrahlung aus dem Leiterinneren und damit zur Verminderung der Übertragungsdämpfung. Bild 23-3 zeigt den typischen Verlauf der längenbezogenen Dämpfung d/R einer solchen Faser. Bei den neueren Monomode- oder Stufenindexfasern werden diese Energieverluste durch den Betrieb mit eindeutiger Schwingungsform der ausbreitungsfähigen Wellen in einem kleineren Querschnitt des Durchmessers $a \approx \lambda$ vermieden.

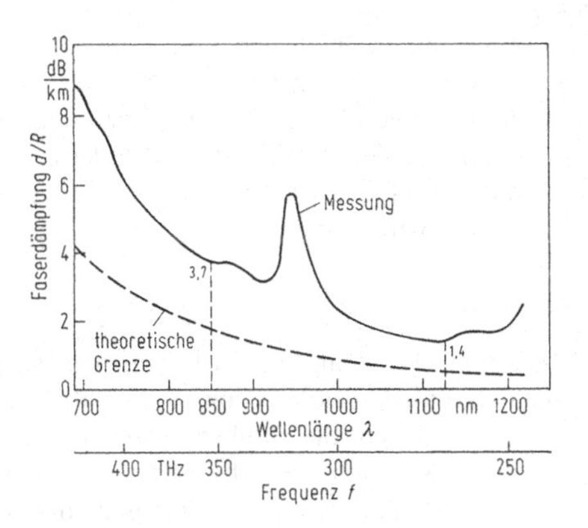

Bild 23-3. Dämpfungsverlauf einer Glasfaser

23.2.3 Kabelnetze

Die Bereitstellung leitungsgebundener Übertragungswege fordert einen wirtschaftlichen Ausgleich zwischen dem Herstellungsaufwand und der Auslastung der Kanalkapazität. In Kommunikationssystemen hat sich die hierarchische organisierte Informationsbündelung in fest zugeordneten oder umschaltbaren Kanälen als wirtschaftlichste und störungsärmste Art der Nachrichtenübertragung erwiesen. Entsprechend Bild 23-4 werden die Anschlussleitungen A genannten Wege zwischen den, die Signalquellen und -senken beinhaltenden Teilnehmern T und den in den Knoten K_i befindlichen Vermittlungseinrichtungen fest zugeordnet. Die Fernleitungen F genannten Verbindungen zwischen den auch Netzknoten K_i genannten Vermittlungseinrichtungen werden dagegen umschaltbar gemacht. Hohe Belegungsdichte fördert die Zusammenfassung parallelgeführter Kanäle eines Fernleitungsweges F im Multiplexbetrieb und erhöht den Nutzungsgrad des Netzes. Das Ausfallverhalten ist im Anschlussbereich teilnehmerbezogen, im Fernbereich dagegen vermittlungsbezogen und kann durch Ersatzschaltung verbessert werden. Dies bedeutet, dass ein dem Knoten K_2 zugeordneter Teilnehmer in Bild 23-4 von den zum Knoten K_1 gehörigen Teilnehmern über den Knoten K_3 erreicht werden kann. Konstruktiv werden die Einzelleitungen zur Verminderung der Herstellungs- und Verlegekosten so weit wie möglich in Form von Bündeln in Kabeln zusammengefasst [5].

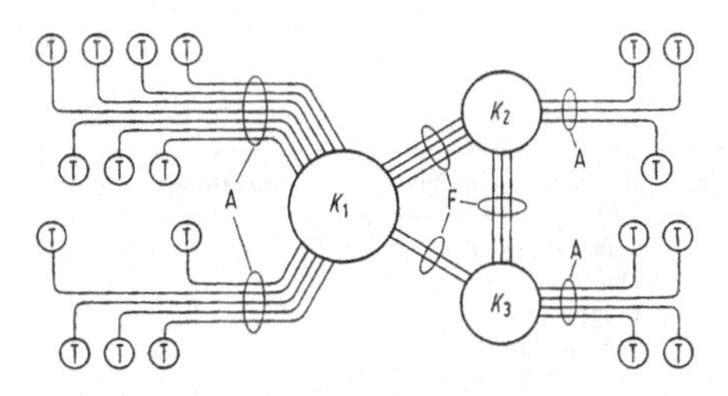

Bild 23-4. Teilnehmerzuordnung eines Nachrichtennetzes

23.3 Datennetze, integrierte Dienste

23.3.1 Netzgestaltung, Vermittlungsprotokoll

Durch den Einsatz von Datenspeichern in den Endstellen T und den Vermittlungsknoten K bei der digitalen Nachrichtenübertragung kann der Informationsfluss unterschiedlichster Signale blockweise zusammengefasst und im Zeitmultiplex übertragen werden, s. Bild 23-5. Durch die sequentielle Auswertung vorangestellter Kennzeichnungssegmente, hier mit x, y und z bezeichnet, können die Datenpakete belastungsabhängig vermittelt werden. Trotz der zur Zustandskennzeichnung erforderlichen Zusatzinformation nutzt diese Art der Blockvermittlung die Kanalkapazitäten eines Netzes besser als die einfache Leitungsvermittlung aus. Alle Steuerungs-, Bearbeitungs- und Zuweisungsinformationen werden in dem Vermittlungsprotokoll genannten Kennzeichnungssegment zusammengefasst. Die folgerichtige Auswertbarkeit dieser Information erfordert eine Rangfolge in Schichten nach Tabelle 23-2, wobei den Anforderungen der Netzknoten und Endgeräte entsprechend ein stufenweiser Ausbau vorgenommen werden kann.

23.3.2 Fernschreiben, Bildfernübertragung

Aus der Telegrafie, der historisch ersten Art elektrischer Nachrichtenübertragung hat sich die

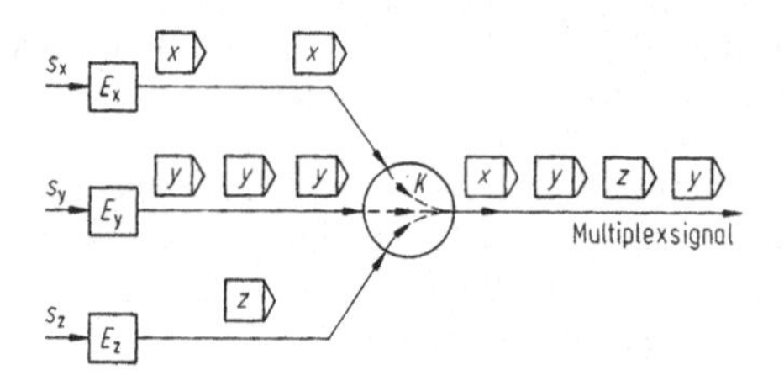

Bild 23-5. Betrieb protokollgesteuerter Nachrichtennetze

Tabelle 23-2. Protokollschema zum ISDN-Netzbetrieb

Ebene	Protokollbeschreibung	Auswertung	
7	Anwendungsart		Endgeräte
6	Darstellungsart	Knoten	
5	Folgeart		
4	Transportart		
3	Vermittlungsart		
2	Sicherungsart		
1	Übertragungsart		

Fernschreibtechnik entwickelt, die sich des international genormten Codes nach Bild 19-2 zur Übertragung alphanumerischer Zeichen bedient. Als Basisbandsignal können derartige Zeichen im Frequenzmultiplex zusammen mit Sprachsignalen über Fernsprechanschlussleitungen geführt und durch Hoch-Tiefpassfilter mit einer Grenzfrequenz von 300 Hz abgetrennt werden. Dabei ist die Übertragungsrate 50 Schritte/s = 50 Baud bei moderneren Einrichtungen auch 100 Baud. Die ungünstigen Übertragungseigenschaften längerer Leitungen für gleichstrombehaftete Signale vermeidet das WT-Verfahren (WT, Wechselstromtelegrafie), bei dem das Fernschreibsignal einer Trägerfrequenz von 120 Hz als tonlose Amplitudenmodulation (Al) aufgeprägt wird. Zur Fernübertragung im Multiplexbetrieb und für Übertragungsraten bis 1,2 kBaud benutzt man Fernsprechkanäle der Frequenzbreite 300 bis 3400 Hz und setzt die Modulationsart FSK (frequency shift keying) ein. Modernere Verfahren mit QAM-Modulation (Quaternär-Amplituden-Modula tion) ermöglichen auf derartigen Kanälen Übertragungsraten bis 9,6 kBaud. Bei der Bildfernübertragung wird wegen des Endgeräteaufwandes und der erforderlichen Kanalkapazitäten die Übertragungsrate dadurch begrenzt, dass nur Verfahren für ruhende farbfreie Vorlagen hoher Gradation und Auflösung, Fernkopie oder Telefax genannt, und Verfahren für langsamveränderliche farbiger Bilder geringer Auflösung als Bildschirm- bzw. Videotext sowie die farbfreie Grauwertübertragung des Bildfernsprechens vorgesehen sind. Die Zuordnung der Bildinformation auf Quell- und Senkenseite wird in allen Fällen durch eine zeilenweise Abtastung und Synchronisation gewährleistet. Die Übertragungsverfahren orientieren sich für ruhende Bilder an der Fernschreibübertragung, für bewegte Bilder dagegen an der Fernsehübertragung.

23.3.3 Verbundnetze mit Dienstintegration

Die Zusammenschaltung von Übertragungswegen zu einem Nachrichtennetz bezog sich in der Vergangenheit immer auf die zu übertragenden Signale und führte zu Netzen, die nur bestimmte Endgeräte für Quellen und Senken zuließen. Durch die digitale signalunabhängige Auslegung dieser Einrichtungen entstanden die sogenannten offenen Netze, bei denen im Rahmen der verfügbaren Kanalkapazitäten eine beliebige Quellen- und Senkenbeschaltung zugelassen ist. Dabei kann auch eine bedarfsabhängige Zusammenschaltung unterschiedlicher Übertragungswege erfolgen, was als Verbundnetz bezeichnet wird. Bezüglich der verfügbaren Signale muss zwischen netzfremden und netzinternen Quellen unterschieden werden, wobei letztere bedarfsabhängig vom Benutzer abrufbare Sonderfunktionen ermöglichen. Das ISDN-Netzkonzept (Integrated Services Digital Network) verfügt über eine Kanalkapazität von 144 kbit/s in beiden Richtungen, die in zwei Kanäle mit je 64 kbit/s Kanalkapazität und einen Signalisationskanal mit einer Kanalkapazität von 16 kbit/s aufgeteilt ist. Diese Werte beruhen zwar auf der Codierung von Fernsprechsignalen, bedeuten jedoch keine Einschränkungen bei der Zuordnung von Endgeräten entsprechend Bild 23-6. Das ISDN-Netz kann durch Austausch der Vermittlungs- und Endgeräte auf den Anschluss- und Fernleitungen des analogen Fernsprechnetzes eingerichtet werden. Zur Fernsehbildübertragung in Echtzeit ist eine Kanalkapazität von 140 Mbit/s erforderlich, die breitbandigere Übertragungswege erfordert (Breitband-ISDN). Glasfasern bieten Kanalkapazitäten bis Gbit/s bei höchster elektromagnetischer Störsicherheit und werden deshalb gegenüber den vorhandenen Koaxialkabeln sowohl als Fernleitungen wie auch als Breitbandanschlussleitungen bevorzugt werden.

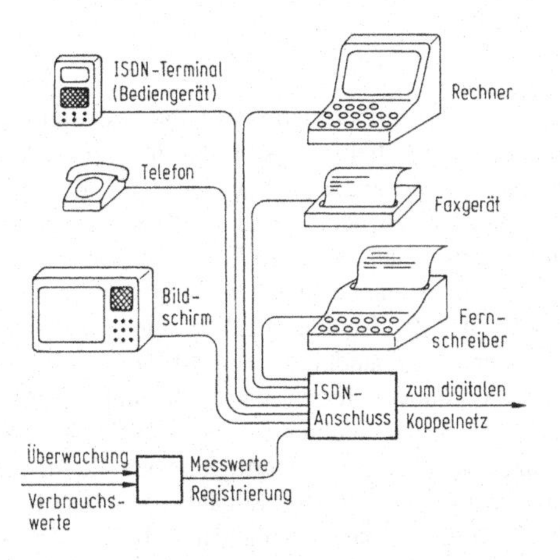

Bild 23-6. Endgeräte des ISDN-Nachrichtennetzes

23.4 Richtfunk, Rundfunk, Sprechfunk

23.4.1 Funkwege, Antennen, Wellenausbreitung

Bei der Verwendung elektromagnetischer Wellen im freien Raum zur Übertragung von Nachrichten sind keine Einrichtungen auf den Übertragungswegen erforderlich, da sich die Wellen im Gegensatz zur Führung in metallischen oder dielektrischen Wellenleitern auch ungeführt ausbreiten können. Dadurch kann die räumliche Lage von Empfangs- und Sendestellen in weiten Grenzen frei gewählt werden. Von Hindernissen abgesehen unterliegt die Wellenausbreitung einer rückwirkungsfreien Zerstreuung der Energie längs der Wegstrecke R und ergibt eine von der Betriebsfrequenz f abhängige Grundübertragungsdämpfung

$$d = 20 \lg((R/\text{km})(f/\text{MHz}))\,\text{dB} + 32{,}44\,\text{dB}\,. \quad (23\text{-}4)$$

Durch den Einsatz strahlbündelnder Antennen am Übergang von bzw. zu leitungsgebundenen Sende-/Empfangseinrichtungen kann eine richtungsmäßige Entkopplung von Übertragungswegen erreicht werden. Für Antennen mit relativ zum Quadrat der Wellenlänge λ großer Öffnungsfläche A kann die als Antennengewinn g bezeichnete, auf eine allseitig gleichmäßige Energiezerstreuung bezogene Kenngröße aus der Beziehung

$$g = 10 \lg(4\pi q A/\lambda^2)\,\text{dB}\,, \quad (23\text{-}5)$$

bestimmt werden. Dabei stellt der Faktor $q < 1$ ein Maß für die Gleichförmigkeit der Energieverteilung in der strahlenden Öffnung A dar. Oberhalb von 1 GHz werden vor allem Reflektorspiegel aus rotationsparabolischen Abschnitten leitender Flächen verwendet, die quasioptischen Gesetzmäßigkeiten der Strahlbündelung gehorchen. Unter 1 GHz dienen dagegen Antennen aus stabförmigen Monopolen oder Dipolen oder Gruppen derartiger Elemente zur Strahlbündelung. Bild 23-7 zeigt eine solche Yagi-Antenne, bei der durch mehrere mit dem schleifenförmigen Speisedipol strahlungsgekoppelte stabförmige Hilfselemente die Richtwirkung erreicht wird. Da es sich bei den Antennen im Allgemeinen um geometriebezogene auf metallischer Wellenführung beruhende Feldwandler handelt, ist ihr

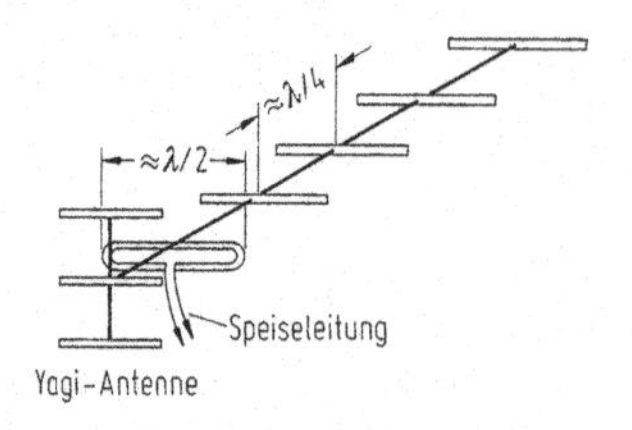

Bild 23-7. Bauweise einer Yagi-Antenne

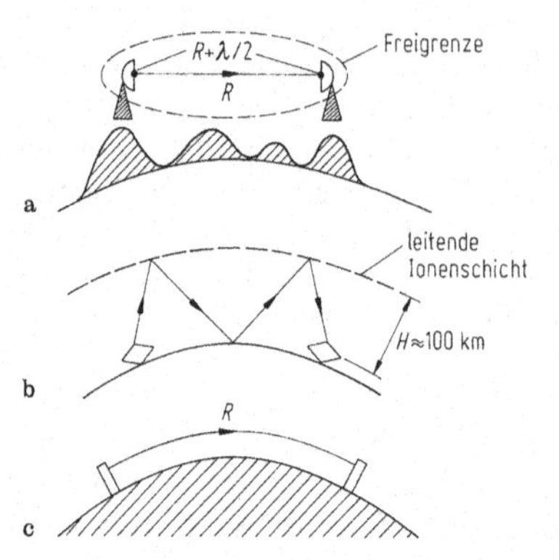

Bild 23-8. Arten der Wellenausbreitung. **a** Sichtverbindung, **b** Spiegelung in der Ionosphäre, **c** erdgeführte Wellen

elektrisches Verhalten umkehrbar, also ihr Gewinn g für den Sende- und Empfangsfall, abgesehen von ihrer leistungsmäßigen Belastbarkeit, gleich.

Zwischen 2 und 20 GHz erfordern Funkverbindungen weitgehend hindernisfreie Wege, siehe Bild 23-8a. Der Kurzwellenbereich zwischen 3 und 30 MHz kann dagegen durch Spiegelung an sonnenbedingten Ionisationsschichten in der hohen Atmosphäre bei Dämpfungswerten von nur 70 dB für Reichweiten bis 8000 km Abstand genutzt werden, siehe Bild 23-8b. Im Langwellenbereich unter 300 kHz werden Freiraumwellen an der Erdoberfläche durch deren Leitfähigkeit geführt, siehe Bild 23-8c. In dem dazwischenliegenden Frequenzbereich zeigt sich ein Übergangsverhalten.

23.4.2 Punkt-zu-Punkt-Verbindung, Systemparameter

Die Ausbreitung der von strahlbündelnden Antennen ausgesendeten elektromagnetischen Wellen erlaubt bei Störungs- und Hindernisfreiheit die

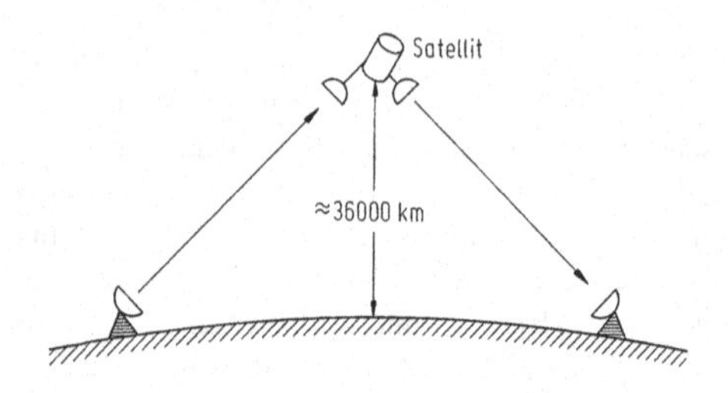

Bild 23-9. Prinzip der Satellitenfunkübertragung

aufwandsgünstigste Art der Nachrichtenübertragung. Im Frequenzbereich zwischen 2 und 20 GHz und für Entfernungen bis 50 km wird die Punkt-zu-Punkt-Verbindung zwischen erhöhten Standorten für Sende- und Empfangsstelle nach Bild 23-8a als erdgebundener Richtfunk bezeichnet. Die interkontinentalen Punkt-zu-Punkt-Verbindungen bedienen sich bei Übertragungsfrequenzen von einigen GHz geostationärer Satelliten als Umlenkstationen im Weltraum, siehe Bild 23-9. Die Eigenschaften solcher Funkübertragungen werden durch die Systemparameter Störabstand S/N, Grundübertragungsdämpfung d, Gewinn g_s und g_e von Sende- und Empfangsantenne sowie je einen Dämpfungsanteil d_s und d_e für deren Zuleitungen und Weichen als Systemkennwert

$$k = 20 \lg (S/N) \, \text{dB} + d - (g_s + g_e) + (d_s + d_e) \tag{23-6}$$

angegeben.

23.4.3 Ton- und Fernsehrundfunk

Die Nachrichtenübertragung bei flächenhafter Versorgung einer beliebigen Anzahl von Empfangsstellen von einer Sendestelle aus wird als Rundfunk bezeichnet. Nach der Art der übertragenen Signale unterscheidet man zwischen Ton- und Fernsehrundfunk. Tonrundfunk bedient sich bei Frequenzen unter 30 MHz der Zweiseitenband-Amplitudenmodulation bei einer Kanalbandbreite von 9 kHz und im Ultrakurzwellenbereich zwischen 88 und 108 MHz bei einer Kanalbandbreite von 200 kHz der Frequenzmodulation als Übertragungsverfahren. Der Fernsehrundfunk mit 52 Kanälen der Bandbreite 7 MHz in den Frequenzbereichen 47 bis 68 MHz (I) und 174 bis 223 MHz (III) sowie 470 bis 789 MHz

(IV/V) benutzt Restseitenbandmodulation für die Bildübertragung bei einer in 5,5 MHz Abstand zum Bildträger an der oberen Bandgrenze eingelagerten Frequenzmodulation mit einem Frequenzhub von 50 kHz für den zugeordneten Tonkanal. Zur digitalen Mehrkanal-Tonübertragung höherer Qualität wird ein PCM-Signal auf der Synchronschulter an der in Bild 22-22 gezeigten Stelle eingefügt. Zunehmend werden in dichtbesiedelten Gebieten zur Fernsehübertragung leitungsgebundene Übertragungswege für zusätzliche Kanäle geschaffen. Die in solchen Kabelnetzen angewendeten Übertragungsverfahren gründen sich auf die für Funkkanäle, um die vorhandenen Empfangsgeräte benutzen zu können.

Maßgebend für die Qualität einer Rundfunkversorgung ist die Größe des Empfangssignales an den Orten des Empfangsbereiches und der aus der Erreichung eines Mindestwertes abgeleitete Versorgungsgrad. Bei Funkübertragung kann durch sende- und empfangsseitigen Einsatz von Richtantennen höheren Gewinnes stets eine Verminderung der Übertragungsdämpfung und damit Einsparung von Sendeleistung erzielt werden. Bei Kabelnetzen gelingt dies durch Einfügen von Zwischen- und Verteilverstärkern in den Leitungszügen.

23.4.4 Stationärer und mobiler Sprechfunk

Die bedarfsabhängige Übertragung von Sprachsignalen im Wechsel- oder Gegenverkehr über Funkkanäle bezeichnet man als Sprechfunk. Verbindungswechsel zwischen ortsfesten und/oder ortsveränderlichen Sende- und Empfangsstellen erfordern Rundstrahlantennen oder bündelnde Antennen mit schwenkbarer Hauptstrahlrichtung. Qualitätsminderungen durch Funkstörungen bei hinreichender Verständlichkeit lassen sich bei Kanalbandbreiten unter 10 kHz im Frequenzbereich zwischen 3 und 300 MHz mit Schmalbandfrequenzmodulation durch Signalbegrenzung am besten beherrschen. Zunehmend werden jedoch digitale PCM-Verfahren eingesetzt, da sie eine bessere Nutzung der Kanäle erlauben. Die Einteilung nach Benutzerkreis in öffentliche, lizenzierte und nichtöffentliche Funkdienste sowie die Begrenzung der Sendeleistung ermöglicht eine Mehrfachbelegung gleicher Kanäle in größerem örtlichen Abstand.

24 Signalverarbeitung

24.1 Detektionsverfahren, Funkmessung

24.1.1 Detektionsprinzipien, Auflösungsgrenze

Um eine Nachricht aus dem sie enthaltenden zeitabhängigen Signal zu entnehmen, müssen die informationstragenden Merkmale bekannt sein und dürfen nicht durch Störsignale verdeckt werden. Detektionsverfahren für diesen Zweck lassen sich als eine besondere Art der Modulation beschreiben, wobei das Ausgangssignal dem aufbereitungsseitig zugeführten Nachrichtensignal $s(t)$ entsprechen muss. Dazu kann die in Bild 22-7 gestrichelt eingetragene synchrone Hilfsträgerquelle dienen. Modulierte Übertragungssignale weisen oft einen nicht zur Nachricht gehörenden Informationsanteil auf, der zur Signalabtrennung und zur Verminderung von Störeinflüssen genutzt werden kann. Einfache Demodulatoranordnungen ergeben sich, wenn anstelle eines Hilfsträgers solche im Übertragungssignal enthaltenen Signalanteile genutzt werden können. Die Empfindlichkeit von Detektoren wird durch die im logarithmischen Dämpfungsmaß angegebene Auflösungsgrenze

$$\begin{aligned} d_{\mathrm{g}} &= 20\,\lg\left(s_{\min}/\mu\mathrm{V}\right)\mathrm{dB} \\ &= 20\,\lg\left(s_{\text{stör}}/1\,\mu\mathrm{V}\right)\mathrm{dB}\mu\mathrm{V} + 10\,\lg\left(S/N\right)\mathrm{dB} \end{aligned} \quad (24\text{-}1)$$

bestimmt, die das Störsignal $s_{\text{stör}}$ als kleinstzulässigen Wert des Eingangssignales $s_{\min}$ mit dem Störabstand S/N verknüpft.

24.1.2 Aussteuerung und Verzerrungen

Da jede Demodulation eine nichtlineare Signalverarbeitung erfordert, entstehen neben dem Nachrichtensignal $s(t)$ auch noch Störspektren, die den Störabstand verschlechtern, wenn sie in das Nutzsignalband $S(f)$ fallen und nicht mit Filtern abgetrennt werden. Demodulatoren sind durch die zu ihrem Aufbau verwendeten elektronischen Bauteile in ihrem amplitudenmäßigen Aussteuerbereich begrenzt. Der zulässige Verzerrungsgrad bestimmt also das höchstzulässige Eingangssignal $s_{\max}$ und damit die Signaldynamik

$$\begin{aligned} d_{\mathrm{g}} &= 20\,\lg\left(s_{\max}/s_{\min}\right)\mathrm{dB} = 20\lg\left(\frac{s_{\max}}{\mathrm{V}}\cdot\frac{10^{6}\,\mu\mathrm{V}}{s_{\min}}\right)\mathrm{dB} \\ &= 20\,\lg\left(s_{\max}/\mathrm{V}\right)\mathrm{dB} + 120\,\mathrm{dB} + \left(d_{\mathrm{g}}/\mathrm{dB}_{\mu}V\right)\mathrm{dB}\,. \end{aligned} \quad (24\text{-}2)$$

24.1.3 Amplituden- und Frequenzdemodulation

Bei der Demodulation von Signalen unterscheidet man grundsätzlich inkohärente und kohärente Verfahren, die auch Asynchron- und Synchron-Demodulation genannt werden; vgl. [8]. Im Gegensatz zur inkohärenten Demodulation wird bei der kohärenten Demodulation der Signalträger frequenz- und phasenrichtig – also in synchroner Form – benötigt, was den Aufwand erheblich erhöht. Wir gehen an dieser Stelle im Wesentlichen auf inkohörente Demodulationsverfahren für die Zweiseitenband-Amplitudenmodulation (AM) und die Frequenzmodulation (FM) ein.

Die AM gründet ihre Verbreitung auf die Einfachheit analoger inkohärenter AM-Demodulation. Die Information steckt bei dieser Modulationsart nach Bild 22-8b in den Einhüllenden des Signales $S(t)$ und kann durch einfache Gleichrichtung gewonnen werden, wie dies Bild 24-1 zeigt. Das verzerrungsbedingte Störspektrum lässt sich mit einem RC-Tiefpass vom Nutzsignal trennen, wenn der Spektralanteil bei der Frequenz $f_T - f_{s,max}$ gegenüber der höchsten Signalfrequenz $f_{s,max}$ genügend gedämpft werden kann. Bei der klassischen inkohärenten Demodulation von analogen FM-Signalen wird zunächst eine Umwandlung des FM-Signals in ein AM-Signal durchgeführt – im einfachsten Fall des Flankendemodulators an der Flanke eines Filters oder im Gegentaktbetrieb – und anschließend kann dann ein inkohärenter AM-Demodulator benutzt werden.

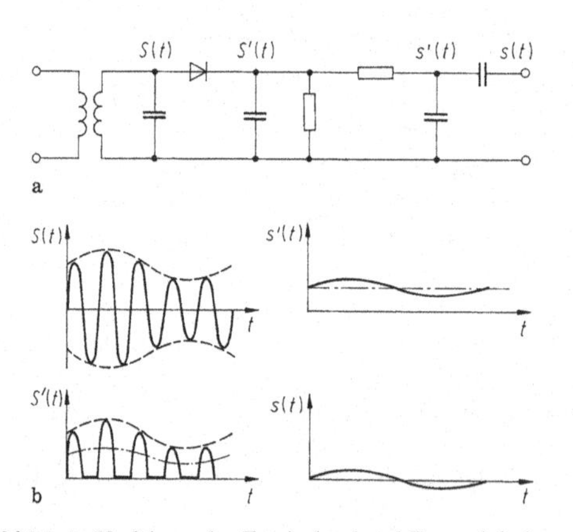

Bild 24-1. Verfahren der Zweiseitenband-Demodulation. **a** Schaltung, **b** Signale

Eine FM-Modulation analoger Signale kann auch mit Hilfe von Rückkopplungsschleifen (engl. Feedback Loops) erfolgen, bei denen ein spannungsgesteuerter Oszillator (engl. Voltage Controlled Oscillator (VCO)) durch eine von der Frequenz bzw. Phase des FM-Eingangssignals abgeleitete Regelspannung nachgesteuert wird. Verwendet man eine Frequenzrückkopplungsschleife (engl. Frequency Locked Loops (FLL)), dann folgt die momentane Frequenz des VCOs der Frequenz des Eingangssignals. Die Regelspannung ist direkt proportional zu dem Signal, das dem Trägersignal des FM-Signals aufmoduliert wurde. Auch eine Phasenregelschleife (engl. Phase Locked Loop (PLL)) kann in ähnlicher Weise zur FM-Demodulation verwendet werden, bei welcher die momentane Phase des VCOs an das FM-Eingangssignal angepasst wird; siehe 24-2. FLL und PLL unterscheiden sich nur durch ein Differenzierglied in der Rückkopplungsschleife. Zum vollen Verständnis beider Systeme wird eine nichtlineare Analyse benötigt, da der Frequenz- bzw. Phasenvergleicher ein nichtlineares Teilsystem (z. B. Multiplizierer) ist. Insbesondere der Einrastvorgang von FLL und PLL kann von einem linearen Standpunkt aus nicht verstanden werden. Einzelheiten findet man in der weiterführenden Literatur [12], [13].

Wir wollen auf die wichtigsten Aspekte einer analogen PLL-Struktur eingehen. Die Grundaufgabe eines PLL besteht darin, die Momentanphasen zweier Signale anzugleichen; im Fall von Sinussignalen sind das $s(t) = \sin(\omega_0 t + \Phi(t))$ und $\tilde{s}(t) = \sin(\tilde{\omega}_0 t + \tilde{\Phi}(t))$. Dabei sei $s(t)$ das Eingangssignal und $\tilde{s}(t)$ das VCO-Signal des PLL; vgl. 24-3. Unter der Annahme kleiner Phasenänderungen und bei gleichen Frequenzen ($\omega_0 = \tilde{\omega}_0$) können wir aus dem Produkt der beiden Signale eine sinusförmig von der Differenzphase $\phi := \Phi - \tilde{\Phi}$ abhängige Regelspannung ableiten, wenn man $\tilde{s}(t)$ um 90° phasenverschiebt; es ergibt sich

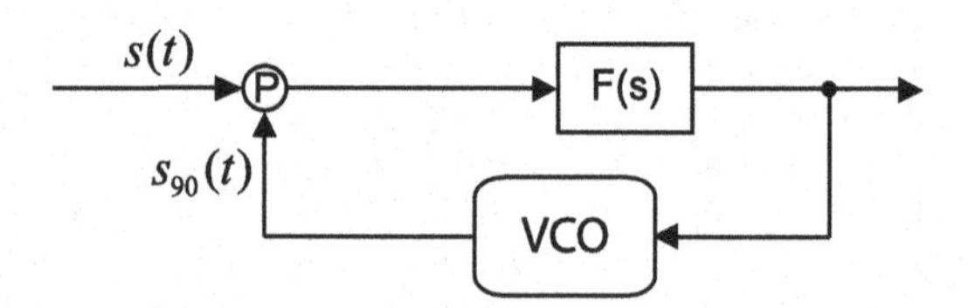

Bild 24-2. Blockbild eines PLL

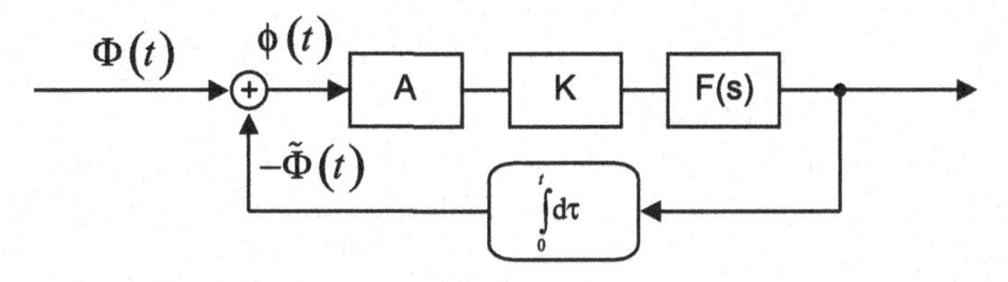

Bild 24-3. Lineares Basisbandmodell eines PLL

$$s(t) \cdot s_{90}(t) = \frac{1}{2} \sin\left(\Phi - \tilde{\Phi}\right) + \frac{1}{2} \sin\left(2\omega_0 t + \Phi + \tilde{\Phi}\right) .$$

Wenn man den zweiten Term mit doppelter Kreisfrequenz mit Hilfe eines Tiefpassfilters eliminiert, dann kommt man zum Basisbandmodell des PLL, das bezüglich der Differenzphase ϕ mithilfe einer Integralgleichung beschrieben wird

$$\frac{d\phi}{dt} = \frac{d\Phi}{dt} - K \cdot A \int_0^t f(t-\tau) \sin(\phi(\tau))\, d\tau ,$$

wobei A und K der Verstärkungsfaktor des Multiplizierers bzw. des Filters und $f(t)$ die Impulsantwort des Tiefpassfilters ($F(s)$ ist die Laplace-Transformierte von $f(t)$) sind. Der VCO kann als Integrator $\int_0^t d\tau$ modelliert werden. Bei vorgegebener Eingangsphase Φ kann man Lösungen dieser Integralgleichung diskutieren. Eine lineare Näherung erhält man, wenn die Sinusfunktion nach dem ersten Glied der Taylorreihe abgebrochen wird; vgl. 24-3. Diese Näherung dient zur Dimensionierung des Filters und zu approximativen Rauschbetrachtungen; vgl. [12]. Die Ordnung eines PLL bestimmt sich aus der Ordnung des Tiefpassfilters plus eins, sodass ein PLL 2. Ordnung ein TP-Filter 1. Ordnung enthält. Der Prozess des Einrastens kann nur mithilfe des nichtlinearen Basisbandmodells diskutiert werden. Im Fall des PLL 2. Ordnung kann man eine geometrische Analyse der resultierenden Differenzialgleichung durchführen und die wichtigsten nichtlinearen Eigenschaften des PLL diskutieren; vgl. [13].

Zur Demodulation von FM-Signalen können auch digitale Koinzidenzschaltungen verwendet werden. Dazu wird das FM-Signal zur Demodulation in ein PWM-Signal überführt. Die momentane Frequenzabweichung wird mithilfe der frequenzabhängigen Phasenlaufzeit eines LC-Schwingkreises nach Rechteckformung mit dem ebenso geformten

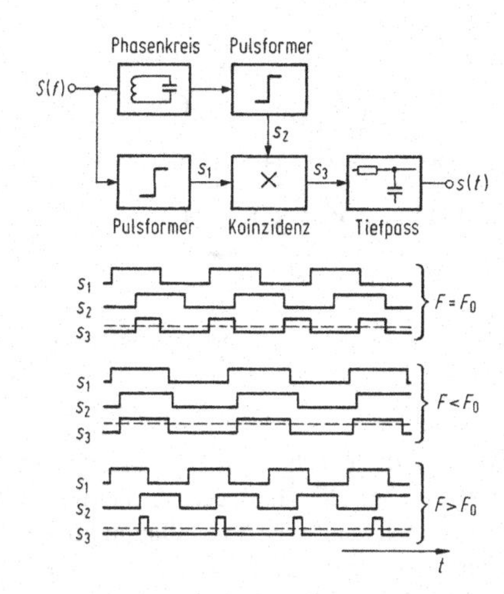

Bild 24-4. Koinzidenzdemodulator für FM-Signale

Eingangssignal $S(f)$ multipliziert. Das Nutzsignal $s(t)$ ergibt sich dann als zeitlicher Mittelwert am Ausgang eines RC-Tiefpassgliedes, s. Bild 24-4.

Hinsichtlich Demodulation digitaler Signale soll auf die weiterführende Literatur verwiesen werden [8], [14].

24.1.4 Pulsdemodulation, Augendiagramm

Zur Wiedergewinnung von Nachrichten aus pulsmodulierten Übertragungssignalen bedient man sich bei wertquantisiertem Modulationssignal stets schwellenbehafteter Koinzidenzschaltungen, da diese in hohem Maße die Ausblendung kanalbedingter Störungen erlauben. Gute Kanalnutzung bei hohem Störabstand erfordert eine Begrenzung des Übertragungsfrequenzbandes $S(f)$, sodass sich sinusartige Signalverläufe $S(t)$ ergeben, wie dies Bild 24-5a erkennen lässt. Durch lineare und nichtlineare Verzerrungen des Übertragungskanales werden die

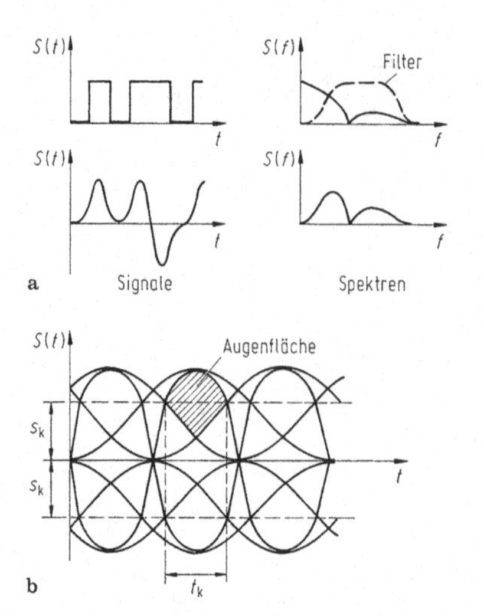

Bild 24-5. a PCM-Frequenzbandbegrenzung und b Augendiagramm

Zeitverläufe $S(t)$ jedoch von den Musterfolgen abhängig. Die graphische Überlagerung aller möglichen Signalfolgen führt auf das Augendiagramm, das für störsichere Detektion eine geöffnete, im Bild 24-5b schraffierte Augenfläche aufweisen muss. Deren zeitliche Ausdehnung entspricht der Koinzidenzzeit t_k und deren mittlerer Signalwert dem bestmöglichen Wert s_k für die Entscheidungsschwelle.

24.1.5 Funkmessprinzip und Signalauswertung

Durch Pulsmodulation einer hochfrequenten Trägerschwingung kann bei sich ungehindert geradlinig ausbreitenden elektromagnetischen Wellen die Laufzeit zwischen einem Sende- und Empfangsort durch Zeitvergleich aus einem aufmodulierten Signal bestimmt werden. Mit einer einzigen Richtantenne für Senden und Empfang ergeben sich gleiche Ausbreitungswege zu und von einem reflektierenden Hindernis, sodass sich die Richtung aus der Antennenstellung und der Abstand des Hindernisses aus der Laufzeit ermitteln lässt. Verfahren dieser Art werden unter dem Begriff Puls-Radar (Radio Detection and Ranging) zusammengefasst. Die Reichweite R einer solchen Einrichtung kann aus der Beziehung

$$R = 0{,}080\sqrt[4]{4\pi\sigma}\,\sqrt{\lambda}\,10^{(2g+d)/40\,\mathrm{dB}} \qquad (24\text{-}3)$$

bestimmt werden, wobei λ die Wellenlänge, g der Antennengewinn und d die zugelassene Dämpfung zwischen Sende- und Empfangssignal bedeutet. Die Größe σ ist eine das Reflexionsverhalten des Hindernisses beschreibende, Radarquerschnitt genannte Kenngröße mit der Dimension einer Fläche. Durch den Doppler-Effekt wird bei zeitlicher Veränderung des Abstandes R an der Reflexionsstelle der elektromagnetischen Welle eine Frequenzmodulation aufgepägt. Verfahren, die diese zusätzliche Information nutzen, werden als Doppler-Radar bezeichnet. Sie liefern aus der Geschwindigkeit $v_R = \mathrm{d}R/\mathrm{d}t$ der Abstandsänderung in der Ausbreitungsrichtung R der elektromagnetischen Welle die Doppler-Modulationsfrequenz

$$\Delta f_D = f(t) - f_T = 2(f/c)(\mathrm{d}R/\mathrm{d}t) = 2v_R/\lambda\,. \qquad (24\text{-}4)$$

Durch eine trägerphasenbezogene Synchrondemodulation oder auch inkohärente Demodulation kann auch die Bewegungsrichtung bestimmt werden [6].
Die räumliche Abtastung, aus Aufwandsgründen meist in zeitlicher Folge vorgenommen, lässt mit speicherbehafteter Signalverarbeitung eine Zeit-Orts-Transformation zu, die bei phasenrichtiger Überlagerung der Ergebnisse ein räumliches Abbild aller erfassten reflektierenden Stellen zu liefern vermag. Verfahren dieser Art werden unter dem Begriff der Mikrowellenholografie zusammengefasst.

24.2 Signalrekonstruktion, Signalspeicherung

24.2.1 Systemadaption und Umsetzalgorithmen

Die Wiedergewinnung nachrichtentechnischer Signale auf der Verarbeitungsseite kann umso einfacher und von kanalspezifischen Störeinflüssen unabhängiger geschehen, je mehr redundante Anteile für die Auswertung zur Verfügung stehen. Diese Anteile brauchen nicht in den augenblicklichen Signalen enthalten zu sein, sondern können auch aus dem Systemverhalten oder dessen Veränderungen gewonnen werden. Dies erfordert eine Informationsspeicherung, da Entscheidungen über die zu erwartenden Veränderungen dann aus bereits übertragenen Informationen gewonnen werden können. Solche Systeme bezeichnet man als adaptiv, da sie in ihrem

Verhalten signalabhängig angepasst werden können, wobei sich Verzugseffekte und Auflösungsgrenzen bemerkbar machen. Durch redundante Signalanteile kann zwar das Verhalten verbessert werden, jedoch kostet dies zusätzliche Kanalkapazität. Zur Adaption signalabhängigen Systemverhaltens kann in endlicher Zeit nur eine beschränkte Anzahl von Werten und Verfahren genutzt werden. Die Regeln nach denen dies erfolgt, müssen eindeutig sein und werden Umsetzalgorithmen genannt. Umsetzungen, die viele verschiedenartige Einflüsse berücksichtigen und/oder längere Zeiträume erfassen, erfordern aus Aufwandsgründen digitale Rechenwerke.

24.2.2 Speicherdichte, Schreib- und Leserate

Die systemangepasste algorithmische Signalverarbeitung erfordert veränderbare Bezugs- und/oder Steuerwerte, die den Entscheidungskriterien zugrunde liegen. Anordnungen mit Speichern erlauben bei digitalem Aufbau einen besonders einfachen Austausch dieser Werte. Durch Zwischenspeicherung des diskontinuierlichen Informationsflusses H'_q einer Quelle kann dieser auf den Mittelwert reduziert und damit Kanalkapazität H'_k des Übertragungsweges eingespart werden. Der in dem Pufferspeicher aufzunehmende Informationsgehalt beträgt dann

$$H_\mathrm{s} = \int_0^T \left(H'_\mathrm{q} - H'_\mathrm{k}\right) \mathrm{d}t \,. \qquad (24\text{-}5)$$

Dies ist für die schmalbandige störarme Übertragung großer redundanzbehafteter Informationsflüsse auf schmalbandigen Kanälen, wie z. B. von Bewegtbildern aus dem Weltraum, von Interesse.

Der in einem Speicher aufnehmbare Informationsgehalt H_s spielt dann eine entscheidende Rolle, wenn es sich um eine Signalreproduktion handelt, da die speicherbare Signaldauer T_s bei konstantem Informationsfluss H' durch $T_\mathrm{s} = H_\mathrm{s}/H'$ bestimmt wird. Der Informationsgehalt hochwertiger akustischer und optischer Nachrichtensignale erfordert bei Signaldauern von einigen Stunden Speicher der Größenordnung Gbit bis Tbit, sodass die Speicherdichte, auf die Fläche bezogen, der üblicherweise benutzte Kennwert ist.

Es sind Schreib-Lese-Speicher und reine Reproduktionsspeicher zu unterscheiden, wobei Erstere eine betriebsmäßige Änderung der gespeicherten Information ermöglichen, Letztere dagegen nur der Signalkonservierung dienen. Die Art des Zugriffs auf die zur Speicherung benutzten Medien bestimmt die Anwendbarkeit der Speicherverfahren für nachrichtentechnische Zwecke, da die abzulegenden oder aufzurufenden Informationen sowohl in ihrer Reihenfolge als auch in ihrer Geschwindigkeit den zugeordneten Quellen und Senken entsprechen müssen. Man bezeichnet diese Informationsflüsse als Schreib- bzw. Leserate, wobei zur Übertragung sowohl einkanalige serielle als auch vielkanalige parallele und Multiplex-Verfahren gleichermaßen zum Einsatz kommen.

24.2.3 Flüchtige und remanente Speicherung

Alle Verfahren zur Signalspeicherung beruhen auf Zustandsänderungen in den Speichermedien. Nach signalabhängiger Einprägung der Veränderungen kann mithilfe von zuordnungsabhängigen Detektionsverfahren zeitversetzt das gespeicherte Signal ein- oder auch mehrmals reproduziert werden. Die einfachste Speicheranordnung ist der Laufzeitspeicher, der als verzerrungsfreier Übertragungsweg eine Signalverzögerung $s(t-\tau)$ bewirkt und in analoger wie auch digitaler Bauweise verwendet wird. Derartige Speicher verlieren nach jedem Durchlauf die Information und werden deshalb als flüchtige Speicher bezeichnet. Ähnliche Eigenschaften weisen auch die meisten vollelektronischen Speicher auf, da die in ihnen enthaltenen Halbleiterbauteile für den Speichervorgang eine kontinuierliche Stromversorgung benötigen. Im Gegensatz dazu benötigen mechanische und elektromagnetische Speicherverfahren keine Hilfsenergie und werden deshalb als remanente Speicher bezeichnet.

24.2.4 Magnetische, elektrische und optische Speicher

Ausgehend von Lochstreifen und Schallplatten zur Signalspeicherung für Reproduktionszwecke werden heute vorwiegend remanente Magnetfelder in dünnen permeablen Schichten genutzt. Dieses Verfahren erlaubt einen wahlfreien Schreib- und Lesebetrieb bei Speicherdichten von einigen $\mathrm{kbit/mm^2}$ und Bandbreiten bis zu mehreren MHz. In Spurform auf Bändern oder Scheiben mit Köpfen nach Bild 24-6 aufmagnetisierte und auslesbare Signalfolgen sind vor allem

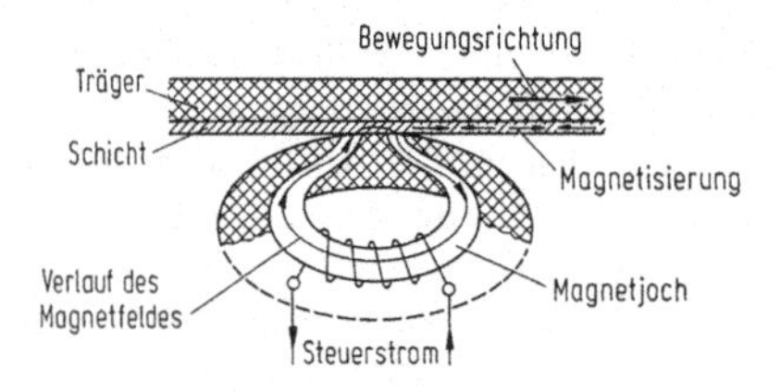

Bild 24-6. Schnittbild eines Magnetkopfes

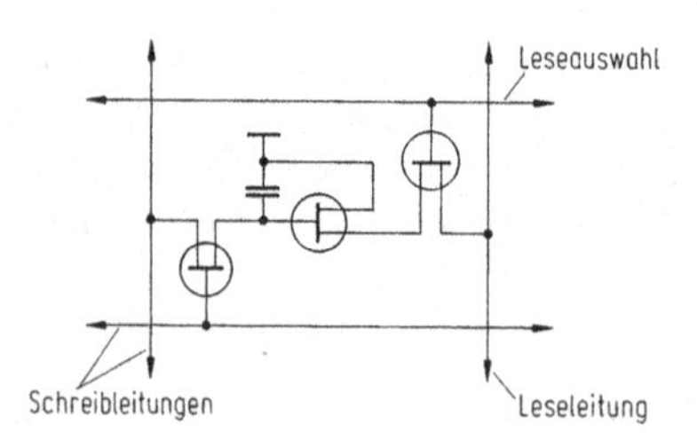

Bild 24-7. Schaltung eines FET-Speicherelementes

für die Signalreproduktion längerer Signaldauern und Speicherzeiten geeignet.

Für die Kurzzeitspeicherung der adaptiven Nachrichtenverarbeitung werden bedarfsabhängig einteilbare Speicher mit hoher Schreib- und Leserate benötigt. Hier werden elektrische Verfahren unter Verwendung digitaler mikroelektronischer Schaltungen aus Feldeffekttransistoren nach Bild 24-7 bevorzugt, da sie einschränkungsfrei adressierbar bei Speicherdichten von Mbit/cm^2 bei einem Strombedarf von einigen mA/Mbit aufweisen. Der Nachteil der Flüchtigkeit kann durch Pufferung der Stromversorgung ausgeglichen werden. Zur Speicherung sehr umfangreicher Nachrichten bedient man sich zunehmend digitaler optischer Verfahren holographischer Art, die Speicherdichten bis zu Mbit/mm^2 ermöglichen. Die hierzu verwendeten Verfahren gestatten jedoch vorerst nur eine sequentiell serielle Signalreproduktion.

24.3 Signalverarbeitung und Signalvermittlung

24.3.1 Strukturen für die Verarbeitung analoger und digitaler Signale

Die signalwertabhängige Beeinflussung von Eigenschaften nachrichtentechnischer Einrichtungen wird als Signalverarbeitung bezeichnet. Es können sowohl signalabhängige als auch durch Störeinflüsse bedingte Veränderungen gleichermaßen vermindert oder ausgeglichen werden. Gesteuerte Systemveränderungen sind den Signalwerten starr zugeordnet, wie z. B. bei der nichtlinearen Quantisierung. Bei den geregelten Systemveränderungen dagegen werden mittels Detektion bestimmte Systemeigenschaften nachgeführt, wie z. B. der Dämpfungsausgleich in Systemen mit pilotabhängiger Verstärkungsregelung, bei denen ein Trägersignal konstanter Amplitude als Bezugsgröße dient.

Die Signalverarbeitung bediente sich früher vorwiegend analoger Einrichtungen, die jedoch zunehmend durch digitale ersetzt wurden, weil sich damit systembedingte Abhängigkeiten einfacher berücksichtigen ließen. Analoge Einrichtungen zeigen zwar signalspeicherndes Tiefpassverhalten, das bei einfacheren Verarbeitungszusammenhängen zu aufwandsgünstigeren Anordnungen bei hoher Bandbreite führt, sind jedoch Einschränkungen hinsichtlich der Stabilität unterworfen. Auflösung und Bandbreite digitaler Einrichtungen sind dagegen nur vom Aufwand und den Eigenschaften der Signalwandler abhängig. Informationsflüsse bis 100 Mbit/s und Störabstände bis 100 dB lassen sich bei vertretbarem Aufwand beherrschen. Dabei werden die modernen Signalprozessoren genutzt. Diese Elemente sind höchstintegrierte Spezialrechner, die bei Auflösungen von 16 Bit Signalflüsse bis 100 Mbit/s mit Filterungs- und Korrelationsverfahren in parallelen Strukturen verarbeiten können, siehe Bild 24-8.

24.3.2 Signalauswertung und Parametersteuerung

Die Anpassung von Systemeigenschaften erfordert steuerungsabhängige Informationen. Verfahren dieser Art setzen voraus, dass die entscheidenden Störungseinflüsse bekannt sind und durch in eindeutig steuerungsfähige Parameter beschrieben werden können. Durch Vergleich zwischen erwartetem und vorhandenem Signal können dabei diese Systemparameter durch Korrelation bei trennbaren Mustern gewonnen werden. Dazu müssen gespeicherte Referenzmuster vorliegen oder durch Berechnung aus Signalwertfolgen bestimmt werden. Die Korrelationsintervalle müssen dazu den Änderungsgeschwindigkeiten der Störeinflüsse angepasst werden. Daraus folgt stets eine Verzögerung in

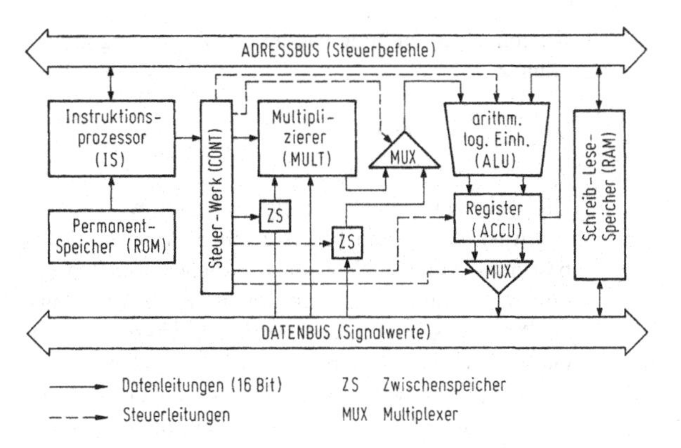

Bild 24-8. Aufbauprinzip eines Signalprozessors

der Nachführung, die Vorhalt genannt wird und zu Fehlern bei sprunghaften Zustandsänderungen führt.

24.3.3 Rekursion, Adaption, Stabilität, Verklemmung

Die Signalverarbeitung besteht aus rekursiven und nichtrekursiven Verfahren, die sich auf die Bearbeitung vorhergehender Zustände stützen bzw. diese nicht benötigen. Die Grundstrukturen gliedern sich in Schleifenschaltungen für den rekursiven Betrieb, siehe Bild 24-9a und in Abzweigschaltungen für den nichtrekursiven Betrieb, siehe Bild 24-9b. Maßgebend für die Annäherung an Sollwerte ist bei digitalen Einrichtungen mit schrittweisem Vorgehen die zeitabhängige Veränderung der Systemparameter z, die als Adaption bezeichnet wird und sich auf die vorgenannte Parametersteuerung stützt.

Die beiden Strukturen von Bild 24-9 zeigen insoweit unterschiedliches Verhalten, als bei rekursiven Verfahren durch phasenrichtige Rückführung die Anordnung zu Eigenschwingungen erregt werden kann. Die Stabilität des Betriebsverhaltens kann so ungünstig beeinflusst werden, dass vom Eingangs-

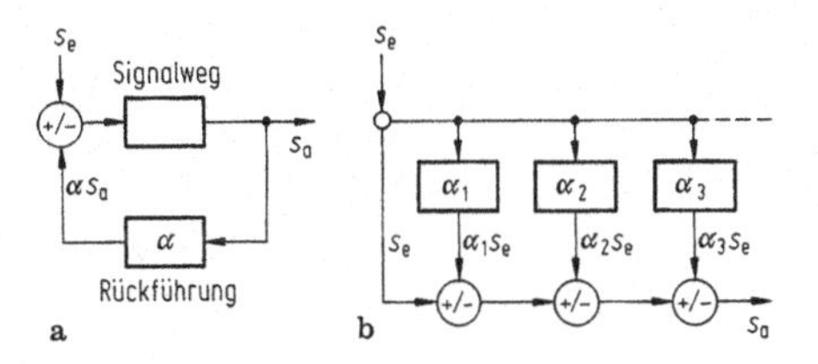

Bild 24-9. **a** Rekursiv- und **b** Abzweigstruktur

signal unabhängige Ausgangssignale auftreten, die Grenzzyklen genannt werden. Andererseits neigen alle parametergesteuerten Signalverarbeitungsverfahren mit auswertungsabhängiger Rückkopplung zur Verklemmung, bei der das System fortwährend in einem durch Signaländerungen unbeeinflussbaren Zustand verharrt und damit untauglich wird [7].

Im Gegensatz zu den analogen Systemen, die durch Differentialgleichungen beschrieben werden, hat man es bei zeitdiskreten Systemen mit Differenzengleichungen zu tun. Im Fall linearer zeitinvarianter Systeme besitzen die Analysemethoden für beide Arten der Beschreibungsgleichungen gewisse Ähnlichkeiten, da die Lösungen dieser Gleichungen in Funktionenvektorräumen endlicher Dimension (Ordnung der Differenzial- oder Differenzengleichungen bzw. Anzahl der Zustandsgrößen) enthalten sind. Daher kann man die entsprechenden Lösungstheorien auf der Grundlage der linearen Algebra entwickeln; vgl. Literaturhinweise in Mathis [9]. In der weiterführenden Literatur wird auf die mathematischen Grundlagen analoger Schaltungen eingegangen (z. B. in [9], [11]) und in [10] werden die verschiedenen Architekturen der digitalen Signalverarbeitung, deren Eigenschaften und grundlegende Entwurfsverfahren behandelt.

24.3.4 Netzarten, Netzführung, Ausfallverhalten

Eine besondere Art der Signalverarbeitung stellt die gesteuerte Umschaltung von Nachrichtenkanälen in Verteilsystemen mit mehr als 2 Knoten dar. Man nennt derartige Systeme Nachrichtennetze. Je nach der Anordnung der zwischen den Knoten

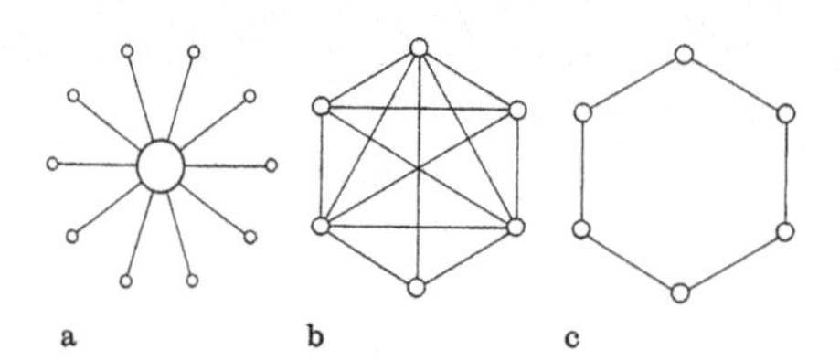

Bild 24-10. Grundstrukturen von Nachrichtennetzen. **a** Sternnetz, **b** Maschennetz, **c** Schleifennetz

vorhandenen Kanäle ist zwischen dem Sternnetz nach Bild 24-10a, dem Maschennetz nach Bild 24-10b und dem Schleifennetz Bild 24-10c zu unterscheiden. Die Vermittlungsstellen in den Knoten bestehen aus Multiplexeinrichtungen zur bedarfsabhängigen Umschaltung der Übertragungskanäle und werden zur informationsflussabhängigen Zuweisung der Kanalkapazität durch Signalverarbeitungseinrichtungen gesteuert. Diese Funktion wird als Netzführung bezeichnet.

Im Sternnetz kann nur der erste Teil dieser Funktion erfüllt werden, da die Übertragungswege den Teilnehmern starr zugeordnet sind und deshalb ein Austausch verfügbarer Kanalkapazität nicht möglich ist. Im Gegensatz dazu erlaubt das Maschennetz eine bedarfsabhängige Zuweisung von Kanalkapazität, was sich bei hoher Auslastung oder Ausfällen von Übertragungswegen für Umweg- bzw. Ersatzschaltungen nutzen lässt. Voraussetzung dafür sind Informationen über die Belastungsverhältnisse des Netzes und über die Veränderungen des Schaltzustandes. Informationen dieser Art können zwar in einem übergeordneten Steuerungsnetz übertragen werden, heute wird aber ihre Aufnahme in das sog. Vermittlungsprotokoll bevorzugt. Das Schleifennetz ist meist protokollgesteuert und fordert zwar den geringsten Aufwand, doch besteht selbst bei Gegenverkehr hier im Überlastungs- oder Störungsfall die Gefahr der Inselbildung, bei der nicht mehr alle Knoten jederzeit miteinander in Verbindung treten können.

24.3.5 Belegungsdichte, Verlust und Wartezeitsysteme

Die Belastung eines Nachrichtennetzes wird durch die Ausnutzung von bereitgestellter Kanalkapazität bestimmt. Für ein Netz mit n gleichen Kanälen ergibt sich dann die Belegungsdichte E als Verhältnis aus Nutzungsdauer t_N und Verfügbarkeitszeit t_V. Der Größe E wird zur Unterscheidung die unechte Sondereinheit Erlang (Erl) zugewiesen. Sind in einem Netz n Kanäle unterschiedlicher Kanalkapazität H_i' zusammengefasst, so sind diese entsprechend zu bewerten und es gilt

$$E = (t_N/t_V)\text{Erl} = \left[\sum_1^n (H_i' t_{Ni}) \Big/ \sum_1^n (H_i' t_{Vi})\right] \text{Erl}\,. \tag{24-6}$$

Die Kanalanforderung und Zuweisung kann entweder in einem festgelegten Zeitrahmen in der Reihenfolge der Anforderungen oder auch nach einer zustandsabhängigen Prüfung in einer belastungsgünstigeren Reihenfolge vorgenommen werden. Vermittlungsnetze der ersten Art werden als Verlustssysteme bezeichnet, da in ihnen bei hoher Belegungsdichte Anforderungen als undurchführbar zurückgewiesen werden. Im Gegensatz dazu ergeben sich bei den Wartezeitsystemen belastungsabhängige Verzugszeiten zwischen Bedarfsanforderung und Kanalzuweisung. Durch die Anpassungsfähigkeit digitaler signalspeichernder Verarbeitungseinrichtungen zur bedarfsgesteuerten Zuweisung von Übertragungswegen unterschiedlicher Kanalkapazität ist es inzwischen gelungen, die Suchzeit so weit zu verkürzen und betriebsbedingte Umsteuerungen so zu beschleunigen, dass sich kaum noch Unterschiede zwischen diesen beiden Betriebsarten ergeben und Wartezeitsysteme fast echtzeittauglich geworden sind.

ELEKTRONIK
K. Hoffmann, W. Mathis, G. Wiesemann

25 Analoge Grundschaltungen

Das Betriebsverhalten elektronischer Schaltungen wird vor allem von den in ihnen enthaltenen elektronischen Bauelementen (vgl. 27) bestimmt. Ihre besonderen Eigenschaften sind nichtlineare Zusammenhänge zwischen Strom und Spannung oder die verstärkende Wirkung gesteuerter Energieumsetzung. Dazu sind Ruhespannungen und -ströme erforderlich, die sogenannte Arbeitspunkte bilden und eine Beschaltung dieser Elemente erfordern. Neben Versorgungsquellen werden dafür passive lineare Netze oder auch elektronische Bauteile eingesetzt. Durch Störeffekte der Beschaltung und Trägheitseffekte der elektronischen Ladungsträgersteuerung ergeben sich Frequenzabhängigkeiten, die auf nichtlineare Differenzialgleichungen führen. Aus ihnen lassen sich jedoch keine überschaubaren Bemessungskriterien ableiten [1]. In der Praxis wird die Zerlegung in Grundschaltungen bevorzugt, da sich damit Einflussfaktoren getrennt betrachten lassen. Umfangreichere Anordnungen werden dann aus solchen Grundschaltungen zusammengesetzt.

25.1 Passive Netzwerke (RLC-Schaltungen)

Widerstände, Kondensatoren, Spulen und Übertrager sind zwar keine elektronischen Elemente, werden wegen der sicheren Einhaltung ihrer Kennwerte, wegen ihres einfacheren Aufbaues und geringeren Störbeeinflussung aber bevorzugt zur stabilisierenden Beschaltung elektronischer Bauteile eingesetzt. Dies trifft vor allem auf die signalunabhängige Festlegung von Arbeitspunkten und die Vermeidung von Rückwirkungen zwischen Signal- und Versorgungsquellen zu, damit passiven Netzwerken Signale besonders einfach frequenzselektiv voneinander getrennt werden können.

25.1.1 Tief- und Hochpassschaltung

Die einfachste Art frequenzselektiver Entkopplung besteht in einer aus einem Kondensator C und einem Widerstand R gebildeten Weiche nach Bild 25-1. Diese wird vorzugsweise zur Trennung der Gleichstrom-Arbeitspunkteinstellung von der Wechselstromansteuerung in elektronischen Schaltungen eingesetzt und als kapazitive Ankopplung bezeichnet. Für den Versorgungspfad gilt mit der Eingangsimpedanz $|Z_e| = |U/I| \gg R, |1/\omega C|$ und $U_s \ll U_0$

$$\begin{aligned} U(f)/U_0 &= (1/\mathrm{j}\omega C)/(R + 1/\mathrm{j}\omega C) \\ &= 1/(1 + \mathrm{j}\omega RC) = 1/(1 + \mathrm{j}f/f_g)\,. \qquad (25\text{-}1) \end{aligned}$$

Wichtigster Kennwert dieser Anordnung ist die Eckfrequenz $f_g = 1/2\pi RC$, bei der die Eingangsamplitude U auf das $1/\sqrt{2}$-fache des Bezugswertes U_0 absinkt, der hier der Gleichspannungswert $U_0 = U(f = 0)$ ist. Diese Frequenzabhängigkeit $h(f)$ wird Tiefpassverhalten genannt und als Bode-Diagramm in doppeltlogarithmischer Darstellung nach Bild 25-2 wiedergegeben. Der Signalpfad besitzt dagegen bei Bezug auf den Signalwert

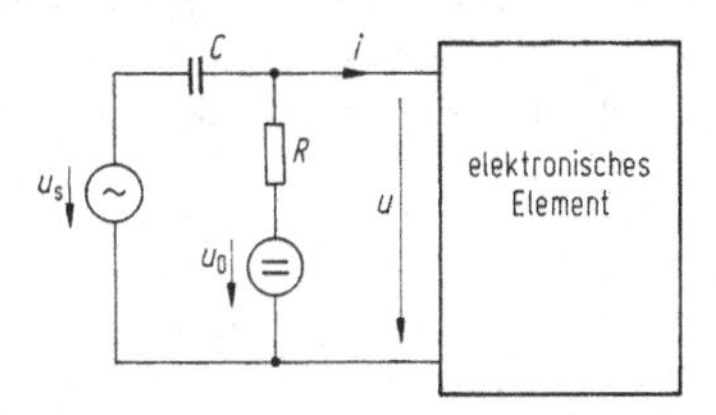

Bild 25-1. Signal- und Versorgungsquellenentkopplung durch Hoch-Tiefpass-Glied

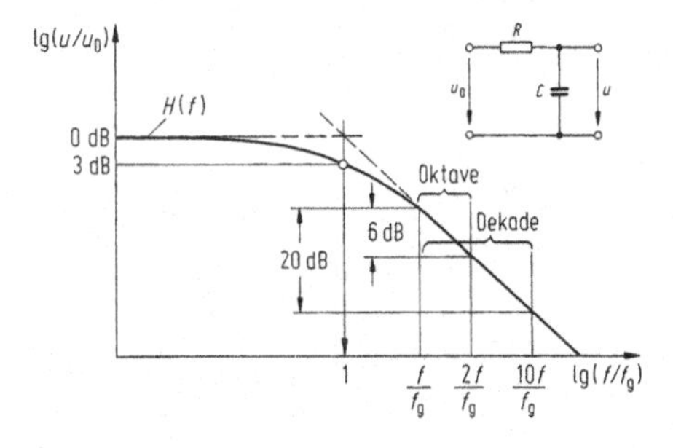

Bild 25-2. Bode-Diagramm eines Tiefpass-RC-Gliedes

$U_s = U(f \to \infty)$ Hochpassverhalten mit derselben Eckfrequenz f_g:

$$U(f)/U_s = R/(R + 1/j\omega C) = 1/(1 + 1/j\omega RC) = 1/(1 - jf_g/f) \quad (25\text{-}2)$$

25.1.2 Differenzier- und Integrierglieder

Hoch- und Tiefpassverhalten führen im Zeitbereich auf Differenzialgleichungen, deren Lösungen Exponentialfunktionen der Art $e^{-t/\tau}$ oder $1 - e^{-t/\tau}$ sind. Sprunghafter Signalanstieg zum Zeitpunkt $t = 0$ bewirkt ein Einschwingverhalten nach Bild 25-3. Als Kennwert dient die Zeitkonstante τ, die mit der Grenzfrequenz f_g und Werten R und C über die Beziehung

$$\tau = 1/(2\pi f_g) = RC \quad (25\text{-}3)$$

zusammenhängt. Die Übertragung pulsförmiger Signale in elektronischen Schaltungen führt wegen Tiefpassverhaltens stets auf Signalverzögerungen. Bei einer relativen Schwellamplitude von $U/U_0 = 0{,}5$ ergibt sich dadurch ein Zeitversatz um $t_V = \tau \ln 2 = 0{,}69\tau$, wie in Bild 25-3 eingetragen. Die Eingangsimpedanz Z_e elektronischer Bauteile kann durch ein RC-Glied nach Bild 25-4 genähert werden. Durch Überbrückung eines vorgeschalteten Widerstandes R mit einer Zusatzkapazität C_z kann diese

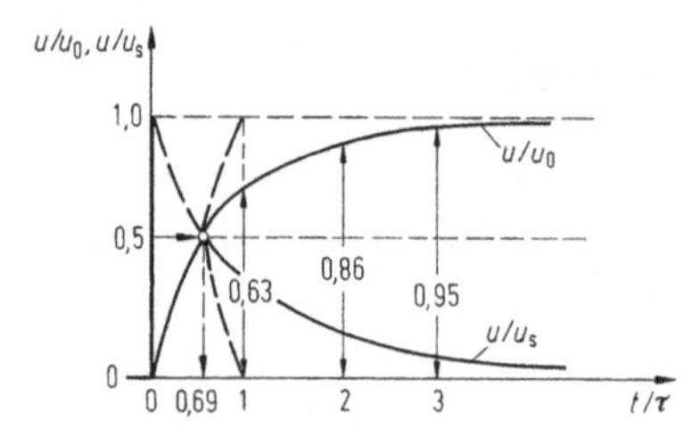

Bild 25-3. Einschwingverhalten von RC-Gliedern

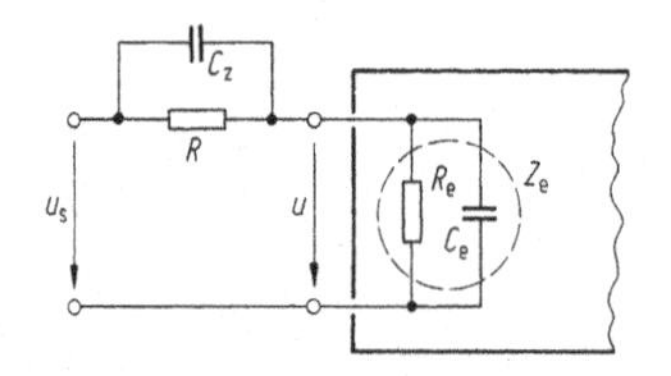

Bild 25-4. Frequenzkompensierte Teilerschaltung

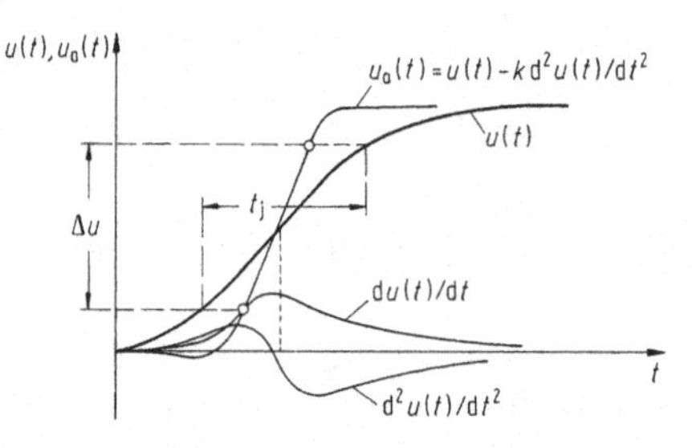

Bild 25-5. Zur Versteilerung von Impulsflanken

Störung vermindert werden, wenn die Zeitkonstanten der beiden RC-Glieder gleich bemessen werden,

$$\tau = R_e C_e = RC_z \text{ und damit } C_z = R_e C_e / R\,. \quad (25\text{-}4)$$

Diese Anordnung bezeichnet man als frequenzkompensierten Spannungsteiler. Die Abflachung von Impulsflanken durch Tiefpassverhalten führt bei ungenauer schwellenbehafteter Auswertung auf zeitliche Schwankungen t_j, die als sog. *Jitter* bezeichnet werden. Durch Signalumkehr und zweimalige Differenziation mit Hochpassschaltungen können Impulsflanken versteilert und dadurch ein in Schwellpegelschwankungen ΔU begründeter Jitter t_j gemäß Bild 25-5 vermindert werden.

25.1.3 Bandpässe, Bandsperren, Allpässe

Die selektive Trennung von Signalanteilen in einzelne Frequenzbänder erfordert die Zusammenschaltung frequenzabhängiger Übertragungsglieder, im einfachsten Fall je eines Hoch- und eines Tiefpasses. Dabei ist zwischen zwei Fällen zu unterscheiden, da $f_{g,HP} > f_{g,TP}$ oder $f_{g,HP} < f_{g,TP}$ gewählt werden kann, wie Bild 25-6 erkennen lässt. Innerhalb der Bandbreite $B = |f_{g,TP} - f_{g,HP}| = f_o - f_u$ wird das

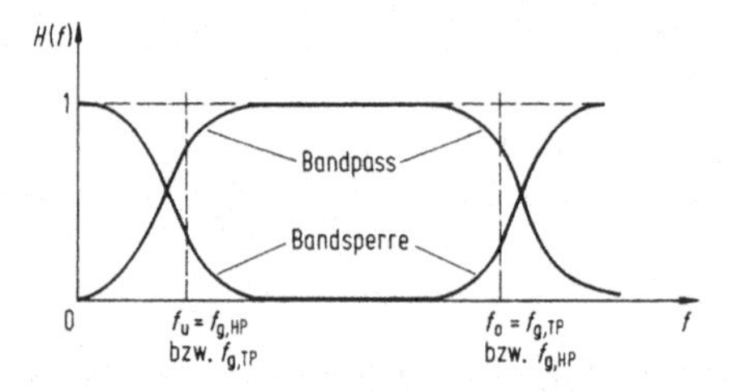

Bild 25-6. Frequenzverlauf von Bandpass und Bandsperre

Signal übertragen oder unterdrückt. Man bezeichnet solche Schaltungen als Bandpässe bzw. Bandsperren. Die Frequenzabhängigkeit ihres Übertragungsverhaltens $h(f) = U_a(f)/U_e$ lässt sich als Produkt von (25-1) und (25-2) aus je einem entkoppelten RC-Hoch- und Tiefpass gewinnen:

$$h(f) = 1/(1 + (f_{g,\mathrm{HP}}/f_{g,\mathrm{TP}}) + \mathrm{j}(f/f_{g,\mathrm{TP}} - f_{g,\mathrm{HP}}/f)) \,. \tag{25-5}$$

Schwingkreise aus Spulen und Kondensatoren weisen wegen geringerer Verluste gegenüber RC-Schaltungen höhere Kreisgüten

$$Q = \sqrt{f_{g,\mathrm{TP}} f_{g,\mathrm{HP}}}/B = f_m/B$$

auf und ermöglichen deshalb den Bau von Filtern geringerer Bandbreite B. Eine Steigerung der Kreisgüte Q erfordert eine bessere Konstanz der Mittenfrequenz f_m, was durch Bauteile mit mechanischen Resonanzen, z. B. durch Schwingquarze, erreicht werden kann.

Allgemein lässt sich frequenzselektives Verhalten auf das entsprechender Tiefpässe zurückführen, indem eine Frequenznormierung $|f - f_m|f_g$ vorgenommen wird, sodass bei zur Mittenfrequenz f_m symmetrischem Dämpfungsverlauf die Angabe einer Eckfrequenz f_g genügt. Die Bemessung von Filterschaltungen höheren Grades richtet sich dabei nach der für den Dämpfungsverlauf gewählten Polynomfunktion [2]. Dabei ist zwischen Bessel-, Butterworth- und Tschebyscheff-Filtern zu unterscheiden, deren Übertragungs- und Einschwingverhalten in Bild 25-7 vergleichend dargestellt ist. Die in der elektronischen Schaltungstechnik bevorzugten Butterworth-Filter bieten einen gewissen Ausgleich zwischen Dämpfungsanstieg und Überschwingen.

Eine besondere Filterart sind *Allpässe*. Sie bewirken eine frequenzabhängige Phasendrehung der übertragenen Signale ohne Amplitudenveränderung. Werden sie als RC-Schaltung entsprechend Bild 25-8 ausgeführt, so gilt mit der Eckfrequenz $f_g = 1/2\pi RC$ für ihr Übertragungsverhalten

$$\begin{aligned} h(f) &= (1 - \mathrm{j}f/f_g)/(1 + \mathrm{j}f/f_g) \\ &= \exp(-\mathrm{j} \cdot 2\arctan(f/f_g)) \,. \end{aligned} \tag{25-6}$$

Die verzerrungsfreie Auftrennung und Wiederzusammenführung von Signalen durch selektive Filterschaltungen wird als Frequenzweiche bezeichnet und erfordert, dass das Summensignal U_a am Ausgang keine Abhängigkeit von der Frequenz f aufweisen darf. Diese Forderung wird durch je eine einfache RC-Hoch- und Tiefpassschaltung gleicher Eckfrequenz f_g nach Bild 25-1 erfüllt. Dies zeigt die Summenbildung der Ausgangssignale U_0 und U_s in Bild 25-3 für beide Schaltungen, die verzerrungsfrei die anregende Sprungfunktion liefert.

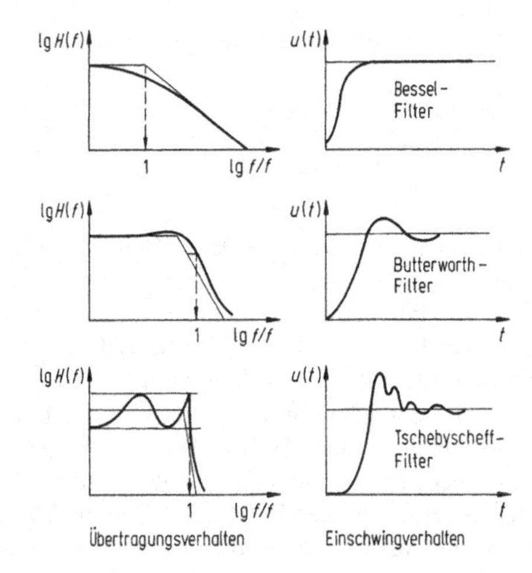

Bild 25-7. Übertragungs- und Einschwingverhalten von Bessel-, Butterworth- und Tschebyscheff-Filtern

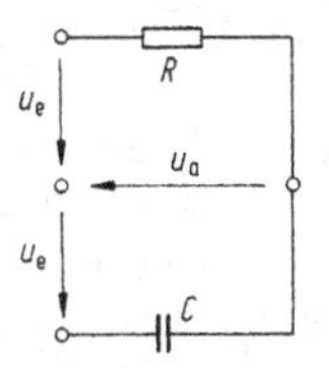

Bild 25-8. Allpassfilter

25.1.4 Resonanzfilter und Übertrager

Schmale Bandpässe zur selektiven Abtrennung von Spektralanteilen werden als Resonanzfilter bezeichnet. In der Elektronik werden dazu je nach Anforderungen sehr unterschiedliche Ausführungen und Bemessungsprinzipien verwendet. Weit verbreitet sind Potenzfilter bei denen mehrere Resonanzkreise rückwirkungsfrei so überlagert werden, dass sich das Gesamtübertragungsverhalten als Produkt in der Form

$$h(f) = U_a(f)/U_a(f_m)$$
$$= 1\Bigg/\prod_{i=1}^{n}[1 + jQ_i(f/f_{mi} - f_{mi}/f)] \quad (25\text{-}7)$$

schreiben lässt, wobei f_{mi} die Mittenfrequenzen und Q_i die Güten der einzelnen Kreise sind. Je nach Ansatz des Polynomes für den Dämpfungsverlauf ergeben sich Butterworth-, Bessel- und Tschebycheff-Filter. Wenn bei Filtern neben der Welligkeit (Ripple) im Durchlassbereich auch im Sperrbereich der Übertragungsfunktion eine Welligkeit vorgeschrieben ist, dann spricht man von Cauer-Filtern oder elliptischen Filtern; vgl. weiterführende Literatur. Einen einfacheren Aufbau bietet die Zusammenfassung je zweier Resonanzkreise zu einem Koppelfilter, das meist mit transformatorischer Kopplung nach Bild 25-9 ausgeführt wird. Bei gleicher Mittenfrequenz $f_m = 1/(2\pi\sqrt{L_1C_1}) = 1/(2\pi\sqrt{L_2C_2})$ der beiden Kreise und überkritisch bemessener Kopplung $K > M\sqrt{Q_1Q_2}/\sqrt{L_1L_2}$ ergibt sich ein höckerartiger zur Mittenfrequenz f_m symmetrischer Dämpfungsverlauf mit steilerem Anstieg in Resonanznähe als bei Einzelkreisen. Die transformatorische Signalübertragung erlaubt außerdem eine Potenzialtrennung zwischen Ein- und Ausgang.

Mitten- und Grenzfrequenzen sollen in elektronischen Schaltungen die geforderten Werte frei von Schwankungseinflüssen einhalten. Dazu bedient man sich der Empfindlichkeitsanalyse und vermindert störende Abhängigkeiten durch Kompensationsmaßnahmen. Die wichtigste Einflussgröße stellt die Betriebstemperatur θ dar, deren Einfluss durch den Temperaturkoeffizienten α als relative temperaturbezogene Abweichung beschrieben wird. Für Kapazitäten gilt so z. B. $\alpha = (\Delta C/C)/\Delta\theta$. Kompensationsmaßnahmen erfordern Bauteile entgegengesetzt wirkenden Temperaturverhaltens, also umgekehrtes

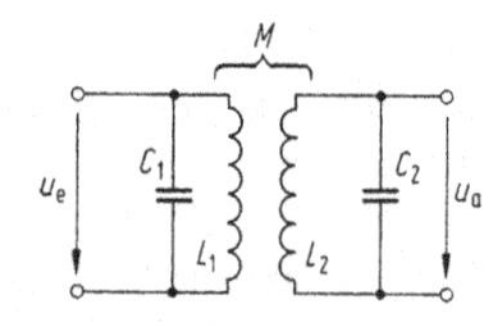

Bild 25-9. Koppelfilter

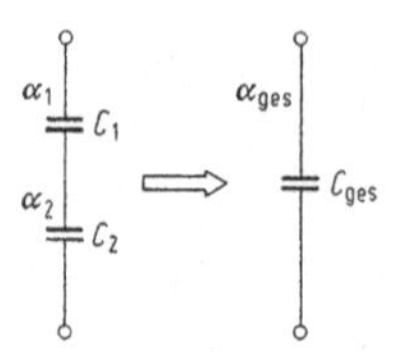

Bild 25-10. Zur Temperaturkompensation

Vorzeichen des Temperaturkoeffizienten α. Für die Reihenschaltung zweier temperaturabhängiger Kondensatoren C_1 und C_2 nach Bild 25-10 gilt damit

$$1/C_{ges} = (1/C_1 + 1/C_2)$$

und

$$\alpha_{ges} = \frac{\alpha_1 C_2 + \alpha_2 C_1}{C_1 + C_2}\,. \quad (25\text{-}8)$$

25.2 Nichtlineare Zweipole (Dioden)

Grundsätzlich besitzen alle elektronischen Bauteile nichtlineare Zusammenhänge zwischen ihren Klemmenspannungen und/oder -strömen, die mit wachsender Aussteuerung zunehmend zu Verzerrungen führen. Je nach Anwendungszweck werden bestimmte Verzerrungen funktionsmäßig genutzt oder sie werden durch Begrenzung der Aussteuerung und/oder durch Beschaltung mit linearen passiven Bauteilen entsprechend den Anforderungen vermindert.

25.2.1 Diodenverhalten (Beschreibung)

Das einfachste aus einem Halbleiterübergang (siehe 27.2) bestehende elektronische Bauelement ist die Diode. Der Zusammenhang zwischen I und U wird bei überlastungsfreiem Betrieb durch eine Exponentialfunktion beschrieben:

$$I = I_s(e^{U/U_T} - 1) \approx I_s e^{U/U_T} \text{ für } |I| \gg I_s\,. \quad (25\text{-}9)$$

Dabei bedeutet I_s den Sperrstrom und U_T die Temperaturspannung. Die Temperaturspannung U_T, im praktischen Fall stets etwas größer als ihr theoretischer Wert (kT/e): Boltzmann-Konstante × Temperatur/Elementarladung), besitzt für Siliziumhalbleiter einen Wert von etwa 40 mV. Der Zusammenhang (25-9) führt auf den spannungsabhängigen Widerstand $R = U/I = R(U)$,

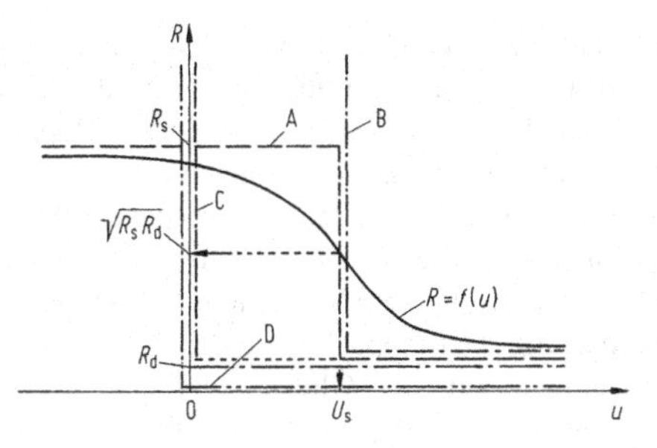

Bild 25-11. Spannungsabhängiger Widerstandsverlauf einer Diode mit Näherungen

den Bild 25-11 zeigt und der durch den Sperrwiderstand R_s und den Durchlasswiderstand R_d sowie die Schleusenspannung $U_S = U(R = \sqrt{R_s R_d})$ gekennzeichnet ist, die für Siliziumdioden etwa $U_S = 0{,}7\,\text{V}$ beträgt. Das Verhalten von Dioden kann aussteuerungs- und beschaltungsabhängig in folgenden Schritten angenähert werden:

A. Sprungartige Umschaltung zwischen Sperr- und Durchlasswiderstand bei der Schleusenspannung U_S
B. Sperrwiderstand der Diode vernachlässigbar hoch: $R_s \to \infty$
C. Schleusenspannung vernachlässigbar klein: $U_S \approx 0$
D. Diodenstrom vom Durchlasswiderstand $R_d = 0$ unabhängig und damit das Verhalten des idealen Schalters.

Die Geschwindigkeit der Umschaltung wird durch die Trägheit der Ladungsträger im Halbleiter und durch die Umladung innerer spannungsabhängiger wie auch aufbaubedingter fester Kapazitäten begrenzt. Daraus folgt Tiefpassverhalten nach (25-1), das sich dem spannungsabhängigen nichtlinearen Verhalten der Diode überlagert.
Im Großsignalbetrieb kann man eine Diode übrigens durch die folgende Beziehung in impliziter Weise beschreiben

$$u \cdot i = 0\,, \quad u, i > 0\,.$$

25.2.2 Gleichrichterschaltungen

Gleichrichterschaltungen werden zur Erzeugung von Gleichspannungen und -strömen aus der netzfrequenten Wechselstromversorgung eingesetzt und bestehen im einfachsten Fall aus einer Anordnung mit einer Diode D nach Bild 25-12. Ein dem Verbraucherlastwiderstand R_L parallel geschalteter Ladekondensator C_L liefert dabei Ausgangsgleichstrom I in der Sperrphase der Diode. Bei sinusförmiger Netzspannung U_N der Frequenz $f = 1/T$, exponentiellem Verlauf der Spannung $U(t)$ in der Sperrphase nach Bild 25-13 und linearer Entwicklung dieser Abhängigkeit gilt für die *Brummspannung* genannte Spannungsschwankung

$$\Delta U = U_{max} - U_{min} = U_{max}(1 - e^{-T/R_L C_L}) \approx U_{max} T / R_L C_L \qquad (25\text{-}10)$$

am Ausgang dieser Einwegschaltung genannten Anordnung. Für die Bemessung des Ladekondensators ergibt sich daraus

$$C_L \approx U_{max}/\Delta U f R_L = I/\Delta U f\,. \qquad (25\text{-}11)$$

Der Ausgangsgleichstrom I durchfließt in dieser Schaltung auch die Speisequelle. Sie muss deshalb gleichstromdurchgängig sein und wird dadurch belastet. Für eine analytische Betrachtung der Einweggleichrichtung wird übrigens erheblicher mathe-

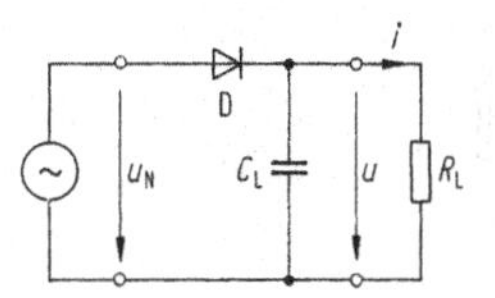

Bild 25-12. Diodengleichrichterschaltung

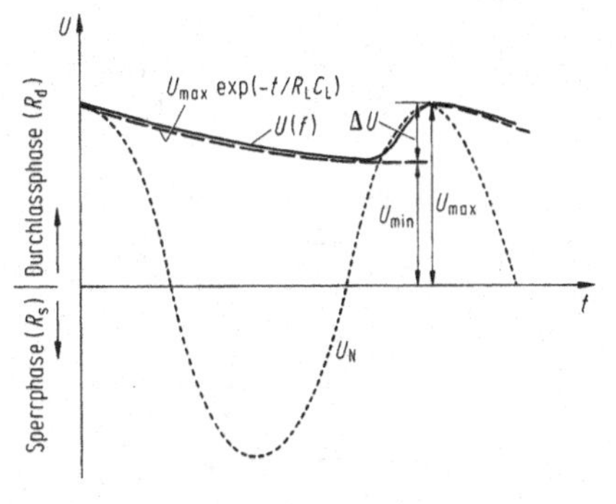

Bild 25-13. Brummspannungsverlauf beim Einweggleichrichter

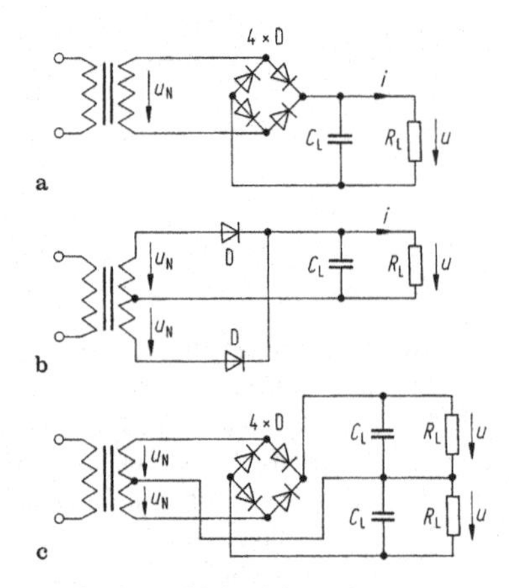

Bild 25-14. Zweiweg-Gleichrichterschaltungen

matischer Aufwand benötigt; vgl. die weiterführende Literatur und insbesondere Kriegsmann's Arbeit [12]. Die in Bild 25-14a gezeigte Brückenschaltung vermeidet diesen Nachteil, da sich der Gleichstrompfad in der Gleichrichterschaltung schließt. Zur Bemessung des Siebkondensators C_L ist wie bei der für größere Ströme günstigeren Mittelpunktschaltung Bild 25-14b und der für symmetrische Ausgangsspannungen bevorzugten Doppelmittelpunktschaltung Bild 25-14c die Frequenz f der Brummspannung ΔU in (25-11) gleich der doppelten Netzfrequenz $2f_N$ zu setzen, da die Zweiwegschaltungen von Bild 25-14 beide Halbschwingungen zur Gleichrichtung nutzen. Wird die untere Hälfte der Gleichrichterbrücke in Bild 25-14c nebst der zugehörigen Speisung fortgelassen, so ergibt sich die Delon-Schaltung Bild 25-15a, die eine Verdopplung der Ausgangsspannung auf $2\,U$ bewirkt und aus zwei Einwegschaltungen besteht. Entsprechendes Verhalten besitzt auch die Villard-Schaltung Bild 25-15b, mit einer galvanischen Verbindung zwischen Ein- und Ausgang. Der Koppelkondensator C_K wird von der Überlagerung der Gleich- und der Wechselspannung $U + U_N$ beansprucht. Diese Schaltung n-stufig fortgesetzt, wie in Bild 25-15c gezeigt, wird Greinacher-Kaskade genannt und dient zur Erzeugung hoher Gleichspannungen. Spannungsvervielfacherschaltungen haben einen hohen ausgangsseitigen Innenwiderstand, der auf die kapazitive Zuführung der Netzspannung U_N zurückzuführen ist.

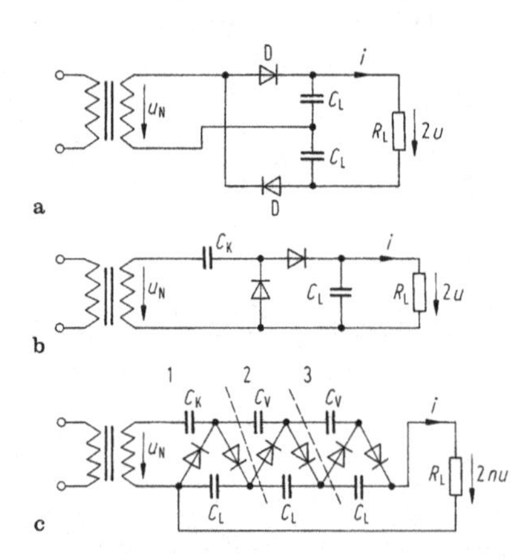

Bild 25-15. Schaltungen zur Spannungsvervielfachung

25.2.3 Mischer und Demodulatoren

Das nichtlineare Diodenverhalten wird auch zur Frequenzumsetzung von Signalbändern in Modulationsschaltungen genutzt. Im einfachsten Fall nach Bild 25-16 wird dazu der Signalspannung U_s eine monofrequente Trägerspannung $U_t \gg U_s$ überlagert und eine Diode verwendet, die im Aussteuerbereich um ihren Arbeitspunkt (U_A, I_A) einen möglichst quadratischen Kennlinienverlauf besitzt. Dann gilt für den nichtlinearen Spannungsanteil U_L am Lastwiderstand R_L

$$U_L = IR_L = I_A R_L((U_0 + U_s \cos(2\pi f_s t) + U_t \cos(2\pi f_t t))/U_A)^2 \qquad (25\text{-}12)$$

Nach Abtrennen der Gleichstromkomponente mit dem Koppelkondensator C_K und trigonometrischen Umformungen ergibt sich für die Ausgangsspannung

$$U = K\Big[\sqrt{U_s U_t}(\cos(2\pi(f_s + f_t))t + \cos(2\pi(f_s - f_t)t)) + (U_s/\sqrt{2})\cos(4\pi f_s t) + (U_t/\sqrt{2})\cos(4\pi f_t t)\Big]\,, \qquad (25\text{-}13)$$

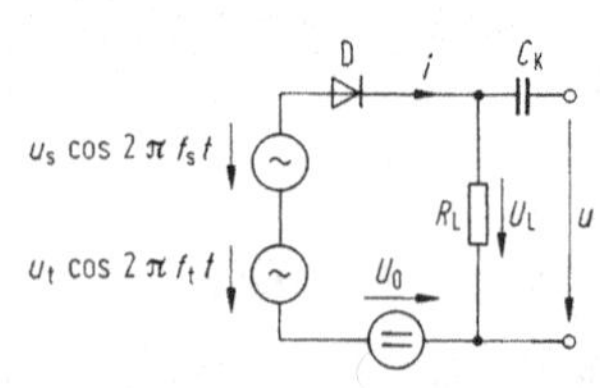

Bild 25-16. Diodenmodulatorschaltung

wobei der Vorfaktor K Konversionskonstante genannt wird. Es entstehen neben der doppelten Signal- und Trägerfrequenz zwei proportionale Seitenbandspektren bei $f_s + f_t$ und bei $f_s - f_t$ von denen eines durch selektive Filterung hervorgehoben, das andere unterdrückt wird. Dieser als *Mischung* bezeichnete Vorgang wird zur Frequenztransponierung benutzt. Mit dem gleichen Verfahren kann auch eine Demodulation amplitudenmodulierter Signale vorgenommen werden, wenn dem Empfangssignal U_s das Trägersignal U_t aufgemischt wird und am Ausgang durch Tiefpassfilterung eine Signalbandbegrenzung erfolgt. Diese Anordnung erfordert ein Trägersignal und ist deshalb zur Einseitenbanddemodulation bei unterdrücktem Träger geeignet. Sie wird als *Synchrondemodulator* bezeichnet. Der Demodulatoraufwand kann durch Verzicht auf den Trägergenerator und die Vorspannungsquelle so vermindert werden, dass die Gleichrichterschaltung von Bild 25-12 entsteht. Die verzerrungsarme Demodulation erfordert zur Mischung des Empfangssignales $U_s \mathrel{\hat=} U_N$, dass in ihm ein hinreichend großer Trägeranteil enthalten ist. Der zusammen mit dem Innenwiderstand der Anordnung auf die Signalbandgrenze $f_{s,max}$ bemessene Ladekondensator C_L dient dann der Tiefpassfilterung. In der modernen Empfangstechnik im GHz-Bereich werden allerdings hauptsächlich Mischer auf der Basis der Gilbertzelle verwendet, die sich aus einem Differenzverstärker mit Transistoren ableitet; vgl. die weiterführende Literatur und insbesondere die Monographie von Razavi [13].

25.2.4 Besondere Diodenschaltungen

Das Sperrverhalten von Dioden wird nach Bild 25-17a durch die Stromzunahme im Zener-Bereich bestimmt. Die Grenze wird für Gleichrichterdioden als Spannung U_{zd} bei dem Strom $I = 1$ mA angegeben. Dioden für größere Ströme im Zener-Bereich mit kleinem differenziellen Widerstand $R_z = dU_z/dI_z$ werden als Z-Dioden bezeichnet (siehe 27.2.4). Sie dienen zur Erzeugung von Referenzspannungen und zur Überspannungsbegrenzung. Durch Vorschalten eines Widerstandes R nach Bild 25-17b kann eine Spannungsänderung ΔU_0 mit der Z-Diode ZD auf den Wert ΔU_z vermindert werden, wenn der Vorwiderstand $R > R_z$ gewählt wird. Bild 25-17a zeigt, wie über den Widerstand $R = dU/dI$ die Spannungsgrenzwerte $U_{0,max}$ und $U_{0,min}$ zu gewinnen sind. Das Ersatzbild einer Z-Diode ZD besteht nach Bild 25-17c aus einer Gleichspannungsquelle $U_{z,d}$ mit vorgeschaltetem Zenerwiderstand R_z. Kurzzeitig überlastungsfeste Z-Dioden werden als Suppressordioden (TAZ, transient absorption zener) bezeichnet und dienen dem Schutz elektronischer Schaltungen durch Ableitung von Strömen bis zu $I = 100$ A bei Anstiegszeiten von wenigen Pikosekunden.

Thyristoren sind steuerbare Dioden, bei denen durch einen Steuerstrom I_s in einer zusätzlichen Elektrode bei positiven Spannungen U wahlweise eine Öffnung oder Sperrung erfolgen kann (siehe 27.4.1). Das Unterbrechen des Stromes erfordert die Unterschrei-

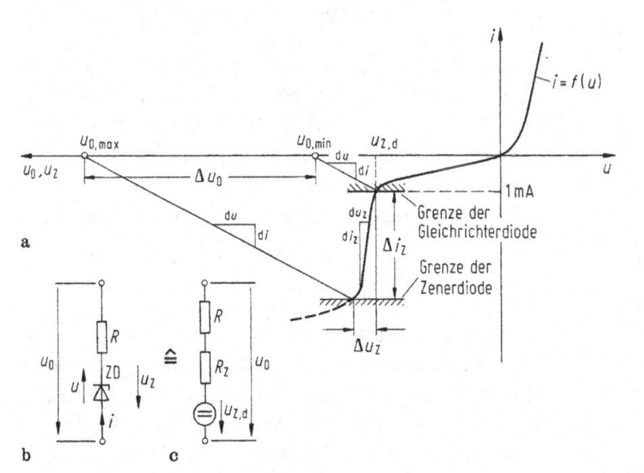

Bild 25-17. **a** Zenerverhalten von Dioden, **b**; **c** Ersatzbild

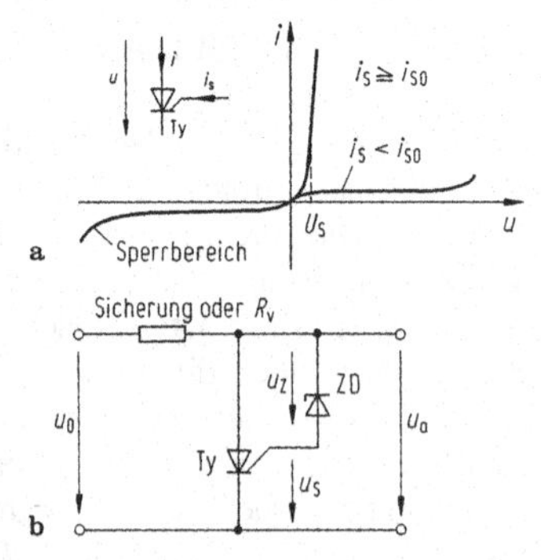

Bild 25-18. **a** Thyristorkennlinie und **b** Sicherungsschaltung

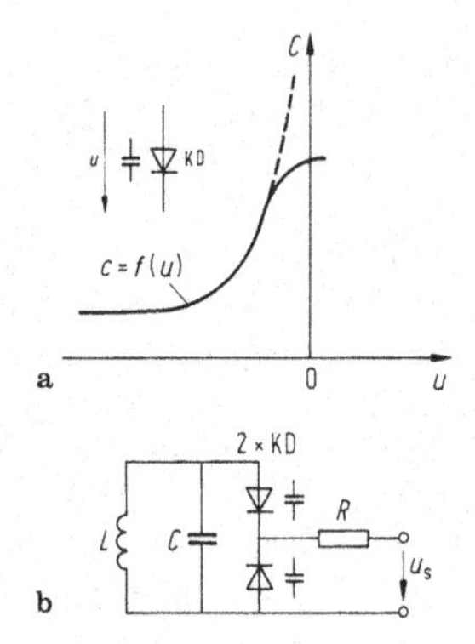

Bild 25-20. **a** Kapazitätsdiodenkennlinie und **b** Varaktorschaltung

tung eines Haltestrom I_h genannten Mindestwertes: $I < I_h$. Der Kennlinienverlauf Bild 25-18a weist für $U > 0$ eine steuerstromabhängige Verzweigung für den Grenzwert I_{s0} auf. Thyristoren werden als elektronische Schalter eingesetzt, z. B. in Überspannungssicherungen nach Bild 25-18b. Bei einem Anstieg der Ausgangsspannung U_a über Summe aus Zenerspannung U_z der Z-Diode ZD und Schleusenspannung U_S der Steuerelektrode wird der Thyristor Th geöffnet und die vorgeschaltete Sicherung Si ausgelöst oder die Ausgangsspannung U_a an einem Vorwiderstand $R_v < (U_0 - U_S)/I_h$ abgesenkt.

Dioden mit bereichsweise fallenden Kennlinien, wie z. B. die von Tunneldioden nach Bild 25-19a, erlauben eine Entdämpfung und bei resonanzfähiger Beschaltung mit einem LC-Reihenkreis nach Bild 25-19b kann eine stabile nichtlineare Schwingung erregt werden; Einzelheiten siehe 25.3.3. Der Arbeitspunkt A wird dann bei sehr niedrigem Innenwiderstand R_0 der Gleichspannungsquelle U_0 instabil; vgl. 8.3.2.

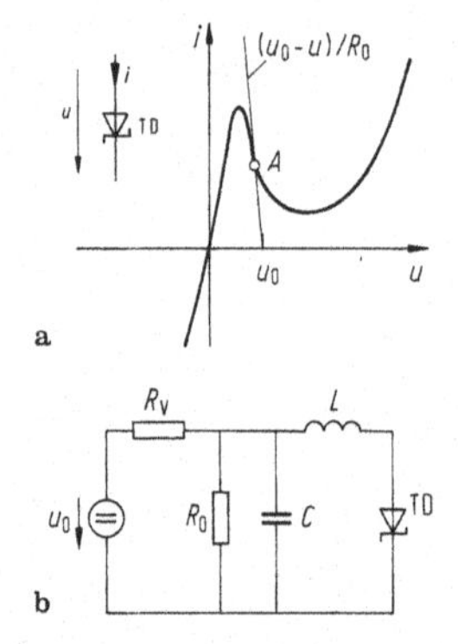

Bild 25-19. **a** Tunneldiodenkennlinie und **b** Oszillatorschaltung

Die Sperrschichtkapazität von Dioden ist nach Bild 25-20a spannungsabhängig, was zur elektronischen Abstimmung von Resonanzkreisen genutzt wird. Wegen des nichtlinearen Zusammenhanges $C = f(U)$ können aus Verzerrungsgründen jedoch nur kleine Wechselspannungsamplituden zugelassen werden. Die Trennung der Steuerspannung U_s von der Signalspannung des abzustimmenden Schwingkreises kann am einfachsten durch die gegensinnige Reihenschaltung zweier Kapazitätsdioden (KD) nach Bild 25-20b erreicht werden.

25.3 Aktive Dreipole (Transistoren)

Zur Verstärkung von Signalen höherer Änderungsgeschwindigkeit sind trägheitsarm elektronisch steuerbare Bauteile erforderlich, die für eine stabile Betriebsweise über hinreichend entkoppelte Ein- und Ausgänge verfügen müssen. Einzelbauteile dieser Art werden als Transistoren (siehe 27.3) bezeichnet.

25.3.1 Transistorverhalten

Gesteuerte Verstärkung lässt sich elektronisch durch Stromsteuerung zweier ladungsgekoppelter Diodenstrecken erzielen. Diese Anordnung wird Bipolartransistor genannt. Das Klemmenverhalten ist durch den zum Steuerstrom I_B in der Basis B proportionalen, jedoch vom Potenzial des Kollektors C weitgehend unabhängigen Kollektorstrom I_C, der in Sperrrichtung betriebenen Steuerstrecke C–E, sowie dem Impedanzverhalten der in Durchlassrichtung betriebenen Basis-Emitter-Strecke B–E bestimmt. Transistoren werden meist im Strombereich $I_B \gg I_S$ betrieben, sodass sich mit (25-9) der Zusammenhang

$$I_C = \beta_0 I_B \approx \beta_0 I_S \, e^{U_{BE}/U_T} \qquad (25\text{-}14)$$

ableiten lässt. Der Faktor $\beta_0 = I_C/I_B$ wird als Stromverstärkung bezeichnet. Die Temperaturspannung U_T ist für Siliziumtransistoren etwa $U_T = 40\,\text{mV}$. Typische Kennlinienverläufe $I_B = f(U_{BE})$ und $I_C = f(I_B)$ sind in Bild 25-21 für NPN-Transistoren dargestellt und ein für Aussteuerung mit kleinen Signalamplituden günstiger Arbeitspunkt A ist eingetragen. Die entsprechenden Werte für PNP-Transistoren unterscheiden sich nur durch entgegengesetztes Vorzeichen aller Ströme und Spannungen.

Das frequenzabhängige Übertragungsverhalten von Bipolartransistoren wird vor allem durch die Impedanz der Basis-Emitter-Diode bestimmt, deren Verhalten durch das in Bild 25-22a gezeigte RC-Netzwerk angenähert werden kann und den Eingangsleitwert

$$Y = 1/(R_b + 1/(\mathrm{j} \cdot 2\pi f C_e + 1R_e)) \qquad (25\text{-}15)$$

liefert. Der Anfangswert $Y_0 = Y(f \to 0) = 1(R_b + R_e)$ kann auch aus (25-14) durch Differenziation im Arbeitspunkt an der Stelle $I_B = I_{B,A}$ gewonnen werden:

$$Y_0 = \mathrm{d}I_B/\mathrm{d}U_{BE} = I_s(e^{U_{BE}U_T})/U_T = I_{B,A}/U_T \, . \qquad (25\text{-}16)$$

Für ein- und ausgangsseitig parallelgeschaltete Impedanzen ist die Umwandlung der Stromverstärkung β_0 in den Leitwertparameter der Steilheit S vorteilhaft.

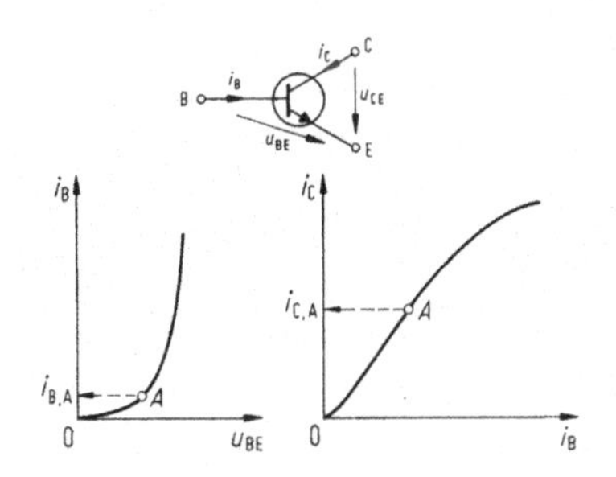

Bild 25-21. Stromkennlinien eines Bipolartransistors

Im Arbeitspunkt $I_C = I_{C,A}$ ergibt sich aus (25-14) der Zusammenhang

$$S = \mathrm{d}I_C/\mathrm{d}\,U_{BE} = \beta_0 I_s(e^{U_{BE}/U_T})/U_T = I_{C,A}/U_T \qquad (25\text{-}17)$$

und damit das Ersatzbild 25-22b. Die Gleichungen (25-16) und (25-17) zeigen, dass die dynamischen Kenngrößen Y_0 und $S = \beta_0 Y_0$ eines Bipolartransistors aus seinen statischen Betriebsströmen im Arbeitspunkt $I_{B,A}$ oder $I_{C,A} = \beta_0 I_{B,A}$ und der Stromverstärkung β_0 ermittelt werden können.

Feldeffektgesteuerte Transistoren (FET) können in vier Gruppen eingeteilt werden, die sich nicht nur durch die Polarität des steuerbaren Strompfades zwischen Source S und Drain D, sondern auch dadurch unterscheiden, ob das Gate G als in Sperrrichtung betriebene Diode (Sperrschicht-Feldeffekt-Transistor JFET) oder als vollisolierte Feldelektrode, (Isolierschicht-Feldeffekt-Transistor, IGFET, auch MOSFET) ausgeführt ist [3]. Bild 25-23 zeigt die vier Stromabhängigkeiten, für die der einheitliche Zusammenhang

$$I_D = \left(I_{D0}/U_p^2\right)\left(U_{GS} - U_p\right)^2 \, , \qquad (25\text{-}18)$$

gilt, wenn als Pinch-off-Spannung U_p die dem Transistortyp entsprechende Bedingung $U_{pp} \geqq U \geqq U_{pn}$

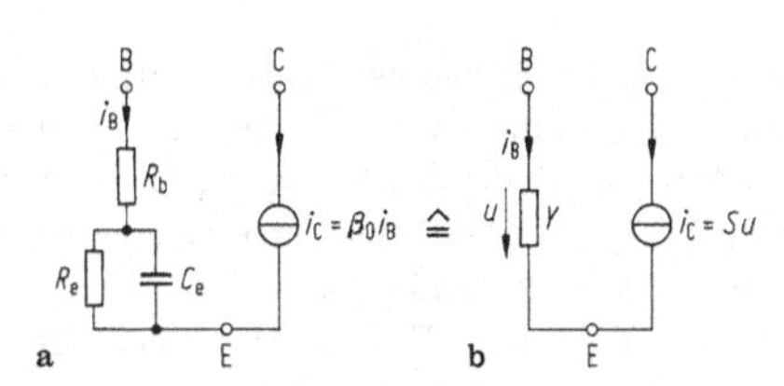

Bild 25-22. Leitwertersatzbilder von Transistoren, mit **a** Stromverstärkung β_0 und **b** Steilheit S

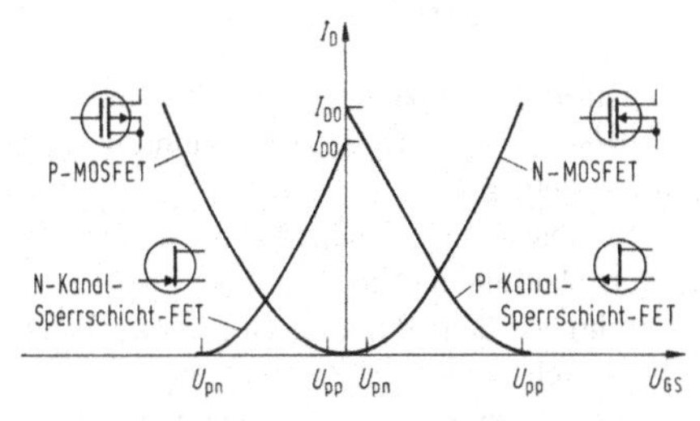

Bild 25-23. Drainstromkurven von Feldeffekttransistoren (FET)

erfüllt wird. Feldeffekttransistoren werden meist mit dem Ersatzbild 25-22b beschrieben, wobei der Eingangsleitwert $Y = \mathrm{j} \cdot 2\pi f C_\mathrm{e}$ kapazitiv und die Steilheit

$$S = \mathrm{d}I_\mathrm{D}/\mathrm{d}U_\mathrm{GS} = 2\left(I_\mathrm{D0}/U_\mathrm{p}^2\right)(U_\mathrm{GS,A} - U_\mathrm{p})$$
$$= 2\sqrt{I_\mathrm{D0}I_\mathrm{D,A}}\,/|U_\mathrm{p}| \qquad (25\text{-}19)$$

proportional der Gate-Source-Spannung $U_\mathrm{GS,A}$ im Arbeitspunkt ist und von der Wurzel des Drainstromes $I_\mathrm{D,A}$ abhängt.

25.3.2 Lineare Kleinsignalverstärker

Die Einstellung von Arbeitspunkten wird durch Temperaturabhängigkeit und damit vom Leistungsumsatz im Halbleiter beeinflusst. Für übliche Transistoren mit Stromverstärkungen $\beta_0 = I_\mathrm{C}/I_\mathrm{B} \geqq 10$ und damit $I_\mathrm{C} \approx I_\mathrm{E}$ ist die Kollektorverlustleistung

$$Q_\mathrm{C} = U_\mathrm{CE}I_\mathrm{C} = (U_0 - I_\mathrm{E}R_\mathrm{E} - I_\mathrm{C}R_\mathrm{C})I_\mathrm{C}$$
$$= U_0I_\mathrm{C} - I_\mathrm{C}^2(R_\mathrm{E} + R_\mathrm{C}) \qquad (25\text{-}20)$$

die bestimmende Größe. Die Stabilität ist gesichert, wenn sich diese Leistung unabhängig von der Aussteuerung ist, also der Differenzialquotient $\mathrm{d}Q_\mathrm{C}/\mathrm{d}I_\mathrm{C}$ im Arbeitspunkt $I_\mathrm{C,A}$ verschwindet.

$$R_\mathrm{E} + R_\mathrm{C} = U_0/2I_\mathrm{C,A}\,. \qquad (25\text{-}21)$$

Die Basis-Emitter-Spannung von Bipolartransistoren weist eine Temperaturabhängigkeit von etwa 2 mV/K auf, sodass die Reduktion der dadurch bedingten Stromänderung auf 1/10 bei einer Übertemperatur von etwa 100 K näherungsweise einen statischen Spannungsabfall von 2V am Emitterwiderstand $R_\mathrm{E} = 2\,\mathrm{V}/I_\mathrm{C,A}$ erfordert. Damit ergibt sich für den Kollektorwiderstand

$$R_\mathrm{C} = (U_0 - 4\,\mathrm{V})/2I_\mathrm{C,A}\,.$$

Der Querstrom I_t im Spannungsteiler R_t1 und R_t2 sollte $I_\mathrm{t} \geqq 10I_\mathrm{B}$ sein und die Betriebsspannung U_0 mindestens 5 V betragen.

Eine systematische Arbeitspunktfestlegung von Transistorschaltungen kann mithilfe des Fixators durchgeführt werden. Bei diesem Netzwerkelement handelt es sich um einen Zweipol, bei dem Strom und Spannung festgelegt sind – also gewissermaßen um eine Strom- und Spannungsquelle zugleich. Ein Bipolartransistor kann hinsichtlich des Gleichstromverhaltens mit zwei Fixatoren modelliert werden: ein Fixator zwischen Basis- und Emitter-Klemme (legt U_BE und I_B fest), und ein Fixator zwischen Kollektor- und Emitter-Klemme (legt U_CE und I_D fest). Die Werte dieser Ströme und Spannungen können aus einem Datenblatt des entsprechenden Transistors übernommen werden. Danach kann man die Netzwerkgleichungen (bei Nullsetzen aller Wechselstrom- und Wechselspannungsquellen) des Netzwerkes in üblicher Weise aufstellen, wobei die Werte der Widerstände die unbekannten Größen sind. Gegebenenfalls müssen noch zusätzliche Bedingungs(un)gleichungen hinzugefügt werden wie z. B. die Größe des Querstromes eines Spannungsteilers; vgl. die obenstehenden Betrachtungen. Diese systematische Methode eignet sich besonders dann, wenn es sich um Netzwerke mit mehreren Transistoren handelt, die gleichstrommäßig gekoppelt sind; vgl. die weiterführende Literatur und insbesondere das Buch von Vago [14].

Das Übertragungsverhalten von Transistorstufen nach Bild 25-24 kann unter Verwendung des Ersatzbildes 25-22b durch Bild 25-25 beschrieben werden, bei dem die Versorgungsquelle U_0 als Wechselstromkurzschluss zu betrachten ist. Das als Verstärkung

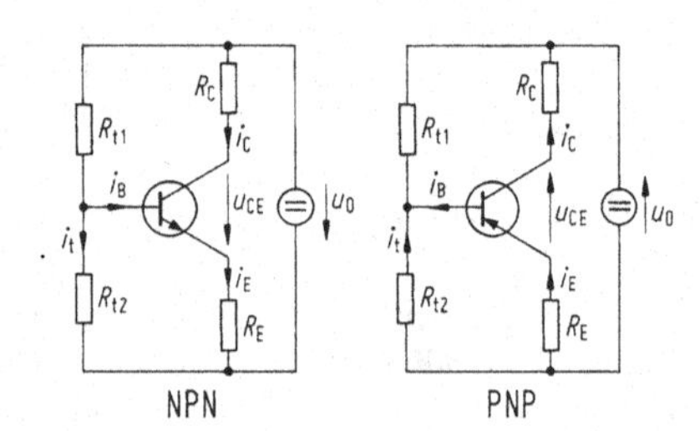

Bild 25-24. Zur Stabilisierung von NPN- und PNP-Transistoren

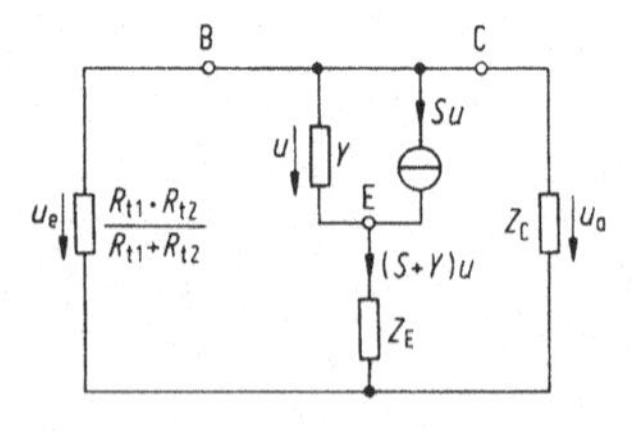

Bild 25-25. Wechselstromersatzbild der Bipolartransistorschaltungen nach Bild 25-24

bezeichnete Verhältnis von Ausgangs- zu Eingangsspannung wird damit

$$v = U_a/U_e = -SZ_C/(S+Y)Z_E\,. \qquad (25\text{-}22)$$

Für den praktischen Fall von Stromverstärkungen $\beta_0 > 10$ ist $S \gg Y$ und damit die Spannungsverstärkung $v = -Z_C/Z_E$ nur von den Impedanzen Z_C und Z_E, nicht jedoch von Transistorkennwerten S, Y und β_0 abhängig. Diese Art der Schaltungsbemessung erlaubt den exemplar- und typunabhängigen Einsatz von Transistoren in Verstärkerschaltungen.

Mit steigender Aussteuerung ergeben sich zunehmende Verzerrungen, die in vielen Fällen den nutzbaren Signalbereich begrenzen. Eine Gegenkopplung über passive lineare Bauteile vermindert diese Einflüsse. Die bevorzugte Anordnung besteht in einer wechselstrommäßig nicht überbrückten Gegenkopplungsimpedanz Z_E am Emitter- bzw. Sourceanschluss. Bild 25-26 zeigt das Verhalten einer solchen Stufe mit N-Kanal-Sperrschicht-FET. Die Steuerspannung U_{GS} des Transistors ergibt sich als Differenz der Eingangsspannung U_e und der Gegenkopplungsspannung U_g, sodass sich der Drainstrom $I_D = f(U_{GS})$ des Transistors auf den Wert $I_D = f(U_e)$ der Anordnung vermindert, wie die obere Bildhälfte zeigt. Der verstärkungsbestimmende Kennwert der Steilheit wird im Gegenkopplungsfall

$$S_g = dI_D/dU_e = S/(1+SR_g) = 1/(R_g + 1/S)\,, \qquad (25\text{-}23)$$

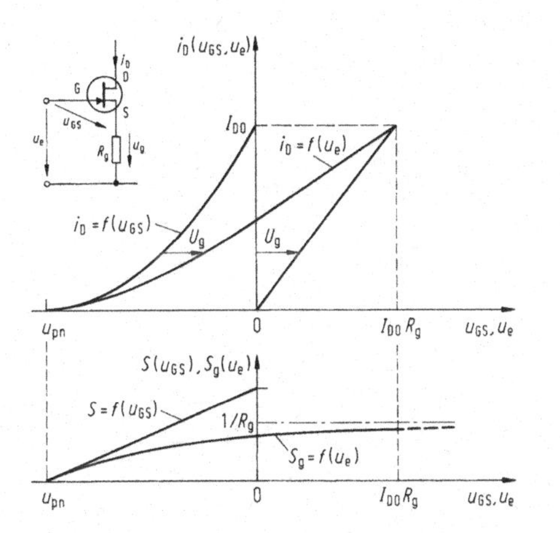

Bild 25-26. Zur Verzerrungsverminderung durch Gegenkopplung, Beispiel N-Kanal-Sperrschicht-FET-Schaltung

er weist zwar eine geringere Größe, dafür aber eine kleinere Änderung auf, wie der untere Bildteil von 25-26 zeigt. Für die Bemessung $R_g \gg 1/S$ wird die Steilheit $S_g \approx 1/R_g$ und damit für Signalwerte $U_e > 0$ von der Aussteuerung und dem Transistorkennwert S weitgehend unabhängig.

Die Zusammenschaltung zweier Transistoren in der Schaltung von Bild 25-27a liefert mit der Kopplung über den gemeinsamen Emitterwiderstand R_E eine Verstärkeranordnung mit zwei Eingängen, die als Differenzverstärker bezeichnet wird. Transistoren T1 und T2 mit gleicher Steilheit S führen bei Vernachlässigung des Eingangsleitwertes Y auf das Wechselstromersatzbild 25-27b. Für unterschiedliche Eingangssignale U_{e1} und U_{e2} kann daraus das Differenzverstärkung genannte Übertragungsverhalten

$$\begin{aligned} v_D &= U_a/(U_{e1} - U_{e2}) \\ &= -SR_C(U_{e2} - U_E)/(U_{e1} - U_{e2}) \\ &= -SR_C(U_{e2} - (U_{e1} + U_{e2})/2(1 + 1/2SR_E))/ \\ &\quad (U_{e1} - U_{e2}) \end{aligned} \qquad (25\text{-}24)$$

gewonnen werden. Wird die Gegenkopplung $SR_E \gg 1$ gewählt, so ergibt sich $v_D = SR_C$. Werden dagegen beide Eingänge mit dem gleichen Signal $U_{e1} = U_{e2}$ beaufschlagt, so ergibt sich unter den gleichen Voraussetzungen das Gleichtaktverstärkung genannte Übertragungsverhalten

$$v_G = SR_C/(1 + 2SR_E) \approx R_C/2R_E\,. \qquad (25\text{-}25)$$

Durch die Bemessung $SR_E \gg 1$ kann mit dieser Schaltung ein großes Verhältnis v_D/v_G erreicht und damit können Gleichtaktstörsignale von Gegentaktnutzsignalen getrennt werden.

Transistoren für große Kollektorströme verfügen nur über kleine Stromverstärkungen. Dieser Nachteil lässt sich für NPN- wie auch PNP-Transistoren mit einer

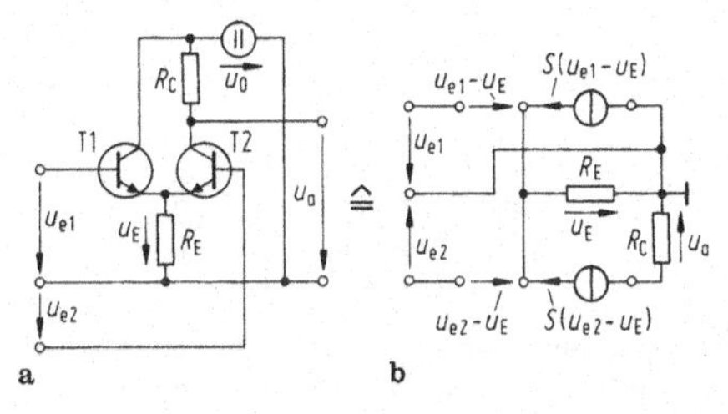

Bild 25-27. **a** Differenzverstärkerschaltung mit **b** Ersatzbild

Darlington-Schaltung genannten Anordnung zweier Transistoren nach Bild 25-28a ausgleichen. Das zugehörige Ersatzbild 25-28b führt auf die Stromverstärkung der Gesamtanordnung

$$\beta = I_C/I_B = \beta_1\beta_2 + \beta_1 + \beta_2 \approx \beta_1\beta_2 \,, \qquad (25\text{-}26)$$

wenn $\beta_1 \gg 1$ und $\beta_2 > 1$ gilt.

Werden mehrere Transistorverstärkerstufen zu Erhöhung der Verstärkung nach Bild 25-29a hintereinandergeschaltet, so bezeichnet man diese Anordnung als Kaskaden- oder Kettenschaltung. Die arbeitspunktstabilisierende Gegenkopplung des Emitterwiderstandes R_E kann in der gezeigten Weise wechselstrommäßig durch einen parallelgeschalteten Kondensator C_E unwirksam gemacht werden. Für seine Bemessung muss die Impedanz Z_E nach Ersatzbild 25-29b für diesen Schaltungsteil so gewählt werden, dass der

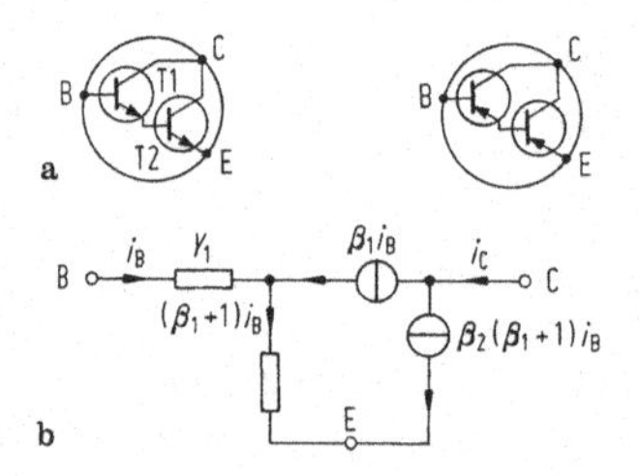

Bild 25-28. a Darlington-Schaltungen mit b Ersatzbild

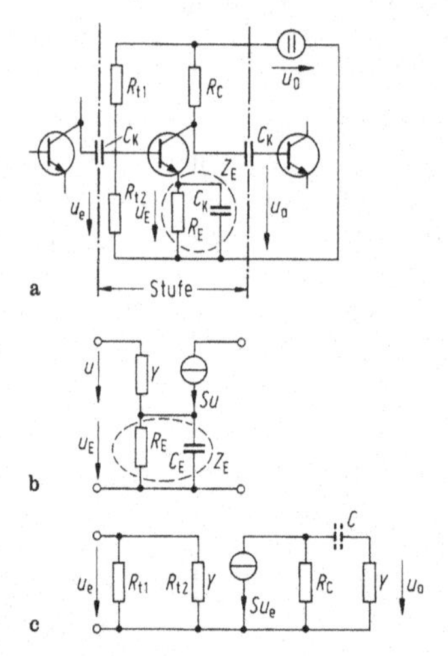

Bild 25-29. Ausschnitt aus einer Verstärkerkette. a Schaltung, b zur Bemessung der Emitterkombination und c Wechselstromersatzbild

Spannungsabfall U_E an ihr klein gegen die Steuerspannung U des betreffenden Transistors bleibt.

$$|U_E|/U = (S+Y)Z_E$$

$$= (S+Y)\Big/\sqrt{(1/R_E)^2 + (\omega C)^2} \ll 1 \,. \qquad (25\text{-}27)$$

Die Nebenbedingung $\omega C R_E \gg 1$ ergibt für Transistoren größerer Stromverstärkung $\beta \gg 1$ und damit Steilheit $S \gg Y$ aus (25-25) die Bemessungsvorschrift $\omega C \gg S$, sodass die Eckfrequenz $f_g = 1/2\pi SC$ beträgt. Die in Bild 25-29a abgegrenzte Verstärkerstufe hat dann bei Frequenzen $f \gg f_g$ entsprechend dem Wechselstromersatzbild 25-29c die Verstärkung

$$v = U_a/U_e = -S/(Y + 1/R_C) \,, \qquad (25\text{-}28)$$

wenn der punktiert eingetragene Koppelkondensator C_K die Bedingung $C_K \gg Y/2\pi f$ erfüllt. Für den Arbeitswiderstand $R_C \gg 1/Y$ ergibt sich die Maximalverstärkung $v_{max} = -S/Y$. Sie ist von der Belastung durch den Eingangsleitwert Y des Folgetransistors abhängig. Dieser Nachteil kann durch Einfügen einer Emitterfolger genannten Schaltung nach Bild 25-30a vermieden werden. Die Anordnung enthält einen zusätzlichen Transistor T2, bei dem das Ausgangssignal U_a an der Emitterklemme E abgegriffen wird. Das Ersatzbild mit beiden Transistoren zeigt Bild 25-30b. Die Verstärkung wird danach

$$v = U_a/U_e$$

$$= -S_1R_C/(1 + (1 + Y_2R_C)/(S_2 + Y_2)R_L) \,. \qquad (25\text{-}29)$$

Sind die Bedingungen $S_2 \gg Y_2$ und $Y_2R_C \gg 1$ erfüllt und wird der Lastwiderstand $R_L \gg 1/S_2$ bemessen, so ist die Verstärkung $v = -S_1R_C$ vom Lastwiderstand R_L unabhängig.

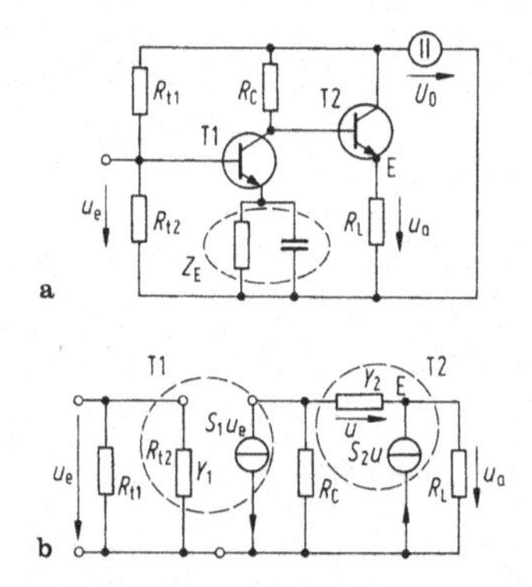

Bild 25-30. Verstärkerstufe mit Emitterfolger. a Schaltung und b Wechselstromersatzbild

25.3.3 Lineare Großsignalverstärker (A- und B-Betrieb) und Sinusoszillatoren

Die in einer RC-Verstärkerschaltung auftretende größte Ausgangsspannungsamplitude wird durch den Wert der Versorgungsspannung U_0 bestimmt und bewirkt als Produkt mit dem in der Stufe geführten Strom die in Wärme umgesetzte Verlustleistung Q_v. Transistoren unterliegen hinsichtlich ihrer Spannungsfestigkeit $U_{\max}$, ihrer Stromergiebigkeit $I_{\max}$ und ihrer zulässigen Verlustleistung Q_v Grenzen, die in das Ausgangskennlinienfeld $I = f(U)$, Bild 25-31, eingetragen werden können. Bei kollektor- bzw. drainseitigem Arbeitswiderstand R und Speisung aus einer Versorgungsquelle U_0 kann der Zusammenhang $U = f(I) = U_0 - RI$ auf der als Arbeitsgerade bezeichneten Kurve abgegriffen werden. Der Transistor wird bei symmetrischer Aussteuerung zwischen dem Sättigungspunkt G und dem Sperrpunkt B am besten genutzt, wenn der Arbeitspunkt A in der Mitte der Arbeitsgerade bei dem Wert $U_0/2$ liegt und an dieser Stelle die Verlustleistungshyperbel $Q = U_0^2/4R$ tangiert wird. Diese Betriebsweise heißt A-Betrieb. Um eine Überlastung bei fehlender Ansteuerung zu vermeiden, darf in diesem Betriebszustand höchstens die Grenzleistung $Q = Q_\text{v}$ erreicht werden. Bei Vollaussteuerung und sinusförmigem Spannungs- und Stromverlauf ergibt sich näherungsweise die entnehmbare Wechselstromleistung

$$P_\text{A} = (1/T)\int_0^T UI\,\text{d}t = \left(U_0^2/RT\right)\int_0^T \sin^2 t\,\text{d}t$$
$$= U_0^2/8R = Q/2 \qquad (25\text{-}30)$$

als halbe Ruheleistung.

Wird dagegen der Arbeitspunkt des Transistors im Sperrpunkt B in der Nähe der Versorgungsspannung U_0 gewählt, so ergibt sich bei Vollaussteuerung mit sinusförmigen Halbwellen

$$P_\text{B} = (2/T)\int_0^T UI\,\text{d}t = 2P_\text{A}$$
$$= U_0^2/4R = Q \qquad (25\text{-}31)$$

die doppelte Leistung und damit eine bessere Ausnutzung, die jedoch durch die Nichtumkehrbarkeit des Ausgangsstromes erkauft wird. Eine entgegengerichtete Stromaussteuerung kann durch einen gegensinnig betriebenen weiteren Transistor erreicht werden. Man spricht vom Gegentakt-B-Betrieb, dessen Übertragungsverhalten linear ist, aber das Umschalten von einem Transistor auf den anderen ein nichtlinearer Prozess ist. In realen Schaltungen kommt es daher zu sogenannten Übernahmeverzerrungen im Umschaltpunkt (Arbeitspunkt B), wobei die nichtlinearen Verzerrungen ansteigen, wenn sich das Eingangssignal verkleinert.

Schaltungstechnisch wird der Gegentakt-B-Betrieb im einfachsten Falle durch Reihenschaltung eines komplementären Transistors realisiert, was Bild 25-32a zeigt. Diese Anordnung wird als Gegentakt-B-Komplementärstufe bezeichnet. Der Widerstand R_d dient der Einstellung des Arbeitspunktes und erlaubt, die Sperrströme zu kompensieren, sodass sich bei gleichen Kennwerten die Arbeitskennlinien nach Bild 25-32b verzerrungsarm zusammenfügen. Durch Verwendung eines Widerstandes R_d mit negativem Temperaturkoeffizienten (NTC) kann einer vom Leistungsumsatz abhängigen Arbeitspunktverlagerung entgegengewirkt werden. Der Koppelkondensator C_K sperrt den Gleichstromweg

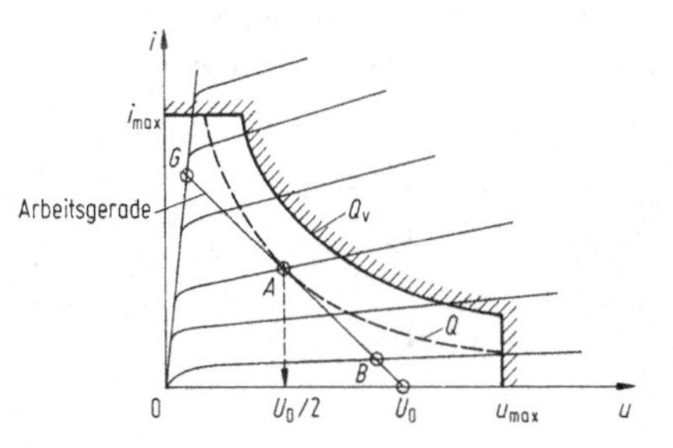

Bild 25-31. Zur Aussteuerung eines Großsignalverstärkers

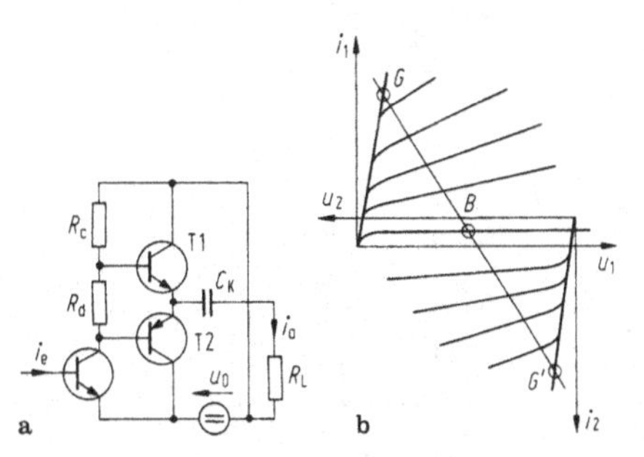

Bild 25-32. Komplementär-Gegentakt-B-Stufe. **a** Schaltung und **b** Ausgangskennlinienfelder

zum Lastwiderstand R_L. Die beiden sequentiell eingeschalteten Transistoren T1 und T2 werden in dieser Anordnung im Hinblick auf einen kleinen ausgangsseitigen Innenwiderstand als Emitterfolger betrieben. In der Brückenverstärkerschaltung Bild 25-33 sind zwei gleichartige Gegentakt-B-Stufen symmetrisch zum Lastwiderstand R_L zusammengeschaltet, sodass der Koppelkondensator entfallen kann und mit einem Differenzsignal an den Eingängen beliebig langsame Signaländerungen übertragen werden können.

Die Übernahmeverzerrungen sind beim reinen Gegentakt-B-Betrieb insbesondere für Audioverstärker allerdings unvertretbar groß, sodass man den Arbeitspunkt in beiden Transistoren in Richtung A-Betrieb verschiebt. Dadurch erhöht sich der Ruhestrom ein wenig, aber die Übertragungskennlinie des Verstärkers wird „linearisiert". Man spricht dann vom Gegentakt-AB-Betrieb; vgl. weiterführende Literatur [4].

Verstärkeranordnungen nach Bild 25-34, die über eine Signalrückführung vom Ausgang zum Eingang verfügen, können sich bei entsprechender Bemessung stabile Schwingungen ausführen, die unabhängig von den Anfangsbedingungen der Schaltung sind. Das man nur verständlich machen kann, wenn nichtlineare Eigenschaften der Schaltungen in die Betrachtungen einbezogen werden. Eine notwendige Bedingung dazu ist, dass ein Paar von Systemeigenschwingungen der linearisierten Schaltung auf der imaginären Achse liegt, was u. a. mithilfe der sogenannten *Barkhausen'schen Schwingbedingung*

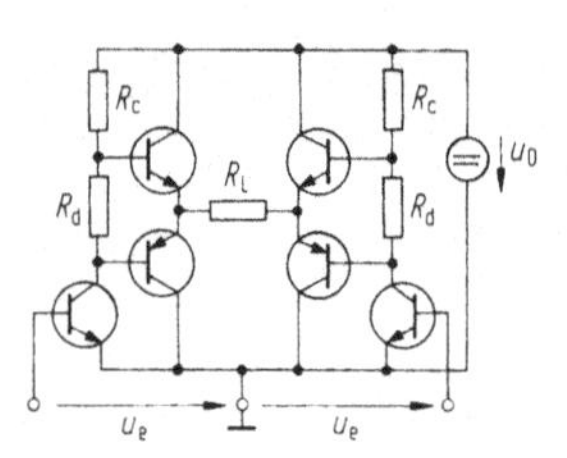

Bild 25-33. Schaltung eines Brückenverstärkers

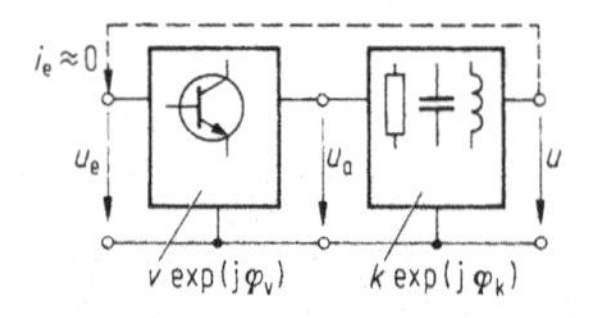

Bild 25-34. Zur Erläuterung der Schwingbedingung

analysiert werden kann. Dazu wird das Netzwerk in zwei Teile zerlegt und das Klemmenverhalten der rückgekoppelten Gesamtschaltung untersucht. Bei hinreichend hohem Verstärkereingangswiderstand $Z_e = U_e/I_e$ kann mit der gestrichelt gezeichneten Verbindung für $U = U_e$ die Schwingbedingung sehr einfach abgeleitet werden, wenn der Verstärker mit der Verstärkung $U_a/U_e = v\,e^{j\varphi_v}$ die Dämpfung des Koppelnetzes mit dem Koppelfaktor $U/U_a = k\,e^{j\varphi_k}$ auszugleichen vermag. Mithilfe der komplexen Bedingungsgleichung können nach Barkhausen

$$(U_a/U_e)(U/U_a) = 1 = vk\,e^{j(\varphi_v+\varphi_k)} \qquad (25\text{-}32)$$

die Schaltungsparameter so bestimmt werden, dass ein Paar von Systemeigenschwingungen auf der imaginären Achse liegen. Wird die Schaltungen mithilfe von Zustandsgleichungen beschrieben, dann kann man auch die Systemeigenwerte der Systemmatrix untersuchen. Die Betragsbedingung $kv = 1$ und die Phasenbedingung $\varphi_v + \varphi_k = 2n\pi$ werden bei niederen Frequenzen oder für pulsförmige Schwingungen meist über RC-Glieder, bei höheren Frequenzen und für harmonische Schwingungen meist über einen LC-Schwingkreis oder piezomechanische Resonanzen (Schwingquarz) im Kopplungsvierpol erfüllt. Die Barkhausensche Bedingung als auch die anderen Kriterien sind für das Auftreten einer Schwingung nur notwendige aber nicht hinreichende Bedingungen. Wenn man die Schwingamplitude und deren Stabilität ermitteln möchte, dann muss man alle Voraussetzungen des Satzes von Andronov und Hopf berücksichtigen und eine analytische Störungsrechnung oder Simulationen verwenden [5], wobei die Nichtlinearitäten der Schaltung einbezogen werden müssen. Mit der Methode der Beschreibungsfunktion (siehe Abschnitt I Regelungs- und Steuerungstechnik) kann man zeigen, dass eine zunehmenden Aussteuerung der Nichtlinearität zu einer abnehmenden mittleren Verstärkung $v = f(U)$ und in bestimmten Fällen auto-

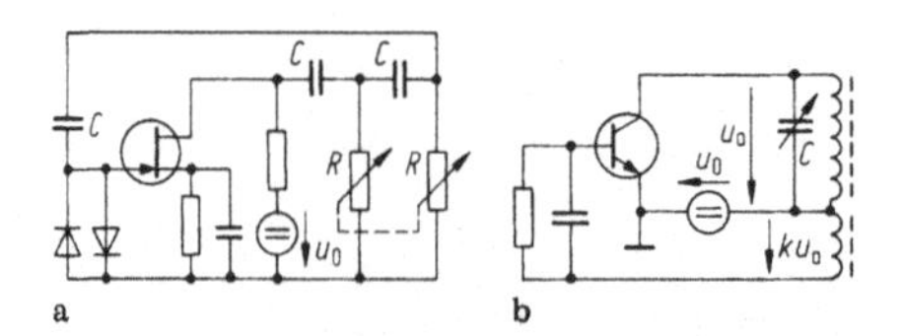

Bild 25-35. Oszillatorschaltungen, Beispiele: **a** RC-Oszillator und **b** LC-Oszillator

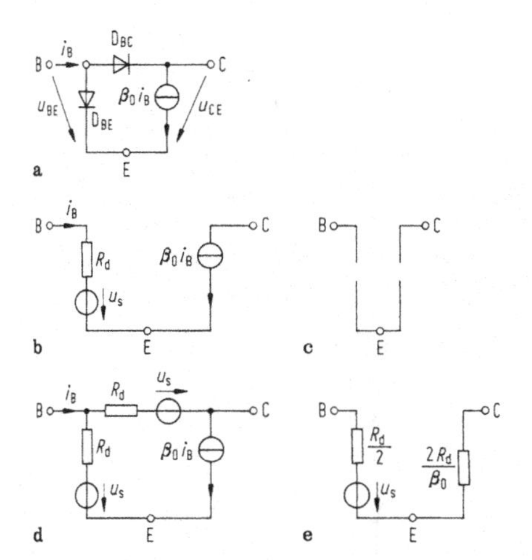

Bild 25-36. Ersatzbilder für nichtlineares Transistorverhalten. **a** Diodenersatzbild allgemein und Ersatzbilder für **b** den aktiv normalen Betrieb; **c** den Sperrzustand und **d** den Sättigungszustand mit Vereinfachung **e**

matisch zur Einhaltung der zugehörigen Schwingamplitude U führt; weitere Einzelheiten kann man der weiterführenden Literatur und insbesondere der Monographie von Kurz und Mathis [5] entnehmen. Klassische Oszillatorschaltungen dieser Art sind z. B. der Phasenschieberoszillator nach Bild 25-35a, bei dem die Frequenzeinstellung meist durch gleichlaufende Veränderung der beiden Widerstände R vorgenommen wird, und der Meißneroszillator nach Bild 25-35b mit transformatorischer Phasenumkehr und Abstimmung über die Schwingkreiskapazität C. Die Schwingamplitude der Oszillatorschaltungen wird in a) durch eine automatische Verstärkungsregelung mit (nichtlinearer) Signalgleichrichtung mit Dioden bzw. b) durch die Eigenschaften der Nichtlinearität der Basis-Emitter-Strecke des Transistors festgelegt (siehe 25-36a). Moderne Sinusoszillatoren im GHz-Bereich arbeiten auf der Basis eines Differenzverstärkers; vgl. z. B. die Monographie von Razavi [13].

25.3.4 Nichtlineare Großsignalverstärker, Flip-Flop und Relaxationsoszillatoren

Mit hinreichend großen Ansteueramplituden kann ein Transistor zwischen voller Öffnung und Sperrung durchgesteuert werden und damit in den mit G und B bezeichneten Zuständen in Bild 25-31 verharren. Die Betrachtung erfordert dann die Berücksichtigung nichtlinearer Zusammenhänge. Für einen NPN-Transistor ergibt sich für den linearen Verstärkerbetrieb das Ersatzbild in Bild 25-36a, das aus dem Ersatzbild in Bild 25-22b dadurch entsteht, dass der Eingangsleitwert Y durch die spannungsabhängige Basis-Emitter-Diode D_{BE} ersetzt und die Basis-Kollektor-Diode D_{BC} eingefügt wird. Für PNP-Transistoren sind die Richtungen aller Ströme und Spannungen wie auch die Polarität der beiden Dioden umzukehren. Wird das Diodenverhalten nach Näherung B von Abschnitt 25.2.1 mit Durchlasswiderstand R_d und Schleusenspannung U_S angenähert, so führt dies zu drei unterschiedlichen Ersatzbildern. Für den aktiv normalen Betrieb auf der Arbeitsgeraden gilt Bild 25-36b:

$$U_{BE} \text{ und } U_{CE} - U_{BE} > U_S \; ;$$
$$D_{BE} \to R_d \; ; \; D_{CE} \to R_s \; ;$$

für den Sperrzustand gilt Bild 25-36c:

$$U_{BE} \text{ und } U_{BE} - U_{CE} < U_S \; ;$$
$$D_{BE} \text{ und } D_{BC} \to R_s \; ;$$

und für den Sättigungszustand gilt Bild 25-36d:

$$U_{BE} \text{ und } U_{BE} - U_{CE} > U_S \; ;$$
$$D_{BE} \text{ und } D_{BC} \to R_d \; .$$

Bei Sättigung ist die Kollektor-Emitter-Spannung $U_{CE} \ll U_S$, sodass die beiden Dioden D_{BE} und D_{BC} näherungsweise parallelgeschaltet sind und das Ersatzbild 25-36d in das Bild 25-36e überführt werden kann. Diese nichtlineare Betriebsweise wird vor allem zur Hochfrequenz- und Pulsverstärkung genutzt, da dann der Arbeitspunkt entsprechend Bild 25-37a von B nach C in den Sperrbereich des Transistors verlagert und so die stromführende Betriebszeit weiter verkürzt werden kann. Die Arbeitsgerade überschneidet die Verlustleistungshyperbel Q_v. Trotzdem kann die mittlere Kollektorverlustleistung

$$Q_C = (1/T) \int_0^T U_{CE}(t) I_C(t)\, dt \leqq Q_v \qquad (25\text{-}33)$$

im Rahmen der thermischen Integrationsfähigkeit des betreffenden Transistors unter dem zulässigen

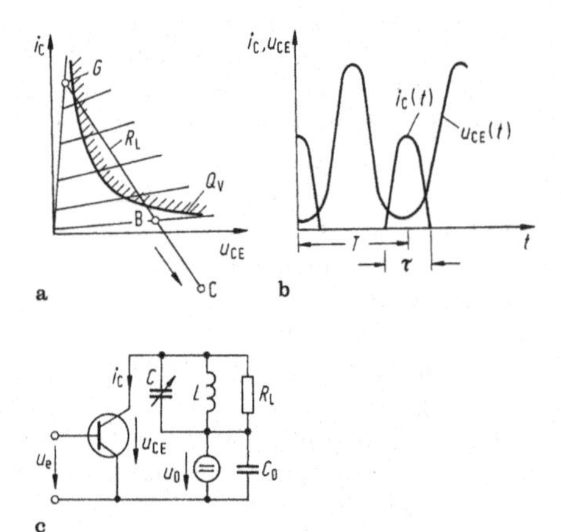

Bild 25-37. C-Betrieb eines Transistorverstärkers mit **a** Ausgangskennlinienfeld und **b** dem Ausgangsspannungs- und Stromverlauf der Schaltungsanordnung des Sendeverstärkers **c**

Grenzwert Q_v bleiben. Bei harmonischer Ansteuerung treten dann Stromimpulse $I_C(t)$ der Dauer $\tau < T/2$ auf, wie Bild 25-37b zeigt. Sinusförmige Schwingungen $U_{CE}(t)$ am Ausgang werden mit einem LC-Schwingkreis am Kollektoranschluss in der Anordnung nach Bild 25-37c erreicht. Dieser Kreis wird meist auf die Frequenz $f_0 = 1/2\pi\sqrt{LC}$ abgestimmt, kann aber auch auf eine ungerade Harmonische $(2n+1)f_0$ eingestellt werden. Die Anordnung Bild 25-37c wird als Sendeverstärker, seine Arbeitspunkteinstellung weit im Sperrbereich als C-Betrieb bezeichnet. Wird eine solche Verstärkerstufe ohne ausgangsseitigen Resonanzkreis betrieben, so stellt sich am Lastwiderstand R_L bei Aussteuerung bis an den Sättigungspunkt G ein trapezförmiger Spannungs- und Stromverlauf mit der Anstiegs- und Abfallzeit Δt nach Bild 25-38b ein. Im Kollektor des Transistors wird dabei die Leistung Q_C umgesetzt, die einen parabelförmigen Zeitverlauf $Q_C(t)$ und damit den zeitlichen Mittelwert

$$\begin{aligned}\widetilde{Q}_C &= (2/T)\int_0^T U_{CE}(t)I_C(t)\,dt \\ &= 2\left(\widehat{U}_{CE}\widehat{I}_C/T\right)\int_0^T (t/\Delta t)(1-t/\Delta t)\,dt \\ &= 2\left(\widehat{U}_{CE}\widehat{I}_C/T\right)[(t^2/2\Delta t)-(t^3/3\Delta t^2)] \\ &= \widehat{U}_{CE}\widehat{I}_C\Delta t/3T \end{aligned} \quad (25\text{-}34)$$

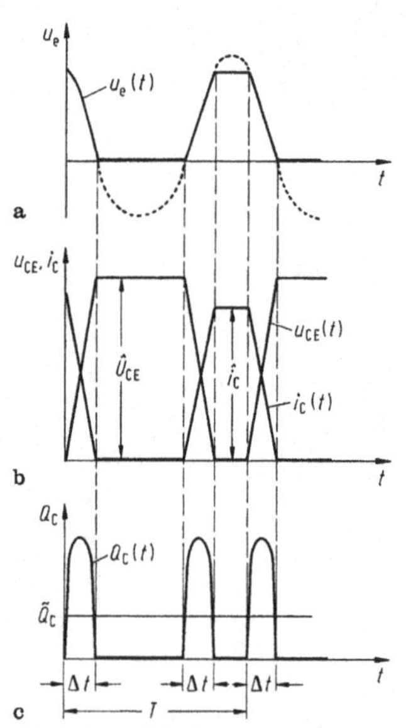

Bild 25-38. Verhalten eines Verstärkers im D-Betrieb. **a** Eingangs- und **b** Ausgangsspannungsverlauf und **c** die daraus abgeleitete Verlustleistung

aufweist. Um eine Überlastung des Transistors zu vermeiden, darf dieser Wert den zulässigen Grenzwert Q_v nicht überschreiten. Diese zur Verstärkung von Impulsen variabler Breite (Pulslängen-modulierte (PLM-) Signale) bevorzugte Art der Transistoraussteuerung wird D-Betrieb genannt; man spricht auch Pulsweitenmodulation (PWM) oder von Pulsdauermodulation (PDM). Im einfachsten Fall kann ein gesteuerter Schalter verwendet werden, der zu einem idealen Wirkungsgrad von 100% führt. Das Klasse-D-Verstärkerprinzip wird aufgrund seines hohen realen Wirkungsgrades von mehr als 90% neuerdings auch bei Audioleistungsverstärkern eingesetzt. Die PLM-Signale müssen natürlich wieder in analoge Signale umgesetzt werden, wofür nur sehr verlustarme LC-Tiefpassfilter geeignet sind. Demnach benötigt man ein Modulationsverfahren, bei dem das abgetastete analoge Eingangssignal in ein PLM-Signal überführt wird, wobei das analoge Signal nach Tiefpassfilterung möglichst störungsfrei zurückgewonnen werden kann. Vielfach verwendet man einen Pulsweiten-(PWM-)Modulator, mit dem die Amplitudenproben direkt in eine Pulslänge überführt wird. Ein störungsarmes analoges Ausgangssignal kann nur dann konstruiert werden, wenn die Schaltfrequenz ca. 7-fach über der höchsten (Audio-)Bandgrenze liegt, was u. a. zu Verlustleistungserhöhung und EMV-Problemen führen kann. Mit dem ZePoC-Verfahren steht jedoch ein alternatives Modulationsverfahren zur Verfügung, welches diese Nachteile stark reduziert; vgl. weiterführende Literatur [15].

Werden zwei derartige nichtlineare Verstärkerstufen nach Bild 25-39a in Kette geschaltet, wie Bild 25-39a zeigt, so verläuft der Zusammenhang zwischen Aus- und Eingangssignal $U_a = f(U_e)$ nach Bild 25-39b treppenförmig, da der Transistor T2 aussteuerungsabhängig in den Sättigungs- und Sperrzustand gelangen kann. In dem Übergangsbereich zwischen diesen Betriebszuständen sind beide Transistoren T1 und T2 im aktiv normalen Betrieb, sodass das Ersatzbild 25-39b gilt. Bei gleichen Kennwerten beider Transistoren wird damit

$$U_a = \frac{U_0 - \beta_0 R_C (U_0 - U_S - \beta_0 R_C \times (U_e - U_S)/R_d)}{R_C + R_d} . \tag{25-35}$$

Die Grenzen der Gültigkeit dieser Beziehung sind die Ausgangsspannungen $U_a = 0$ und $U_a = U_0$ und damit bei hinreichend hoher Stromverstärkung $\beta_0 \gg 1$ und Versorgungsspannung $U_0 \gg U_S$ die zugehörigen Eingangsspannungen

$$U_{e1,e2} = U_S \pm (U_0 - U_S)/\beta_0 R_C/R_d . \tag{25-36}$$

Wird in der Schaltung Bild 25-39a die strichpunktierte Verbindung zwischen Ein- und Ausgang hergestellt, so führt dies auf die Zusatzbedingung $U_a = U_e$, und es können nur noch die drei Punkte O, L oder S eingenommen werden. Da es sich um einen rückgekoppelten schwingfähigen Analogverstärker handelt, ist der Betriebspunkt L ein instabiler Zustand, von dem aus die Anordnung sofort in den Punkt O oder S umschlägt, wenn sie sich selbst überlassen wird. Wegen ihres umsteuerbaren in zwei stabilen Zuständen verharrenden Verhaltens wird sie Flipflop-Schaltung genannt und bildet das Grundelement aller statischen digitalen Speicherschaltungen; vgl. 26.2.

Werden die beiden Verstärkerstufen dagegen über RC-Hochpassglieder nach Bild 25-40a miteinander gekoppelt und die Basisvorwiderstände R_{B1} und R_{B2} so bemessen, dass die beiden Transistoren T1 und T2 im Ruhezustand Arbeitspunkte im aktiv normalen Betriebszustand einnehmen, erregen sich nichtharmonische Schwingungen. Diese Anordnung führt die Bezeichnung Multivibrator oder Relaxtionsoszillator. Aufgrund des Ausweichens der Anordnung in die

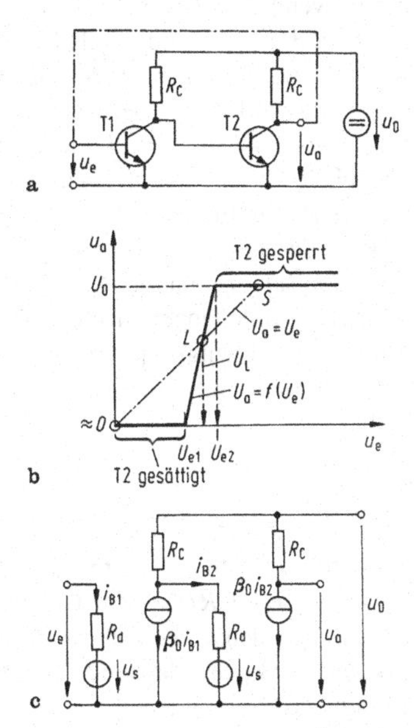

Bild 25-39. a Flipflop-Schaltung mit b Übergangsverhalten und c Ersatzbild

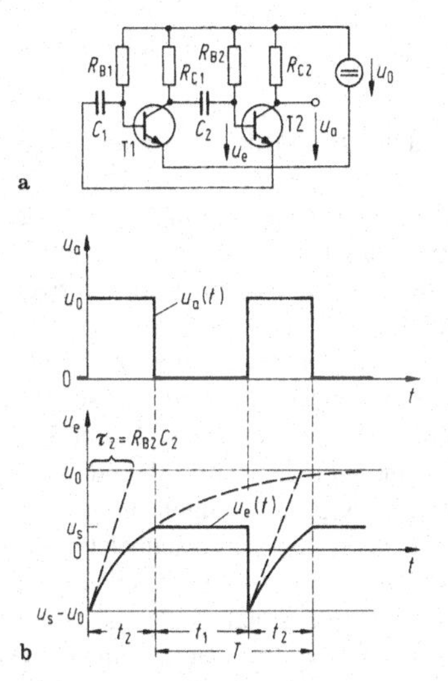

Bild 25-40. a Multivibratorschaltung mit b Verlauf der Spannung an Ein- und Ausgang von Transistor T2

stabilen Betriebspunkte ergeben sich sehr rasche Zustandsübergänge und damit eine wechselseitige Sperrung und Sättigung der beiden Transistoren T1 und T2. Die Öffnungs- und Sperrzeiten hängen von den Zeitkonstanten τ der RC-Glieder und den Schwellenspannungswerten U_S der Transistoren sowie der Versorgungsspannung U_0 ab. Für den Transistor T2 dieser Schaltung sind in Bild 25-40b die Spannungsverläufe $U_a(t)$ und $U_e(t)$ dargestellt. Aus ihnen geht hervor, dass die Spannung $U_e(t)$ wegen exponentiell zeitabhängiger Umladung des Kondensators C_2 zum Öffnungszeitpunkt $t = t_2$ die Schleusenspannung U_S erreicht:

$$U_e(t_2) = U_S = U_0 + (U_S - 2U_0)e^{-t_2/\tau_2} . \quad (25\text{-}37)$$

Aus dieser Beziehung kann die Sperrzeit t_2 des Transistors T2 gewonnen werden. Ein entsprechender Zusammenhang gilt für die Sperrzeit t_1 des Transistors T1. Die Periodendauer als Summe der beiden Sperrzeiten beträgt damit

$$\begin{aligned} T &= t_1 + t_2 \\ &= (R_{B1}C_1 + R_{B2}C_2)\ln(2U_0 - U_S)/(U_0 - U_S) , \end{aligned} \quad (25\text{-}38)$$

wobei die Versorgungsspannung $U_0 > U_S$ sein muss und bei $U_0 \gg U_S$ für die Schwingfrequenz die Näherung

$$f = 1/T = 1/(\tau_1 + \tau_2)\ln 2 = 1{,}44/(\tau_1 + \tau_2) \quad (25\text{-}39)$$

gilt.

Multivibratoren nach Bild 25-40a können nur für relativ niedrige Frequenzen verwendet werden, da die eingeschalteten Transistoren in Sättigung gehen und beim Ausschalten die Ladungsträger aus der Basis ausgeräumt werden müssen. Daher verwendet man für Multivibratoren, die bei höheren Frequenzen arbeiten sollen, andere Schaltungsarchitekturen. Eine wichtige Schaltungsklasse sind Emitter-gekoppelten Multivibratoren, die auch im MHz-Bereich noch arbeitsfähig sind; vgl. die weiterführende Literatur.

Elektronische Kippschaltungen können besonders einfach mit bistabilen schwellenbehafteten Elementen aufgebaut werden. Der Thyristor Ty besteht aus einer komplementären Transistorenschaltung nach Bild 25-41a und stellt einen gesteuerten Schalter dar. Seine Schließbedingung wird durch Überschreiten der Schleusenspannung U_S und des

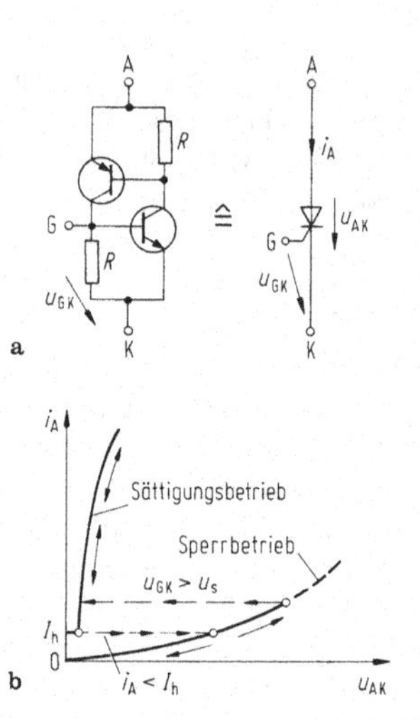

Bild 25-41. a Thyristorprinzipschaltung und Klemmenbezeichnung; b Strom-Spannungs-Abhängigkeit im Schaltbetrieb

Haltestromes I_h als hysteresebehaftete Umschaltung zwischen Sättigungs- und Sperrbetrieb nach Bild 25-41b bewirkt. Dieses Schaltelement kann mit einem einzigen RC-Glied periodische Kippschwingungen liefern, wenn die Versorgungsspannung die Bedingung $U_B > U_S + U_z$ und der Haltestrom die Bedingung $I_h < U_B/R$ erfüllt. Zur Erhöhung der Ausgangsspannung wird der Steuerelektrode G eine Zenerdiode ZD vorgeschaltet. Im Ladefall herrscht dann in der Schaltstrecke A–K des Thyristors sein Sperrwiderstand R_s im Entladefall sein Durchlasswiderstand R_d, wie dies die Ersatzbilder 25-42b zeigen. Die Kondensatorspannung setzt sich dann aus exponentiellen RC-Umladungen nach Bild 25-42c zusammen und die Schwingfrequenz $f = 1/T$ ist damit aus den Schwellenwerten $U_z + U_S$ bzw. $I_h R_d$ zu bestimmen:

$$\begin{aligned} T = t_{an} + t_{ab} &= U_B(1 - e^{-t/\tau_{an}}) \\ &+ I_h R_d e^{-t/\tau_{ab}} + (U_z + U_S)e^{-t/\tau_{ab}} . \end{aligned} \quad (25\text{-}40)$$

Die Zeitkonstanten besitzen die Werte $\tau_{an} = RC/(1 + R/R_s)$ und $\tau_{ab} = RC/(1 + R/R_d)$. Zur Linearisierung des Anstieges der Kondensatorspannung U_C im Zeitbereich t_{an} kann der Ladewiderstand R durch eine Konstantstromquelle ersetzt werden.

Die Erregung von Kippschwingungen in stark nichtlinearen elektronischen Verstärkerschaltungen lässt

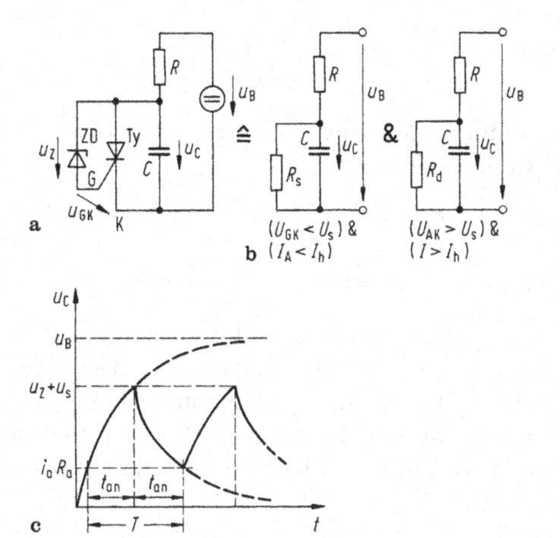

Bild 25-42. Sägezahngenerator mit Thyristor: **a** Schaltung; **b** Ersatzbilder und **c** Kondensatorspannungsverlauf

sich mit dem für diesen Zweck entwickelten *Unijunktiontransistor UIT* besonders gut veranschaulichen, der allerdings nur noch historische Bedeutung besitzt. Für seine Beschaltung wird nach Bild 25-43a außer dem RC-Zeitglied nur noch ein einziger Widerstand R_C zum Abgreifen des Ausgangssignales U_a benötigt. Zur Erregung muss der statische Arbeitspunkt *A* des Elementes in den fallenden Teil der Arbeitskennlinie

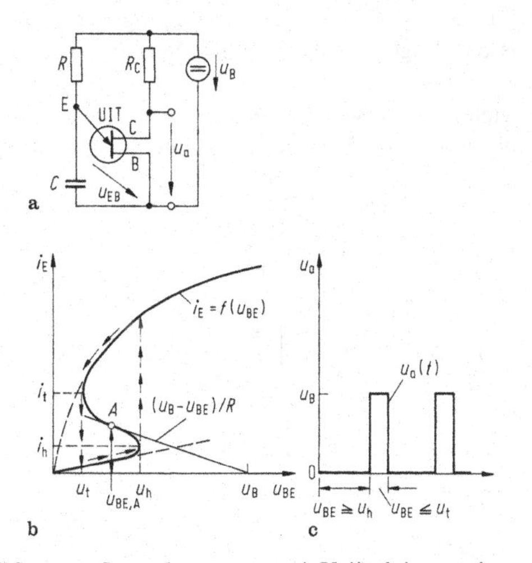

Bild 25-43. Sägezahngenerator mit Unijunktiontransistor: **a** Schaltung, **b** Strom-Spannungs-Kennlinie und **c** Zeitverlauf der Ausgangsspannung

$I_E = f(U_{BE})$ gebracht werden, wie Bild 25-43b zeigt. Dadurch stellt sich der labile Zustand ein, aus dem sich die Anordnung aufzuschaukeln vermag. Die Kondensatorspannung ist gleich der Steuerspannung U_{EB} des Unijunktiontransistors, sodass sein Emitterstrom I_E zwischen dem Höckerwert I_h und dem Talwert I_t springt. Periodische Durchschaltung und Sperrung der Kollektor-Basis-Strecke des Transistors UIT liefert dann die pulsförmige Ausgangsspannung $U_a(t)$ von Bild 25-43c.

25.4 Operationsverstärker

25.4.1 Verstärkung

Spannungsverstärkung

Im Beispiel (Bild 25-44) gilt: für

$$-2{,}5\ \text{V} < u_1 < 2{,}5\ \text{V}$$

(Bereich linearer Verstärkung)

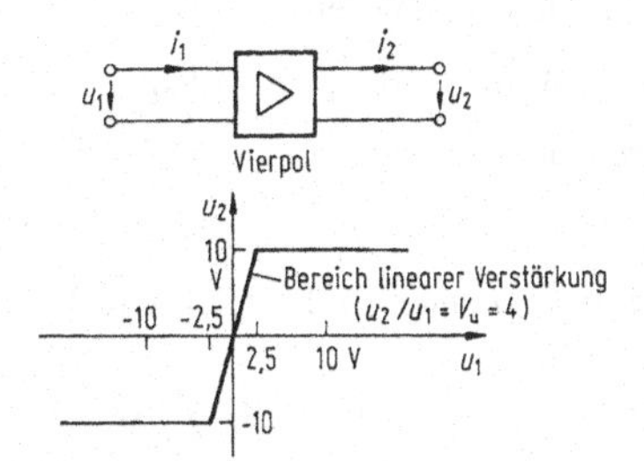

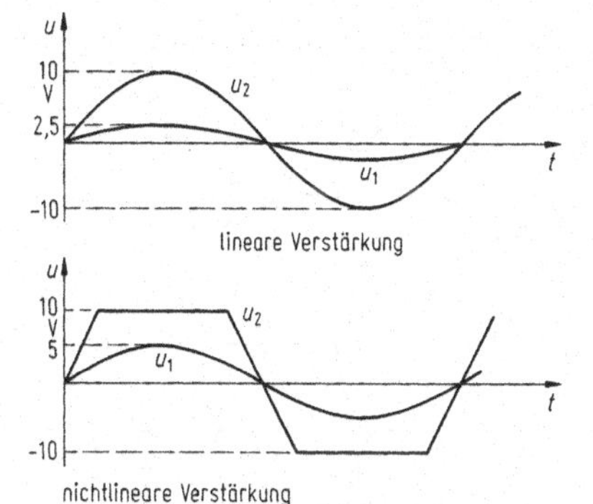

Bild 25-44. Beispiel für Spannungsverstärkung

ist $u_2 \sim u_1$ oder anders ausgedrückt:

$$u_2 = V_u u_1 \quad (\text{mit } V_u = 4) . \qquad (25\text{-}41)$$

Man kann den Vierpol im Bereich linearer Verstärkung als spannungsgesteuerte Spannungsquelle auffassen (u_1 ist die *steuernde*, u_2 die *gesteuerte* Spannung), vgl. 3.2.3. V_u bezeichnet man als *Spannungsverstärkung*.

Stromverstärkung

In dem Fall, den das Bild 25-45 darstellt, kann der Vierpol im Bereich

$$-1\,\text{mA} < i_1 < 1\,\text{mA}$$

als stromgesteuerte Stromquelle aufgefasst werden:

$$i_2 = V_i i_1 . \qquad (25\text{-}42)$$

Hierbei bezeichnet man V_i als Stromverstärkung, im Beispiel ist $V_i = 10$.

Leistungsverstärkung

Wenn $-2{,}5\,\text{V} < u_1 < 2{,}5\,\text{V}$ und $-1\,\text{mA} < i_1 < 1\,\text{mA}$ ist, so gilt für die Ausgangsleistung:

$$p_2 = u_2 i_2 = V_u u_1 V_i i_1 = V_u V_i p_1 = V_p p_1 . \qquad (25\text{-}43)$$

Hierbei bezeichnet man

$$V_p = V_u V_i$$

als *Leistungsverstärkung*. Im Beispiel wird $V_p = 40$, d. h.,

$$p_2 = 40 p_1 \; (\text{für } 2{,}5\,\text{V} < u_1 < 2{,}5\,\text{V} \text{ und } -1\,\text{mA} < i_1 < 1\,\text{mA}) .$$

Speziell für $u_1 = 2{,}5\,\text{V} \sin \omega t$, $i_1 = 1\,\text{mA} \sin \omega t$ ergeben sich

$$p_1 = u_1 i_1 = 2{,}5\,\text{V} \cdot 1\,\text{mA} \sin^2 \omega t = 1{,}25\,\text{mW}(1 - \cos 2\omega t)$$

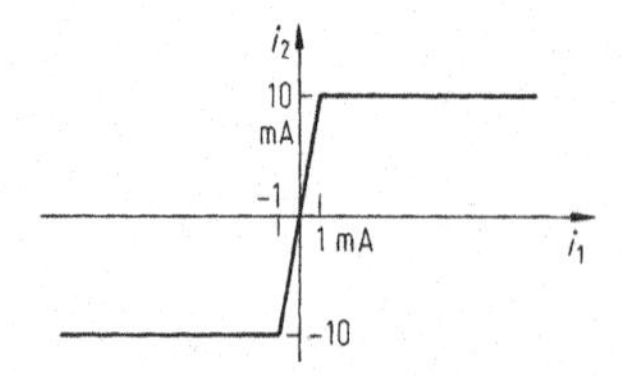

Bild 25-45. Beispiel für eine Stromverstärkungskennlinie

und

$$p_2 = 40\, p_1 = 50\,\text{mW}\,(1 - \cos 2\omega t) .$$

Die zeitlichen Mittelwerte dieser Leistungen (die sog. *Wirkleistungen*) sind

$$P_1 = 1{,}25\,\text{mW}; P_2 = 50\,\text{mW} .$$

Logarithmische Verhältnisgrößen (Pegel)

Von Spannungs-, Strom- und Leistungsverhältnissen (u_2/u_1; i_2/i_1; p_2/p_1) bildet man gern den dekadischen (lg) oder den natürlichen Logarithmus (ln); diese logarithmischen Verhältnisgrößen nennt man Pegel oder Dämpfungen (je nach dem Zusammenhang), vgl. Abschnitt 20.1.

25.4.2 Idealer und realer Operationsverstärker

Idealer Operationsverstärker

Bild 25-46 stellt das Schaltzeichen für einen Operationsverstärker dar. Der innere Aufbau eines solchen Integrierten Schaltkreises (IC, integrated circuit) soll hier nicht betrachtet werden.

Die Eingangsgröße u_D (Eingangs-Differenzspannung: u_D ist die Potenzialdifferenz der beiden Eingänge) steuert die von den Versorgungsquellen gelieferte Leistung so, dass eine hohe (Gegentakt-)Spannungsverstärkung V_0 (Leerlaufverstärkung) möglich ist (Bild 25-47). Die beiden Versorgungsspannungen müssen übrigens nicht bei allen Verstärkern gleich groß sein.

In vielen Prinzipschaltbildern zeichnet man zur Vereinfachung die Versorgungsspannungs-Anschlüsse

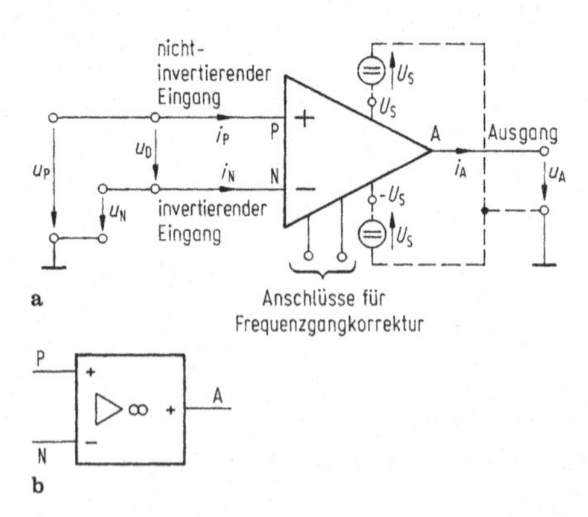

Bild 25-46. Schaltzeichen für den Operationsverstärker

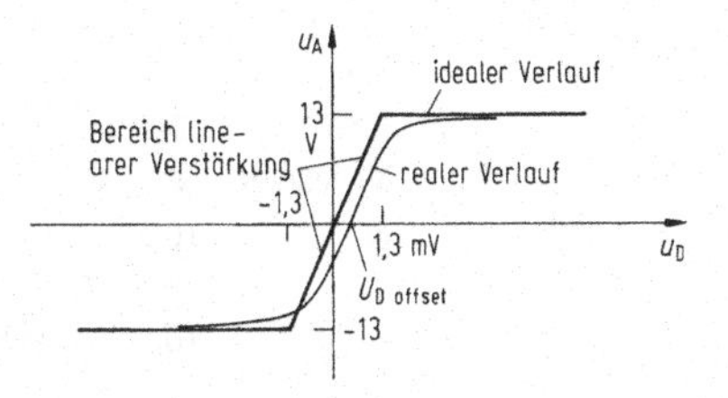

Bild 25-47. Beispiel einer Verstärkungskennlinie (VKL): $U_{\mathrm{Do}} = +1{,}3\,\mathrm{mV}$, $U_{\mathrm{Du}} = -1{,}3\,\mathrm{mV}$, $U_{\mathrm{A\,max}} = 13\,\mathrm{V}$, $U_{\mathrm{A\,min}} = -13\,\mathrm{V}$, $V_0 = 10^4$

und eventuelle weitere IC-Anschlüsse nicht mit ein. Hierdurch entsteht eine Darstellung, bei der die Gleichung $\sum i = 0$ nicht erfüllt zu sein scheint, weil eben nicht alle Ströme berücksichtigt werden, die aus dem Verstärker herausfließen (oder in ihn hinein).
Ein idealer Verstärker hat außer dem Idealverlauf der VKL noch weitere (niemals vollständig realisierbare) Eigenschaften, deren wichtigste in Tabelle 25-2 zusammengefasst sind; dazu gehören:

$$U_{\mathrm{D\,offset}} = 0$$

(durch Offsetspannungskompensation erreichbar);

$$\text{für } U_{\mathrm{Du}} < u_{\mathrm{D}} < U_{\mathrm{Do}}$$
$$\text{ist } u_{\mathrm{A}} = V_0 u_{\mathrm{D}}, \text{ wobei } V_0 \gg 1 \text{ ist.}$$

Für eine systematische Vorgehensweise bei der Analyse von Schaltungen mit idealen Operationsverstärkern verwendet man ein Nullator-Norator-Modell (auch Nullor genannt); vgl. [16].

Realer Operationsverstärker (Beispiel: LM 148)

Der in Bild 25-48 dargestellte integrierte Schaltkreis LM 148 enthält vier Verstärker des Typs 741. Einige

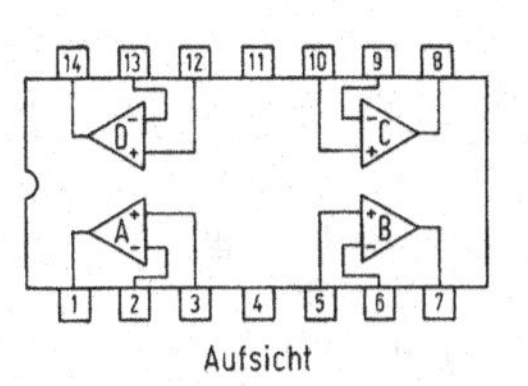

Anschluss (pin)	Funktion
1	Ausgang (output) A
2	invertierender Eingang ($-V_{\mathrm{IN}}$) A
3	nichtinvertierender Eingang ($+V_{\mathrm{IN}}$) A
4	Versorgungsspannung $+U_{\mathrm{S}}$ ($+V_{\mathrm{S}}$)
5	nichtinvertierender Eingang B
6	invertierender Eingang B
7	Ausgang B
8	Ausgang C
9	invertierender Eingang C
10	nichtinvertierender Eingang C
11	Versorgungsspannung $-U_{\mathrm{S}}$
12	nichtinvertierender Eingang D
13	invertierender Eingang D
14	Ausgang D

Bild 25-48. Anschlüsse eines Vierfach-Operationsverstärker-ICs (LM 148), 14-Lead-dual-in-line-Package

typische Werte eines solchen Verstärkers sind in den Tabellen 25-1 und 25-2 zusammengestellt. Es muss immer beachtet werden, dass die Bedingungen

$$u_{\mathrm{D}} < 2U_{\mathrm{s}} \quad \text{und} \quad |u_{\mathrm{P}}| < U_{\mathrm{S}}\,,\ |u_{\mathrm{N}}| < U_{\mathrm{S}} \qquad (25\text{-}44)$$

eingehalten werden, damit der Schaltkreis nicht beschädigt wird. Im Normalfall wird gewählt $U_{\mathrm{S}} = (5\ldots18)\,\mathrm{V}$.

Tabelle 25-1. Grenzen der Betriebsgrößen (Op. Verst. 741)

Maximum der Versorgungsspannungen (supply voltages)	$U_{\mathrm{S\,max}}$	22 V
Extremwerte der Eingangs(differenz)spannung	$U_{\mathrm{D\,max}}$	44 V
(differential input voltage)	$U_{\mathrm{D\,min}}$	−44 V
Extremwerte der Eingangspotenziale (input voltage)	$U_{\mathrm{P\,max}}, U_{\mathrm{N\,max}}$	22 V
	$U_{\mathrm{P\,min}}, U_{\mathrm{N\,min}}$	−22 V
Betriebstemperaturbereich (operating temperature range)	T_{A}	−55 °C...125 °C
Maximum des Ausgangsstromes (output current)	$I_{\mathrm{A\,max}}$	20 mA
Minimum des Ausgangsstromes	$I_{\mathrm{A\,min}}$ (kurzschlusssicher)	−20 mA

Tabelle 25-2. Abweichungen eines Operationsverstärkers vom Idealverhalten

		Idealer Verstärker	Op. Verst. 741
(Statische) Leerlaufverstärkung (open loop voltage gain)	$V_{0\,\mathrm{stat}}$	∞	$(0{,}5\ldots1{,}6)\cdot10^5$
Eingangswiderstand (input resistance)	R_E	∞	$(0{,}8\ldots2{,}5)\,\mathrm{M}\Omega$
Ausgangswiderstand (output resistance)	R_A	0	$100\,\Omega$
(Eingangs-)Offsetspannung (input offset voltage)	$u_{\mathrm{D\,offset}}$	0	$(1\ldots5)\,\mathrm{mV}$
Offsetspannungsdrift	$\mathrm{d}u_{\mathrm{D\,offset}}/\mathrm{d}T$	0	$10\,\mu\mathrm{V/K}$
Mittlerer Eingangsruhestrom (input bias current)	$i_\mathrm{Eb}=0{,}5\,(i_\mathrm{P}+i_\mathrm{N})$	0	$(30\ldots100)\,\mathrm{nA}$
Eingangs-Offsetstrom (input offset current)	$i_{\mathrm{E\,offset}}=i_\mathrm{P}-i_\mathrm{N}$	0	$(4\ldots25)\,\mathrm{nA}$
Gleichtaktverstärkung (common mode voltage gain)	$V_\mathrm{cm}=\mathrm{d}u_\mathrm{A}/\mathrm{d}u_\mathrm{cm}$ mit $u_\mathrm{cm}=0{,}5\,(u_\mathrm{P}+u_\mathrm{N})$	0	10^{-5}
(Maximale) Anstiegsgeschwindigkeit der Ausgangsspannung (slew rate)	$r_\mathrm{s}=\left.\frac{\mathrm{d}u_\mathrm{A}}{\mathrm{d}t}\right\|_\mathrm{max}$	∞	$0{,}5\,\mathrm{V}/\mu\mathrm{s}$
Transitfrequenz (unity gain bandwidth)	f_T	∞	$1\,\mathrm{MHz}$

Soll z. B. $U_{\mathrm{A\,max}} = -U_{\mathrm{A\,min}} = 13\,\mathrm{V}$ sein (vgl. Bild 25-47), so muss $U_\mathrm{S} = 15\,\mathrm{V}$ gewählt werden. Im Übrigen können die Operationsverstärker auch bei Versorgungsspannungen $|U_\mathrm{S}| < |U_{\mathrm{S\,nenn}}|$ arbeiten, i. Allg. bis zum Wert $|U_\mathrm{S}| = 0{,}3|U_{\mathrm{S\,nenn}}|$.

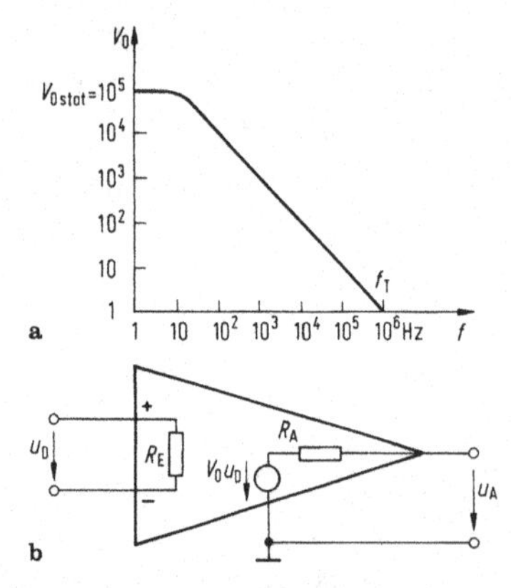

Bild 25-49. **a** Bode-Diagramm (Abhängigkeit der Leerlaufverstärkung V_0 von der Frequenz f bei einem Operationsverstärker nach Korrektur durch ein externes RC-Glied). **b** Ersatzschaltbild eines nicht übersteuerten Operationsverstärkers

Wie sehr ein realer Verstärker vom Idealverhalten abweichen kann, zeigt die Tabelle 25-2: So ist z. B. die Verstärkung V_0 nur für niedrige Frequenzen sehr hoch und sinkt schließlich bis auf den Wert 1 ab (die zugehörige Frequenz nennt man Transitfrequenz f_T), vgl. Bild 25-49a. Wegen dieser dynamischen Unvollkommenheit können Operationsverstärker nur im Niederfrequenzbereich eingesetzt werden.

Bestimmte Operationsverstärker kommen in einzelnen Eigenschaften dem Idealverhalten näher als der Standardverstärker 741: es gibt z. B. Verstärker mit $R_\mathrm{E} = 10^6\,\mathrm{M}\Omega$ (FET-Eingang), $r_\mathrm{s} = 800\,\mathrm{V}/\mu\mathrm{s}$, $i_\mathrm{Eb} = 0{,}1\,\mathrm{nA}$, $u_{\mathrm{D\,offset}} = \pm0{,}7\,\mu\mathrm{V}$, $\mathrm{d}u_{\mathrm{D\,offset}}/\mathrm{d}T = 0{,}01\,\mu\mathrm{V/K}$ oder $f_\mathrm{T} = 10\,\mathrm{MHz}$.

Das Bild 25-49b zeigt ein einfaches Ersatzschaltbild für den nichtübersteuerten Operationsverstärker als spannungsgesteuerte Spannungsquelle.

25.4.3 Komparatoren

Nichtinvertierender Komparator

Wählt man für die Darstellung der VKL auf beiden Achsen gleiche Maßstäbe, so erscheint der lineare

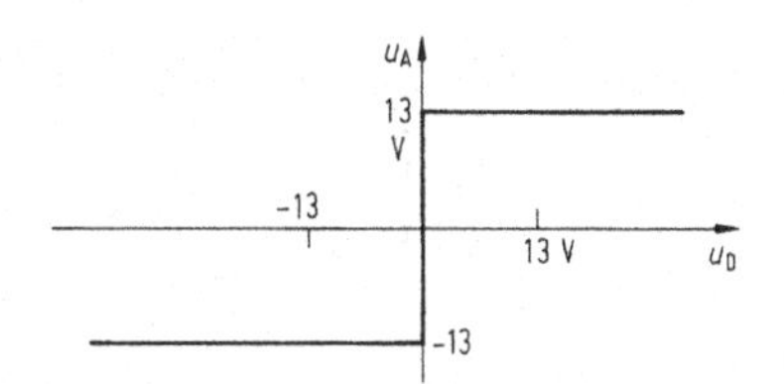

Bild 25-50. Verstärkungskennlinie

Verstärkungsbereich praktisch als Spannungssprung (Bild 25-50).
Für den Verlauf $u_A = f(u_D)$ gilt im Beispiel aus Bild 25-47:

$$u_A = \begin{cases} 13\,\text{V} & \text{für } u_D \geqq 1{,}3\,\text{mV} \\ -13\,\text{V} & \text{für } u_D \leqq -1{,}3\,\text{mV}\,. \end{cases}$$

Eine an das Eingangsklemmenpaar angelegte Spannung wird also praktisch mit dem Wert 0 V verglichen: $u_A = -13$ V bedeutet, dass $u_D < 0$ ist.
So gesehen ist jeder Operationsverstärker auch ein Vergleicher (Komparator). Die Bezugsschwelle muss nicht bei 0 V liegen, sondern lässt sich auch verschieben (Bild 25-51b).

Invertierender Komparator

Vertauscht man in Bild 25-51a die beiden Eingänge miteinander (Bild 25-52a), so erhält man eine Inversion der Kennlinie $u_A = f(u_E)$, vgl. Bild 25-52b.

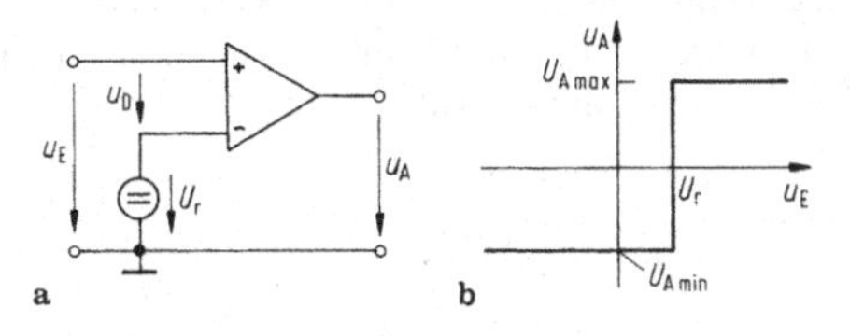

Bild 25-51. Nichtinvertierender Komparator

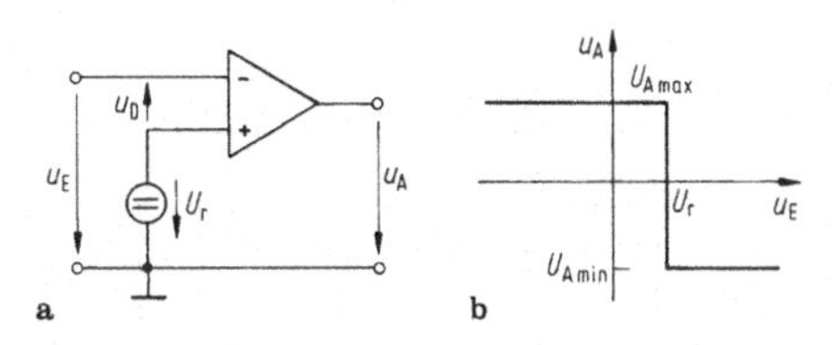

Bild 25-52. Invertierender Komparator

Fensterkomparator

Am folgenden Beispiel wird dargestellt, wie eine Kombination zweier Komparatoren anzeigt, ob eine Spannung u_E z. B. im Bereich

$$5\,\text{V} < u_E < 10\,\text{V}$$

liegt oder außerhalb davon.

Beispiel

Für die beiden Operationsverstärker in der Schaltung in Bild 25-53 soll gelten $V_0 = \infty$ und

$$U_{A\,max} = -U_{A\,min} = 15\,\text{V}.$$

Die beiden Dioden können als ideal angesehen werden (vgl. Kennlinie $i = f_{(u)}$). Außerdem ist

$$U_{r1} = 10\,\text{V}\,; \quad U_{r2} = 5\,\text{V}\,.$$

Ein Tiefstwert-Gatter (vgl. 26.1.1) verknüpft die Ausgänge zweier Komparatoren und wirkt (mit der Zuordnung $-15\,\text{V} \mathrel{\hat{=}} 0$; $+15\,\text{V} \mathrel{\hat{=}} 1$) als UND-Gatter:

$$u_A = u_{A1} \,\&\, u_{A2}\,.$$

u_A, u_{A1}, u_{A2} sind in Bild 25-54 dargestellt.

Umwandlung einer Sinus- in eine Rechteckspannung

Bild 25-55 zeigt, welchen Verlauf $u_A(t)$ hat, wenn eine sinusförmige Spannung u_E am Eingang eines

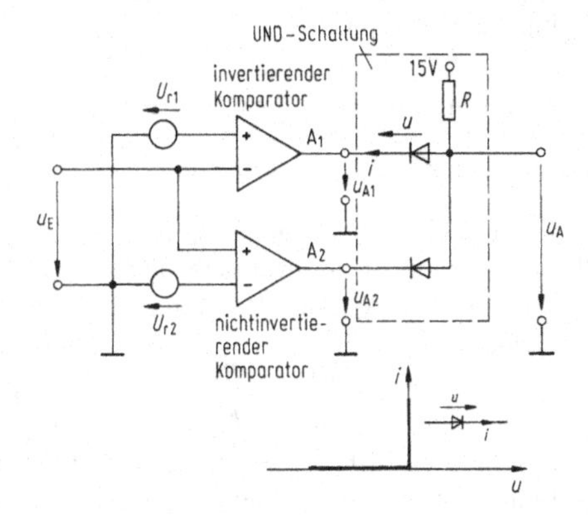

Bild 25-53. Fensterkomparator

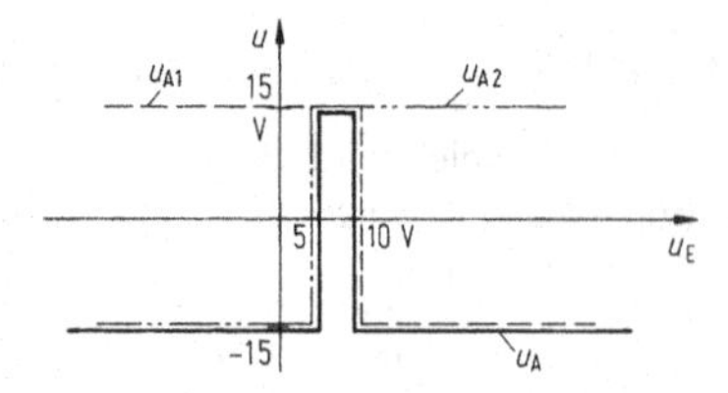

Bild 25-54. Ausgangsspannungen zweier Komparatoren und ihrer UND-Verknüpfung (Fensterkomparator)

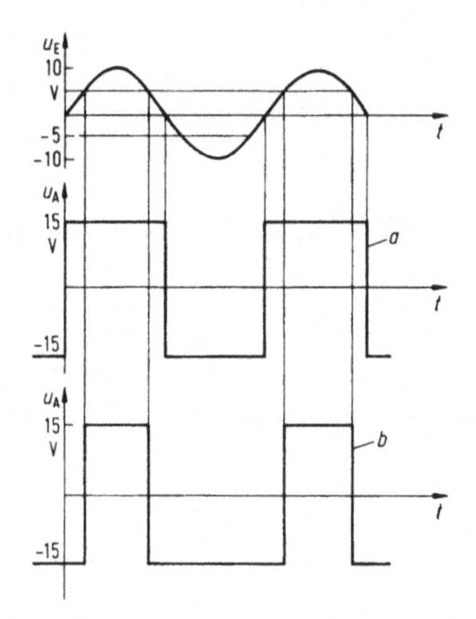

Bild 25-55. Eingangsspannung und Ausgangsspannungen an zwei Komparatoren

nichtinvertierenden Komparators (Bild 25-51) liegt. Die Schwingung *a* gibt den Verlauf für $U_r = 0$ an, Schwingung *b* für $U_r = 5$ V.

25.4.4 Anwendungen des Umkehrverstärkers

Die Gesamtverstärkung des Umkehrverstärkers

In 8.3.3 sind vier Rückkopplungsprinzipien dargestellt; eines davon ist die invertierende Gegenkopplung (Umkehrverstärker, Bild 25-56) mit der Gesamtverstärkung

$$V_{\text{ges}} = \frac{u_A}{u_E} \approx -\frac{R_2}{R_1}\,. \tag{25-45}$$

Falls V_0 sehr groß (d. h. $u_D \approx 0$ im Bereich linearer Verstärkung) ist, hängt also beim idealen Verstärker das Verhältnis u_A/u_E praktisch nur von der äußeren Beschaltung ab.

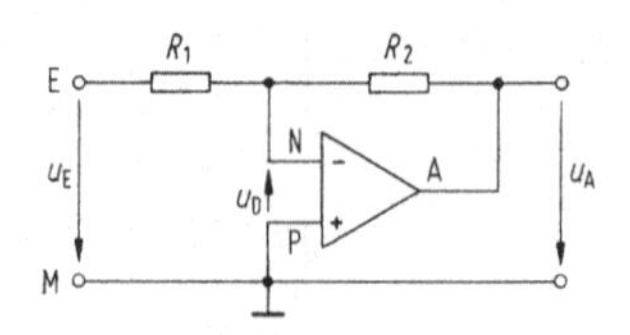

Bild 25-56. Umkehrverstärker

Eine genauere Berechnung ergibt

$$V_{\text{ges}} = \frac{u_A}{u_E} \approx -\frac{R_2/R_1}{1 + \dfrac{1 + R_2/R_1}{V_0}}\,. \tag{25-46}$$

Wenn $V_0 \to \infty$ geht, so folgt hieraus (45). Eine direkte Ableitung von (45) und auch der folgenden Übertragungsbeziehungen mit idealen Operationsverstärkern erhält man mit dem Nullator-Norator-Modell; vgl. [16] Die Formel (46) zeigt, dass sich stets $|V_{\text{ges}}| < V_0$ ergibt. Durch die Gegenkopplung (GK) ergibt sich eine Verkleinerung der Verstärkung. Der Vorteil der GK besteht darin, dass durch das Verhältnis zweier zugeschalteter Widerstände ein beliebiger Verstärkungswert $|V_{\text{ges}}| < V_0$ eingestellt werden kann. Solange $|V_{\text{ges}}| \ll V_0$ bleibt, wird V_{ges} damit praktisch unabhängig von Schwankungen der Leerlaufverstärkung V_0, die sich z. B. in Abhängigkeit von der Temperatur oder der Betriebsfrequenz ergeben können. Durch GK wird also eine Verstärkungsbegrenzung (Verstärkungs-„Stabilisierung") erreicht.

Rechenverstärker

Umkehraddierer. Für den nichtübersteuerten idealen Verstärker mit hoher Leerlaufverstärkung V_0 ist $u_D \approx 0$, sodass gilt (vgl. Bild 25-57):

$$i_{11} + i_{12} \approx i_2$$

$$\frac{u_{E1}}{R_{11}} + \frac{u_{E2}}{R_{12}} \approx -\frac{u_A}{R_2}$$

$$u_A \approx -\left(\frac{R_2}{R_{11}}u_{E1} + \frac{R_2}{R_{12}}u_{E2}\right)\,. \tag{25-47}$$

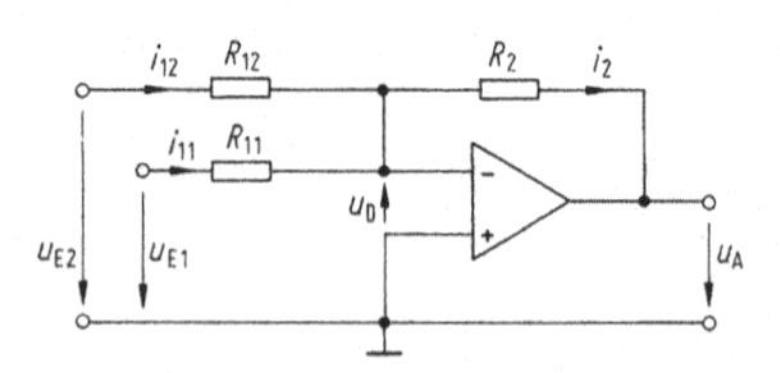

Bild 25-57. Umkehraddierer mit zwei Eingängen

Subtrahierer. In Bild 25-58 gilt mit $u_D = 0$ und wegen $\sum u = 0$ für den Umlauf 1

$$\frac{R_N}{\alpha} i_{E1} - \frac{R_p}{\alpha} i_{E2} + u_{E2} - u_{E1} = 0 \qquad (25\text{-}48)$$

und für den Umlauf 2

$$u_A - R_p i_{E2} + R_N i_{E1} = 0$$

$$\frac{R_N}{\alpha} i_{E1} - \frac{R_p}{\alpha} i_{E2} + \frac{u_A}{\alpha} = 0 \,. \qquad (25\text{-}49)$$

Zieht man (25-49) von (25-48) ab, so entsteht

$$-\frac{u_A}{\alpha} + u_{E2} - u_{E1} = 0 \,; \quad u_A = \alpha(u_{E2} - u_{E1}) \,. \qquad (25\text{-}50)$$

Integrierer. In Bild 25-59 gilt mit $u_D \approx 0$:

$$i_1 \approx \frac{u_E}{R} \quad \text{und} \quad u_A \approx \frac{-1}{C} \int i_2 \mathrm{d}t \,.$$

Wegen $i_1 \approx i_2$ folgt dann

$$u_A \approx -\frac{1}{RC} \int u_E(t)\,\mathrm{d}t \,,$$

$$u_A \approx -\frac{1}{RC} \int_{-\infty}^{t} u_E(\tau)\,\mathrm{d}\tau \,,$$

$$= -\frac{1}{RC} \int_{0}^{t} u_E(\tau)\,\mathrm{d}\tau + u_A(0) \,. \qquad (25\text{-}51)$$

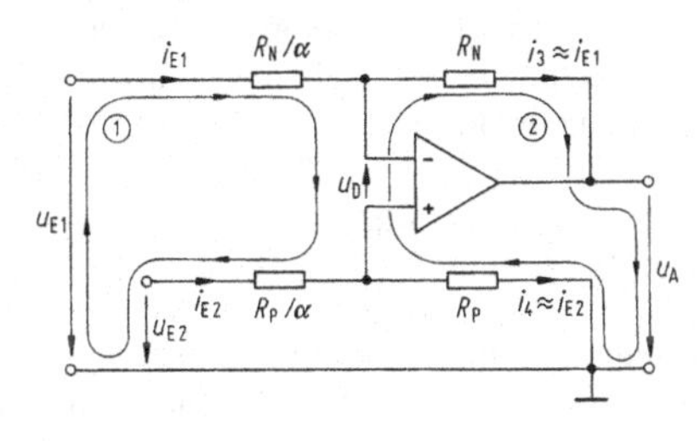

Bild 25-58. Subtrahierer

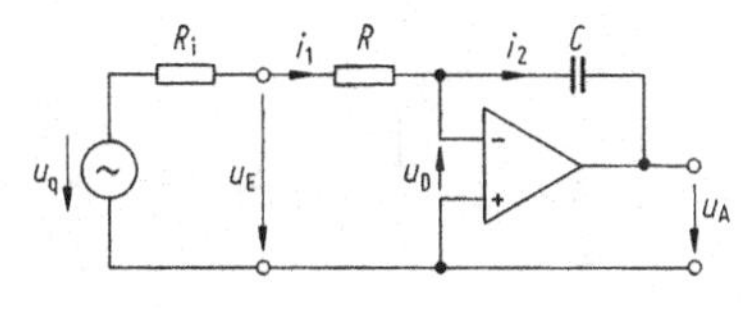

Bild 25-59. Integrierer

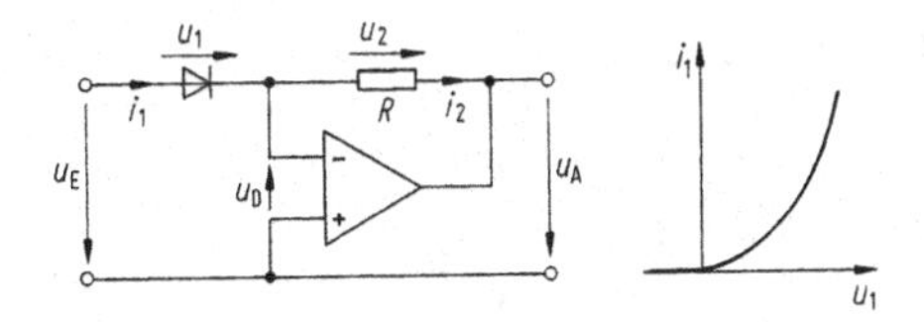

Bild 25-60. Quadrierer, Schaltung und Diodenkennlinie

Vertauscht man den Widerstand R mit dem Kondensator C, so entsteht im Prinzip ein Differenzierer.

Quadrierer. Mit $u_D = 0$ und $i_1 = Ku_1^2$ (Approximation der Diodenkennlinie im Durchlassbereich durch eine quadratische Parabel) wird wegen $i_1 \approx i_2$ (Bild 25-60)

$$Ku_E^2 = -\frac{u_A}{R} \,, \quad u_A = -RKu_E^2 \,. \qquad (25\text{-}52)$$

Multiplizierer. Eine Analogmultiplikation lässt sich auf Addition, Subtraktion und Quadratbildung zurückführen (Bild 25-61).

Umkehraddierer als Digital-Analog-Umsetzer

Für den Umkehraddierer in Bild 25-62 gilt:

$$u_A = -\left(u_2 + \frac{1}{2}u_1 + \frac{1}{4}u_0\right) \,; \text{ vgl. Tabelle 25-3} \,. \qquad (25\text{-}53)$$

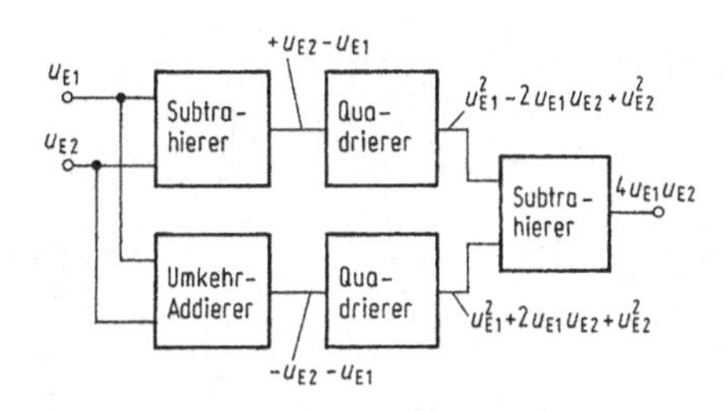

Bild 25-61. Blockschaltbild eines Multiplizierers

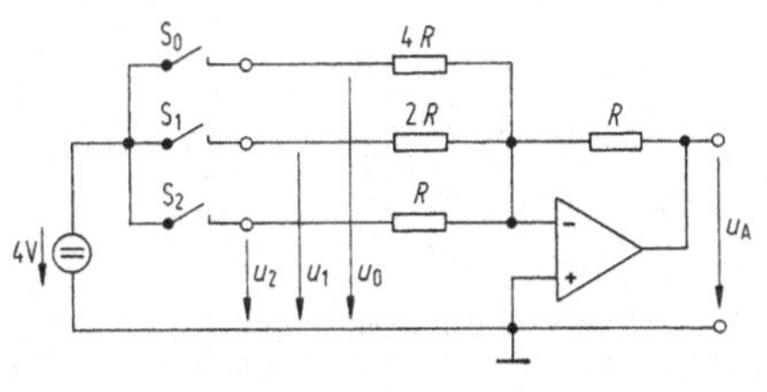

Bild 25-62. Digital-Analog-Umsetzer (DAU) zur Darstellung einer dreistelligen Binärzahl

Tabelle 25-3. Zuordnung der analogen Ausgangsspannung zu den Schalterstellungen bei einem D/A-Wandler (Geschlossener Schalter ≙ 1, Offener Schalter ≙ 0)

S_2	S_1	S_0	$-u_A/V$
0	0	0	0
0	0	1	1
0	1	0	2
0	1	1	3
1	0	0	4
1	0	1	5
1	1	0	6
1	1	1	7

Der Umkehraddierer mit vorgeschalteten Komparatoren als Analog-Digital-Umsetzer

Für die vier Operationsverstärker eines Analog-Digital-Umsetzers (Bild 25-63) soll gelten $V_0 = \infty$ und $U_{A\,max} = -U_{A\,min} = 15\,V$.

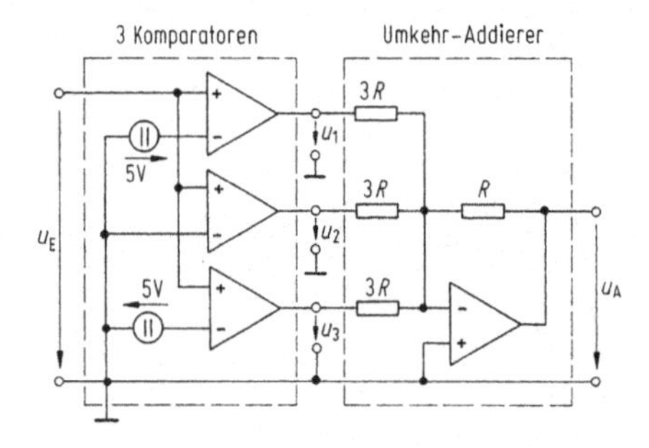

Bild 25-63. Analog-Digital-Umsetzer (ADU)

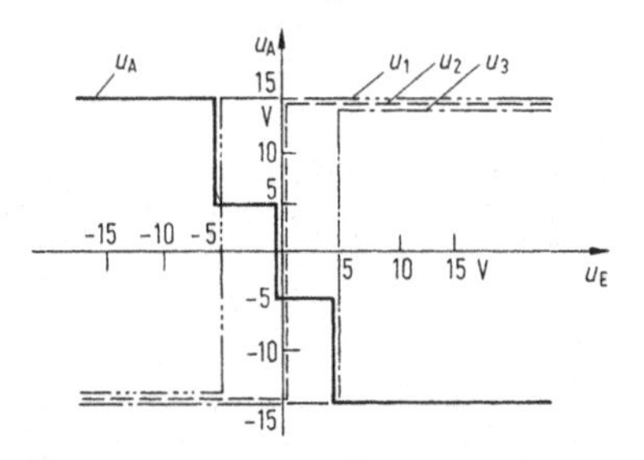

Bild 25-64. Quantisierungs-Kennlinie eines Analog-Digital-Umsetzers (ADU)

Für den Umkehraddierer in Bild 25-63 gilt:

$$u_A = -\frac{1}{3}(u_1 + u_2 + u_3)\,.$$

In Bild 25-64 sind u_1, u_2, u_3 und u_A dargestellt. Hier ist u_A (ebenso wie beim DAU, Bild 25-62) ein stufiges Analogsignal. Die Spannungen u_1, u_2, u_3 bilden die Digitalinformation, die noch einem Codier-Schaltnetz zugeführt werden müsste, damit an dessen zwei Ausgängen y_0, y_1 schließlich die Dualzahl $y = y_1 2^1 + y_0 2^0$ zur Verfügung steht.

25.4.5 Anwendungen des Elektrometerverstärkers

Beim Elektrometerverstärker (Bild 25-65) gilt im linearen Verstärkungsbereich für die Gesamtverstärkung (vgl. 8.3.3)

$$V_{ges} = \frac{u_A}{u_E} \approx 1 + \frac{R_4}{R_3}\,. \qquad (25\text{-}54)$$

Der Elektrometerverstärker als spannungsgesteuerte Stromquelle

Wegen $i_N \approx 0$ ist $u_A \approx i_A(R_3 + R_4)$ und mit (25-54) daher

$$\frac{i_A(R_3 + R_4)}{u_E} \approx \frac{R_3 + R_4}{R_3}\,, \quad i_A \approx \frac{u_E}{R_3}\,. \qquad (25\text{-}55)$$

Der Strom i_A ist also zur Eingangsspannung u_E proportional und von R_4 unabhängig (Konstantstromquelle). (Wenn u_E bzw. R_4 zu groß werden, dann wird der Bereich linearer Verstärkung verlassen, sodass die Voraussetzung $u_D \approx 0$ nicht mehr zutrifft; (25-55) wird dadurch ungültig.)

Der Elektrometerverstärker als Widerstandswandler (Impedanzwandler)

Macht man beim Elektrometerverstärker $R_4 = 0$, so wird (falls $u_D \approx 0$) $u_A/u_E \approx 1$. Eingangs- und Ausgangsspannung sind also gleich (Spannungsfolger),

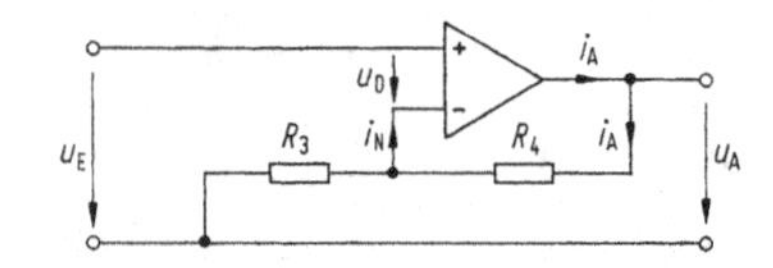

Bild 25-65. Elektrometerverstärker

der Eingangswiderstand ist aber praktisch unendlich groß und der Ausgangswiderstand niedrig (Stromverstärkung).

25.4.6 Mitkopplungsschaltungen (Schmitt-Trigger)

Nichtinvertierende Mitkopplung

In einer nichtinvertierenden Mitkopplungsschaltung (Bild 25-66; vgl. 8.3.3) gilt für die Sprungspannungen

$$U_{\text{E auf}} = \left(1 + \frac{R_1}{R_2}\right) U_r - \frac{R_1}{R_2} U_{\text{A min}} , \tag{25-56a}$$

$$U_{\text{E ab}} = \left(1 + \frac{R_1}{R_2}\right) U_r - \frac{R_1}{R_2} U_{\text{A max}} . \tag{25-56b}$$

Aufgelöst nach R_2/R_1 und U_r:

$$\frac{R_2}{R_1} = \frac{U_{\text{A max}} - U_{\text{A min}}}{U_{\text{E auf}} - U_{\text{E ab}}} , \tag{25-57a}$$

$$U_r = \frac{U_{\text{A max}} U_{\text{E auf}} - U_{\text{A min}} U_{\text{E ab}}}{(U_{\text{A max}} + U_{\text{E auf}}) - (U_{\text{A min}} + U_{\text{E ab}})} . \tag{25-57b}$$

Diese Formeln können also zur Dimensionierung der Schaltung dienen, wenn der Verlauf $u_A(u_E)$ vorgegeben ist.

Invertierende Mitkopplung

In einer invertierenden Mitkopplungsschaltung (Bild 25-67, vgl. 8.3.3) gilt für die Sprungspannungen:

$$U_{\text{E auf}} = \frac{U_{\text{A min}} + \frac{R_4}{R_3} U_r}{1 + R_4/R_3} , \tag{25-58a}$$

$$U_{\text{E ab}} = \frac{U_{\text{A max}} + \frac{R_4}{R_3} U_r}{1 + R_4/R_3} . \tag{25-58b}$$

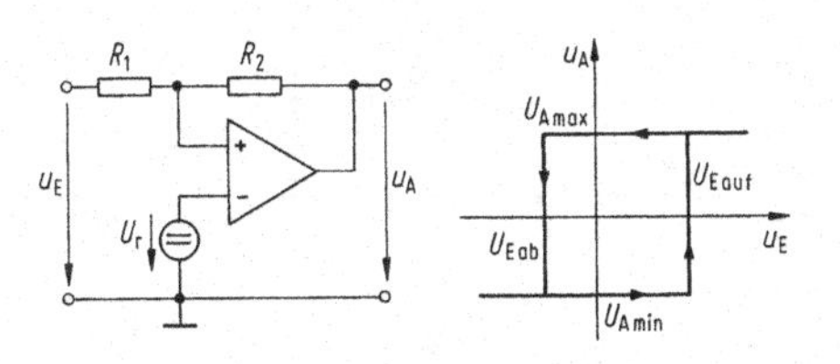

Bild 25-66. Schalthysterese bei nichtinvertierender Mitkopplung

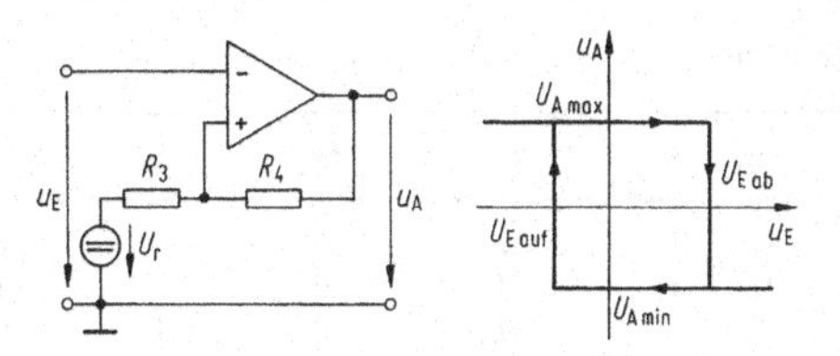

Bild 25-67. Schalthysterese bei invertierender Mitkopplung

Aufgelöst nach R_4/R_3 und U_r:

$$\frac{R_4}{R_3} = \frac{U_{\text{A max}} - U_{\text{A min}}}{U_{\text{E ab}} - U_{\text{E auf}}} - 1 , \tag{25-59a}$$

$$U_r = \frac{U_{\text{A max}} U_{\text{E auf}} - U_{\text{A min}} U_{\text{E ab}}}{(U_{\text{A max}} + U_{\text{E auf}}) - (U_{\text{A min}} + U_{\text{E ab}})} . \tag{25-59b}$$

26 Digitale Grundschaltungen

26.1 Gatter

26.1.1 Diodengatter

Höchstwertgatter

Wenn man voraussetzt, dass die Dioden in Bild 26-1 ideale elektronische Ventile darstellen (Diodenwiderstand im Durchlassbereich $u > 0$: $R_{\text{durchlass}} = 0$; im Sperrbereich $u < 0$: $R_{\text{sperr}} = \infty$), dann ist die Diode mit der höchsten Spannung u_x durchlässig; es wird $u_y = \text{Max}(u_{x0}, u_{x1}, u_{x2})$ und alle Dioden mit $u_x < u_y$ sperren. Die höchste Eingangsspannung setzt sich also am Ausgang durch (*Höchstwertgatter*). Falls nur zwei verschiedene Eingangsspannungswerte vorkommen, nämlich

L: Low = niedriger Pegel und
H: High = hoher Pegel ,

so ergibt sich damit zwischen den Eingangsspannungen und der Ausgangsspannung der Zusammenhang nach Tabelle 26-1a.

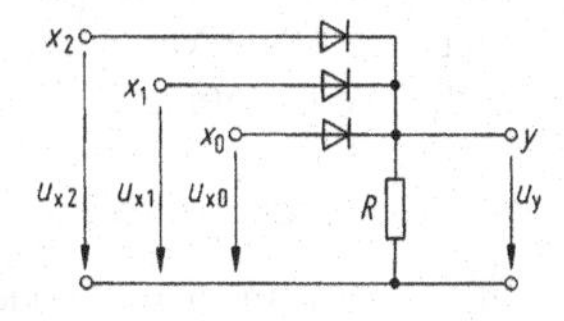

Bild 26-1. Höchstwertgatter: $u_y = \text{Max}(u_{x0}, u_{x1}, u_{x2})$

Tabelle 26-1. Verknüpfung der Eingangsgrößen durch das Höchstwertgatter

u_{x2}	u_{x1}	u_{x0}	u_y	x_2	x_1	x_0	y	x_2	x_1	x_0	y
L	L	L	L	0	0	0	0	1	1	1	1
L	L	H	H	0	0	1	1	1	1	0	0
L	H	L	H	0	1	0	1	1	0	1	0
L	H	H	H	0	1	1	1	1	0	0	0
H	L	L	H	1	0	0	1	0	1	1	0
H	L	H	H	1	0	1	1	0	1	0	0
H	H	L	H	1	1	0	1	0	0	1	0
H	H	H	H	1	1	1	1	0	0	0	0
a Spannungsverknüpfung				**b Zuordnung** L ≙ 0; H ≙ 1 („positive Logik"): führt hier zur disjunktiven Verknüpfung (ODER-Verknüpfung): $y = x_2 + x_1 + x_0$ $(y = x_2 \vee x_1 \vee x_0)$.				**c Zuordnung** L ≙ 1; H ≙ 0 („negative Logik"): führt hier zur konjunktiven Verknüpfung (UND-Verknüpfung): $y = x_2 \cdot x_1 \cdot x_0$ $(y = x_2 \wedge x_1 \wedge x_0)$.			
				Boole'sche Verknüpfungen							

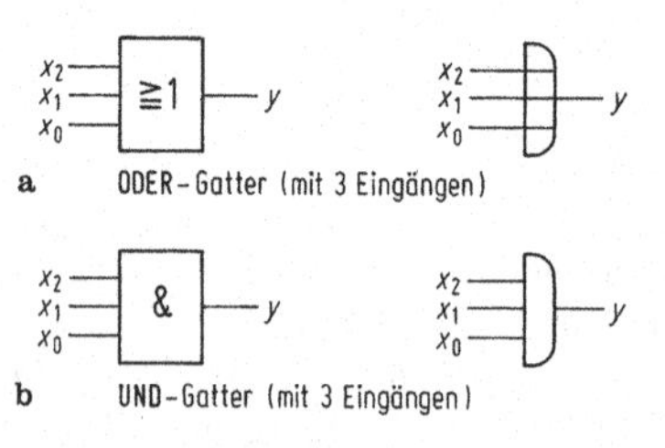

Bild 26-2. Schaltzeichen für Gatter zur disjunktiven und konjunktiven Verknüpfung

Im Allgemeinen wählt man die „positive Logik" (Tabelle 26-1b): dann wird das Höchstwertgatter zur ODER-Schaltung (Bild 26-2a); andernfalls wird es zur UND-Schaltung (Bild 26-2b).

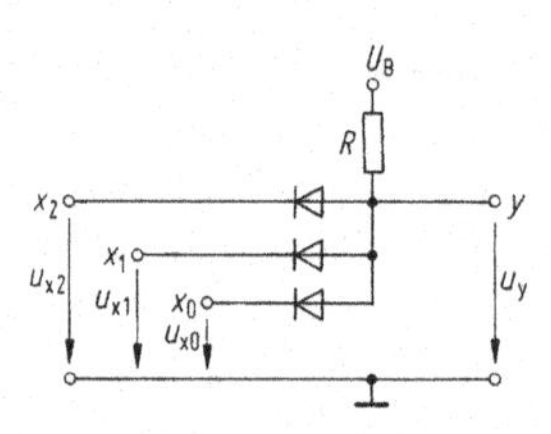

Bild 26-3. Tiefstwertgatter: $u_y = \mathrm{Min}(u_{x0}, u_{x1}, u_{x2})$

Tiefstwertgatter

Beim Tiefstwertgatter (Bild 26-3) bestimmt die Diode mit der niedrigsten Spannung u_x die Spannung u_y am Ausgang: $u_y = \mathrm{Min}(u_{x0}, u_{x1}, u_{x2})$. Bei positiver Logik stellt dieses Gatter eine UND-Verknüpfung her, bei negativer eine ODER-Verknüpfung.

Fehlende Signalregeneration, Belastung

Berücksichtigt man, dass an einer Diode auch im Durchlassbetrieb eine Spannung abfällt (Schwellenspannung U_S, z. B. $U_S \approx 0{,}6$ V), so wird klar, dass in einem Diodenschaltnetz der Abstand zwischen L- und H-Pegel von Stufe zu Stufe abnimmt und in den (passiven) Diodenschaltungen nicht regeneriert werden kann (Signalregeneration ist nur in Schaltungen mit Verstärkungseigenschaften möglich, z. B. in Transis-

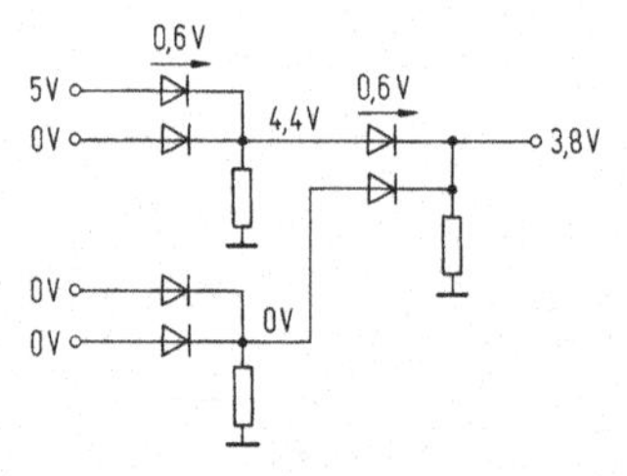

Bild 26-4. Verringerung des Abstandes zwischen H- und L-Pegel in einem Diodenschaltnetz

torschaltungen); vgl. Bild 26-4. Außerdem kann mit Dioden kein Inverter aufgebaut werden, sodass mit ihnen nicht alle möglichen Verknüpfungen realisierbar sind. Legt man übrigens (mit z. B. $U_B = 6$ V, $U_S = 0{,}6$ V) an alle drei Eingänge des Höchstwertgatters (Bild 26-1) 0 V an und belastet seinen Ausgang y mit einem Eingang eines Tiefstwertgatters (Bild 26-3), dessen andere Eingänge an 6 V gelegt werden, so ergibt sich am Tiefstwertgatterausgang 3,3 V (statt 0 V im Idealfall), falls beide Gatter gleiche Ohm'sche Widerstände haben.

Entkopplung der Eingänge

Voraussetzung für die logische Verknüpfung mehrerer Eingangsgrößen ist, dass die Dioden die einzelnen Eingänge voneinander entkoppeln.

Dies ist bei beiden Schaltungen (Bilder 26-1 und 26-3) der Fall (es könnte z. B. kein Strom von x_0 nach x_1 fließen).

In beiden Schaltungen können nicht nur 3, sondern auch 2 oder mehr als 3 Eingänge vorgesehen werden; es entstehen dann UND- und ODER-Verknüpfungen von entsprechend vielen Eingangsgrößen.

26.1.2 Der Transistor als Inverter

In einer Emitterschaltung (Bild 26-5) wird bei geeigneter Wahl der Widerstandswerte erreicht, dass der Transistor (vgl. 25.3.1) für $u_x \hat{=}$ L sperrt und für $u_x \hat{=}$ H (= U_B) leitet, sodass an ihm (fast) keine Spannung abfällt. Damit gilt für u_x und u_y die Zuordnung nach Bild 26-6a. Sowohl bei positiver als auch bei negativer Logik ist somit $x = \bar{y}$ (Schaltzeichen: Bild 26-6b).

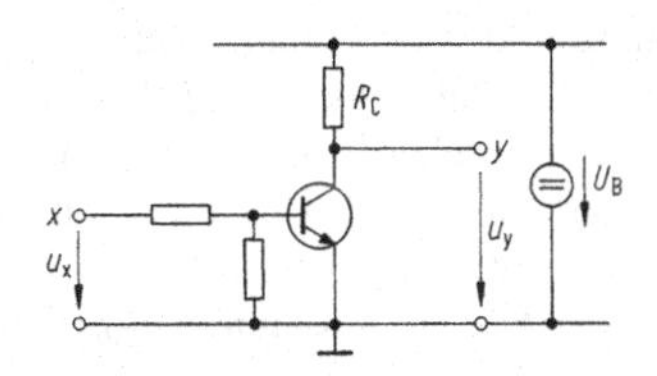

Bild 26-5. NPN-Transistor in Emitterschaltung

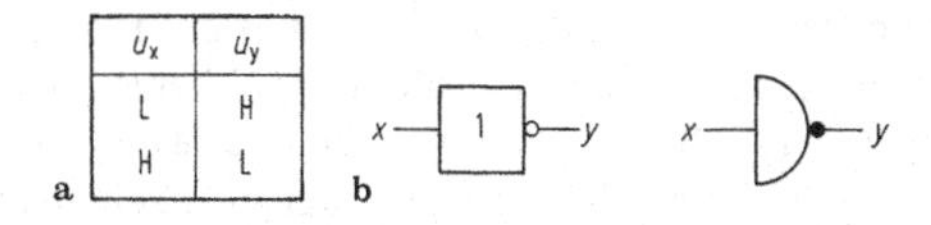

u_x	u_y
L	H
H	L

Bild 26-6. Inversion

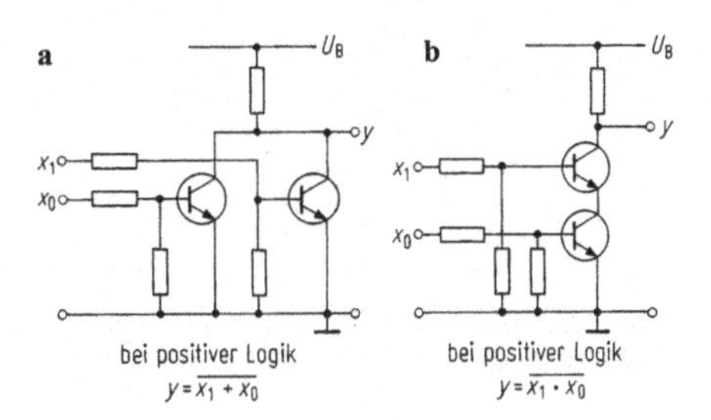

Bild 26-7. Parallel- und Reihenschaltung der Kollektor-Emitter-Strecken

Bild 26-7 zeigt eine Reihen- und eine Parallelschaltung von Invertern.

26.1.3 DTL-Gatter

Dem Inverter (Bild 26-5) kann ein Dioden-ODER-Gatter oder ein Dioden-UND-Gatter (Bilder 26-1 und 26-3) vorgeschaltet werden (Bild 26-8): so entstehen eine NOR-Schaltung ($y = \overline{x_1 + x_0}$) oder eine NAND-Schaltung ($y = \overline{x_1 \cdot x_0}$) in Dioden-Transistor-Technik (Dioden-Transistor-Logik, DTL-Technik).

26.1.4 TTL-Gatter

Wenn die Eingangsdioden der DTL-Schaltungen (Bild 26-8) in einem Multiemittertransistor zusammengefasst werden, dann entstehen die Grundformen von TTL-Schaltkreisen (TTL, Transistor-Transistor-Logik). Das Bild 26-9 zeigt dies am Beispiel der Schaltung von Bild 26-8b (inverser Betrieb von T1, wenn $x_1 = x_0 = T$).

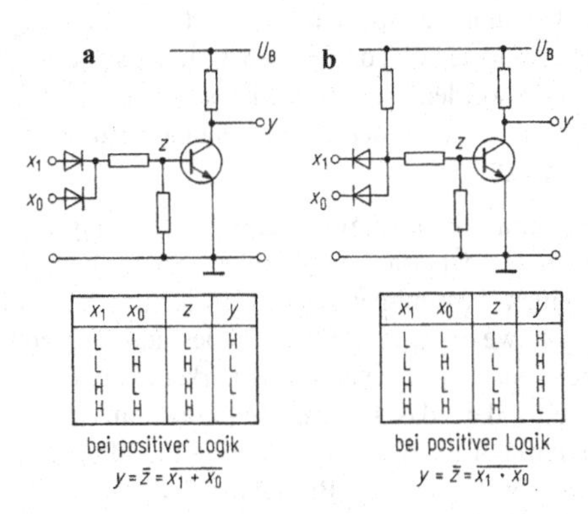

x_1	x_0	z	y
L	L	L	H
L	H	H	L
H	L	H	L
H	H	H	L

x_1	x_0	z	y
L	L	L	H
L	H	L	H
H	L	L	H
H	H	H	L

Bild 26-8. DTL-Gatter

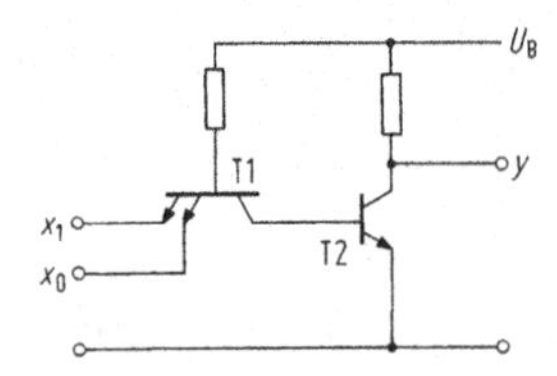

Bild 26-9. Grundform einer TTL-Schaltung (bei positiver Logik NAND-Verknüpfung: $y = \overline{x_1 \cdot x_0}$)

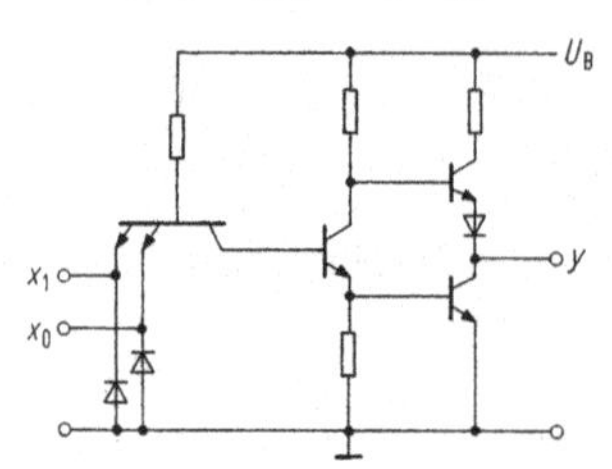

Bild 26-10. Standard-TTL-Schaltung (bei positiver Logik NAND-Verknüpfung: $y = \overline{x_1 \cdot x_0}$)

Besondere technische Bedeutung haben TTL-Standardschaltkreise. Die Erweiterung der NAND-Schaltung von Bild 26-9 zu einem solchen Schaltkreis zeigt Bild 26-10.

26.1.5 Schaltkreisfamilien (Übersicht)

Außer den erwähnten gibt es noch wichtige andere Schaltkreisfamilien (Tabelle 26-2). Um die Vor- und Nachteile beurteilen zu können, muss man vor allem folgende Kriterien betrachten:

Betriebsspannung. Die meisten Schaltungen verwenden $U_B = 5$ V. MOS- und LSL-Schaltungen brauchen höhere Spannungen. CMOS-Schaltungen können mit verschieden hohen Betriebsspannungen betrieben werden: bei höheren Spannungen arbeiten sie schneller und der Störspannungsabstand wird größer; vgl. J 3.1.2.

Stör(spannungs)abstand. Ein H-Ausgangssignal darf nach Überlagerung eines Störsignals nur um einen bestimmten Betrag U_{SH} unterschritten werden, wenn es am Eingang des nachfolgenden Gatters noch sicher als H-Signal erkennbar sein soll. Ebenfalls darf das L-Ausgangssignal nur um U_{SL} überschritten werden. Als Störabstand definiert man $U_S = 0{,}5(U_{SH} + U_{SL})$. Bei LSL-Schaltungen ist U_S besonders groß.

Verlustleistung. Als (mittlere) Verlustleistung wird definiert: $P_v = 0{,}5(P_{vH} + P_{vL})$($P_{vH}, P_{vL}$: Leistung bei H- bzw. L-Signal am Ausgang). Insbesondere bei TTL-Schaltungen werden kurze Signallaufzeiten durch hohe Verlustleistung erkauft. CMOS-Schaltungen nehmen besonders kleine Leistungen auf (allerdings frequenzabhängig).

Signallaufzeit. Als (mittlere) Signallaufzeit wird definiert: $T = 0{,}5(T_{LH} + T_{HL})$($T_{LH}$ ist die Zeit, um die der Wechsel des Ausgangspegels von L auf H verzögert ist gegenüber dem Wechsel des Eingangspegels; T_{HL} ist die Zeit, um die der Wechsel des Ausgangspegels von H auf L verzögert wird). Schnelle Standard- und Schottky-TTL haben besonders kleine Laufzeiten; noch schneller sind die ECL-Bausteine.

Maximale Schaltfrequenz. Taktgesteuerte Flipflops (siehe 26.2.2 und 26.2.3) arbeiten mit (periodischen) Folgen von Rechteck-Steuerimpulsen. Die maximale Frequenz, die das Flipflop (beim Tastverhältnis $V_T = 0{,}5$) verarbeiten kann, nennt man die maximale Schaltfrequenz (V_T = Impulsdauer/Periodendauer).

Ausgangslastfaktor. Der Ausgangslastfaktor (fan-out) F_A gibt an, wie viele Eingänge folgender Bausteine derselben Schaltkreisfamilie höchstens an den Ausgang angeschlossen werden dürfen. CMOS-Schaltungen haben einen hohen Ausgangslastfaktor ($F_A = 50$).

Preis. Am preisgünstigsten sind die TTL-Standard-Schaltkreise.

Aus der Tabelle 26-2 können charakteristische Werte zum Vergleich wichtiger Schaltkreisfamilien entnommen werden. In den Spalten für P_v und f_{max} würden sich durchweg ungünstigere Werte ergeben, wenn man statt der typischen (mittleren) Verlustleistung P_v die maximale Verlustleistung nähme bzw. statt der typischen maximalen Schaltfrequenz f_{max} deren garantierten Wert (z. B. ist für Standard-TTL: $P_v = 10$ mW, $P_{v\,gar} = 19$ mW; $f_{max} = 25$ MHz, $f_{max\,gar} = 15$ MHz). Zur Großintegration (LSI, large-scale integration) eignet sich besonders die MOS- und die CMOS-Technik, deren Empfindlichkeit gegen statische Aufladungen allerdings ein Problem darstellt (Eingangsschutzschaltung!). Weiterentwicklungen der CMOS-Technik sind die LOCMOS- und die HCMOS-Technik (geringere Signallaufzeiten als bei CMOS).

Tabelle 26-2. Vergleich wichtiger Schaltkreisfamilien

		Betriebsspannung U_B/V	Typische Verlustleistung P_v/mW	Typische maximale Schaltfrequenz f_{max}/MHz	Typische Signallaufzeit T/ns	Typischer statischer Störspannungsabstand U_S/V	Ausgangslastfaktor (Fan-out) F_A
TTL (Transistor-Transistor-Logik, Standard-Technik)	Standard TTL Serie 74	5	10	25	9	1	10
	Leistungsarme Standard-TTL (Low Power TTL) Serie 74 L	5	1	3	33	1	20
	Schnelle Standard-TTL (High Speed TTL) Serie 74 H	5	22,5	30	6	1	10
Schottky-TTL	Schnelle Schottky-TTL Serie 74 S	5	20	125	3	0,8	10
	Leistungsarme Schottky-TTL (Low Power Schottky) Serie 74 LS	5	2	50	10	0,8	20
MOS (Metal-Oxide Semiconductor)	P-MOS (P-Kanal-MOS)	−12	6	2	100	3	20
	N-MOS (N-Kanal-MOS)	10	2	15	15	2	20
C(OS)MOS [Complementary (Symmetrical) Metal-Oxide Semiconductor]		5...15	$10^{-5}...10^{1}$ [a]	2...7	100...40	1,5...4,5	50
Dioden-Transistor-Logik	Standard-DTL	5...6	9	2	30	1,2	8
	LSL (langsame störsichere Logik)	12...15	20...30	1	200	5...8	10
ECL (Emitter Coupled Logic)		−5	60	500	1...2	0,3	15

[a] von der Schaltfrequenz abhängig

26.1.6 Beispiele digitaler Schaltnetze

Rückkopplungsfreie Schaltungen aus Logikgattern nennt man Schaltnetze. In den folgenden drei Beispielen sollen Schaltnetze entworfen werden, die vorgegebene logische Funktionen realisieren.

Beispiel 1: Zweidrittel-Mehrheit

Die Feststellung einer Zweidrittel-Mehrheit (Tabelle 26-3) kann man mithilfe der disjunktiven Normalform (vgl. Abschnitt J)

$$y = (\bar{x}_2 x_1 x_0) + (x_2 \bar{x}_1 x_0) + (x_2 x_1 \bar{x}_0) + (x_2 x_1 x_0) \quad (26\text{-}1a)$$

oder mithilfe der konjunktiven Normalform

$$y = (x_2 + x_1 + x_0)(x_2 + x_1 + \bar{x}_0) \times (x_2 + \bar{x}_1 + x_0)(\bar{x}_2 + x_1 + x_0) \quad (26\text{-}1b)$$

treffen. Beide Formen können nach den Regeln der Boole'schen Algebra minimiert und auch ineinander überführt werden:

$$y = (x_1 x_0) + (x_2 x_0) + (x_2 x_1) \quad \text{bzw.} \quad (26\text{-}2a)$$

$$y = (x_2 + x_1)(x_2 + x_0)(x_1 + x_0) \,. \quad (26\text{-}2b)$$

Tabelle 26-3. Funktionstabelle (Wahrheitstabelle) zur Feststellung einer Zweidrittel-Mehrheit ($y = 1$ zeigt an, dass 2 oder 3 Eingangsvariable den Wert 1 haben)

n	x_2	x_1	x_0	y
0	0	0	0	0
1	0	0	1	0
2	0	1	0	0
3	0	1	1	1
4	1	0	0	0
5	1	0	1	1
6	1	1	0	1
7	1	1	1	1

Schaltungen zu den beiden Minimalformen (2) sind in Bild 26-11 dargestellt. Meist jedoch geschieht die Minimierung (1) → (2) anhand eines Karnaugh-Veitch-Diagrammes (KV-Diagramm); Bild 26-12 zeigt dies für die Darstellung (la): den Zeilen $n = 0, \ldots, 7$ der Tabelle 26-3 entsprechen die Felder $0, \ldots, 7$ des KV-Diagrammes.

Beispiel 2: Vergleich zweier zweistelliger Dualzahlen (Zwei-BitKomparator)

Wenn festgestellt werden soll, ob für die beiden Zahlen

$$x = x_1 \cdot 2^1 + x_0 \cdot 2^0 \quad \text{und} \quad y = y_1 \cdot 2^1 + y_0 \cdot 2^0$$

gilt $x > y, x = y$ oder $x < y$, so kann man die Zuordnung der Tabelle 26-4 wählen: $A = 1$ bedeutet $x > y, B = 1$ bedeutet $x = y$ und $C = 1$ bedeutet $x < y$. Hierbei ist

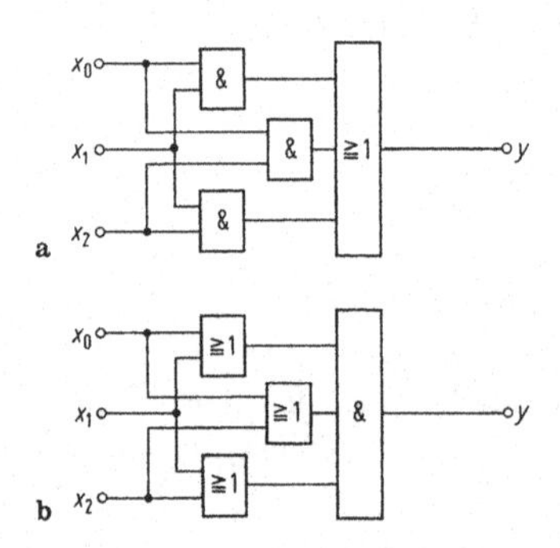

Bild 26-11. Schaltungen zur Feststellung einer Zweidrittel-Mehrheit

Tabelle 26-4. Vergleich zweier zweistelliger Dualzahlen x und y

	x_1	x_0	y_1	y_0	A	B	C
0	0	0	0	0	0	1	0
1	0	0	0	1	0	0	1
2	0	0	1	0	0	0	1
3	0	0	1	1	0	0	1
4	0	1	0	0	1	0	0
5	0	1	0	1	0	1	0
6	0	1	1	0	0	0	1
7	0	1	1	1	0	0	1
8	1	0	0	0	1	0	0
9	1	0	0	1	1	0	0
10	1	0	1	0	0	1	0
11	1	0	1	1	0	0	1
12	1	1	0	0	1	0	0
13	1	1	0	1	1	0	0
14	1	1	1	0	1	0	0
15	1	1	1	1	0	1	0

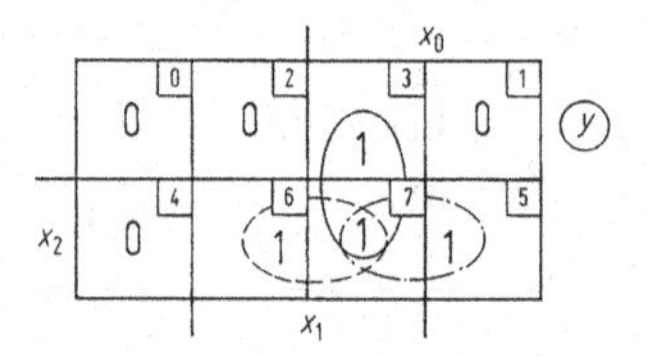

Bild 26-12. KV-Diagramm zur Tabelle 26-3: $y = x_0x_1 + x_1x_2 + x_2x_0$

$$A = (x_1\bar{y}_1) + (x_0x_1\bar{y}_0) + (x_0\bar{y}_0\bar{y}_1) ,$$

$$B = (x_0 \leftrightarrow y_0)(x_1 \leftrightarrow y_1) , \quad C = \overline{A + B} .$$

$x_0 \leftrightarrow y_0$ ist die Äquivalenz-Verknüpfung von x_0 mit y_0; der invertierte Wert $\overline{x_0 \leftrightarrow y_0} = x_0 \nleftrightarrow y_0$ ist die Antivalenz-Verknüpfung (Exklusiv-ODER-Verknüpfung von x_0 mit y_0, vgl. J 1.1).

Beispiel 3: Decodiermatrix

Zehn verschiedene vierstellige Dualzahlen

$$x = x_3 \cdot 2^3 + x_2 \cdot 2^2 + x_1 \cdot 2^1 + x_0 \cdot 2^0$$

sollen den 10 Ausgängen $(y_0, \ldots, y_9)$ eines Decoders eindeutig zugeordnet werden (Tabelle 26-5). Die übrigen sechs Binärzahlen sollen bei fehlerfreier Über-

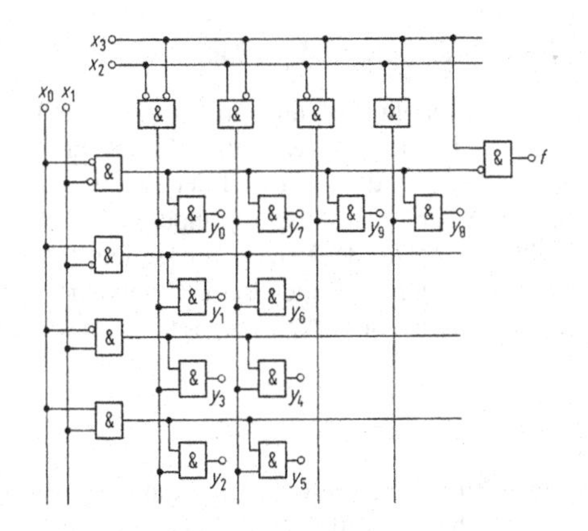

Bild 26-13. Decodiermatrix (für Glixon-Code)

tragung nicht auftreten; andernfalls soll es zu einer Fehleranzeige ($f = 1$) kommen.
In Bild 26-13 wird eine Decodiermatrix angegeben, die den Code nach Tabelle 26-5 realisiert (der übrigens *einschrittig* und für 10 Schritte zyklisch permutiert ist: bei der Bildung der Nachbarzahl ändert sich in der vierstelligen Binärzahl x nur eine einzige Stelle – ein Bit –, und zwar auch beim Übergang von 9 (≙ 1000) zu 0 (≙ 0000).

Tabelle 26-5. Zuordnung der Dezimalziffern $0, \ldots, 9$ zu zehn verschiedenen vierstelligen Dualzahlen (x) nach dem Glixon-Code

x	y	x_3	x_2	x_1	x_0	f
0	0	0	0	0	0	0
1	1	0	0	0	1	0
3	2	0	0	1	1	0
2	3	0	0	1	0	0
6	4	0	1	1	0	0
7	5	0	1	1	1	0
5	6	0	1	0	1	0
4	7	0	1	0	0	0
12	8	1	1	0	0	0
8	9	1	0	0	0	0
9	–	1	0	0	1	1
10	–	1	0	1	0	1
11	–	1	0	1	1	1
13	–	1	1	0	1	1
14	–	1	1	1	0	1
15	–	1	1	1	1	1

26.2 Ein-Bit-Speicher

26.2.1 Einfache Kippschaltungen

Bistabile Kippstufe (SR-Flipflop = RS-Flipflop)

Bei aktiven Systemen spricht man von Rückkopplung, wenn ein Systemausgang mit einem Systemeingang verbunden ist; speziell bei Mitkopplung können Schaltungen mit Selbsthalte-Eigenschaften (Speicher) entstehen (vgl. 8.3.3 und 25.4.6): Übertragungscharakteristik mit Hysterese. Diesen Effekt gibt es auch bei mitgekoppelten (aktiven) Digitalschaltkreisen, z. B. zwei kreuzweise mitgekoppelten NOR-Gattern; Bild 26-14. Eine solche Schaltung ist kein Schaltnetz mehr im Sinne von 26.1.6, sondern ein (einfaches) *Schaltwerk*.
Wenn an einem der beiden NOR-Gatter (z. B. A) das Eingangssignal den Wert H hat (x_1 = H), so gilt am Ausgang y_2 = L. Ist zugleich x_2 = L, so liegt an beiden Eingängen von B das Signal L; also wird y_1 = H (Zeile 1 in Tabelle 26-6). Falls danach x_1 = L wird und weiterhin x_2 = L bleibt, ändern sich die Ausgangssignale nicht (Zeile 2 in Tabelle 26-6). Die Eingangskombination x_1 = H, x_2 = L bewirkt also eine Ausgangskombination, die auch dann erhalten bleibt (gespeichert wird), wenn $x_1 = x_2$ = L wird; man nennt einen solchen Speicher ein *Flipflop*.
In der Tabelle 26-6 bezeichnen $y_2^{(n)}$, $y_1^{(n)}$ die Ausgangsgrößen im n-ten Schaltzustand; $y_2^{(n-1)}$, $y_1^{(n-1)}$ bezeichnen den vorangehenden Ausgangszustand.
Falls der Eingangszustand $x_2 = x_1$ = H vermieden wird, so ist immer $y_2 = \overline{y}_1$, und man stellt den Speicher aus Bild 26-14 durch ein einfaches Schaltzei-

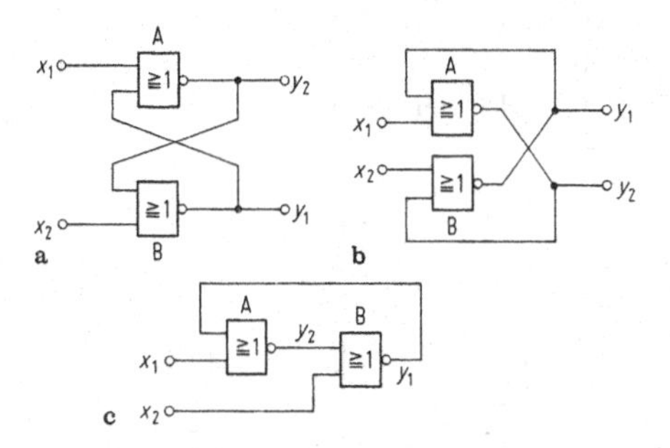

Bild 26-14. Bistabiler Ein-Bit-Speicher (drei verschiedene Darstellungen für zwei kreuzweise mitgekoppelte NOR-Gatter)

Tabelle 26-6. Schaltfolgetabelle eines Ein-Bit-Speichers

n	x_2	x_1	$y_2^{(n-1)}$	$y_1^{(n-1)}$	$y_2^{(n)}$	$y_1^{(n)}$
1	L	H	b	b	L	H
2	L	L	L	H	L	H
3	H	L	b	b	H	L
4	L	L	H	L	H	L
5	H	H	b	b	L	L

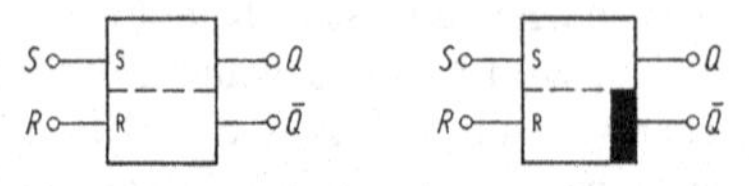

Bild 26-15. SR-Flipflop (= RS-Flipflop)

chen dar (Bild 26-15), wobei $x_1 = S$ (Setzen, set), $x_2 = R$ (Rücksetzen, reset, Löschen), $y_1 = Q$ und $y_2 = \bar{Q}$ gesetzt wird. Die Schaltfolgetabelle 26-7 für ein SR-Flipflop (Bild 26-15) braucht nur *eine* Ausgangsgröße (Q) zu enthalten, weil am zweiten Ausgang stets die komplementäre Größe liegt (falls $S = R = \text{H}$ ausgeschlossen ist).

Bei dem SR-Flipflop in den Bildern 26-14 und 26-15 ist das H-Signal die aktive Größe. Bei einem SR-Flipflop aus zwei NAND-Gattern wird das L-Signal zur aktiven Größe; um auch hier das in Tabelle 26-6 beschriebene Verhalten zu erreichen, müssen alle Ein- und Ausgänge invertiert werden (Bild 26-16).

Tabelle 26-7. Schaltfolgetabelle des SR-Flipflops: $Q^{(n)} = S + \bar{R} \cdot Q^{(n-1)}$

n	R	S	$Q^{(n-1)}$	$Q^{(n)}$
1	L	H	b	H
2	L	L	H	H
3	H	L	b	L
4	L	L	L	L

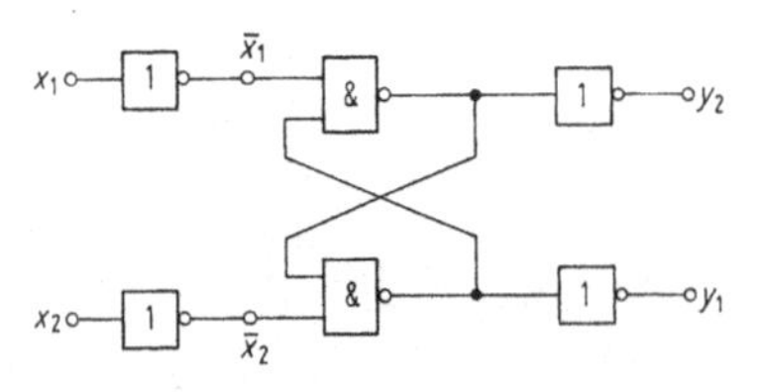

Bild 26-16. Aus zwei NAND-Gattern aufgebauter Ein-Bit-Speicher mit dem gleichen Verhalten wie der Speicher in Bild 26-14

Monostabile Kippstufe (Monoflop)

Bei einem Monoflop ist nur ein Zustand stabil (in Bild 26-17 ist dies $y = \text{L}$). Ein H-Impuls am Eingang (x) bewirkt, dass während der Zeit T $y = \text{H}$ wird. Die Dauer T des Ausgangsimpulses hängt von der Zeitkonstante RC des Verzögerungsgliedes ab; der Widerstand R und der Kondensator C müssen extern an den integrierten Schaltkreis angeschlossen werden (Bild 26-17c).

Astabile Kippstufe

Aus zwei Monoflops (Bild 26-17c) kann eine Rückkopplungsschaltung (Bild 26-18a) gebildet werden, bei der die Rückflanke des Ausgangsimpulses von MF1 den Ausgangsimpuls von MF2 bewirkt; dessen Rückflanke stößt wiederum MF1 an usw. (u. U. kann die Schaltung nicht anschwingen).

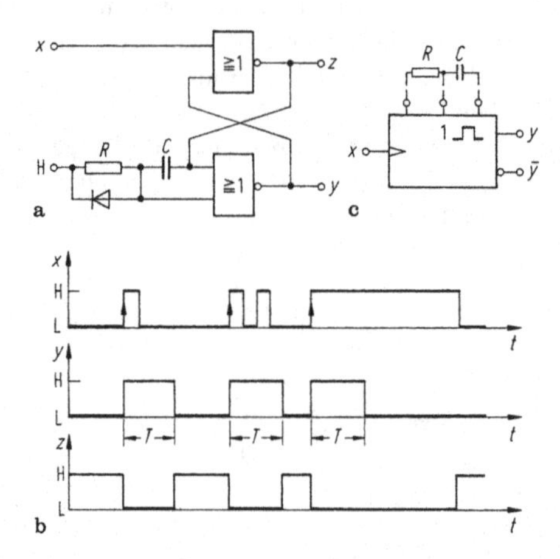

Bild 26-17. Monoflop (SR-Flipflop mit vorgeschaltetem Differenzierglied)

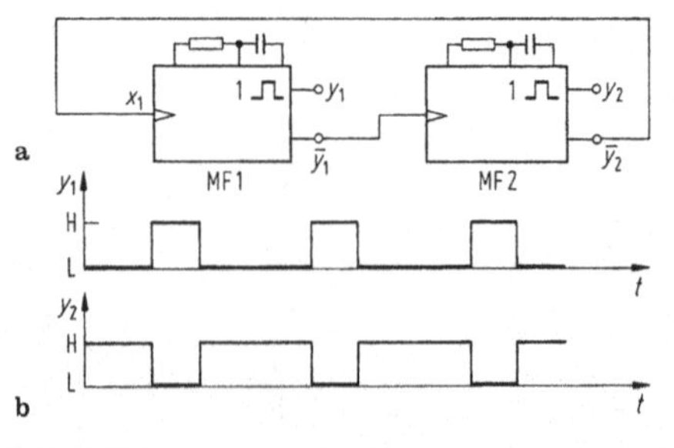

Bild 26-18. Taktgenerator

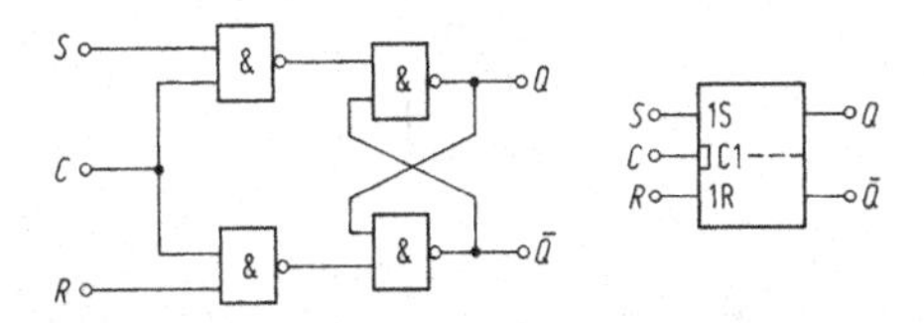

Bild 26-19. Taktzustandsgesteuertes SR-Flipflop

26.2.2 Getaktete SR-Flipflops

Taktzustands-Steuerung. In Bild 26-19 wird ein taktzustandsgesteuertes SR-Flipflop dargestellt. Es kann nur dann durch das Eingangssignal $S = \text{H}$ gesetzt ($Q \to \text{H}$) oder durch $R = \text{H}$ gelöscht ($Q \to \text{L}$) werden, wenn zugleich am Takteingang ein Freigabeimpuls $C = \text{H}$ auftritt (C clock = Takt).

Taktflanken-Steuerung. Das Bild 26-20a zeigt ein taktflankengesteuertes SR-Flipflop: dieses Flipflop ist nicht während der gesamten Dauer des Eingangsimpulses ($C = \text{H}$) aufnahmebereit, sondern nur für kurze

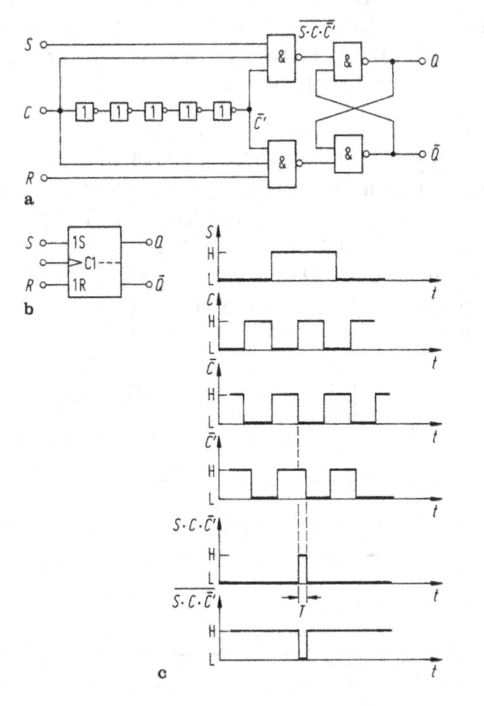

Bild 26-20. Mit der ansteigenden Taktflanke gesteuertes SR-Flipflop

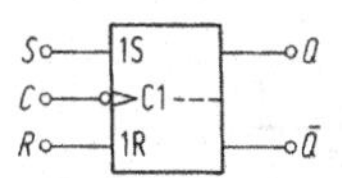

Bild 26-21. Mit der abfallenden Taktflanke gesteuertes SR-Flipflop

Zeit nach Beginn des Impulses (die Aufnahmebereitschaft beginnt mit der *ansteigenden* Taktflanke und bleibt nur für die sehr kurze Zeit T erhalten; siehe Bild 26-20c). Ein Impuls mit der (sehr kurzen) Dauer T entsteht als Laufzeit eines Inverters (evtl. 3 oder 5 Inverter usw.; vgl. die Spalte für die Signallaufzeit in Tabelle 26-2): dynamischer Takteingang. Falls ein SR-Flipflop das Eingangssignal mit der *abfallenden* Taktflanke übernimmt, wählt man das Schaltbild nach Bild 26-21.

26.2.3 Flipflops mit Zwischenspeicherung (Master-Slave-Flipflops, Zählflipflops)

SR-Master-Slave-Flipflop (SR-MS-FF). In Bild 26-22a bewirken die differenzierenden Eingänge (für C und $\bar{C}$) der UND-Gatter, dass zwei taktflankengesteuerte SR-Flipflops entstehen. Das linke („Master") übernimmt ein H-Signal an einem der beiden Eingänge mit der ansteigenden Impulsflanke. Das rechte („Slave") übernimmt vom Master dessen Inhalt aber erst mit der Beendigung des Eingangsimpulses, also um die Dauer τ dieses Impulses verzögert (Bild 26-23).

JK-(MS-)Flipflop. Ein besonders vielseitig verwendbares Flipflop ist das JK-Flipflop. Bei ihm

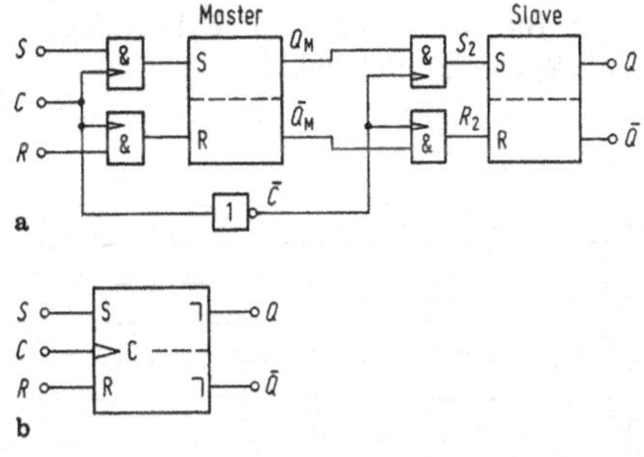

Bild 26-22. SR-MS-Flipflop (Übernahme der Information in den Master mit der ansteigenden Taktflanke, Weitergabe an den Slave mit der abfallenden Taktflanke)

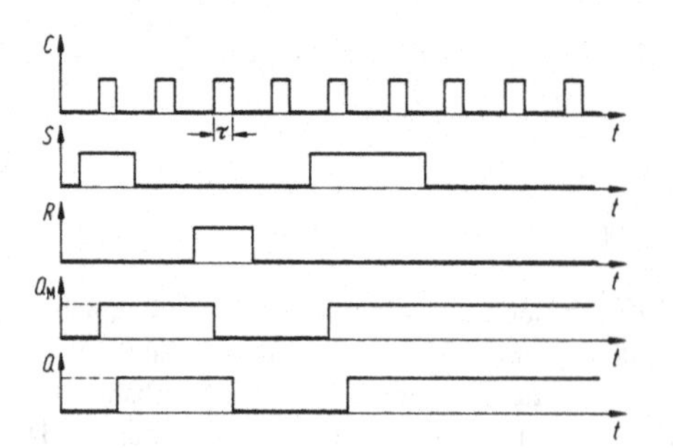

Bild 26-23. Setzen und Löschen eines SR-MS-Flipflops (Impulsdiagramm)

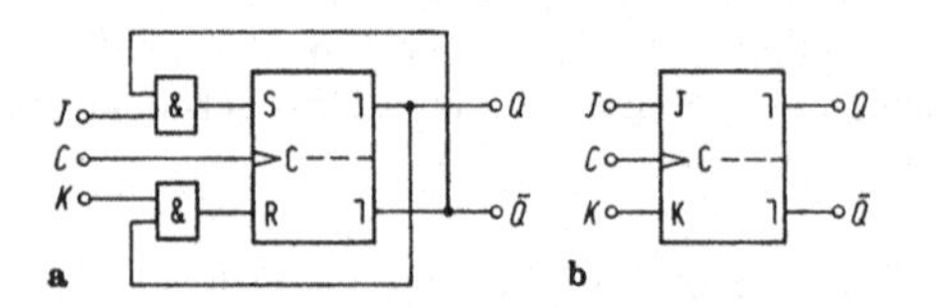

Bild 26-24. JK-Flipflop (Weitergabe der Information an die Ausgänge mit der abfallenden Taktflanke)

darf im Gegensatz zum SR-Flipflop oder zum SR-MS-Flipflop an beiden Haupteingängen (J, K) gleichzeitig das H-Signal auftreten: in diesem Fall kehrt sich Q mit jedem Eingangsimpuls C um. Im Übrigen verhält sich das JK-Flipflop genauso wie das SR-MS-Flipflop (Bild 26-25). JK-FFs haben gewöhnlich außer den (Vorbereitungs-)Eingängen J, K noch zwei Eingänge zum *direkten* Setzen (preset, S) und Rücksetzen (clear, R), die auch beim SR-MS-FF (Bild 26-22a) entstehen würden, wenn man S_2 disjunktiv mit dem Direkt-Setzsignal S und R_2 disjunktiv mit dem Direkt-Rücksetzsignal R verknüpft. Bild 26-26 zeigt ein JK-FF mit direkter Setz- und Rücksetz-Möglichkeit.

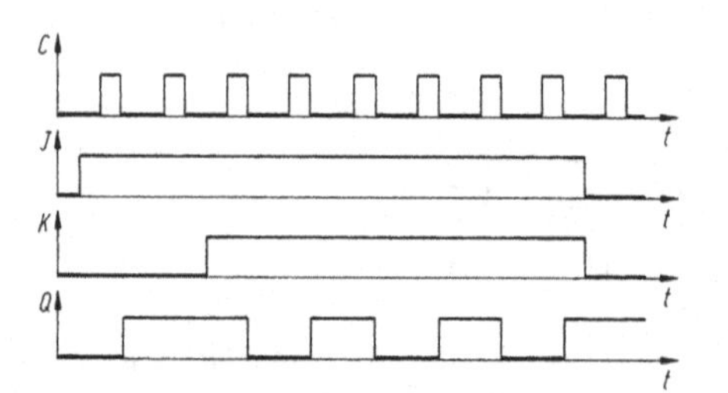

Bild 26-25. Impulsdiagramm eines JK-Flipflops

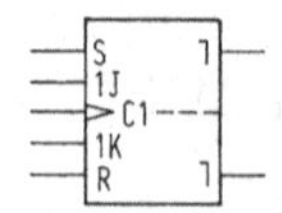

Bild 26-26. Schaltzeichen für das JK-Flipflop mit Eingängen zum direkten Setzen und Löschen (S, R), Übernahme an den Ausgang mit den Taktrückflanken

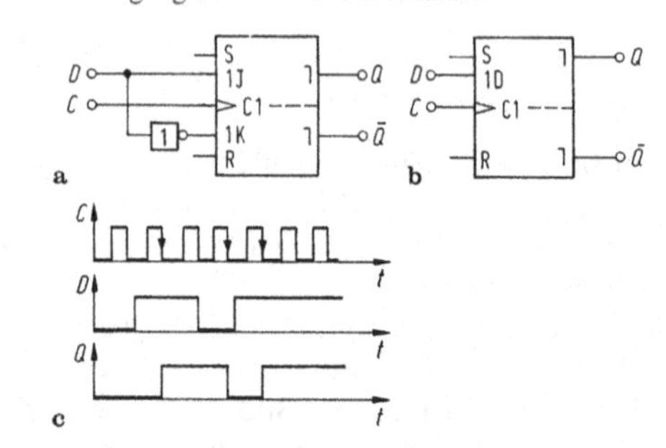

Bild 26-27. D-Flipflop

D-Flipflop. Das Bild 26-27a zeigt, wie ein JK-Flipflop als D-Flipflop verwendet werden kann. Das D-Flipflop (Bild 26-27b) wird gesetzt (Q = H), wenn $D = J$ = H wird, und es wird mit D = L rückgesetzt (wegen $K = \bar{J}$), vgl. Bild 26-27c.

T-Flipflop. Das Bild 26-28a zeigt, wie ein JK-Flipflop als T-Flipflop (Toggle-Flipflop) verwendet werden kann. Das T-Flipflop (Bild 26-28b) ändert seinen Ausgangszustand mit jeder Rückflanke des Eingangssteuertaktes (C), falls zugleich T = H ist; die Frequenz von Q ist halb so groß wie die von C: Binäruntersetzung. Ist dagegen T = L, so bleibt der Ausgangszustand unverändert, vgl. Bild 26-28c.

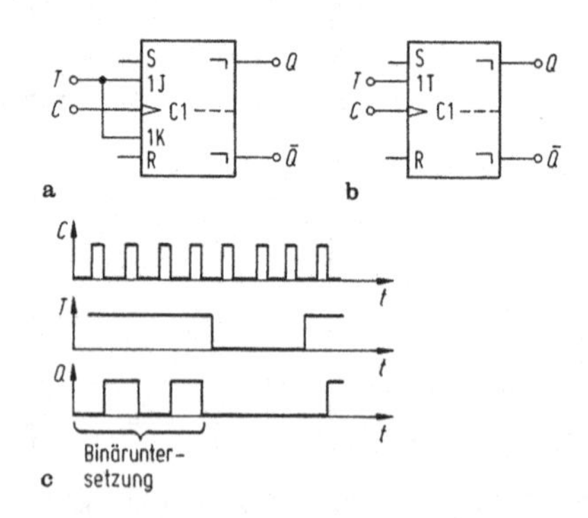

Bild 26-28. T-Flipflop

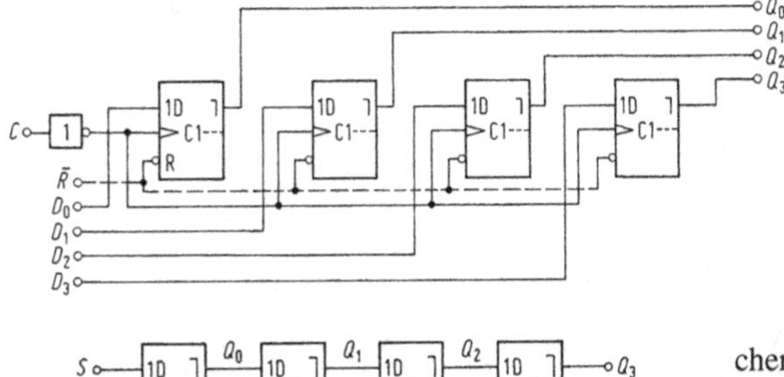

Bild 26-29. 4-Bit-Auffangregister mit D-Flipflops (positiv flankengesteuert)

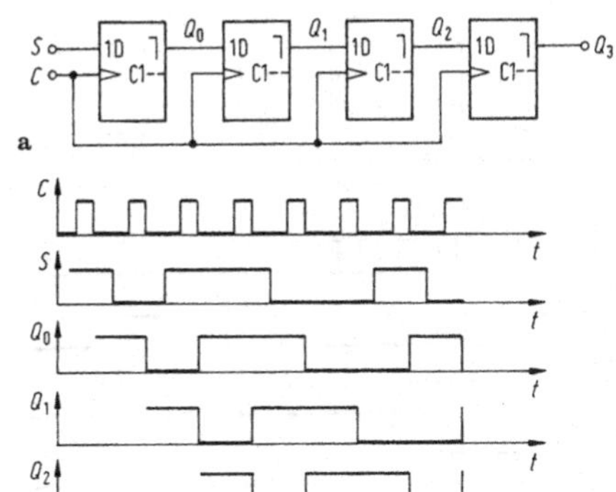

Bild 26-30. 4-Bit-Schieberegister

26.3 Schaltwerke

Schaltungen zur logischen Verknüpfung nennt man Schaltwerke, wenn sie Speicher (Flipflops) enthalten.

26.3.1 Auffang- und Schieberegister

Auffangregister übernehmen mehrere Bits gleichzeitig (in Bild 26-29: mit der Taktvorderflanke) und speichern sie so lange, bis ein Reset-Impuls ($\bar{R}$ = L) das Register löscht oder bis durch einen neuen Steuerimpuls ein neuer Inhalt eingelesen wird. Es gibt Auffangregister für 4, 8, 16 oder 32 Bit.

Schieberegister übernehmen mehrere Bits nacheinander (sequentiell; in Bild 26-30 mit der Taktrückflanke). Gebräuchlich sind 4- oder 8-Bit-Schieberegister.

26.3.2 Zähler

Asynchrone Zähler

Flipflop-Ketten können als Zähler arbeiten. Wenn der Takt C nur das erste FF steuert (Bild 26-31a), man eine solche Zählschaltung asynchron. Das Diagramm 26-31b zeigt, dass die Dualzahl

$$y = Q_3 \cdot 2^3 + Q_2 \cdot 2^2 + Q_1 \cdot 2^1 + Q_0 \cdot 2^0 \qquad (26\text{-}3)$$

nacheinander die Werte 0, 1, 2, ..., 15, 0, 1, 2, ..., 15, 0, 1, ... durchläuft: es sind 16 verschiedene Zustände möglich (16er-Zähler).

Synchrone Zähler

Zähler, deren Flipflops alle von einem gemeinsamen Takt gesteuert werden, nennt man synchron.

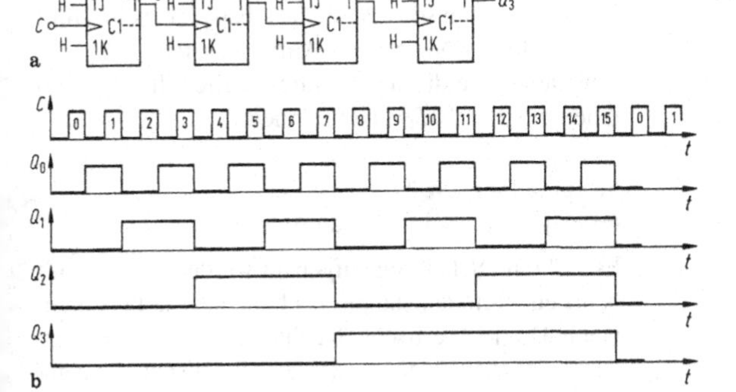

Bild 26-31. Asynchroner 4-Bit-Binärzähler

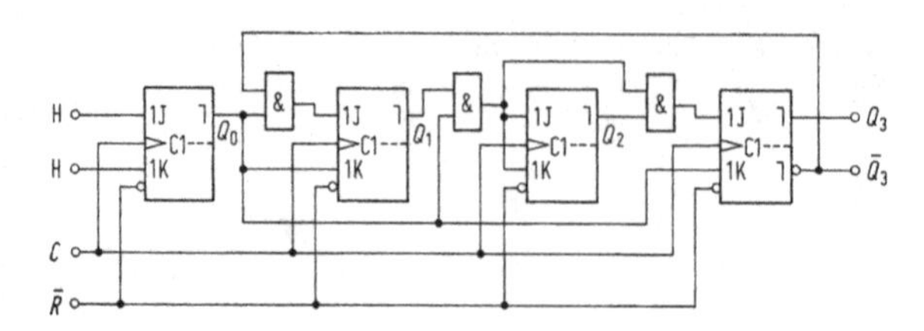

Bild 26-32. Synchroner Dezimalzähler aus 4 JK-Flipflops

Das Bild 26-32 zeigt als Beispiel einen synchronen Dezimalzähler. Bei ihm kann durch das Lösch-Signal (Reset) $\bar{R}$ = L der Anfangszustand $Q_0 = Q_1 = Q_2 = Q_3$ = L eingestellt werden. Danach durchläuft die Binärzahl y (vgl. (26-3)) nacheinander die Werte 1, ..., 9, 0, 1, ..., 9, 0, 1, ...

Ringzähler und Johnson-Zähler

Durch Rückkopplung kann ein Schieberegister (Bild 26-30) zu einem Zähler werden: entweder zu einem Ringzähler (Bild 26-33) oder zu einem Johnson-Zähler (Bild 26-34).

Beim Johnson-Zähler (Bild 26-34a) hängt der periodische Verlauf des Zählerzustandes vom Anfangszustand ab, der über die S- und R-Eingänge der Flipflops vorgegeben werden kann. Es entsteht entweder (Bild 26-34b) die Folge

$$y = \underbrace{1, 3, 7, 15, 14, 12, 8, 0}_{\text{Periode}}, 1, 3, 7 \ldots$$

oder (Bild 26-34c)

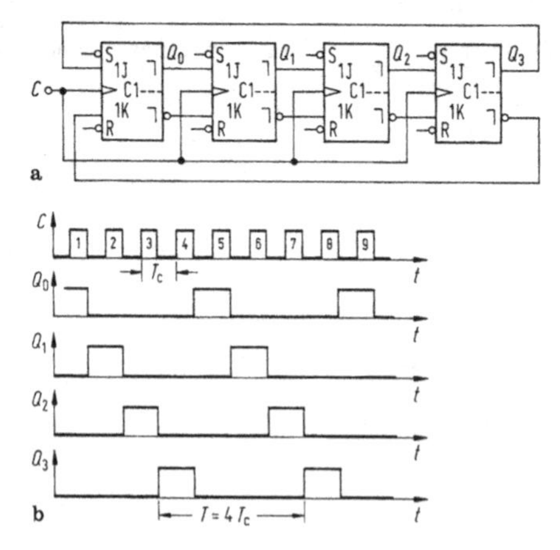

Bild 26-33. Ringzähler

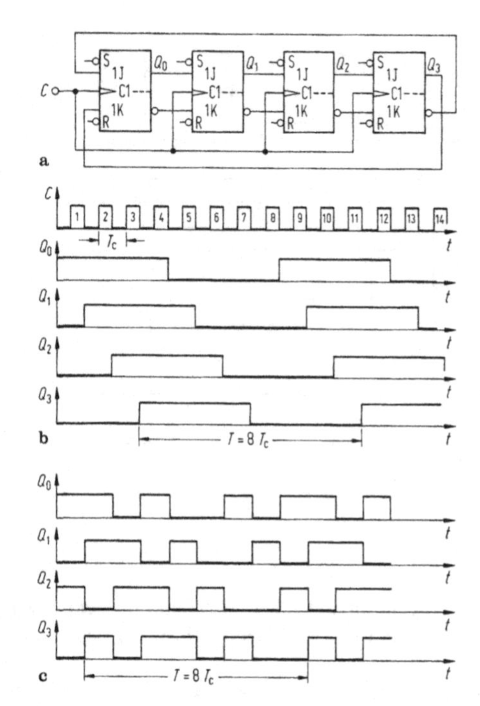

Bild 26-34. Johnson-Zähler

$$y = \underbrace{5, 11, 6, 13, 10, 4, 9, 2}_{\text{Periode}}, 5, 11, 6 \ldots$$

Bei einem Johnson-Zähler aus beispielsweise fünf JK-Flipflops sind je nach Anfangszustand vier verschiedene periodische Verläufe möglich; für drei von ihnen gilt $T = 10T_C$ und für einen $T = 2T_C$.

Beispiel: Johnson-Zähler mit asymmetrischer Rückkopplung

Es soll eine Schaltung aufgebaut werden, bei der sieben Leuchtdioden ständig nacheinander aufleuchten: wenn Diode 1 erlischt, leuchtet 2 auf; wenn 2 erlischt, leuchtet 3 auf; ...; wenn 7 erlischt, leuchtet

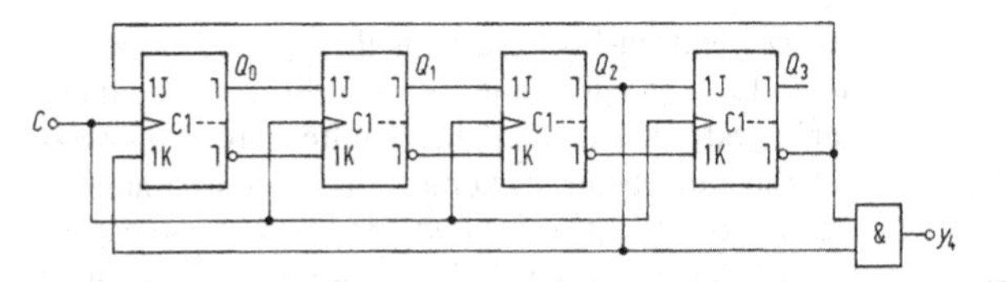

Bild 26-35. Schieberegister mit asymmetrischer Rückkopplung

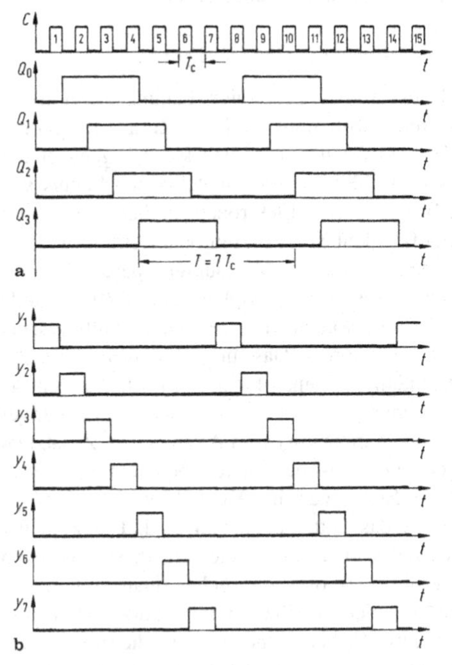

Bild 26-36. Nacheinanderansteuerung von 7 Leuchtdioden, Lampen oder dgl.

wieder 1 auf usw. Dies kann z. B. mit einem asymmetrisch rückgekoppelten Schieberegister realisiert werden (Bild 26-35).

Geht man von dem Anfangszustand $Q_0 = Q_1 = Q_2 = Q_3 = 0$ aus, so ergibt sich ein Impulsdiagramm, bei dem für die Periode T der Flipflopausgänge gilt: $T = 7T_C$ (Bild 26-36a).

Die Verknüpfungen

$$y_1 = \bar{Q}_3\bar{Q}_0\,,\quad y_2 = Q_0\bar{Q}_1\,,\quad y_3 = Q_1\bar{Q}_2\,,$$
$$y_4 = Q_2\bar{Q}_3 = Q_2Q_0\,,\quad y_5 = Q_3Q_1\,,\quad y_6 = \bar{Q}_1Q_2\,,$$
$$y_7 = \bar{Q}_2Q_3$$

liefern eine Folge von Impulsen, mit denen die Leuchtdioden angesteuert werden können (Bild 26-36b). Für y_4 ist die Realisierung in Bild 26-35 eingezeichnet, die Steuerausgänge für die anderen 6 Dioden sind nicht dargestellt, um das Schaltbild übersichtlich zu lassen.

Wählt man übrigens einen Anfangszustand aus, der in der Abfolge des Impulsdiagramms (y = 0, 1, 3, 7, 14, 12, 8, 0, 1, 3...) nicht vorkommt, so stellt sich trotzdem nach spätestens fünf Steuerimpulsen C der periodische Ablauf des Impulsdiagrammes Bild 26-36a ein. Daher ist es für die Erzeugung der aufeinander folgenden Impulse an den sieben Ausgängen $y_1, \ldots, y_7$ zur Ansteuerung der Leuchtdioden nicht nötig, das Register zu Beginn mithilfe von S- und R-Eingängen in einen bestimmten Anfangszustand zu versetzen.

27 Halbleiterbauelemente

27.1 Grundprinzipien elektronischer Halbleiterbauelemente

27.1.1 Ladungsträger in Silizium

Eigenschaften des eigenleitenden Siliziums

Das heute technisch bedeutendste Halbleitermaterial ist das vierwertige Silizium. Es steht in der IV. Hauptgruppe des Periodensystems der Elemente und kristallisiert in einer sog. Diamantgitterstruktur. Diese räumliche Tetraederstruktur kann man in der Ebene, wie Bild 27-1 zeigt, vereinfacht darstellen. Jede der vier freien Bindungen eines Siliziumeinzelatoms findet im idealen Gitteraufbau einen Partner bei insgesamt vier Nachbaratomen. Alle Elektronen des Siliziums sind demnach im Gitteraufbau gebunden; es stehen keine freien Elektronen, wie beispielsweise bei Metallen, zum Stromtransport zur Verfügung. Bei sehr tiefen Temperaturen ist Silizium tatsächlich extrem hochohmig, und die Leitfähigkeit nimmt – anders als bei metallischen Leitern – mit steigender

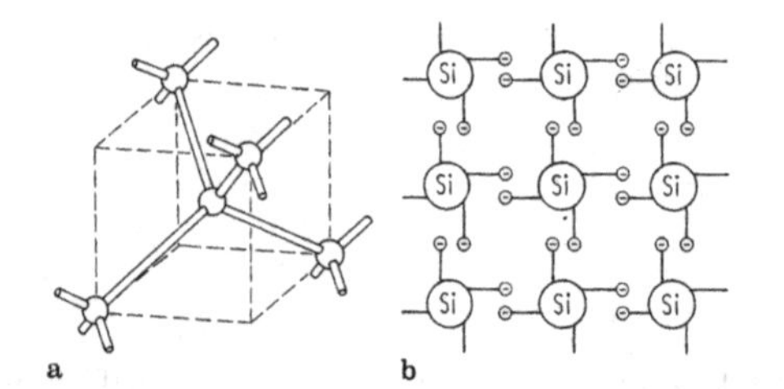

Bild 27-1. a Kristallgitter des Siliziums; b ebene Darstellung des Siliziumgitters

Temperatur zu. Die Erklärung dafür liegt in der mit der Temperatur zunehmenden Instabilität des Gitters. Einige Gitterbindungen brechen auf, d. h., Elektronen werden frei und können sich im Gitter bewegen. In die entstandene Bindungslücke, deren Gebiet durch das fehlende Elektron elektrisch positiv wirkt, kann ein benachbartes Elektron springen, das seinerseits eine Bindungslücke hinterlässt. Obwohl dieser Vorgang aus Elektronenbewegungen besteht, erscheint es so, als ob sich die Bindungslücke bewegt, und es hat sich als zweckmäßig erwiesen, die bewegliche Bindungslücke als ein eigenständiges, einfach positiv geladenes Teilchen, ein sog. *Loch*, aufzufassen (Bild 27-2). Diesen Vorgang des Aufbrechens einer Gitterbindung und des gleichzeitigen Entstehens eines Elektron-Loch-Paares, nennt man Generation. Beim Anlegen einer Spannung an den Halbleiterkristall sind bewegliche Ladungsträger (Elektronen und Löcher) für den Ladungsträgertransport vorhanden: der Kristall ist leitfähig. Treffen ein Elektron und ein Loch zusammen, wird die Gitterbindung wieder geschlossen und beide Ladungsträger verschwinden gleichzeitig: sie *rekombinieren*. Die räumliche Dichte der Elektron-Loch-Paare, heißt *Eigenleitungsdichte* n_i. Ein von außen angelegtes elektrisches Feld übt auf Elektronen und Löcher Kräfte entgegengesetzter Richtungen aus: es kommt zum Ladungstransport infolge der Elektronen- und des Löcherstroms. Reine Halbleiter werden als *NTC-Widerstände* (negative temperature coefficient) angewendet.

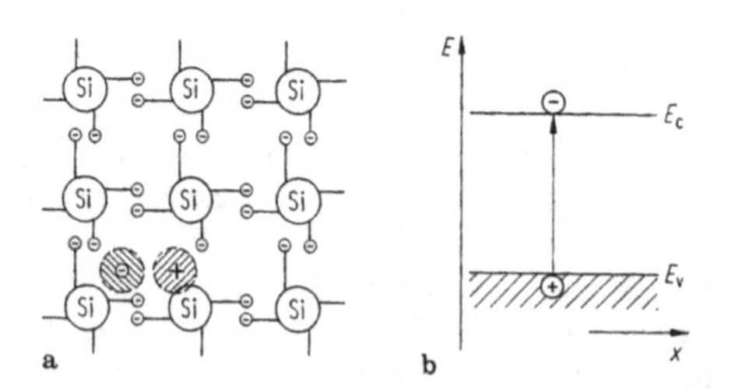

Bild 27-2. Elektron-Loch-Paarbildung durch thermische Generation, a im ebenen Gittermodell und b im Bändermodell

Eigenschaften des dotierten Siliziums

Die Konzentration der freien Ladungsträger ist in einem reinen Siliziumkristall bei Zimmertemperatur mit 10^{10} cm^{-3} außerordentlich klein gegenüber der Elektronenzahldichte eines metallischen Leiters von etwa 10^{23} cm^{-3}. Die Elektronenzahldichte und damit die Leitfähigkeit von Silizium kann erhöht werden, wenn man Atome der V. Hauptgruppe des periodischen Systems (z. B. Phosphor oder Arsen) anstelle von Siliziumatomen auf regulären Gitterplätzen einbaut (Donatoren). Das fünfte Elektron, das keine Gitterbindung eingehen kann, wird schon durch die Zufuhr einer geringen Energie (sehr viel niedriger als Zimmertemperatur) vom Atom gelöst. Zusätzlich zu den Elektron-Loch-Paaren befinden sich etwa so viele Elektronen im Kristall, wie fünfwertige Atome in das Gitter eingebaut sind. Die Zahl der im Kristall vorhandenen freien Elektronen ist dann weit größer, als die der Löcher, man spricht von einem N-dotierten Silizium oder kurz N-Silizium. Die Elektronen bezeichnet man in diesem Fall als die *Majoritätsträger*, die Löcher als die *Minoritätsträger*. Der Kristall ist elektrisch neutral, weil jedes ionisierte Donatoratom elektrisch positiv geladen ist. Im Gegensatz zu einem Loch ist das ionisierte positive Störatom fest im Gitter eingebaut und daher unbeweglich und kann nicht zum Stromtransport beitragen (Bild 27-3). Die Zahl der Löcher im Kristall wird kleiner als im Fall der Eigenleitung. Das Verhältnis von Majoritätsträgern zu Minoritätsträgern wird durch das Massenwirkungsgesetz, $p \cdot n = n_i^2$, geregelt.

Die Leitfähigkeit lässt sich analog auch durch den Einbau von dreiwertigen Atomen (z. B. Aluminium, Bor oder Gallium) in das Siliziumgitter erreichen. In die unvollständige Gitterbindung am Ort des dreiwertigen Störatoms kann schon bei geringer Energiezufuhr leicht ein Elektron springen. Es fehlt dann für andere Gitterbindungen; ein Loch ist gleichzei-

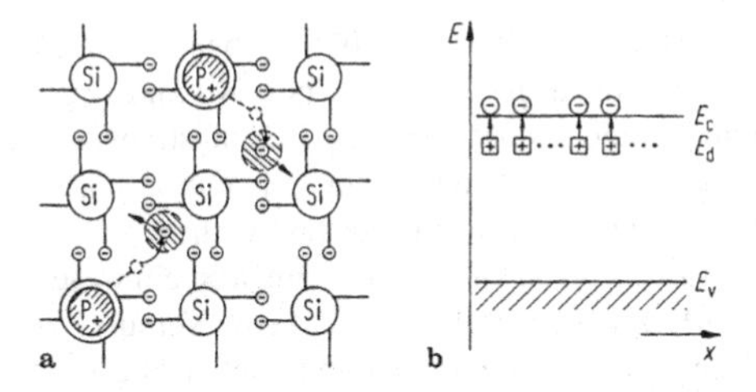

Bild 27-3. N-Leitung in einem Siliziumkristall infolge ionisierter fünfwertiger Störstellen (Phosphor), **a** im ebenen Gittermodell und **b** im Bändermodell

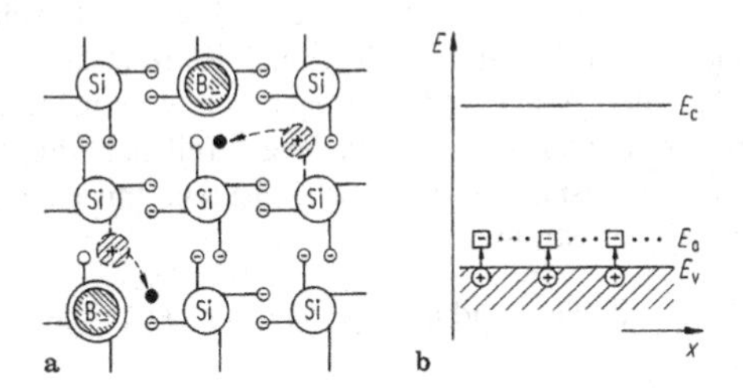

Bild 27-4. P-Leitung in einem Siliziumkristall infolge ionisierter dreiwertiger Störstellen (Bor); **a** im ebenen Gittermodell und **b** im Bändermodell

tig mit einer ortsfesten negativen Ladung entstanden (Bild 27-4). Der Halbleiter ist P-dotiert, P-leitend oder ein P-Halbleiter. In diesem Fall sind die Löcher Majoritätsträger, die Elektronen die Minoritätsladungsträger.

27.1.2 Das Bändermodell

Zur Erklärung vieler Eigenschaften von Halbleiterbauelementen ist es zweckmäßig, die potenziellen Energien der beteiligten Elektronen im Halbleiterkristall heranzuziehen. Eine Darstellung, die die Energie der Elektronen unter Einbeziehung ihres Wellencharakters über dem Ort des Kristalls beschreibt, ist das *Bändermodell.* Es berücksichtigt die Coulomb-Wechselwirkung der eng im Kristall benachbarten Elektronen. Die im Bohr'schen Atommodell auftretenden diskreten Energiewerte der Elektronen und die zugeordneten festen Bahnen spalten sich theoretisch in so viele Einzelwerte auf, wie Atome im Kristall in Wechselwirkung stehen: d. h., die diskreten Energiewerte der Siliziumeinzelatome spalten sich in dichte Energiebänder auf, die durch verbotene Zonen getrennt sind (Bild 27-5). Wichtig für das Verständnis der Bauelemente ist die Elektronenbesetzung bzw. -Nichtbesetzung der oberen beiden Bänder: dem Leitungs- und dem Valenzband. In Bild 27-2 ist das Bändermodell eines eigenleitenden Kristalls dargestellt. Statistische Betrachtungen liefern die Ergebnisse für die Besetzung des Leitungs- und des Valenzbandes mit Elektronen bzw. Löchern. Die Angaben werden in Abhängigkeit von der energetischen Lage des *Fermi-Niveaus* E_F geliefert. Das Fermi-Niveau ist eine markante Größe der Fermi-Statistik, die die Wahrscheinlichkeit der Besetzung von Energieniveaus mit Elektronen in Festkörpern in Abhängigkeit von der Temperatur und der Teilchenenergie beschreibt, und ist der Energiewert, bei dem die Wahrscheinlichkeit von 50% vorliegt, ob der dort vorhandene Platz mit einem Elektron besetzt ist oder nicht. Dabei kann das Fermi-Niveau durchaus auch in der verbotenen Zone liegen, obwohl sich dort keine Elektronen aufhalten dürfen. (Im Normalfall befindet sich das Fermi-Niveau in Halbleitern in der verbotenen Zone, in Metallen dagegen innerhalb des Leitungsbandes.) Die Bilder 27-3 und 27-4 zeigen neben den vereinfachten Kristalldarstellungen die entsprechenden Bändermodelle für dotierte Halbleiter. Die geringe Energiezufuhr zur Ionisierung von Donatoren bzw. Akzeptoren wird durch die kleinen energetischen Abstände zu den Bandkanten E_C (Unterkante Leitungsband) und E_V (Oberkante Valenzband) deutlich.

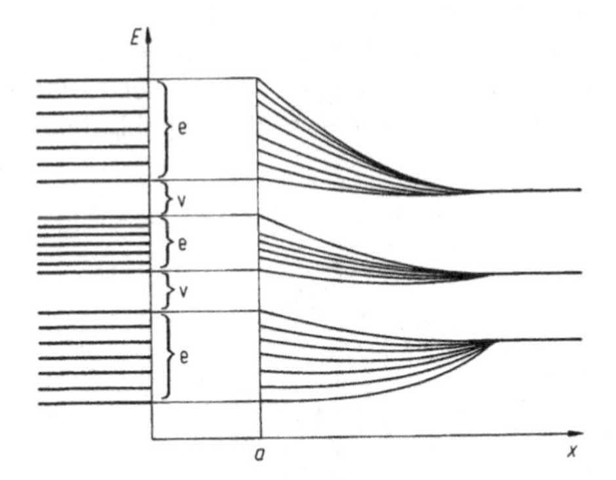

Bild 27-5. Entstehung von Energiebändern aus den Energieniveaus der Einzelatome. *a* Gitterkonstante; e erlaubte Energiewerte; v verbotene Energiewerte

27.1.3 Stromleitung in Halbleitern

Beweglichkeit, Driftgeschwindigkeit

Ohne elektrisches Feld bewegen sich die Elektronen mit thermischer Bewegung durch Stöße mit den äußeren Schalen der Gitteratome oder anderen freien Ladungsträgern auf Zickzackbahnen durch den Kristall (Bild 27-6). Zwischen zwei Stößen legen sie die mittlere freie Weglänge zurück. Da keine Richtung bevorzugt ist, ist der Mittelwert der Geschwindigkeit $\bar{v} = 0$; es fließt kein Strom. Unter dem Einfluss eines angelegten elektrischen Feldes $\boldsymbol{E}$ wird ein Elektron zwischen den Stößen mit der Coulombkraft $\boldsymbol{F} = -e\boldsymbol{E}$ beschleunigt. Daraus ergibt sich eine mittlere Geschwindigkeit der Elektronen von $v_n = -\mu_n \cdot \boldsymbol{E}$. Den Proportionalitätsfaktor μ_n nennt man die *Beweglichkeit* der Elektronen. Analog gilt für die Löcher $v_p = \mu_p \cdot \boldsymbol{E}$.

Leitfähigkeit

Die sich mit der Driftgeschwindigkeit v durch den Kristall bewegenden Ladungsträger stellen per definitionem einen elektrischen Strom dar. Den Zusammenhang zwischen Stromdichte und elektrischer Feldstärke beschreibt das Ohm'sche Gesetz.

$$\begin{aligned} j_{\text{ges}} &= (I_n + I_p) \cdot \frac{1}{A} \\ &= q \cdot (n \cdot \mu_n + p \cdot \mu_p) \cdot E = \sigma \cdot E \,, \end{aligned}$$

σ ist die Leitfähigkeit des Halbleitermaterials.

Diffusionsströme in Halbleitern

In Metallen spielen Diffusionsströme keine Rolle, da Anhäufungen der einzigen beweglichen Ladungsträgersorte, der Elektronen, durch Feldströme in

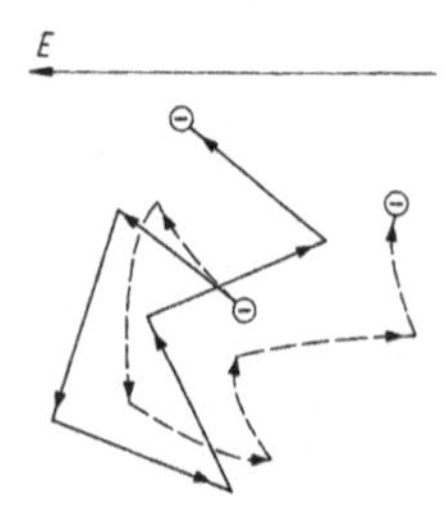

Bild 27-6. Thermische Wärmebewegung freier Elektronen im Festkörper; ausgezogene Linie: ohne elektrisches Feld; gestrichelte Linie: unter Einfluss eines elektrischen Feldes

der Relaxationszeit $\tau_R \approx 10^{-14}$ s abgebaut werden. Im Halbleiter dagegen gibt es positive und negative Ladungsträger, sodass neutrale Ladungsträgeranhäufungen entstehen können, die sich durch gegen τ_R langsame Diffusionsvorgänge ausgleichen.

Das Auftreten von Diffusionsströmen ist ein wesentliches Merkmal der Halbleiter und eine Voraussetzung für die Funktion aller bipolaren Bauelemente.

Teilchen, die sich statistisch bewegen, strömen in Richtung des Konzentrationsgefälles. Elektronen und Löcher bewegen sich im ungestörten Halbleitermaterial mit thermischer Geschwindigkeit ohne Vorzugsrichtung. Liegt ein Konzentrationsgefälle der freien Ladungsträger vor, kommt eine gezielte Bewegung der geladenen Teilchen durch Diffusion zustande, was gleichbedeutend mit einem elektrischen Strom ist:

$$j_{n,\text{diff}} = e \cdot D_n \cdot \operatorname{grad} n \,; \qquad j_{p,\text{diff}} = -e \cdot D_p \cdot \operatorname{grad} p$$

27.1.4 Ausgleichsvorgänge bei der Injektion von Ladungsträgern

Unter dem Begriff *Injektion* versteht man das Einbringen einer zusätzlichen Ladungsträgermenge in den Halbleiter. Dabei ergeben sich zwei grundsätzlich verschiedene Möglichkeiten:

Majoritätsträgerinjektion. Beispiel der Injektion von Elektronen in einen N-dotierten Halbleiter (Bild 27-7b):

Der Elektronenüberschuss wird im Wesentlichen durch einen Elektronen-Feldstrom in der Relaxationszeit τ_R abgebaut. Es liegen ähnliche Verhältnisse wie im Metall vor.

Minoritätsträgerinjektion. Beispiel der Injektion von Elektronen in einen P-dotierten Halbleiter (Bild 27-7a):

Die Raumladung der injizierten Elektronen baut ein elektrisches Feld im P-Halbleiter auf, das einen Löcherfeldstrom zur Folge hat. Die Ladungsanhäufung wird zwar in der Relaxationszeit neutralisiert, aber nicht abgebaut. Der Konzentrationsausgleich erfolgt über Rekombinationsvorgänge bei gleichzeitiger Diffusion. Der Abbau der Ladungsträgerüberschüsse erfolgt mit der Zeitkonstante τ, der Minoritätsladungsträgerlebensdauer, die in Silizium in der Größenordnung von einigen µs liegt. Sie ist etwa um den Faktor 10^8 größer als die Relaxationszeit τ_R. Dieses Verhal-

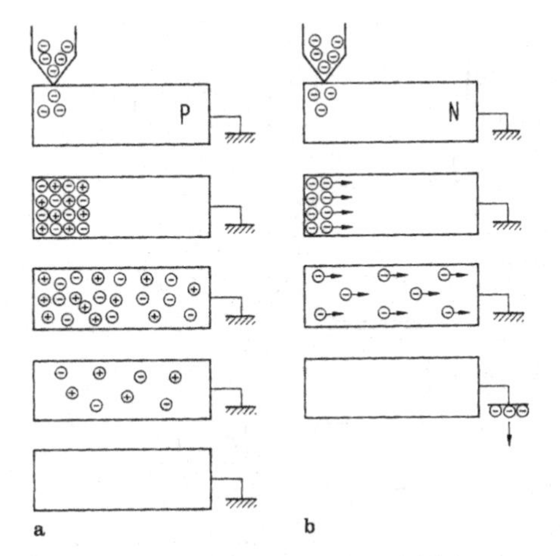

Bild 27-7. Veranschaulichung des Injektionsvorganges. **a** Minoritätsträgerinjektion, Elektronen in einen P-Halbleiter; **b** Majoritätsträgerinjektion, Elektronen in einen N-Halbleiter

ten unterscheidet den Leitungsmechanismus in Halbleitermaterial wesentlich von dem im Metall.

27.2 Halbleiterdioden

27.2.1 Aufbau und Wirkungsweise des PN-Überganges

Der PN-Übergang bildet die Grundlage zum Verständnis aller Halbleiterbauelemente. Man kann ihn sich aus zwei aneinanderstoßenden P- und N-Halbleitern aufgebaut vorstellen. Legt man an den PN-Übergang eine Spannung, so fließt ein erheblich höherer Strom, wenn das P-Gebiet positiv gegenüber dem N-Gebiet ist, als bei entgegengesetzter Polung. Der PN-Übergang wirkt als *Gleichrichter oder Diode*. Bei Durchlassspannungen von einigen Volt können je nach Querschnitt bis zu mehreren hundert Ampere geführt werden. In Sperrichtung dagegen beträgt der Strom nur wenige Mikroampere. Erhöht man die Sperrspannung über einen bestimmten Wert (Durchbruchspannung U_B), verliert der PN-Übergang seine Sperrfähigkeit und der Strom steigt steil an.
Wegen seiner grundlegenden Bedeutung wird der abrupte PN-Übergang hier eingehender behandelt, wobei das grundsätzliche Transportgeschehen durch Drift und Diffusion erklärt werden kann.

Stromloser Zustand. Ausbildung der Raumladungszone

In einem Gedankenmodell werden zwei Halbleiterquader, der eine P-dotiert, der andere N-dotiert, miteinander in Berührung gebracht. Unmittelbar nach der Berührung diffundieren Elektronen aus dem N-Gebiet entlang dem steilen Konzentrationsgefälle in das P-Gebiet und entsprechend Löcher aus dem P-Gebiet in das N-Gebiet. Sie rekombinieren dort und hinterlassen ortsfest gebundene ionisierte Störstellen, die elektrisch geladene Bereiche, Raumladungen, darstellen. Damit verbunden ist ein von den positiven Donatorionen im N-Gebiet zu den negativen Akzeptorionen im P-Gebiet gerichtetes elektrisches Feld. Es behin-

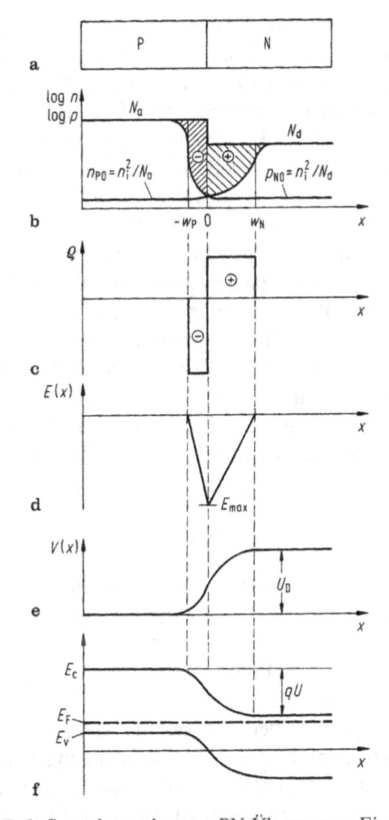

Bild 27-8. Stromloser abrupter PN-Übergang. **a** Eindimensionales Modell. Örtliche Verläufe **b** der Dotier- und freien Ladungsträgerkonzentrationen, **c** der Raumladungsdichte, **d** der Feldstärke, **e** des Potenzials, **f** der Bandkanten des Bändermodells

dert sowohl die Elektronen als auch die Löcher an einer weiteren Diffusion in die Nachbargebiete. Die entstandene Raumladungszone vergrößert sich so lange, bis das mit ihr verknüpfte elektrische Feld keinen Nettostrom mehr über die Grenzfläche zwischen P- und N-Gebiet zulässt. Der PN-Übergang befindet sich in diesem Zustand im thermodynamischen Gleichgewicht. Die Integration über die entstandene elektrische Feldstärke ergibt die Diffusionsspannung U_D. Sie beträgt für Silizium bei üblichen Dotierungen etwa 0,8 V. Die Raumladungszone wird sich in das niedriger dotierte Gebiet weiter ausbreiten als in das benachbarte hochdotierte Gebiet, weil sich in beiden Raumladungsbereichen die gleiche Gesamtladung befinden muss.

Der Kristall besteht demnach aus den raumladungsfreien Bahngebieten und der Raumladungszone. Die Sperrschichtgrenzen sind von der Dotierung der beiden aneinandergrenzenden Gebiete abhängig. In Bild 27-8 wird, ausgehend vom vereinfachten eindimensionalen Modell des PN-Überganges, die Raumladungszone schrittweise ausgehend von der Poissongleichung über den Ort integriert. Als erstes Ergebnis erhält man den Feldstärkeverlauf $E(x)$ und aus dem zweiten Integrationsschritt den örtlichen Verlauf des Potenzials $V(x)$. Aus der Potenzialdifferenz über der Raumladungszone lässt sich die Diffusionsspannung U_D ablesen. Die Multiplikation des Potenzials mit der Elektronenladung liefert die potenzielle Energie der Elektronen und damit den örtlichen Verlauf der Bandkanten des Bändermodells eines PN-Überganges.

27.2.2 Der PN-Übergang in Flusspolung

Das thermodynamische Gleichgewicht, das zur Ausbildung der Raumladungszone geführt hatte, wird durch Anlegen einer äußeren Spannung gestört. Die Spannung des P-Gebietes soll positiv gegenüber dem N-Gebiet sein:

Bei Flusspolung überlagert sich die von außen angelegte Spannung U der Diffusionsspannung U_D, wodurch das über der Raumladungszone liegende elektrische Feld geschwächt wird. Es können jetzt mehr Elektronen und Löcher über die Sperrschicht diffundieren, als vom elektrischen Feld zurücktransportiert werden, weil das elektrische Feld, das den Diffusionsstrom im stromlosen Fall noch kompensieren

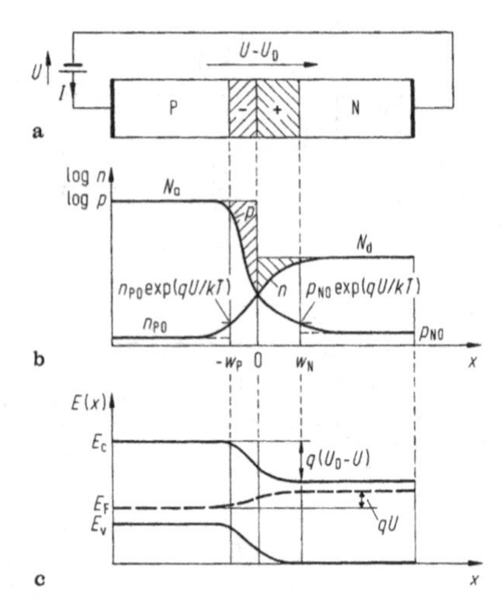

Bild 27-9. PN-Übergang in Flusspolung. **a** Polarität der angelegten Spannung, **b** Konzentrationsverlauf, **c** Bandverlauf

konnte, nun kleiner geworden ist. Die in die Nachbargebiete diffundierenden Ladungsträger stellen eine Minoritätsträgerinjektion dar und erhöhen die Minoritätsträgerkonzentrationen an den Sperrschichträndern. Die zu ihrer Kompensation notwendigen Ladungsträger werden von den Kontakten geliefert und stellen den Strom dar, den der PN-Übergang führt.

Der wesentliche Effekt bei Flusspolung am PN-Übergang ist also, dass nach Anlegen der Spannung die Diffusion überwiegt und damit das ursprüngliche Gleichgewicht von Diffusion und Drift stört. Die Verkleinerung der Raumladungszone bei Flusspolung ist als ein Nebeneffekt zu betrachten, der allein nicht die gute Durchlasseigenschaft erklärt.

27.2.3 Der PN-Übergang in Sperrpolung (Bild 27-10)

Bei Anlegen einer Spannung, die das N-Gebiet positiv gegenüber dem P-Gebiet polt, wird das elektrische Feld der Raumladungszone noch verstärkt. Der Driftstrom überwiegt den Diffusionsstrom in der Raumladungszone. Das elektrische Feld ist so gerichtet, dass es nur Minoritätsträger transportieren kann. Die sind allerdings in den Bahngebieten nicht zahlreich vorhanden und müssen aus einer kleinen Konzentration an die Sperrschichtränder herandiffundieren. Deshalb

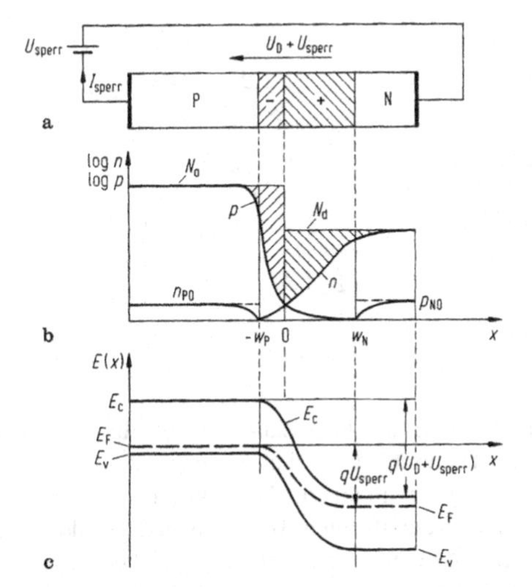

Bild 27-10. PN-Übergang in Sperrpolung. **a** Polarität der angelegten Spannung, **b** Konzentrationsverlauf, **c** Bandverlauf

führt der PN-Übergang in Sperrichtung nur einen sehr kleinen Strom, der in erster Näherung unabhängig von der angelegten Sperrspannung ist.

Bei dieser Polung der Spannung weitet sich die Raumladungszone abhängig von der angelegten Spannung weit in den Halbleiter aus.

27.2.4 Durchbruchmechanismen

Lawinendurchbruch (Bild 27-11)

An dem im Bild 27-8 dargestellten Verlauf der Feldstärke ändert sich bei angelegter Sperrspannung die Höhe des Feldstärkemaximums an der Dotierungsgrenze. Da auch der Weg, der durch die Sperrschicht gelangenden Minoritätsträger länger wird, kann die Aufnahme der kinetischen Energie auf der mittleren freien Weglänge zu Ionisierungen von Gitteratomen, d. h. zur Generation von Elektron-Loch-Paaren, führen. Die neu entstandenen freien Ladungsträger können wiederum Ionisierungen auslosen. Das kann zum lawinenartigen Anwachsen des Sperrstromes führen. Der Wert der Sperrspannung, bei dem der Lawinendurchbruch auftritt, nennt man Durchbruchspannung U_B.

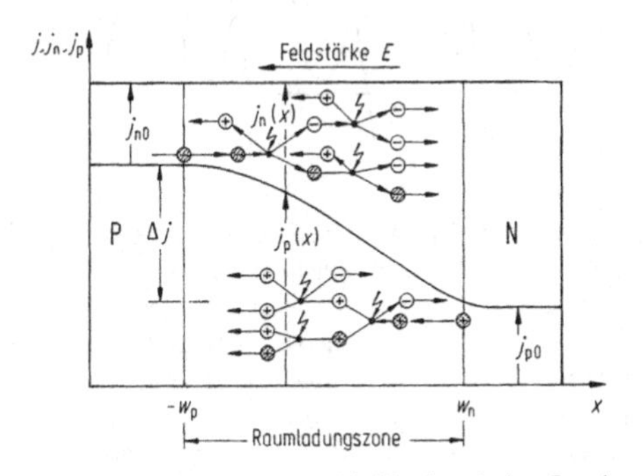

Bild 27-11. Ladungsträgermultiplikation beim Lawinendurchbruch

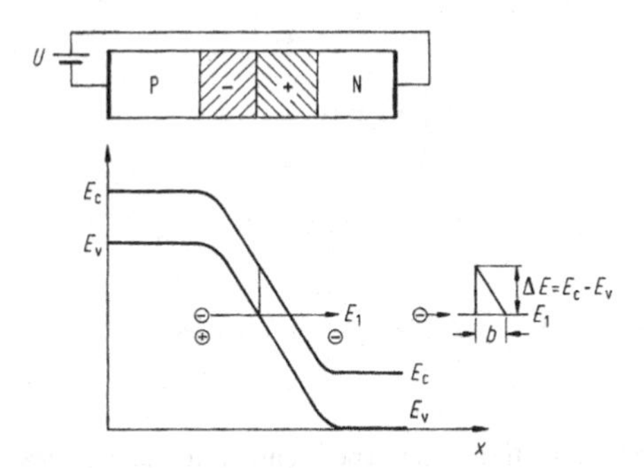

Bild 27-12. Zener-Durchbruch als Folge des quantenmechanischen Tunneleffekts

Zener-Durchbruch (Bild 27-12)

Der Zener-Durchbruch tritt bei Dioden mit beidseitig hochdotierten Zonen auf. Er beruht auf dem quantenmechanischen Tunneleffekt: Ein Elektron kann hinreichend dünne Potenzialschwellen ohne Energieverlust überwinden. Ein Elektron mit der Energie E_1 sieht sich in der Sperrschicht einer dreieckigen Potenzialschwelle gegenüber, deren Höhe dem Bandabstand $E_c - E_v$ entspricht und deren Breite b ist. Die Steigung der Bandkante entspricht der elektrischen Feldstärke, d. h., die Breite b nimmt mit steigender Feldstärke ab. Die Tunnelwahrscheinlichkeit steigt mit abnehmender Breite b, sodass ab einer kritischen Feldstärke viele Ladungsträger die Sperrschicht überwinden können.

27.2.5 Kennliniengleichung des PN-Überganges

Trifft man einige Vereinfachungen, wie ladungsneutrale Bahngebiete, keine Generation oder

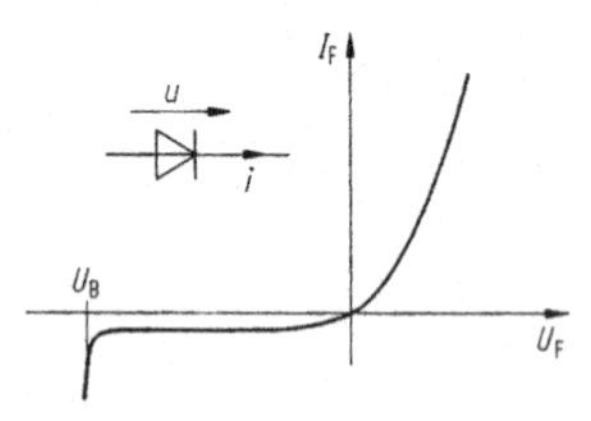

Bild 27-13. Diodenkennlinie mit dem Schaltzeichen und Spannungsrichtung

Rekombination in der Sperrschicht und keine starken Injektionen, d. h., die Minoritätsträgerkonzentrationen an den Sperrschichträndern bleiben klein gegenüber den Majoritätsträgerkonzentrationen, ergibt sich bei eindimensionaler Rechnung die Kennlinie eines PN-Übergangs.

$$j = j_0[\exp(eU/kT) - 1] .$$

Für große negative Spannungen nimmt die Stromdichte j den Wert j_0 an, die deshalb *Sättigungsstromdichte* heißt. In Bild 27-13 ist die Kennlinie und das Schaltbild einer Diode dargestellt.

27.2.6 Zenerdioden

Dioden sperren nur bis zu einer bestimmten Durchbruchspannung U_B. Von U_B an steigt der Sperrstrom steil mit der Spannung an. Sind P- und N-Gebiet hochdotiert, ($N_a, N_d > 10^{17}$ cm^{-3}), so ist der Durchbruch auf den *Zener-Durchbruch* (U_B < 5 V) zurückzuführen, sonst auf den Lawinendurchbruch (U_B > 5 V). Den steilen Stromanstieg oberhalb U_B nutzt man zur Spannungsstabilisierung aus. Die Spannung ändert sich selbst bei Stromänderungen von mehreren Größenordnungen nur wenig. Dioden, die bestimmungsgemäß im Durchbruch betrieben werden, nennt man unabhängig vom Durchbruchmechanismus Z-Dioden oder auch *Zenerdioden*.
Bild 27-14 zeigt das Schaltzeichen der Z-Diode, die Kennlinie und die Grundschaltung zur Spannungsstabilisierung. Als Stabilisierungsfaktor bezeichnet man das Spannungsverhältnis U_0/U_Z.

27.2.7 Tunneldioden

Eine Tunneldiode ist so hoch dotiert, dass die (mit der Elementarladung e multiplizierte) Diffusionsspannung größer wird als der Bandabstand.

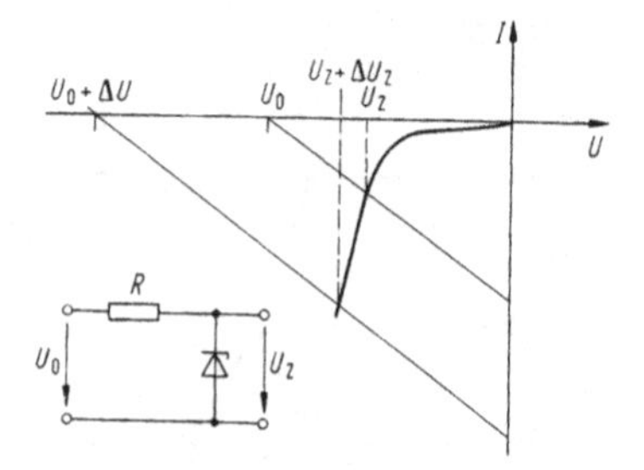

Bild 27-14. Spannungsstabilisierung mit einer Zenerdiode

Das Ferminiveau liegt dann in den erlaubten Bändern. Dadurch wird der Tunnelprozess auch in Flussrichtung möglich. Die Wirkungsweise wird an dem vereinfachten Bändermodell in den Bildern 27-15a bis e erläutert. Für die verschiedenen Spannungszustände ergeben sich unterschiedliche Tunnelwahrscheinlichkeiten, die in der Kennlinie der Tunneldiode zu einem negativen Kennlinienbereich („negativen Widerstand") führen. Das kann zur Entdämpfung von Schwingkreisen ausgenutzt werden. (Anwendungsbereich: Erzeugung und Verstärkung sehr hoher Frequenzen bis 100 GHz).

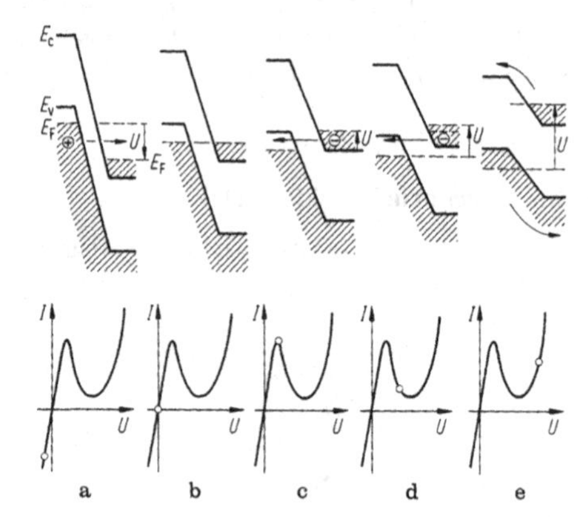

Bild 27-15. Bändermodell und Kennlinie der Tunneldiode, **a** Tunnelstrom in Sperrichtung aufgrund des Zener-Durchbruchs; **b** stromloser Fall; **c** maximaler Tunnelstrom in Vorwärtsrichtung. Elektronen aus dem Leitungsband tunneln in den freien Teil des Valenzbandes; **d** Zurückgehen des Tunnelstromes wegen kleiner werdender Überlappung zwischen dem besetzten Teil des Leitungsbandes und dem leeren Teil des Valenzbandes; **e** Zunahme des Stromes aufgrund des Injektionsstromes wie bei einer normalen Diode

27.2.8 Kapazitätsdioden („Varaktoren")

Bei den Kapazitätsdioden (siehe Bild 27-16) wird die Abhängigkeit der differenziellen Sperrschichtkapazität von der Sperrspannung ausgenutzt. Bei einer Erhöhung der Sperrspannung nimmt die Dicke der Raumladungszone zu. Während der Spannungserhöhung fließt ein Strom, um die freien Ladungsträger aus dem sich ausdehnenden Raumladungsgebiet abzuführen. Wird die Spannung wieder angesenkt, muss die sich verkleinernde Raumladungszone mit freien Ladungsträgern gefüllt werden. Der PN-Übergang zeigt ein kapazitives Verhalten. Das von der Sperrschicht herrührende kapazitive Verhalten wird deswegen Sperrschichtkapazität C_s genannt. Für den abrupten PN-Übergang ist die Sperrschichtkapazität dem reziproken Quadrat der Sperrspannung proportional. Dieser funktionale Zusammenhang kann durch die Wahl des Dotierungsprofiles beeinflusst werden. Wählt man für die Dotierung einen geeigneten Verlauf des Dotierungsprofiles, lässt sich daraus ein Kapazitätsverlauf $C_s(U)$ erzielen, der in Schwingkreisen zu einer linearen Beziehung zwischen Spannung und Frequenz führt. Die Kapazitätsdiode ist für elektronische Frequenzabstimmung, Frequenzmodulation und parametrische Verstärkung geeignet.

27.2.9 Leistungsgleichrichterdioden, PIN-Dioden

Als Anforderung an eine gute Leistungsdiode stehen hohe Sperrfähigkeit bei geringen Durchlassverlusten im Vordergrund. Für die Herstellung stellt sich diese Doppelforderung als ein Widerspruch heraus, weil eine hohe Sperrspannung lange, gering dotierte Gebiete erforderlich macht, die wiederum zu schlechten

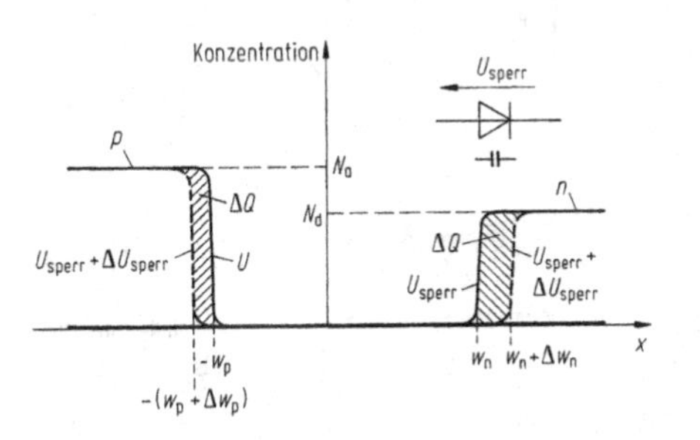

Bild 27-16. Zur Veranschaulichung der differenziellen Sperrschichtkapazität C_s bei Belastung des PN-Überganges in Sperrichtung und Schaltzeichen der Kapazitätsdiode

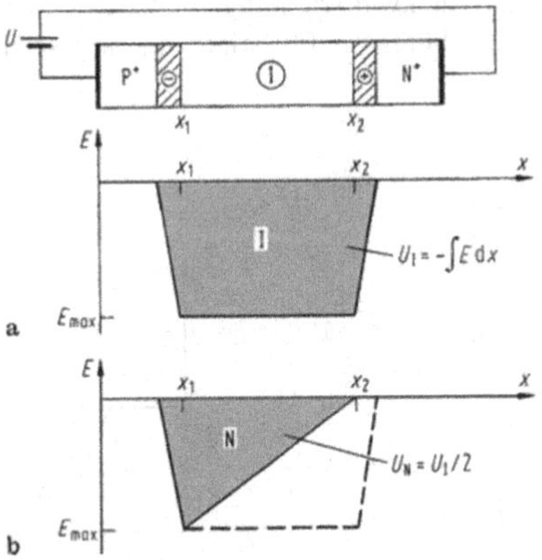

Durchlasseigenschaften (hohe Bahnwiderstände) führen. Einen gelungenen Kompromiss stellt die PIN-Diode dar. Der Name PIN-Diode beschreibt den Aufbau dieses Diodentyps. Eine im Idealfall eigenleitende I-Zone wird zwischen zwei hochdotierte P- und N-Gebiete angeordnet. In der Praxis wird es eine schwach dotierte Zone sein, deshalb wird auch oft der Name PSN-Diode verwendet. Der Vorteil dieser Anordnung liegt im Sperrverhalten. Die beweglichen Ladungsträger werden aus der I-Zone und dem Rand der hochdotierten Gebiete abgesaugt. Die Feldlinien laufen dann von den entblößten Donatoren der N-Seite zu den negativen Akzeptoren der P-Seite. Die Feldverhältnisse sind ähnlich wie beim Plattenkondensator. Die PIN-Diode kann bei gleicher Sperrschichtweite die doppelte Spannung gegenüber einer P^+N-Diode (P^+ bedeutet ein sehr hoch dotiertes P-Gebiet) bei gleicher maximaler Feldstärke aufnehmen (Bild 27-17).

Das Durchlassverhalten der PIN-Diode ist grundsätzlich unterschiedlich zu dem eines PN-Überganges: Von beiden Randzonen werden Ladungsträger in das I-Gebiet injiziert, das dadurch mit Ladungsträgern überschwemmt wird (Bild 27-18).

Der Strom, den die PIN-Diode führt, wird durch die im I-Gebiet rekombinierenden Ladungsträger verursacht. Die Kennliniengleichung ist mit der eines P^+N-Überganges vergleichbar und lautet:

$$j_{\mathrm{PIN}} = j_{0\,(\mathrm{PIN})}\left(e^{\frac{eU}{2kT}} - 1\right)$$

Bild 27-17. Sperrspannung und Feldstärkeverlauf in einer PIN-Diode im Vergleich zur P^+N-Diode

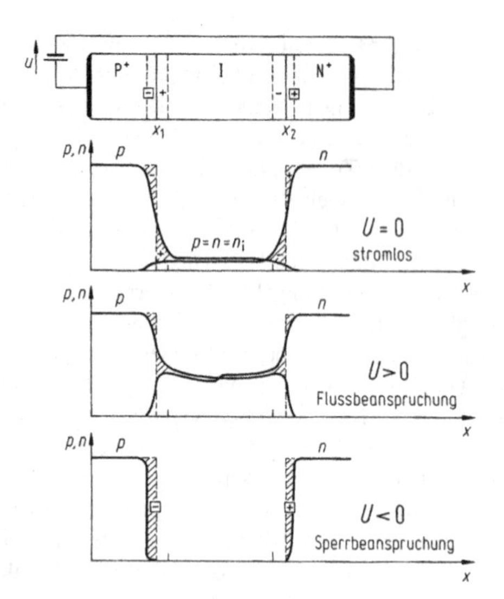

Bild 27-18. Konzentrationsverläufe in einer PIN-Diode

Die Sättigungsstromdichte ist um ein Vielfaches größer als beim PN-Übergang.

27.2.10 Mikrowellendioden, Rückwärtsdioden

Bei der Rückwärtsdiode (siehe Bild 27-19) ist die P- und N-Dotierung so gewählt, dass der Zenerdurchbruch schon bei beliebig kleinen Sperrspannungen auftritt. In Vorwärtsrichtung ist der Strom bis zu einigen Zehntel Volt beträchtlich kleiner als der Tunnelstrom in Rückwärtsrichtung. Sie wird deswegen in Rückwärtsrichtung als Flussrichtung eingesetzt. Der Tunnelstrom ist ein Majoritätsträgereffekt und unterliegt nicht den Diffusions- und Speichereffekten, sodass die Eigenschaften der Rückwärtsdiode weitgehend frequenzunabhängig sind. Sie ist bis in das GHz-Gebiet einsetzbar und findet ihre Hauptanwendung in der Mikrowellengleichrichtung und Mikrowellenmischung.

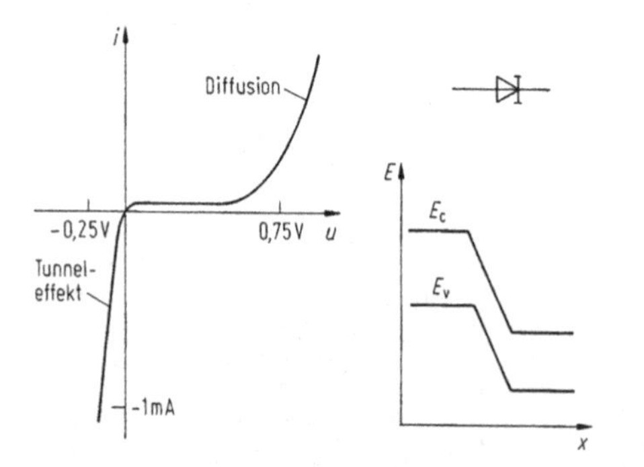

Bild 27-19. Kennlinie, Bändermodell (stromloser Fall) und Schaltzeichen einer Rückwärtsdiode

27.3 Bipolare Transistoren

27.3.1 Prinzip und Wirkungsweise

Der Bipolartransistor ist ein Bauelement, das aus drei Halbleiterschichten, die entweder in der Reihenfolge NPN oder PNP aufgebaut sind. Daraus ergibt sich eine Anordnung von zwei hintereinandergeschalteten PN-Übergängen, verbunden durch eine einkristalline Halbleiterschicht, die Basis. Jede Schicht ist mit einem metallischen Kontakt versehen. Bild 27-20 zeigt ein eindimensionales PNP-Transistormodell mit seinen Anschluss-, Spannungs- und Strombezeichnungen sowie den prinzipiellen Aufbau eines NPN-Transistors. Daneben sind die Schaltzeichen für beide Transistortypen dargestellt. Das Transportverhalten der Ladungsträger betrachten wir im Folgenden beispielhaft für den PNP-Transistor.

Im Normalbetrieb ist die Basis-Emitter-Diode in Durchlassrichtung, die Basis-Kollektor-Diode in Sperrichtung gepolt. Aus der Diodentheorie (27.2.2) ergibt sich wegen der Flusspolung eine Anhebung der Minoritätsträgerkonzentration (gegenüber dem Gleichgewichtswert) am emitterseitigen Basisrand; am kollektorseitigen Basisrand stellt sich dagegen

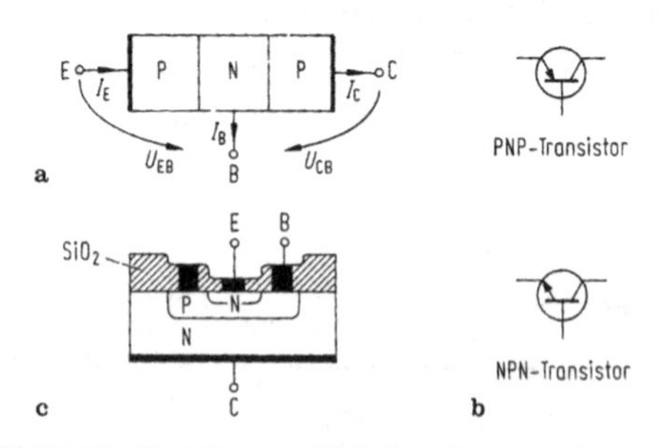

Bild 27-20. Modell eines PNP-Transistors. **a** Schematische Anordnung der Dreischichtenfolge; **b** Schaltzeichen für PNP- und NPN-Transistor; **c** prinzipieller Aufbau eines NPN-Transistors

wegen der Sperrpolung eine Absenkung auf nahezu Null ein. Die vom Emitter in die Basis injizierten Löcher diffundieren bis zur Kollektorsperrschicht und werden dort als Minoritätsträger vom elektrischen Feld der Raumladungszone in den Kollektor gesaugt. Für den Kollektor bedeutet das eine Majoritätsträgerinjektion, d. h., die Überschussladung wird in Form eines Stromes aus dem Kollektorkontakt abgeführt. Bei großer Basisbreite ist dieser Strom allerdings sehr klein und die PNP-Schicht wirkt nur als Zusammenschaltung von Dioden (vgl.Bild 27-22 ohne gesteuerte Quellen), die passiv ist.

Der eigentliche *Transistoreffekt*, der zu einer Verstärkungswirkung des Bauelementes führt, ergibt sich erst bei einer sehr starken Verringerung der Basisweite, sodass genügend viele Löcher über die Basiszone diffundieren können und in den Kollektor injiziert werden. Bei entsprechender Dimensionierung der Basisweite – bezogen auf die Diffusionslänge – ergibt sich ein nahezu geradliniger Verlauf der Minoritätsträger in der Basis (Bild 27-21). Die Größe des Kollektorstromes ist von der Menge der in den Kollektor diffundierenden Löcher und damit von der Steigung der Löcherkonzentration am Sperrschichtrand abhängig und kann mithilfe der Durchlassspannung über dem Emitter-Basis-PN-Übergang gesteuert werden. Die Steigung lässt sich durch die Höhe der Injektion durch den P-Emitter einstellen. Rekombinationsverluste in der Basis führen zu einer Abnahme der Steigung und damit Verkleinerung des Kollektorstromes. Der Transistoreffekt ist also auf einen reinen Minoritätsträgereffekt in der Basis zurückzuführen. Von der Dimensionierung der Basis hängt das elektrische Verhalten des Transistors entscheidend ab.

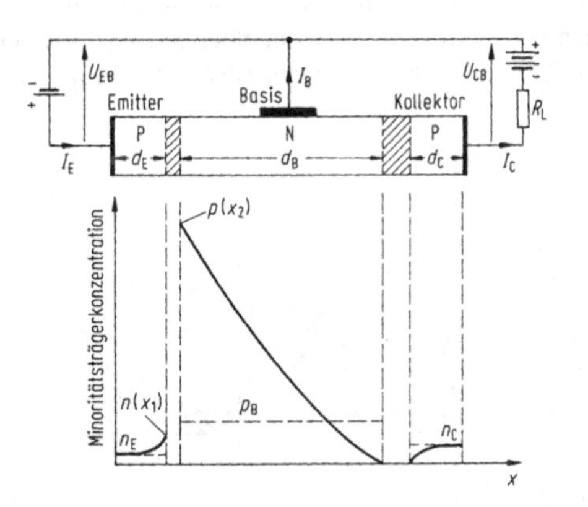

Bild 27-21. Transistormodell und Minoritätsträgerkonzentrationsverlauf

Die Wirkungsweise des bipolaren Transistors ist mit der eines gesperrten PN-Überganges vergleichbar, dessen Sperrstrom steuerbar ist.

Der Kollektorstrom ergibt sich aus dem Anteil $\alpha \cdot I_E$ des Emitterstromes, der den Kollektor erreicht und dem Sperrstrom der Basis-Kollektor-Diode I_{CBO}: (üblicherweise $0{,}99 < \alpha < 1$)

$$I_C = \alpha \cdot I_E + I_{CB0} \,.$$

Für einen Faktor α der möglichst nahe bei 1 liegt, ist eine hohe Löcherinjektion am Emitterrand der Basis notwendig. Diese Eigenschaft wird als Emitterwirkungsgrad bezeichnet und erfordert eine hohe Dotierung des Emitters gegenüber der Basis. Weiterhin sollen möglichst alle Löcher ohne zu rekombinieren den Kollektorsperrschichtrand erreichen (Transportfaktor), das erfordert eine kleine Basisweite gegenüber der Diffusionslänge. Damit sind die Grundbedingungen für die Herstellung von Transistoren genannt. Aufgrund der Beziehung $I_E = I_B + I_C$ erhalten wir

$$I_C = \beta \, I_B$$

mit der Stromverstärkung $\beta = I_C/I_B = \alpha/(1-\alpha)$; ein typischer Wert ist $\beta = 99$ (für $\alpha = 0{,}99$).

Das für den PNP-Transistor erläuterte Prinzip gilt entsprechend für den NPN-Transistor.

Ersatzschaltbilder und Vierpolparameter

Ähnlich wie für den PN-Übergang lässt sich auch der Transistor mit dem Halbleitergleichungssystem berechnen und man erhält als Ergebnis zwei Ausdrücke für den Emitterstrom I_E und den Kollektorstrom I_C:

$$I_E = I_{ED} - \alpha_1 \cdot I_{CD} \quad \text{und} \quad I_C = \alpha \cdot I_{ED} - I_{CD} \,.$$

Die Ausdrücke für I_{ED} und I_{CD} sind Diodenströme, die die Spannungsabhängigkeiten der Basis- und Kollektordiode beschreiben. Daraus lässt sich ein Ersatzschaltbild mit gesteuerten Stromquellen (Bild 27-22) konstruieren. Je nach Anwendungsgebiet kann das Ersatzschaltbild vereinfacht werden.

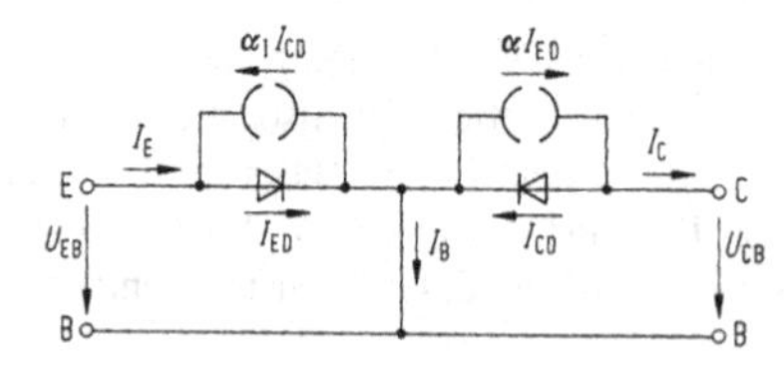

Bild 27-22. Ersatzschaltbild eines Transistors

Für die Vierpoldarstellung des Transistors wird das Ergebnis der Kennlinienberechnung für die Leitwertparameterdarstellung in der Form:

$$I_E = I_E(U_{EB}, U_{CB}) \; ; \quad I_C = I_C(U_{EB}, U_{CB})$$

geschrieben.
Für kleine Wechselspannungen u und kleine Wechselströme i werden die Kennliniengleichungen durch eine Taylorentwicklung angenähert:

$$i_e = y_{11} \cdot u_e + y_{12} \cdot u_c \; ; \quad i_C = y_{21} \cdot u_e + y_{22} \cdot u_C \; .$$

Spannungsgrenzen des Transistors. Lawinendurchbruch

Wie in einer Diode kann in der Kollektorsperrschicht der Lawinendurchbruch auftreten, der bei offenem oder kurzgeschlossenem Emitter bei den gleichen Spannungswerten einer vergleichbaren Diode liegt. Ist dagegen die Basis offen, wird durch den Lawinenstrom die Majoritätsträgerkonzentration in der Basis erhöht und dadurch der Emitter veranlasst, noch stärker zu injizieren. Dadurch sinkt die Spannungsgrenze des Transistors unter den entsprechenden Wert einer vergleichbaren Diode.

Punch-through-Effekt

Durch Erhöhung der Kollektorspannung breitet sich die Raumladungszone weiter in die Basis aus. Berührt die Kollektorsperrschicht den Emittersperrschichtrand, ist die Punch-through-Spannung erreicht und die Basis kann den Transistor nicht mehr steuern, es fließt ein starker Emitter-Diffusionsstrom.

Frequenzverhalten des Transistors

Der Transistoreffekt beruht auf der Diffusion von Minoritätsträgern durch die Basis. Dafür benötigen sie eine Laufzeit oder Transitzeit t_{tr}, die von der Basisdicke und der Diffusionskonstanten D abhängt. Als Grenzfrequenz ergibt sich für die Basisschaltung eine der reziproken Transitzeit proportionale Größe.

27.3.2 Universaltransistoren. Kleinleistungstransistoren

Kleinleistungstransistoren sind typischerweise PNP-Transistoren mit diffundierten PN-Übergängen. Ihre Verlustleistung liegt bei einigen 100 mW. Sie werden in Baureihen von 30 V, 60 V und 100 V für die Kollektorspannung, 5 bis 10 V für die Emitter-Basis-Spannung und bis zu maximal 500 mA für den Kollektorstrom, angeboten. Die Grenzfrequenzen liegen zwischen 10 und 100 MHz.

27.3.3 Schalttransistoren

Transistoren lassen sich auch als Schalter betreiben. Die eingeführten Vereinfachungen bei der Vierpolbetrachtung sind nicht anwendbar, denn sie gelten für Kleinsignalaussteuerungen. Wichtig sind für den Betrieb eines Schalttransistors die beiden Zustände EIN und AUS und die dynamischen Übergänge. Im AUS-Zustand muss der Transistor einen hohen Widerstand bei hoher Sperrfähigkeit besitzen und im EIN-Zustand muss er einen möglichst großen Strom bei kleinem Spannungsabfall führen können. In der Praxis wird man für Schalttransistoren die Emitterschaltung verwenden, da mit ihr sowohl Strom- als auch Spannungsverstärkung erzielt werden können. Im Kennlinienfeld der Emitterschaltung ändert sich der Arbeitspunkt beim Schaltbetrieb schnell zwischen den beiden in Bild 27-23 markierten Endzuständen. Der Kennlinienbereich unterhalb des AUS-Zustandes

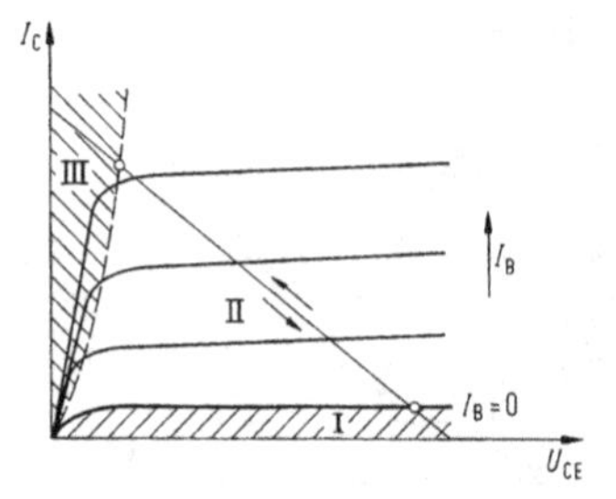

Bild 27-23. Arbeitspunkte im Emitterkennlinienfeld eines Schalttransistors. I Sperrbereich, II Aktiver Bereich, III Sättigungsbereich

(*Sperrbereich*) wird durch Anlegen von Sperrspannungen an den Emitter- und den Kollektorübergang erreicht. Der Kennlinienzweig für $I_B = 0$ trennt den *Sperrbereich* vom *aktiven Bereich*. Im aktiven Bereich, dem Normalbetrieb für Transistoren, liegt der Emitter an Durchlasspolung, der Kollektor wird in Sperrichtung betrieben.

Wird die Kollektor-Emitter-Spannung vom EIN-Zustand weiter verkleinert, wird auch die Kollektordiode in Durchlassrichtung betrieben und beide Übergänge injizieren in die Basis und überschwemmen sie mit Ladungsträgern. Dieser Betriebsbereich hat deswegen sinngemäß den Namen *Sättigungsbereich* erhalten.

In Bild 27-24 wird der Schaltvorgang erläutert. Zum Zeitpunkt $t = 0$ wird ein konstanter Basisstrom eingeschaltet. Während der Zeit t_d wird das Konzentrationsgefälle in der Basis aufgebaut, ohne dass ein nennenswerter Kollektorstrom fließt. Diese Anfangsphase heißt Verzögerungszeit t_d (delay time) und wird als die Zeit bis zum Erreichen des 10%-Wertes des endgültigen Kollektorstromes definiert. Während der Zeit t_r (rise time) steigt das Konzentrationsgefälle am Kollektorsperrschichtrand. Sie wird bis zum Erreichen des 90%-Wertes des Kollektorstromes definiert. Anschließend wird die Speicherladung in der Basis noch weiter erhöht, ohne dass sich die Steigung

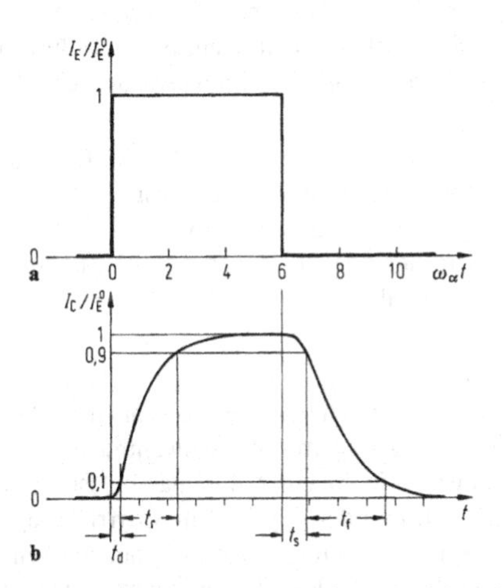

Bild 27-24. Schaltvorgang zwischen Sperrbereich und aktivem Bereich. **a** Emitterstrompuls, **b** zeitlicher Verlauf des Kollektorstromes; t_d Verzögerungszeit, t_r Anstiegszeit, t_f Abfallzeit

oder der Kollektorstrom noch merklich ändern. Der Ausschaltvorgang gestaltet sich ähnlich. Während der Speicherzeit t_s (storage time) wird die Speicherladung abgebaut, der Strom ändert sich nur wenig. Erst während der Abfallzeit t_f (fall time) wird das Konzentrationsgefälle kleiner und der Strom nimmt ab. Die Zeitgrenzen werden wie beim Einschalten bei Erreichen des 90%- und 10%-Wertes vom Kollektorstrom abgelesen. Zu bemerken ist, dass ein Ausschaltvorgang aus dem Sättigungsbetrieb längere Speicherzeiten benötigt. Diesen Nachteil muss der Anwender mit dem Vorteil der kleineren Verlustleistung im eingeschalteten Zustand abwägen. Beispiel für die Anwendung von Schalttransistoren sind astabile, bistabile und monostabile Kippschaltungen.

27.4 Halbleiterleistungsbauelemente

27.4.1 Der Thyristor

Aufbau und Wirkungsweise

Der Thyristor ist ein Halbleiterbauelement, das ohne einen Gatestrom gesperrt ist, gleichgültig, welche Polarität der angelegten Spannung vorliegt. Ist die Spannung positiv, lässt er sich durch einen kleinen Steuerstrom in einen gut leitenden Zustand schalten und hat dann eine ähnliche Strom-Spannungs-Kennlinie wie die PIN-Diode.

Der elektrische aktive Teil eines Thyristors besteht aus drei PN-Übergängen. Die beiden äußeren Schichten sind stark dotiert, während die beiden inneren Basisschichten schwach dotiert sind. Der Anschluss an die äußere P-Schicht wird als Anode, der Anschluss an die äußere N-Schicht wird als Kathode bezeichnet; die Steuerelektrode (Gate[anschluss]) ist an der P-Zone angebracht (Bild 27-25).

Zum besseren Verständnis der Funktionsweise zerlegt man den Thyristor gedanklich in zwei Transistoren (Bild 27-26). Die beiden Kollektoranschlüsse des NPN- und des PNP-Transistors sind jeweils mit dem Basisanschluss des anderen Transistors verbunden. Der Kollektorstrom $\alpha_{PNP}I$ des PNP-Transistors fließt als Basisstrom in den PNP-Transistor. Der fehlende Anteil $(1 - \alpha_{PNP}I)$ geht als Rekombinationsstrom in der N-Basis verloren. Entsprechend fließt vom NPN-Transistor der Kollektorstrom $\alpha_{NPN}I$ in die N-Basis des PNP-Transistors, in die zusätzlich noch der Steuerstromanteil $\alpha_{NPN}I_s$ fließt. Über den

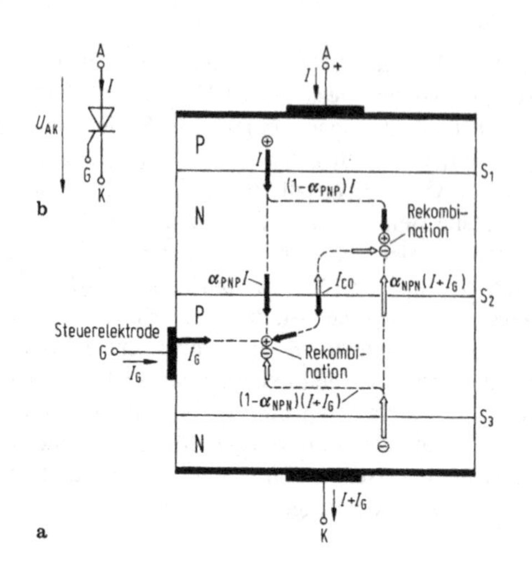

Bild 27-25. Thyristor. **a** Schematischer Aufbau der Vierschichtstruktur; **b** Schaltzeichen

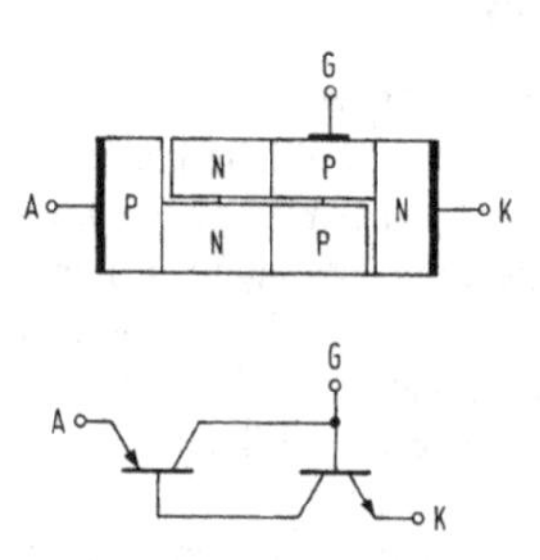

Bild 27-26. Zweitransistormodell des Thyristors

PN-Übergang S_2, der für beide Teiltransistoren als Kollektor wirkt, fließt in die beiden Basiszonen des Thyristors noch der Sperrstrom I_{C0}. Die Bilanz der Rekombinationspartner in der N- oder P-Basis liefert nach einer Umformung:

$$I_A = \frac{I_{C0}}{1 - (\alpha_{NPN} + \alpha_{PNP})} + \frac{\alpha_{NPN} \cdot I_G}{1 - (\alpha_{NPN} + \alpha_{NPN})} .$$

Dieser Zusammenhang wird als Kennliniengleichung bezeichnet. Die Spannung tritt in ihr zwar nicht unmittelbar in Erscheinung, sie ist jedoch im Sperrstrom I_{c0} und in den Stromverstärkungsfaktoren α_{NPN} und α_{PNP} enthalten. Für den Verlauf der Kennlinie ist darüber hinaus die Stromabhängigkeit der Stromverstärkungsfaktoren maßgeblich, deren Summe in Bild 27-27 dargestellt ist.

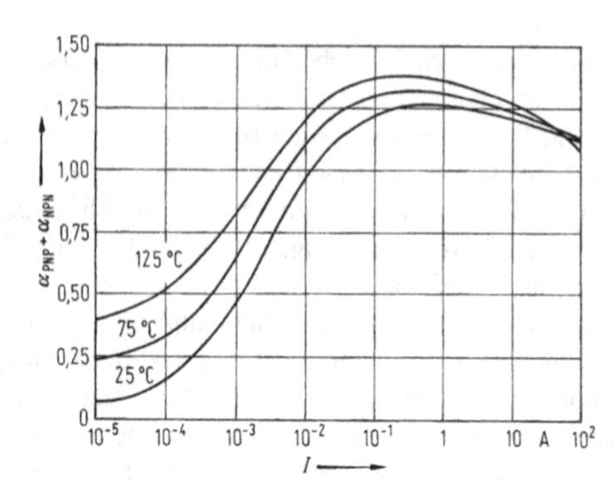

Bild 27-27. Summe der Stromverstärkungsfaktoren $\alpha_{NPN} + \alpha_{PNP}$ als Funktion des Stromes bei einer Kathodenfläche von 20 mm^2

Diskussion der Kennlinie für $I_s = 0$ (offenes Gate)

Bei Erhöhung der Sperrspannung wächst I_{C0} infolge der Ladungsträgermultiplikation im Übergang S_2 an. Wird die Durchbruchspannung erreicht, steigt I_{C0} steil an und die Summe der Stromverstärkungsfaktoren ($\sum\alpha$) wächst gemäß Bild 27-27 gegen 1. Dies führt zu einer Abnahme von I_{C0} und damit zu einer Abnahme von U_2. Es entsteht ein Kennlinienteil mit negativer Steigung. Erreicht die $\sum\alpha$ den Wert 1, wird I_{c0} zu null, d. h., die Spannung U_2 wird null. Wächst der Strom I_A weiter an, übersteigt die $\sum\alpha$ den Wert 1, der Sperrstrom I_{c0} wird negativ; der Übergang S_2 wird in Flussrichtung betrieben. Beide Teiltransistoren des Thyristors arbeiten im Sättigungsbereich.

Diskussion der Kennlinie für $I_s > 0$. Bei zusätzlicher Einspeisung eines Gatestromes gehört ein kleineres I_{c0} zu einem vorgegeben I_A als bei $I_s = 0$, damit wird der Spannungswert für die Zündung des Thyristors herabgesetzt (Bild 27-28).

Ausschalten des Thyristors

Im Durchlassbereich sind die Basiszonen mit beweglichen Ladungsträgern „überschwemmt“. Es liegen Verhältnisse wie in einer durchlassbelasteten PIN-Diode vor. Damit der Thyristor in Sperrrichtung oder in der Vorwärtsrichtung sperren kann, müssen diese gespeicherten Ladungsträger abgebaut werden. In welcher Zeit das erfolgt, hängt von den Bedingungen des äußeren Stromkreises und den Rekombinationsverhältnissen im Thyristor ab. Den Anwender inter-

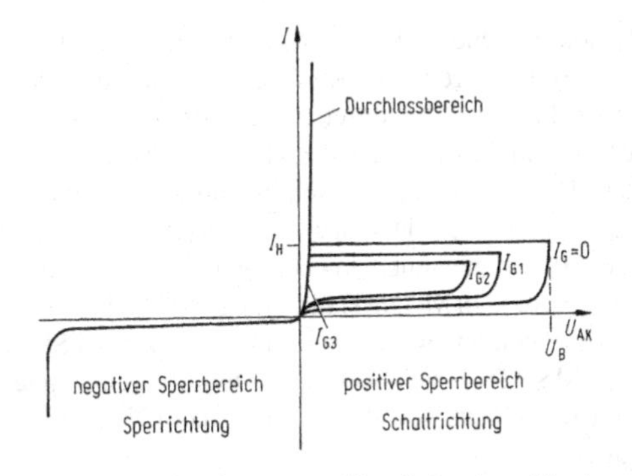

Bild 27-28. Strom-Spannungs-Kennlinie eines Thyristors mit I_G als Parameter

essiert in erster Linie die Zeitspanne nach Abschalten des Stromes, bis der Thyristor in Vorwärtsrichtung sperrfähig wird. Diese Zeit bezeichnet man als Freiwerdezeit.

27.4.2 Der abschaltbare Thyristor

Um einen Thyristor mittels Steuerstrom abzuschalten, muss der Steuerbasis ein hinreichend großer negativer Steuerstrom entzogen werden, (GTO-, Gate-turn-off-Thyristor), (Bild 27-29). Der Thyristor schaltet aus, wenn die Flusspolung am Übergang S_1 wieder aufgehoben wird, d. h. wenn U_2 null oder gar negativ wird. Der zum Abschalten eines Anodenstroms I_{A0} notwendige negative Steuerstrom heißt I_{G0}. Als Abschaltverstärkung β_0 bezeichnet man:

$$\beta_0 = \frac{I_{A0}}{|I_{G0}|} .$$

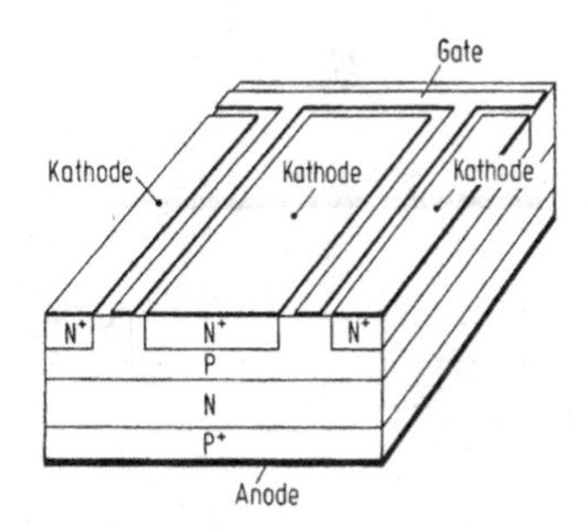

Bild 27-29. Schema der Gate-Kathoden-Struktur eines GTO-Thyristors

Die heute üblichen Werte für β_0 liegen zwischen 5 und 10. Man muss zwar einen kräftigen Steuerstrom aufwenden um den Thyristor abzuschalten, dieser Strom braucht aber nur für kurze Zeit von wenigen µs zu fließen. Darin liegt ein wesentlicher Vorteil des GTO-Thyristors gegenüber Transistoren.

27.4.3 Zweirichtungs-Thyristordiode (Diac)

Wird in ein symmetrisches PNP-System die Kathoden-N-Zone in der einen Scheibenhälfte in die obere und in der anderen Scheibenhälfte in die untere P-Schicht eingelassen und werden beide Scheibenseiten ganz kontaktiert, so entsteht ein fünfschichtiges Gebilde, das einer integrierten Schaltung aus zwei antiparallelen Thyristoren ohne Steueranschluss entspricht. Die Strom-Spannungskennlinie dieser Anordnung verfügt über je eine Schaltcharakteristik in Vorwärts- und Rückwärtsrichtung. Solche bidirektionalen Thyristordioden können durch Überschreiten der Kippspannung oder durch steilen Anstieg der Spannung gezündet werden (Bild 27-30).

27.4.4 Bidirektionale Thyristordiode (Triac)

Bidirektionale Thyristordioden (Triacs) können sowohl bei positiver als auch bei negativer Spannung durch einen positiven *oder* negativen Gatestrom

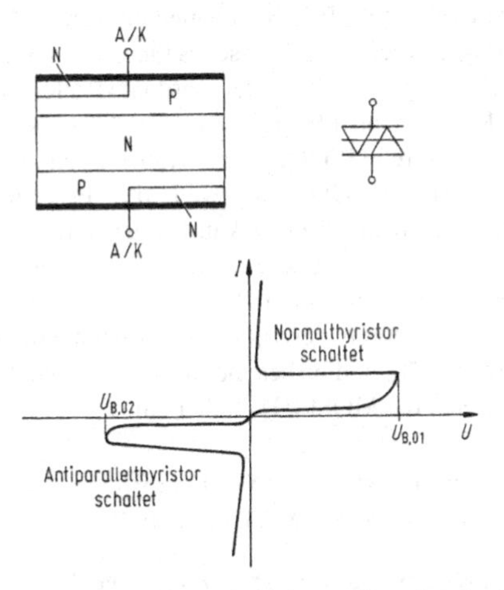

Bild 27-30. Schematischer Schichtenaufbau, Schaltzeichen und Kennlinie einer Zweirichtungs-Thyristordiode (auch „eines Diacs")

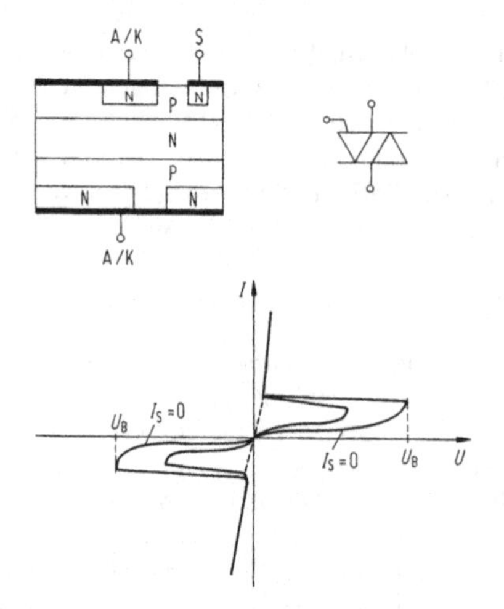

Bild 27-31. Schematischer Aufbau der Schichtenfolge, Schaltzeichen und Kennlinie eines Triacs

gezündet werden. Dadurch können Wechselstromverbraucher in einem großen Leistungsbereich geregelt werden. Ähnlich aufgebaut wie das Diac ist das Triac eine integrierte Schaltung aus zwei antiparallelen Thyristoren, die mit einem Gatestrom gezündet werden können (Bild 27-31).

27.5 Feldeffektbauelemente

Bei den Feldeffekt(FE)-Bauelementen werden Majoritätsträger durch ein elektrisches Querfeld gesteuert. Minoritätsträger spielen untergeordnete Rolle. Es gibt zwei Klassen von FE-Transistoren: a) Sperrschicht-FE-Transistoren (JFET), b) FE-Transistoren mit isoliertem Gate (IGFET). Auch wenn die JFETs in den Anwendungen inzwischen kaum noch eine Bedeutung besitzen, wollen wir auf deren Funktionsweise zunächst eingehen, da der PN-Übergang wie bei den Bipolartransistoren wesentlich ist. Danach gehen wir auf die IGFETs und insbesondere auf deren wichtigste Vertreter, die MOSFETs, näher ein.

27.5.1 Sperrschicht-Feldeffekt-Transistoren (Junction-FET, PN-FET, MSFET oder JFET)

Aufbau und Wirkungsweise (N-Kanal-FET)

Ein N-Halbleiter ist an den Enden mit einer Spannungsquelle verbunden. Elektronen fließen von dem als Source (Quelle) bezeichneten Kontakt zum Drain (Senke). Die Breite des Kanals, durch den die Elektronen fließen, wird durch zwei seitliche P-Gebiete bestimmt. Die Breite des Kanals kann durch eine an diese PN-Übergänge angeschlossene Spannung noch verändert werden. Den sperrschichtfreien Anschluss an die P-Zonen nennt man Gate. Wird das Gate aus einem sperrenden Metall-Halbleiter-Kontakt (Schottky-Diode) gebildet, wird das Bauelement als MeSFET oder MSFET bezeichnet. Die Dotierungen können auch umgekehrt gewählt werden, dann liegt ein P-Kanal-FET vor.

Bild 27-32 zeigt das Prinzipbild des Sperrschicht-FET (JFET) mit seinem Schaltzeichen und den Betriebsspannungen. Die JFETs werden vorzugsweise in Planartechnik hergestellt. Die Spannung U_{DS} (Drain-Source) bewirkt den Drainstrom I_D durch den Kanal. An das Gate wird eine Sperrspannung U_{GS} gegen den Source-Kontakt angeschlossen, sodass sich eine Raumladungszone weit in den Kanal ausbreitet, die den nutzbaren Querschnitt für den Kanal herabsetzt. Die Spannung U_{GS}, bei der der Kanal auf seiner vollen Breite bei $U_{DS} = 0$ abgeschnürt wird, nennt man Abschnürspannung U_P. Bei fließendem Drainstrom fällt längs des Kanals

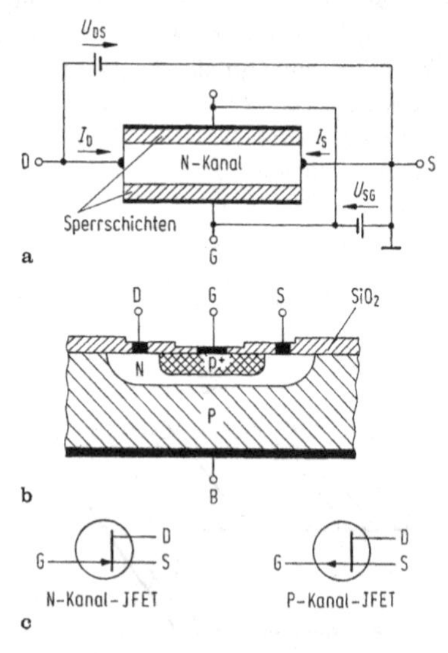

Bild 27-32. **a** Vereinfachtes Prinzip des Feldeffekttransistors (JFET); **b** prinzipieller Aufbau als N-Kanal-PN-FET; **c** Schaltzeichen

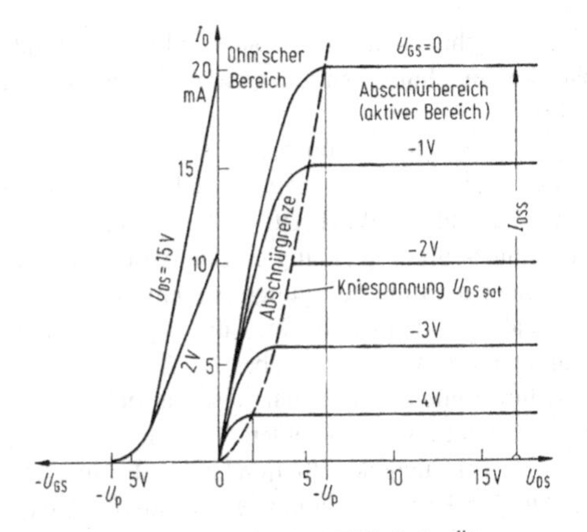

Bild 27-33. Kennlinienfeld des JFET, links Übertragungskennlinien, rechts Ausgangskennlinienfeld

die Spannung U_{DS} ab. Die Spannungsquellen sind so gepolt, dass sich U_{DS} am drainseitigen Ende des Kanals zu der Gate-Source-Spannung U_{GS} addiert, sodass der Kanal dort am engsten wird. Die Spannung U_{DS}, bei der sich der Kanal abzuschnüren beginnt, bezeichnet man als Kniespannung $U_{DS\,sat}$; den Strom an der Sättigungsgrenze bei $U_{GS} = 0$ nennt man Drain Source-Kurzschlussstrom I_{DSS}. Bei Steigerung der Drain-Source-Spannung über die Kniespannung hinaus bleibt der Drainstrom nahezu konstant, weil der leitende Kanal durch die mit U_{DS} anwachsende Sperrschicht den Kanal weiter abschnürt und die in die Sperrschicht einströmenden Majoritätsträger – abgesehen von dem Einfluss der Verkürzung der verbleibenden leitenden Kanallänge – auf den gleichen Wert begrenzt bleiben. Legt man zusätzlich an die Gate-Source-Strecke eine Sperrspannung, beginnt die Abschnürung des Kanals bei entsprechend kleineren Drain-Source Spannungen (siehe Ausgangskennlinienfeld Bild 27-33).

27.5.2 Feldeffekttransistoren mit isoliertem Gate (IG-FET, MISFET, MOSFET oder MNSFET)

Die Steuerung des leitenden Kanals erfolgt beim IG-FET ebenfalls durch ein elektrisches Querfeld, das im Gegensatz zum JFET durch ein isoliertes Gate erzeugt wird. Wird die Isolierschicht durch eine Siliziumdioxidschicht gebildet, spricht man von einem MOSFET (Metal oxide semiconductor FET), wird sie durch eine Siliziumnitritschicht gebildet, von einem MNSFET (Metal nitride semiconductor FET), allgemein von einem MISFET (Metal insulator semiconductor FET).

Ist der Kanal bei offenem Gate bereits abgeschnürt, spricht man von einem Anreicherungs- oder selbstsperrenden (engl. „normal off" oder Enhancement-) IGFET, besitzt der Kanal dagegen bei offenem Gate bereits eine nennenswerte Leitfähigkeit, bezeichnet man diesen Typ als Verarmungs- oder selbstleitenden (engl. „normal on" oder Depletion-)IGFET. In Bild 27-34b werden die Schaltzeichen der verschiedenen IGFETs gezeigt.

In den meisten Anwendungen werden inzwischen MOSFETs eingesetzt, sodass sich die folgenden Ausführungen auf diesen Typ eines IGFET beziehen.

Aufbau und Wirkungsweise des Anreicherungs-MOSFET

Wir betrachten beispielhaft einen P-Kanal-Anreicherungs-MOSFET, dessen planarer Aufbau in Bild 27-34a gezeigt wird. In das N-Halbleiter-Substrat (oder Bulk) sind die hochdotierten P-leitenden Drain- und Source-Inseln eindiffundiert. Zwischen den Inseln ist auf das N-Substrat eine dünne Siliziumdioxid-SiO_2-Schicht aufgebracht, die mit einem metallisierten Gatekontakt versehen ist. Die entsprechenden Klemmen sind demnach S (Source), D (Drain), B (Bulk) und G (Gate). Das

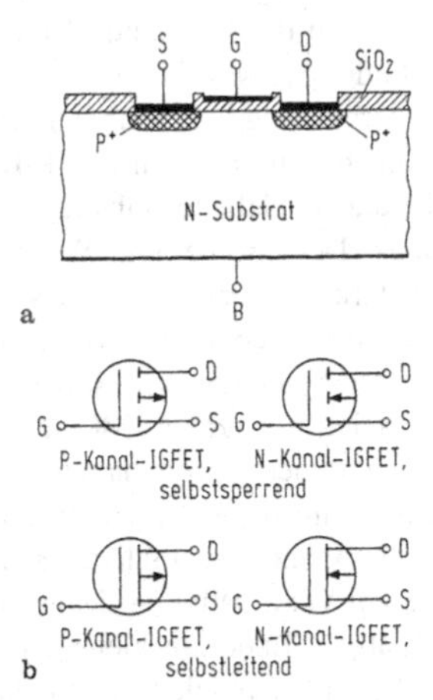

Bild 27-34. a Schematischer Aufbau eines N-Kanal-JGFET; b Schaltzeichen verschiedener JGFET

Verhalten des Transistors wird ganz wesentlich vom elektrischen Potenzial ψ_s auf der kanalseitigen Oberfläche des Substrats bestimmt, dass natürlich durch das Gatepotenzial beeinflusst wird.
Seien Source S und Bulk B auf Massepotenzial und ($U_{GS} > 0$), dann ist immer eine der beiden PN-Übergänge unabhängig von der Polung von U_{DS} in Sperrichtung gepolt. Dabei kann man sich PN-Dioden vorstellen, deren Kathoden (N-Gebiete) zusammengeschaltet sind und die durch das Substrat gebildet werden, während Source und Drain den Anoden (P-Gebiete) entsprechen. Man spricht vom Akkumulations-Mode.
Legt man eine negative Spannung an das Gate, enden die elektrischen Feldlinien senkrecht auf der Oberfläche des Halbleiters unterhalb der Isolierschicht und binden dort freie Löcher im von Elektronen dominierten N-Substrat. Die Löcherkonzentration steigt mit wachsender Gatespannung und erreicht den Wert der Elektronenkonzentration bei der sogenannten Schwellenspannung (engl. Threshold Voltage) U_{T0}. Legt man eine Drain-Source-Spannung $U_{DS} < 0$ an, dann wird dennoch das Transportverhalten im Löcher- oder P-Kanal hauptsächlich durch Diffusion der Löcher von S nach D und nicht durch eine Drift aufgrund der Drain-Source-Spannung bestimmt. Man spricht vom Gebiet der schwachen Inversion, die bei Low-Power-Transistorschaltungen heute eine wichtige Rolle spielt.
Steigert man den Betrag der Gatespannung über U_{T0} hinaus, reichert sich der P-leitende Kanal zwischen S und D mit Ladungsträgern an und bildet eine sehr gute leitende Verbindung von Source und Drain. Wie jeder PN-Übergang umgibt sich der P-Kanal ebenso wie die S- und D-Gebiete Substrat-seitig mit einer Verarmungs-(Depletion-)Zone. Wir befinden uns im Gebiet der starken Inversion. Es herrscht zwischen Source und Drain völlige Symmetrie. Legt man nun eine Drain-Source-Spannung $U_{DS} < 0$ an, dann kann aufgrund der vielen Löcher im P-Kanal ein von der Gatespannung gesteuerter und hauptsächlich durch Drift erzeugter Drainstrom fließen. Wie beim JFET addiert sich der Spannungsabfall über der Source-Drain-Strecke zur Gatespannung. Daher ist der Kanal am drainseitigen Ende am kleinsten und an der Sourceseite am größten und dementsprechend ist dort die Depletionzone kleiner bzw. größer. Solange der Kanal zwischen S und D noch ausgebildet ist, befindet man sich im Ohm'schen, linearen oder auch Trioden-Bereich.
Reicht die Spannung von der Draininsel zur Kanalbildung nicht mehr aus, beginnt sich der Kanal abzuschnüren (engl. „Pinch-Off"). Den Spannungswert der Drain-Source-Spannung an der Abschnürgrenze bezeichnet man als Sättigungsspannung $U_{DS\,sat}$ und von da ab befinden wir uns im Sättigungsbereich. Bei einer Steigerung von U_{DS} über $U_{DS\,sat}$ hinaus wird kein durchgehender P-Kanal mehr ausgebildet und der Drainstrom wird auf seinen Sättigungswert $I_{DS\,sat}$ begrenzt; vgl. auch die Situation beim JFET in 27.5.1. Der MOSFET arbeitet dann wie eine durch die Gate-Source-Spannung gesteuerte Stromquelle mit Innenwiderstand, was an der leichten Steigung der Kurven des Kennlinienfeldes in Bild 27-35 zusehen ist.
Für den Schaltungsentwurf und die Schaltungssimulation werden für MOSFETs ebenso wie bei PN-Dioden und Bipolartransistoren mathematische Modelle benötigt, die sich mithilfe von Netzwerkelementen darstellen lassen; man spricht von Kompaktmodellen. Von besonderem Interesse sind Großsignalmodelle, die in sämtlichen Arbeitsbereichen gültig sind. Weiterhin werden Modelle gebraucht, die hinsichtlich der Source/Drain-Beschreibung symmetrisch sind. Der Drainstrom sollte daher dem folgenden Ansatz genügen

$$I = \frac{W}{L} I_s \left(f(V_{GB}, V_{SB}) - f(V_{GB}, V_{DB}) \right) ,$$

wobei I_s mit dem Kanalstrom eines rechteckigen Transistors bei der Schwellenspannung U_{T0} im

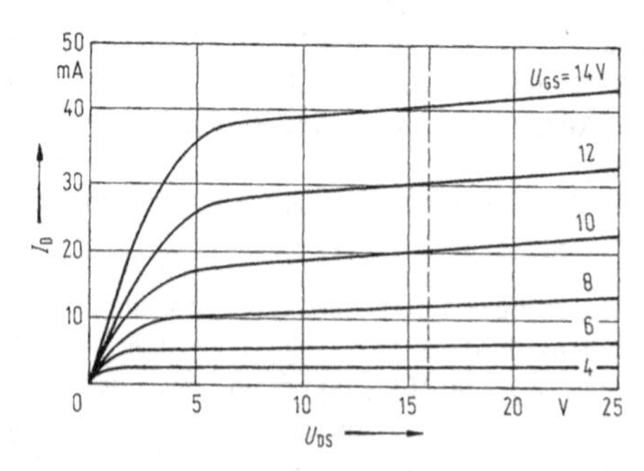

Bild 27-35. Kennlinienfeld eines IGFET vom Anreicherungstyp

Zusammenhang steht und $f(\cdot)$ ein Funktional ist, das eine exponentielle Form unterhalb und eine quadratische Form oberhalb der U_{T0} annimmt. Um somit den Kanalstrom in allen Arbeitsgebieten zu modellieren, müssen wir Drift- als auch Diffusionsterme in die Stromflussgleichung einbeziehen. Damit notieren wir den Kanalstrom I als Funktion der Position entlang des Kanals als

$$I(x) = I_{\text{Drift}}(x) + I_{\text{Diffusion}}(x) \, .$$

Mithilfe einer Vereinfachung und den Transportgleichungen für Diffusion und Drift erhält man

$$I = \frac{W}{L}\frac{\mu}{2C}\left(Q_S^2 - 2CU_T Q_S\right) \qquad (27\text{-}1)$$

$$- \frac{W}{L}\frac{\mu}{2C}\left(Q_D^2 - 2CU_T Q_D\right) , \qquad (27\text{-}2)$$

wobei Q_S die mobile Ladung pro Einheitsfläche am Source-Ende des Kanals und Q_D die mobile Ladung pro Einheitsfläche am Drain-Ende des Kanals sowie $U_T := kT/q$ die Temperaturspannung sind. Man beachte, dass die quadratischen Terme in dieser Gleichung von der Drift-Komponente des Kanalstroms verursacht werden, während die linearen Terme von der Diffusionskomponente stammen. Im Fall der Gleichheit von Diffusions- und Driftkomponente sind die Terme $|Q_{S,D}|$ und $2CU_T$ gleich und am Gate liegt die Schwellen- oder Threshold-Spannung an.

Im Rahmen der Kompaktmodellierung von MOSFETs benötigt man also eine sogenannte Spannungsgleichung, welche die Eingangs-Gate-Spannung (und ggf. weitere Spannungen) mit dem elektrischen Potenzial der Halbleiteroberfläche des Kanals – dem Oberflächenpotenzial ψ_s – über einen nichtlinearen Zusammenhang verbindet, und eine Ausgangs-Stromgleichung, die den Ausgangs-Drain-Strom mit dem Oberflächenpotenzial verbindet. Die Ladungen Q_S und Q_D können wie hier als weitere Zwischengrößen auftreten. Einzelheiten dazu findet man in der weiterführenden Literatur. Im Folgenden wollen wir zunächst einige Grenzfälle betrachten und anschließend eine globale Beschreibung von MOSFETs für alle Arbeitsbereiche angeben.

In schwacher Inversion lassen sich die Ladungen Q_S und Q_D näherungsweise in Abhängigkeit von ψ_s bzw. von U_G ausdrücken und man erhält den Kanalstrom zu

$$I \approx \frac{W}{L} I_s e^{(\kappa(U_G - U_{T0}))/U_T} \left(e^{-\frac{U_S}{U_T}} - e^{-\frac{U_D}{U_T}}\right) ,$$

wobei U_S, U_D und U_G die Potenziale von S, D und G sowie W die Weite und L die Länge des MOSFETs sind.

Im Bereich starker Inversion kann man die Ladungen mit dem Modell einer MOS-Kapazität berechnen und im Ohm'schen Bereich ergibt sich der Kanalstrom zu

$$I \approx \frac{W}{L}\frac{\mu C_{Ox}}{2\kappa}\Big((\kappa(U_G - U_{T0}) - U_S)^2$$

$$-(\kappa(U_G - U_{T0}) - U_D)^2\Big) , \qquad (27\text{-}3)$$

wobei $C_{Ox} := \varepsilon_{Ox}/t_{Ox}$ die Kapazität pro Einheitsfläche über dem Oxyd (t_{Ox}: Oxyddicke) und μ die Löcher-Beweglichkeit sowie κ den sogenannten Body-Effekt repräsentiert. Die Beziehung für den Kanalstrom kann auch dargestellt werden durch

$$I \approx \frac{W}{L}\frac{\mu C_{Ox}}{2\kappa}\left(2\kappa(U_{GS} - U_{T0})U_{DS} - U_{DS}^2\right) .$$

Im Sättigungsbereich, also oberhalb der Sättigungsspannung $U_{DS\,sat}$, wird die entsprechende Kennlinie mit dem Sättigungsstrom $I_{DS\,sat}$ fortgesetzt, wobei noch eine Korrektur durch die Verkürzung des Kanals (Kanallängenmodulation) hinzugefügt werden muss, die zu dem bereits erwähnten linearen Stromanstieg im Sättigungsbereich führt.

Mit dem sogenannten EKV-Modell (Enz-Krummenacher-Vittoz) kann man eine gute Näherung für den Kanalstrom angeben, die in sämtlichen Arbeitsbereichen eines MOSFETs gültig ist,

$$I = \frac{W}{L} I_s \log^2\left(1 + e^{(\kappa(U_G - U_{T0}) - U_S)/2U_T}\right)$$

$$- \frac{W}{L} I_s \log^2\left(1 + e^{(\kappa(U_G - U_{T0}) - U_D)/2U_T}\right) . \qquad (27\text{-}4)$$

Die zuvor genannten Näherungsausdrücke für die einzelnen Arbeitsbereiche des MOSFETs lassen sich aus dieser Darstellung durch geeignete Näherungen der Funktion $\log^2\left(1 + e^{x/2}\right)$ gewinnen.

Weitere Effekte im realen MOSFET führen zu komplexeren Kompaktmodellen, die jedoch über den Rahmen dieser Einführung hinaus gehen; vgl. die weiterführende Literatur.

Aufbau und Wirkungsweise des Verarmungs-MOSFET

Im Gegensatz zum Anreicherungs-MOSFET besteht beim Verarmungstyp, bei sonst ähnlichem Aufbau, bereits ein leitender Kanal zwischen Source und Drain. Je nach Polarität der Gatespannung wird der leitende Kanal breiter oder schmaler, sodass die Kennlinien (Bild 27-36) gegenüber dem Anreicherungstyp verschoben sind. Die Gatespannung, bei der der Kanal abgeschnürt wird, bezeichnet man wie beim JFET als Abschnürspannung U_P.

Schalteigenschaften des MOSFET

Die MOSFETs besitzen wegen ihrer (a) einfachen Ansteuerung, (b) kleinen Restströme im gesperrten Zustand und (c) spannungsunabhängigen Gatekapazitäten gute Schalteigenschaften und sind deswegen Grundbausteine für integrierte Schaltungen der Digitaltechnik. In der CMOS-Technik (complementary) werden in ein Substrat (N-Typ) sowohl N-Kanal- als auch P-Kanal-Transistoren integriert (Inverter), wobei der N-Kanal-MOSFET in eine Wanne aus P-dotiertem Halbleitermaterial gesetzt mit SiO_2-Material isoliert wird. Wenn man N- und P-Kanal-MOSFETs zur Verfügung hat, kann die Schaltungstechnik wie in der Bipolarschaltungstechnik mit (komplementären) NPN- und PNP-Transistoren (vgl. Abschnitt 25.3.3) teilweise erheblich vereinfacht werden.

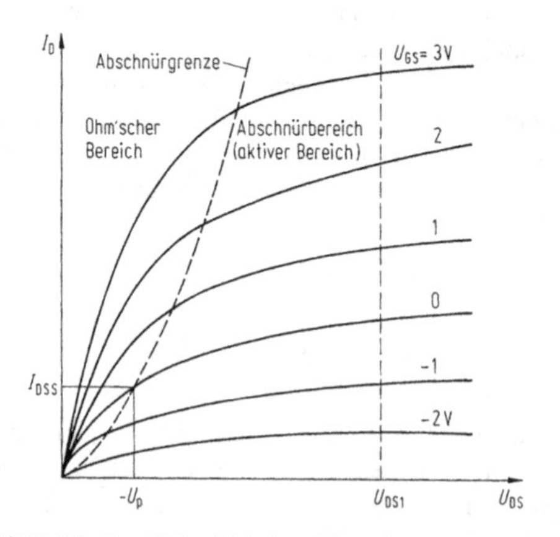

Bild 27-36. Kennlinienfeld eines IGFET vom Verarmungstyp

27.6 Optoelektronische Halbleiterbauelemente

27.6.1 Innerer Fotoeffekt

Wird in ein Halbleitermaterial Lichtenergie (Photonen) eingestrahlt, so können Elektronen aus ihren Gitterbindungen gelöst werden; es werden zusätzliche Elektronen-Loch-Paare erzeugt. Vereinfachend wird angenommen, dass die Absorption eines Lichtquantes durch einen Band-Band-Übergang (Bild 27-37) erfolgt. Das erfordert, dass die Photonen über eine Mindestenergie verfügen müssen, die dem Bandabstand von $E_c - E_v$ entspricht:

$$E_\gamma = h\nu \geqq E_c - E_v \, .$$

Aus $\lambda\nu = c$ (ν Frequenz und λ Wellenlänge des eingestrahlten Lichtes, c Lichtgeschwindigkeit, h Planck-Konstante) ergibt sich, dass für Silizium (Bandabstand $E_c - E_v = 1{,}106\,\text{eV}$) $\lambda_{min} \leqq 1{,}1\,\mu\text{m}$ sein muss. Gleichzeitig mit der Entstehung eines Elektron-Loch-Paares ist die Absorption von Lichtquanten verbunden. Bezeichnet man mit I_0 die Quantenstromdichte (Zahl der in den Halbleiter eindringenden Lichtquanten bezogen auf die Zeit und die Fläche), auch („Intensität") und mit $\alpha(\lambda)$ den wellenlängenabhängigen Absorptionsgrad, so ist $I(x)$, die Quantenstromdichte durch den Querschnitt mit der Koordinate x, eine exponentiell abklingende Funktion

$$I(x) = I_0 \exp(-\alpha x) \, .$$

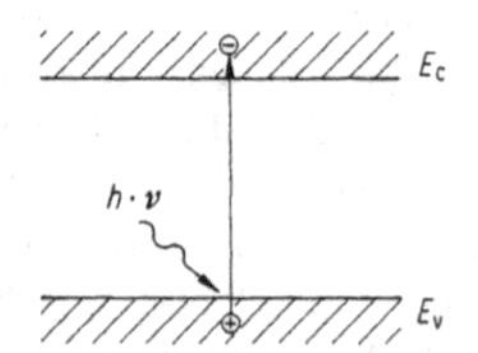

Bild 27-37. Absorption eines Lichtquantes durch einen Band-Band-Übergang (Generation eines Ladungsträger-Paares)

Der Kehrwert der Absorptionskonstanten α wird auch als *Eindringtiefe* der Strahlung in den Halbleiter bezeichnet.

27.6.2 Der Fotowiderstand

Das Funktionsprinzip des Fotowiderstandes beruht auf dem inneren Fotoeffekt, der die Leitfähigkeit des Halbleitermaterials erhöht. Er ist ein passives Bauelement ohne Sperrschicht. Verwendet werden je nach Anwendungsbereich Halbleiterwerkstoffe, deren Bandabstand der zu detektierenden Strahlung angepasst ist: CdS (Cadmiumsulfid), CdSe (Cadmiumselenid), ZnS (Zinksulfid) oder deren Mischkristalle. Beurteilt werden Fotowiderstände nach:

(a) der Fotoleitfähigkeit $\sigma_{\text{fot}}(u)$ im Verhältnis zur Dunkelleitfähigkeit σ_0 als Funktion der Bestrahlungsstärke E des mit konstanter Wellenlänge λ eingestrahlten Lichtes,

(b) der spektralen Empfindlichkeit $\sigma_{\text{fot}}(\lambda)$ als Funktion der Wellenlänge des mit konstanter Bestrahlungsstärke E eingestrahlten Lichtes,

(c) dem Zeitverhalten $\sigma_{\text{fot}}(t)$,

(d) und den Rauscheigenschaften NEP (noise-equivalent power).

Bild 27-38 zeigt eine Auswahl von Halbleiterwerkstoffen mit deren relativen spektralen Empfindlichkeiten als Funktion der Wellenlänge.

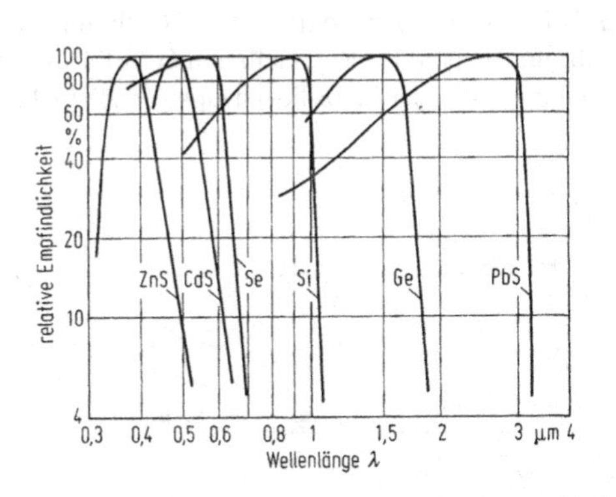

Bild 27-38. Relative spektrale Empfindlichkeit verschiedener Fotohalbleiterwerkstoffe abhängig von der Wellenlänge des eingestrahlten Lichtes

27.6.3 Der PN-Übergang bei Lichteinwirkung

Wird die Umgebung eines PN-Überganges beleuchtet, so werden durch den inneren Fotoeffekt örtlich Ladungsträgerpaare generiert. Die Ladungsträger, die durch Diffusion die Sperrschicht erreichten oder in ihr generiert werden, werden durch das elektrische Feld getrennt und können einen äußeren Strom hervorrufen. Der Fotostrom fließt sowohl bei positiver als auch bei negativer äußerer Spannung in Sperrichtung, d. h., die Kennlinie des unbeleuchteten PN-Überganges wird nach unten verschoben (Bild 27-39). Wird der PN-Übergang im 1. oder 3. Quadranten betrieben, so bezeichnet man ihn als Fotodiode und bei generatorischem Betrieb im 4. Quadranten als Solarzelle.

Die Fotodiode

In Anwendungsschaltungen wird die Fotodiode meist in Sperrichtung betrieben. Ohne Beleuchtung fließt der sehr kleine Sperrstrom. Dieser Sperrstrom erhöht sich bei Beleuchtung proportional zur Beleuchtungsstärke, deshalb eignen sie sich besonders gut zur Lichtmessung. Bild 27-40 zeigt den schematischen Aufbau einer Fotodiode in Planartechnik. Zur Verbesserung des kapazitiven Verhaltens für schnelle Detektoren, wird die Fotodiode auch als PIN-Diode ausgeführt.

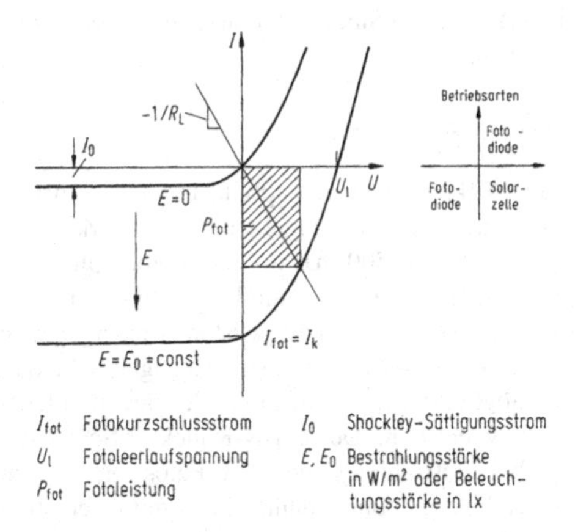

Bild 27-39. Kennlinie eines beleuchteten ($E = E_0$) und unbeleuchteten ($E = 0$) PN-Überganges

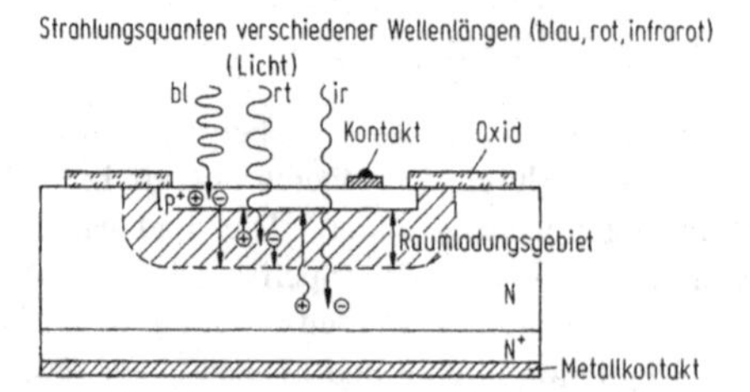

Bild 27-40. Schematischer Aufbau einer Fotodiode. Die gestrichelt gezeichnete Linie gibt die Grenze der Raumladungszone an

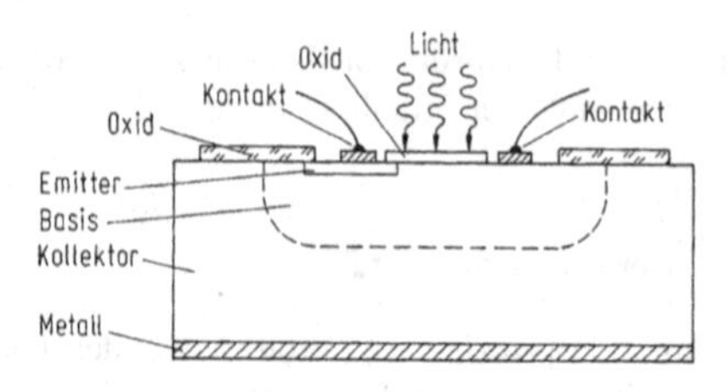

Bild 27-41. Schematischer Aufbau eines Fototransistors. Die gestrichelt gezeichnete Linie gibt die Grenze der Basis-Kollektor-Raumladungszone an

Die Solarzelle

Die Solarzelle ist in der Lage, bei Lichteinwirkung eine Wirkleistung P_{Fot} abzugeben (siehe schraffierte Fläche in Bild 27-39). Die abgegebene Leistung hängt von der spektralen Bestrahlungsstärke $E(\lambda)$ der einfallenden Strahlung, dem Verlauf der Diodenkennlinie und der Wahl des Arbeitspunktes ab. Die Emitterschicht wird bei Solarzellen (wie auch bei Fotodioden) möglichst dünn ausgeführt, um auch bei kurzen Wellenlängen des Lichtes (hohe Absorption bzw. geringe Eindringtiefe) noch die Nähe der Raumladungszone zu erreichen. Die Oberflächen werden oft mit Antireflexschichten versehen. Großflächige Solarzellen sind mit dünnen fingerförmigen Metallkontakten ausgerüstet, um möglichst viel Licht einfallen zu lassen. Der auf der Erde gegenwärtig technisch erreichbare Wirkungsgrad η (abgegebene zu eingestrahlter Leistung) liegt bei Silizium-Solarzellen bei etwa 11% (vgl. 16.6).

27.6.4 Der Fototransistor

In der Wirkungsweise entspricht ein Fototransistor einer Fotodiode mit eingebautem Verstärker und weist eine bis zu 500-mal größere Fotoempfindlichkeit im Vergleich zur Fotodiode auf. Im Bild 27-41 ist der Aufbau eines Fototransistors wiedergegeben. Emitter- und Basisanschluss sind so angebracht, dass eine möglichst große Öffnung für die einfallende Strahlung entsteht. Der Basis-Kollektor-Sperrstrom wird bei Bestrahlung um den Fotostrom erhöht. Der Kollektor führt dann in Emitterschaltung den um den Stromverstärkungsfaktor β erhöhten Fotostrom.

27.6.5 Die Lumineszenzdiode (LED)

Unter Lumineszenz versteht man alle Fälle von optischer Strahlungsemission, deren Ursache nicht auf der Temperatur des strahlenden Körpers beruht. Ein in Durchlassrichtung betriebener PN-Übergang injiziert in die Bahngebiete Minoritätsträger, die dort unter Abgabe von Photonen rekombinieren. Diese Eigenschaft bezeichnet man als Injektionslumineszenz und die speziell auf diese Eigenschaft gezüchteten Dioden als Lumineszenzdioden. Bild 27-42 zeigt den schematischen Aufbau einer LED am Beispiel von GaAsP. Die Strahlung wird durch die Rekombinationsprozesse in der P-Schicht erzeugt. Aufgrund des Bandabstandes emittiert Silizium nichtsichtbare Strahlung im nahen Infrarotbereich und ist deshalb als Material für Lumineszenzdioden nicht geeignet. Die wichtigsten Materialien, mit denen Injektionslumineszenz im sichtbaren Bereich des Spektrums möglich ist, sind GaAs (Galliumarsenid für Infrarot und Rot), GaAsP (Galliumarsenidphosphid für Rot und Gelb) und GaP (Galliumphosphid für Rot, Gelb und Grün). Das Anwendungsgebiet der LEDs liegt hauptsächlich im Ein-

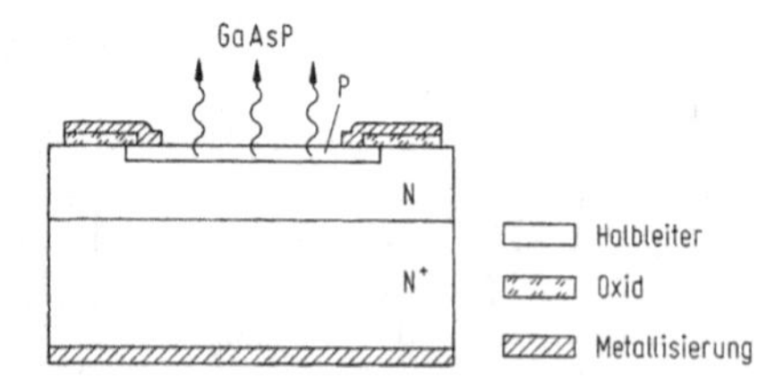

Bild 27-42. Schematischer Aufbau einer GaAsP-Lumineszenzdiode. Die Rekombinationsstrahlung entsteht in der 2 bis 4 μm dicken P-Zone unter der Halbleiteroberfläche

satz als Signal- und Anzeigelämpchen oder als Strahlungsquellen für infrarote Lichtschranken; ihre Vorteile gegenüber Glühlampen sind hauptsächlich die höhere Lebensdauer und Stoßfestigkeit sowie die bessere Modulierbarkeit.

Literatur

Kapitel 1 bis 15

Bauer, W.; Wagener, H.H.: Bauelemente und Grundschaltungen der Elektronik. Bd. 1: Grundlagen und Anwendungen. 3. Aufl. 1989; Bd. 2: Grundschaltungen, 2. Aufl. 1990. München: Hanser

Blume, S.; Witlich, K.-H.: Theorie elektromagnetischer Felder. 4. Aufl. Heidelberg: Hüthig 1994

Böhmer, E.: Elemente der angewandten Elektronik. 14. Aufl. Braunschweig: Vieweg 2004

Böhmer, E.: Rechenübungen zur angewandten Elektronik. 5. Aufl. Braunschweig: Vieweg 1997

Bosse, G.: Grundlagen der Elektrotechnik, Bd. 1: Elektrostatisches Feld und Gleichstrom, 3. Aufl.; Bd. 2: Magnetisches Feld und Induktion, 4. Aufl.; Bd. 3: Wechselstromlehre, Vierpol- und Leitungstheorie, 3. Aufl.; Bd. 4: Drehstrom, Ausgleichsvorgänge in linearen Netzen, 2. Aufl. Berlin: Springer 1996

Clausert, H.; Wiesemann, G.: Grundgebiete der Elektrotechnik. Bd. 1: Gleichstrom, elektrische und magnetische Felder, 11. Aufl. 2011; Bd. 2: Wechselströme, Leitungen, Anwendungen der Laplace- und Z-Transformation, 11. Aufl. 2011. München: Oldenbourg

Constantinescu-Simon, L. (Hrsg.); Handbuch Elektrische Energietechnik, 2. Aufl. Braunschweig: Vieweg 1997

Felderhoff, R; Freyer, U.: Elektrische und elektronische Messtechnik. 7. Aufl. München: Hanser 2003

Fischer, H.; Hofmann, H.; Spindler, J.: Werkstoffe in der Elektrotechnik, 5. Aufl. 2003. München: Hanser 2003

Frohne, H.; Löcherer, K.-H.; Müller, H.: Moeller Grundlagen der Elektrotechnik. 19. Aufl. Stuttgart: Teubner 2002

Führer, A.; Heidemann, K.; Nerreter, W.: Grundgebiete der Elektrotechnik, Bd. 1, 7. Aufl. 2003; Bd. 2, 5. Aufl. 1998, München: Hanser

Grafe, H. u. a.: Grundlagen der Elektrotechnik, Bd. 1: Gleichspannungstechnik, 13. Aufl. 1988, Bd. 2: Wechselspannungstechnik, 12. Aufl. 1992. Berlin: Verlag Technik

Haase, H.; Garbe, H.; Gerth, H.: Grundlagen der Elektrotechnik. Witte: Uni Verlag 2004

Jackson, J. D.: Klassische Elektrodynamik. 3. Aufl. Berlin: De Gruyter 2002

Jötten, R.; Zürneck, H.: Einführung in die Elektrotechnik, Bd. 1 und 2. Braunschweig: Vieweg 1970; 1972

Krämer, H.: Elektrotechnik im Maschinenbau. 3. Aufl. Braunschweig: Vieweg 1991

Küpfmüller, K.; Mathis, W.; Reibiger, A.: Theoretische Elektrotechnik. 18. Aufl. Berlin: Springer 2007

Leuchtmann, P.: Einführung in die elektromagnetische Feldtheorie. München: Pearson Studium 2005

Lehner, G.: Elektromagnetische Feldtheorie. 4. Aufl. Berlin: Springer 2004

Lindner, H.; Brauer, H.; Lehmann, C.: Taschenbuch der Elektrotechnik und Elektronik. 7. Aufl. Leipzig: Fachbuchverl. 1998

Lunze, K.: Theorie der Wechselstromschaltungen. 8. Aufl. Berlin: Verl. Technik 1991

Lunze, K.: Einführung in die Elektrotechnik (Lehrbuch). 13. Aufl. Berlin: Verl. Technik 1991

Lunze, K.; Wagner, E.: Einführung in die Elektrotechnik (Arbeitsbuch). 7. Aufl. Berlin: Verl. Technik 1991

Mäusl, R.; Göbel, J.: Analoge und digitale Modulationsverfahren. Heidelberg: Hüthig 2002

Mende/Simon: Physik: Gleichungen und Tabellen. 11. Aufl. Leipzig: Fachbuch-Verl. 1994

Papoulis, A.: Circuits and systems: A modern approach. New York: Holt, Rinehart and Winston 1980

Paul, R.: Elektrotechnik, Bd. 1: Felder und einfache Stromkreise, 3. Aufl. 1993; Bd. 2: Netzwerke, 3. Aufl. 1994. Berlin: Springer

Philippow, E.: Taschenbuch Elektrotechnik, Bd. 1: Allgemeine Grundlagen. 3. Aufl. München: Hanser 1986

Piefke, G.: Feldtheorie, Bd. 1-3. Mannheim: Bibliogr. Inst. 1973–1977

Prechtl, A.: Vorlesungen über die Grundlagen der Elektrotechnik. Bd. 1+2. Wien: Springer, 1994/95

Pregla, R.: Grundlagen der Elektrotechnik, 7. Aufl. Heidelberg: Hüthig 2004

Profos, P.; Pfeifer T. (Hrsg.): Grundlagen der Messtechnik. 5. Aufl. München: Oldenbourg 1997

Schrüfer, E.: Elektrische Messtechnik. 6. Aufl. München: Hanser 1995

Schüßler, H.W.: Netzwerke, Signale und Systeme; Bd. 1: Systemtheorie linearer elektrischer Netzwerke; Bd. 2: Theorie kontinuierlicher und diskreter Signale und Systeme. 3. Aufl. Berlin: Springer 1991

Seidel, H.-U.; Wagner, E.: Allgemeine Elektrotechnik. 3. Aufl. München: Hanser 2003

Simonyi, K.: Theoretische Elektrotechnik. Weinheim: Wiley-VCH

Steinbuch, K.; Rupprecht, W.: Nachrichtentechnik. 3. Aufl. Berlin: Springer 1982

Tholl, H.: Bauelemente der Halbleiterelektronik, Teil 1: Grundlagen, Dioden und Transistoren; Teil 2: Feldeffekt-Transistoren, Thyristoren und Optoelektronik. Stuttgart: Teubner 1976; 1978

Unbehauen, R.: Grundlagen der Elektrotechnik (2 Bde.). 5. Aufl. Berlin: Springer 1999/2000

Wunsch, G.; Schulz, H.-G.: Elektromagnetische Felder. 2. Aufl. Berlin: Verlag Technik 1996

Zinke, O.; Seither, H.: Widerstände, Kondensatoren, Spulen und ihre Werkstoffe. 2. Aufl. Berlin: Springer 1982

Kapitel 16 bis 18

1. Hosemann, G.; Boeck, W.: Grundlagen der elektrischen Energietechnik. 3. Aufl. Berlin: Springer 1987
2. Küpfmüller, K.; Mathis, W.; Reibiger, A.: Theoretische Elektrotechnik. 18. Aufl. Berlin: Springer 2007
3. Happoldt, H.; Oeding, D.: Elektrische Kraftwerke und Netze. 5. Aufl. Berlin: Springer 1978
4. Fischer, R.; Elektrische Maschinen. 14. Aufl. München: Hanser 2009
5. Meyer, M.; Leistungselektronik; Berlin: Springer 1990
6. Hütte. Elektrische Energietechnik. Bd. 2: Geräte. Berlin: Springer 1978
7. Hütte; Elektrische Energietechnik. Bd. 1: Maschinen. Berlin: Springer 1978
8. Undeland, T. M. u.a.; Power Electronics. 3. Auflage. New York: Wiley 2003
9. Pelczar, Ch.; Mobile Virtual Synchronous Machine for Vehicle-to-Grid Application. Clausthal-Zellerfeld: Diss. TU Clausthal 2012
10. Zürneck, H.; Hütte. Das Ingenieurwissen. Kap. 16-18, 33. Auflage. Berlin: Springer 2008
11. Fraunhofer-Institut für Chemische Technologie ICT: Batterie-Glossar, Pfinztal: ict.fraunhofer.de, 2011
12. Wossen, A.; Weydanz, W.: Moderne Akkumulatoren richtig einsetzen. 1. Aufl. Untermeitingen: Reichardt Verlag 2006
13. Lithium Sulfur Rechargeable Battery Data Sheet, http://sionpower.com/pdf/articles/LIS%20Spec%20Sheet%2010-3-08.pdf, Sion Power Corporation, Tucson, AZ
14. Crastan, V.; Westermann, D.; Elektrische Energieversorgung Bd. 1, Bd. 2, Bd. 3. Berlin: Springer 2012
15. Erdmann, G.; Zweifel, P.; Energieökonomik: Theorie und Anwendung. 2. Auflage. Berlin: Springer 2010

Kapitel 19 bis 24

Allgemeine Literatur

Herter, E.; Lörcher, W.: Nachrichtentechnik. 9. Aufl. München: Hanser 2004

Spezielle Literatur

1. Steinbuch, K.; Rupprecht, W.: Nachrichtentechnik, Band I: Schaltungstechnik. 3. Aufl. Berlin: Springer 1982, S. 23–170
2. Hoffmann, K.: Planung und Aufbau elektronischer Systeme. 3. Aufl. Ulmen: Zimmermann. Neufang 1992, S. 48–64
3. Hänsler, E.: Statistische Signale. 3. Aufl. Berlin: Springer 2001
4. Ohm, J.-R.; Lüke, H.D.: Signalübertragung. 9. Aufl. Berlin: Springer 2004
5. Hütte, Band IV B: Fernmeldetechnik. 28. Aufl. Berlin: Ernst 1962, S. 487–517
6. Philippow, E.: Taschenbuch Elektrotechnik, Bd. 4: Systeme der Informationstechnik. München: Hanser 1979, S. 369–397
7. Lacroix, A.: Digitale Filter. München: Oldenbourg 1980, S. 164–188
8. Kammeyer, K.-D.: Nachrichtenübertragung. 3. Aufl. Wiesbaden: Vieweg 2004
9. Mathis, W.: Theorie nichtlinearer Netzwerke. Berlin: Springer 1987
10. Oppenheim, A.V.; Schafer, R. W.; Buck, J. R.: Zeitdiskrete Signalverarbeitung. 2. Aufl. München: Pearson Studium 2004
11. Chua, L.O., C.A. Desoer, C. A.; Kuh, E.S.: Linear and Nonlinear Circuits. New York: McGraw-Hill 1987
12. Best, R.E.: Phase-Locked Loops. 5. Ed. New York: McGraw-Hill 2003
13. Stensby, J.L.: Phase Locked Loops Theory and Applications. Boca Raton: CRC Press 1997

14. Weidenfeller, H.; Vlceck, A.: Digitale Modulationsverfahren mit Sinusträgern. Berlin-Heidelberg: 1996
15. Schetzen, M.: The Volterra and Wiener Theories of Nonlinear Systems. New York: John Wiley and Sons 1980
16. Weidenfeller, H.; Vlcek, A.: Digitale Modulationsverfahren. Berlin-Heidelberg: Springer 1996
17. Zölzer, U.: Digitale Audiosignalverarbeitung. 3. Aufl., Teubner Verlag: Wiesbaden 2005

Abschnitte 25.1 bis 25.3

Allgemeine Literatur

Wupper, H.; Niemeyer, U.: Elektronische Schaltungen I+II. Berlin: Springer 1996

Spezielle Literatur

1. Nerreter, W.: Berechnung elektrischer Schaltungen mit dem Personal Computer. München: Hanser 1987, S. 125–188
2. Tietze, U.; Schenk, Ch.: Halbleiter-Schaltungstechnik. 12. Aufl. Berlin: Springer 2002, S. 391–414
3. Horowitz, P.; Hill, W.: The art of electronics. 2nd ed. London: Cambridge Univ. Press 1989, p. 113–171
4. Seifart, M.; Becker, W.-J.: Analoge Schaltungen. 6. Aufl. Berlin: Verlag Technik 2003
5. Kurz, G.; Mathis, W.: Oszillatoren. Heidelberg: Huthig 1994
6. Zölzer, U.: Digitale Audiosignalverarbeitung. 3. Aufl. Stuttgart: Teubner 2005
7. Williams, A.B.; Taylor, F.J.: Filter Design Handbook. 4. Aufl. New York: McGraw-Hill 2006
8. Mathis, W.: Theorie nichtlinearer Netzwerke. Berlin: Springer 1987
9. O'Dell, T. H.: Electronic Circuit Design – Art and Practice. Cambridge: Cambridge Univ. Press 1988 (deutsche Übersetzung: Krehnke, J.; Mathis, W.: Die Kunst des Entwurfs elektronischer Schaltungen. Berlin: Springer 1990)
10. O'Dell, T. H.: Circuits for Electronic Instrumentation. Cambridge: Cambridge Univ. Press 1991
11. Cauer, W.: Theorie der linearen Wechselstromschaltungen. Leipzig: Akad. Verlags-Gesellschaft Becker und Erler 1941
12. Kriegsmann, G.: An asymptotic theory of rectifcation and detection. IEEE Transactions Circuits and Systems, Volume 32, Issue 10, S. 1064–1068, 1985
13. Razavi, B.: RF Microelectronics. New Jersey: Prentice Hall 1998
14. Vago, I.: Graph Theory: Application to the Calculation of Electrical Networks. New York: Elsevier 1985
15. Streitenberger, M.: Zur Theorie digitaler Klasse-D Audioleistungsverstärker und deren Implementierung. VDE-Verlag 2005
16. C.J.M. Verhoeven, A.van Staveren, G.L.E. Monna, M.H.L. Kouwenhoven, E. Yildiz: Structured Electronic Design: Negative-Feedback Amplifiers. Kluwer Acad. Publ., Boston 2010

Abschnitt 25.4

Beuth, K.; Beuth, O.: Elementare Elektronik. 7. Aufl. Würzburg: Vogel 2003

Böhmer, E.: Elemente der angewandten Elektronik. 13. Aufl. Braunschweig: Vieweg 2002

Federau, J.: Operationsverstärker. 2. Aufl. Braunschweig: Vieweg 2001

Fliege, N.: Lineare Schaltungen mit Operationsverstärkern. Berlin: Springer 1979

Fritzsche, G.; Seidel, V.: Aktive RC-Schaltungen in der Elektronik. Heidelberg: Hüthig 1981

Mennenga, H.: Operationsverstärker. 2. Aufl. Heidelberg: Hüthig 1981

Nanndorf, U.: Analoge Elektronik. Heidelberg: Hüthig 2001

Palotas, L. (Hrsg.): Elektronik für Ingenieure. Braunschweig: Vieweg 2003

Wiesemann, G.; Kraft, K.H.: Aufgaben über Operationsverstärker- und Filterschaltungen. Mannheim: Bibliograph. Inst. 1985

Zastrow, D.: Elektronik. 6. Aufl. Braunschweig: Vieweg 2002

Kapitel 26

Beuth, K.: Elektronik-Grundwissen, Bd. 4: Digitaltechnik. 12. Aufl. Würzburg: Vogel 2003

Böhmer, E.: Elemente der angewandten Elektronik. 13. Aufl. Braunschweig: Vieweg 2004

Borucki, L.: Grundlagen der Digitaltechnik. 5. Aufl. Stuttgart: Teubner 2000

Leonhardt, E.: Grundlagen der Digitaltechnik. 3. Aufl. München: Hanser 1984

Oberthür, W.; u. a.: Digitale Steuerungstechnik (HPI-Fachbuchreihe Elektronik, IVD). 4. Aufl. München: Pflaum 1987

Pernards, P.: Digitaltechnik. Bd. I, 4. Aufl.; Bd. II. Heidelberg: Hüthig 2001/1995

Schaller, G.; Nüchel, W.: Nachrichtenverarbeitung; Bd. 1: Digitale Schaltkreise, 3. Aufl.; Bd. 2: Entwurf digitaler Schaltwerke. 4. Aufl. Stuttgart: Teubner 1987

Seifart, M.; Beikirch, H.: Digitale Schaltungen. 5. Aufl. Berlin: Verlag Technik 1998

Kapitel 27

Bludau, W.: Halbleiter-Optoelektronik. München: Hanser 1995

Gerlach, W.: Thyristoren. Berlin: Springer 1979

Löcherer, K.-H.: Halbleiterbauelemente. Stuttgart: Teubner 1992

Müller, R.: Bauelemente der Halbleiter-Elektronik. 4. Aufl. Berlin: Springer 1991

Müller, R.: Grundlagen der Halbleiter-Elektronik. 7. Aufl. Berlin: Springer 1995

Paul, R.: Elektronische Halbleiterbauelemente. 3. Aufl. Stuttgart: Teubner 1992

Paul, R.: MOS-Transistoren. Berlin: Springer 1994

Paul, R.: Optoelektronische Halbleiterbauelemente. 2. Aufl. Stuttgart: Teubner 1992

Sze, S.M.: Modern semiconductor device physics. New York: Wiley 1998

Wagemann, H.-G.; Schmidt, A.: Grundlagen der optoelektronischen Halbleiterelemente. Stuttgart: Teubner 1998

Sze, S.M.: Semiconductor Devices: Physics and Technology. 2. Aufl. New York: Wiley 2002

Rohe, K.-H.: Elektronik für Physiker. 2. Aufl. Stuttgart: Teubner 1983

Gray, P.R.; Hurst, P.J.; Lewis, S.H.; Meyer, R.G.: Analysis and Design of Analog Integrated Circuits. 4. Aufl. New York: Wiley 2001

Allen, P.E.; Holberg, D.R.: CMOS Analog Circuit Design. 2. Aufl. New York: Oxford Univ. Press 2002

Hering, E.; Bressler, K.; Gutekunst, J.: Elektronik für Ingenieure und Naturwissenschaftler. 5. Aufl. Berlin: Springer 2005

Siegl, J.: Schaltungstechnik. 2. Aufl. Berlin: Springer 2005

Tille, Th.; Schmitt-Landsiedel, D.: Mikroelektronik. Berlin: Springer 2005

Göbel, H.: Einführung in die Halbleiter- und Schaltungstechnik. Berlin: Springer 2005

Goser, K.; Glösekötter, P.; Dienstuhl, J.: Nanoelectronics and Nanosystems. Berlin: Springer 2003

Grabinski, W.; Nauwelaers, B.; Schreurs, D. (Eds.): Transistor Level Modeling for Analog/RF IC Design. New York: Springer 2006

Enz, C. C.; Vittoz, E.: Charge-based MOS Transistor Modeling – The EKV model for low-power and RF IC design. New York: Wiley 2006

Chua, L.O., C.A. Desoer, C.A.; Kuh, E.S.: Linear and Nonlinear Circuits. New York: McGraw-Hill 1987

Vlach, J.; Singhal, K.: Computer Methods for Circuit Analysis and Design. 2. Ed. New York: Van Nostrand 1994